원하는 직무로의 이직을 위해
운전기능사 자격증 공부를 시작해 합격한 30대 기사님

제2의 인생을 위해 바쁜 직장 생활 중에도
시간을 쪼개가며 공부해 일주일 만에 합격한 50대 직장인

누구나 합격할 수 있습니다.
해내겠다는 '다짐' 하나면 충분합니다.

마지막 페이지를 덮으면,

**에듀윌과 함께
지게차운전기능사 합격이 시작됩니다.**

eduwill

# 합격 후기로
# 검증된 교재!

김○주 합격생

### 정답만 봐도 충분히 합격할 수 있어요.

일주일 정도 시간을 가지고 CBT 모의고사 10회분을 풀어 갔습니다. 기출복원문제가 따로 모여 있어서 효과적으로 풀어볼 수 있었습니다. 부족한 이론들은 시험 직전까지 'D-day 당일치기'에 수록된 요약본으로 이동하며 학습했고, 요약본에 수록된 내용이 시험에 나와 큰 도움이 되었습니다. 관련 계통 종사자가 아니어도 수록된 문제를 풀며, 핵심으로 표시된 붉은 정답과 중요 내용들만 빠르게 보아도 충분히 합격할 수 있습니다.

김○용 합격생

### 무료 동영상 강의로 쉽게 공부했어요.

건설업 관련 일을 하다가 원하는 직무로 일하기 위해 자격증에 도전했습니다. 실기는 자신 있었지만, 필기시험은 자신이 없었는데요. 어려운 내용은 무료 동영상 강의를 이용하고, 시험 전날에는 요약집인 'D-day 당일치기'를 중점적으로 반복 공부해 손쉽게 합격했습니다. 핵심 부분만 간략하게 봐도 충분히 합격할 수 있어서 추천드립니다!

박○신 합격생

### CBT 기출복원 모의고사로 확실한 실전 대비 가능했어요.

교재의 분량이 단기간 학습에 적당해서 선택하게 되었습니다. 단원별 이론 정리 후, 출제예상문제를 바로 풀어볼 수 있어서 내용 이해에 도움이 많이 되었습니다. 중요도 표시가 되어 있는 문제는 시험이 임박했을 때, 해당 문제들만 추가로 볼 수 있어서 시간 절약에 도움이 되었습니다. 특히 CBT 기출복원 모의고사는 실제 CBT 시험 방식과 동일하게 구현되어 있고, 제한시간 동안 시험장이라 생각하고 풀어볼 수 있어서 점수 체크와 시간 분배에 활용하기 좋았습니다. 그리고 실제 시험에서도 모의고사와 비슷한 합격 점수가 나왔습니다!

## 다음 합격의 주인공은 당신입니다!

초단기합격스터디플래너

## · D-7 합격 플랜 ·

### 이론편 | 이론 + 출제예상문제

☐ **DAY 1**　PART 01 작업안전~PART 02 도로주행　▶

☐ **DAY 2**　PART 03 장비구조(CH. 01~02)　▶

☐ **DAY 3**　PART 03 장비구조(CH. 03~05)　▶

### 문제편 | 기출복원문제 + 2025 출제가능문제

☐ **DAY 4**　기출복원문제(1~3회)　📝

☐ **DAY 5**　기출복원문제(4~6회)　📝

☐ **DAY 6**　기출복원문제(7~9회)　📝

☐ **DAY 7**　기출복원문제(10회) + 2025 출제가능문제　📝

**TIP.** 핵심 이론을 강의와 함께 학습한 후, 기출복원문제와 출제가능문제를 풀이하며
　　　예상문제를 확실하게 대비합니다.

## · D-3 합격 플랜 ·

### 기출복원문제 + 2025 출제가능문제 + D-day 당일치기

☐ **DAY 1**　기출복원문제(1~4회)　📝

☐ **DAY 2**　기출복원문제(5~7회) + 2025 출제가능문제　📝

☐ **DAY 3**　D-day 당일치기(핵심요약 + 최다 출제 기출 PACK)　▶

**TIP.** 기출문제만 빠르게 반복 풀이하며, 문제와 정답을 위주로 암기합니다. CBT 시험
　　　특성상 기출문제 내용이 재출제되는 경향이 높다는 점을 활용합니다.

※CBT 기출복원 모의고사 이용은 뒷 페이지 안내를 참고하세요.

# 실전처럼 푸 는 C B T 기출복원 모의고사

## 방법1   PC에서 실전처럼 풀어보기

**STEP 1** 아래 시험 응시코드의 URL을 PC에 입력 후 로그인
**STEP 2** '응시하기' 클릭 후, 문제풀이 시간을 확인하며 실전처럼 시험 응시
**STEP 3** 문제풀이 완료 후, '답안 제출'을 클릭하면 자동으로 성적분석 완료

## 방법2   모바일로 이동하면서 풀어보기

**STEP 1** 모바일 기기에서 아래 시험 응시코드의 QR코드를 스캔한 뒤 로그인
**STEP 2** '응시하기' 클릭 후, 실전처럼 시험 응시
**STEP 3** 문제풀이 완료 후, '답안 제출'을 클릭하면 자동으로 성적분석 완료

## 시험 응시코드

| 1회 | 2회 | 3회 | 4회 | 5회 |
|---|---|---|---|---|
| eduwill.kr/eAEj | eduwill.kr/3AEj | eduwill.kr/GAEj | eduwill.kr/7AEj | eduwill.kr/sAEj |

| 6회 | 7회 | 8회 | 9회 | 10회 |
|---|---|---|---|---|
| eduwill.kr/EAEj | eduwill.kr/2AEj | eduwill.kr/hAEj | eduwill.kr/1AEj | eduwill.kr/RAEj |

# 4분 컷, 지게차 실기 합격 가이드

## 1. 실기 시험 준비

- 시험시간: 4분(지게차 앞바퀴가 출발선을 떠난 뒤, 작업 및 주행을 하고 앞바퀴가 도착선을 통과할 때까지를 말함)
- 작업사항: 주어진 지게차로 순서에 따라 코스에서 운전한 후 출발 전 장비 위치에 정차하시오.
- 준비복장: 피부 노출이 되지 않는 긴소매 상하의(팔토시 가능), 안전화 및 운동화 ➡ 미수행 시 감점(-3점)
- 준비물: 신분증 ➡ 미지참 시 응시 불가

### 코스운전 및 작업도면

화물
팔레트
드럼통

전진
후진

화물 적·하차
위치(드럼통)
화물 적재선
8 2
3

화물 하차선
후진선
4
6
5
화물 적·하차 위치
(팔레트)

3
7

출발선, 도착선
주차 보조선
9 1
주차 구역

**화물 적재 · 하차**

**화물 하차 · 적재**

**후진**

▲ 실기 시험 가이드
꿀팁영상 보기

※실기시험에 대한 자세한 내용은 큐넷 홈페이지(www.q-net.or.kr)에서 직접 확인하실 수 있습니다.

# 2. 실기 시험 시작

## 1 출발 및 전진 주행

① 지게차에 탑승 후, 안전벨트를 착용하고 손을 들어 준비신호를 보낸다. 감독관이 호각을 불면 시험이 시작된다.

➡ 안전벨트 미착용 시 감점

② 시험이 시작되면 브레이크 페달을 밟은 상태에서 주차 브레이크를 풀고, 리프트 레버를 당겨 포크를 지면으로부터 약 20~30cm 정도 높이까지 들어올린다.

➡ 50cm 이상 들어올리면 감점

③ 포크가 지면과 수평이 되도록 틸트 레버를 살짝 당긴다.

④ 전후진 레버를 앞으로 밀고 가속페달을 밟으며 전진한다.

➡ 감독관 출발 신호 후, 지게차의 앞바퀴가 1분 내 출발선을 통과하지 못하면 실격

## 2 화물 적재

① 지게차의 앞바퀴가 출발선을 통과하면 리프트 레버로 포크를 드럼통 위에 놓여 있는 팔레트의 구멍까지 올리며 전진한다.

② 틸트 레버로 포크를 수평상태로 한 후 천천히 팔레트에 포크를 삽입한다.

➡ 포크로 드럼통을 터치하거나, 포크를 덜 삽입한 정도가 20cm를 초과한 경우 실격

③ 팔레트 구멍에 포크를 삽입한 후, 리프트 레버 및 틸트 레버를 살짝 당겨 팔레트가 빠지지 않도록 한다.

## 3 후진 및 전진 주행

① 후진하면서 포크를 다시 지면에서 20~30cm 정도 높이로 내린다.

➡ 팔레트가 지면에 닿거나, 포크가 지면에서 50cm를 초과하여 작업장을 빠져나가면 실격

② 지게차의 앞바퀴 뒷부분이 왼쪽 코너 모서리 부분과 일치할 때까지 좌측 라인과 약 20~30cm 정도 간격이 되도록 붙이며 후진한다.

➡ 팔레트를 적재한 상태에서 지게차 뒷바퀴가 출발선을 밟으면 실격

③ 정해진 코스에 따라 다음 화물 적 · 하차 위치까지 전진 주행한다.

➡ 주행 중 인칭 페달 사용 시 실격

## 4 화물 하차

① 코너를 돌아 화물 적하장에 도착하면 틸트 레버를 밀어 팔레트를 수평상태로 만든 후, 리프트 레버를 밀어 고정 팔레트 위에 팔레트를 내린다.

➡ 화물 적 · 하차 위치에서 내린 팔레트가 고정 팔레트를 기준으로 가로 또는 세로 방향으로 20cm를 초과한 경우 실격

② 화물 하차 후 포크에 팔레트가 끌리지 않도록 조심해서 후진하며 포크를 뺀다.

➡ 팔레트 위에 팔레트를 내릴 때 심한 소리가 나거나 포크를 뺄 때 팔레트가 끌리면 감점

➡ 끌린 정도가 20cm를 초과한 경우 실격

## 5 후진선 터치

① 화물을 하차하고 포크를 팔레트에서 뺀 뒤 후진한다.
② 틸트 레버를 앞으로 살짝 기울여서 후진선에 포크가 완전히 닿도록 내려놓는다.
> ➡ 후진선에 포크를 완전히 내려놓지 않으면 감점

## 6 화물 적재

① 다시 포크를 지면에서 20~30cm 정도 높이까지 올리고, 전진한다.
② 틸트 레버를 당겨 마스트가 수직이 되도록 하고, 리프트 레버를 조정하여 팔레트 구멍에 포크를 삽입한다.
> ➡ 포크를 덜 삽입한 정도가 20cm를 초과한 경우 실격
③ 다시 포크를 지면에서 20~30cm 정도 높이까지 올린다.

## 7 후진 주행

① 전후진 레버를 당겨 후진 주행한다.
② 정해진 후진 코스에 따라 드럼통 위치까지 후진 주행한다.
> ➡ 후진 시 뒷바퀴가 출발선에 닿지 않도록 주의

## 8 화물 하차

① 전후진 레버를 밀어 화물 적재선까지 전진한다.
② 리프트 레버를 당겨 포크를 드럼통 위까지 올린다.
③ 틸트 레버를 이용해 포크를 수평으로 만든 후, 팔레트가 끌려오지 않도록 후진하면서 포크를 빼낸다.
④ 도착선까지 후진하며 포크를 지면에서 20~30cm 정도 높이까지 내린다.

## 9 시험 종료

① 지게차의 네 바퀴가 모두 주차구역 내에 들어가도록 하고, 포크는 주차 보조선 위에 놓이도록 한다.
② 틸트 레버를 이용해 포크와 지면이 수평이 되도록 하고, 리프트 레버를 밀어 포크를 주차 보조선 위에 닿도록 내린다.
③ 전후진 레버를 중립 위치에 놓고 주차 브레이크를 당긴다.
④ 안전벨트를 풀고 하차한다.

# 3. 실기 시험 채점

• 배점: 100점 만점에 60점 이상(화물 하차 작업 55점, 화물 상차 작업 45점)
• 채점기준표

| 구분 | 세부항목 | 배점 | 채점기준 |
|---|---|---|---|
| 화물 하차 작업 (55점) | 1. 작업복장 착용 | 3 | 양호 3점, 기타 0점 |
| | 2. 안전벨트 체결 | 2 | 양호 2점, 기타 0점 |
| | 3. 주차 브레이크 해제 | 2 | 양호 2점, 기타 0점, 불량 실격 |
| | 4. 포크 높이 조절(1) | 5 | 양호 5점, 보통 3점, 기타 0점 `기준` 양호: 높이 20~30cm |
| | 5. 전진 주행(1) | 3 | 양호 3점, 기타 0점, 불량 실격 |
| | 6. 포크 상승(1) | 2 | 양호 2점, 기타 0점 |
| | 7. 포크 삽입(1) | 5 | 양호 5점, 보통 3점, 기타 0점, 불량 실격 `기준` 양호: 팔레트가 포크 수직면 안쪽에 밀착한 경우 |
| | 8. 화물 들어 올리기 | 2 | 양호 2점, 기타 0점, 불량 실격 |
| | 9. 포크 뒤로 기울이기(1)(후경) | 5 | 양호 5점, 보통 3점, 기타 0점 |
| | 10. 후진 주행(1) | 3 | 양호 3점, 기타 0점, 불량 실격 |
| | 11. 포크 높이 조절(2) | 5 | 양호 5점, 보통 3점, 기타 0점, 불량 실격 |
| | 12. 상 · 하차 작업 구역 벗어나기 | 2 | 양호 2점, 기타 0점, 불량 실격 |
| | 13. 작업 코스 전진 주행 | 5 | 양호 5점, 보통 3점, 기타 0점, 불량 실격 |
| | 14. 화물 내려놓기(적치장소) | 5 | 양호 5점, 보통 3점, 기타 0점, 불량 실격 `기준` 양호: 5cm 이내, 보통: 5cm 초과~20cm 미만 |
| | 15. 후진 주행(2) | 3 | 양호 3점, 기타 0점, 불량 실격 |
| | 16. 포크 후진선 터치 | 3 | 양호 3점, 기타 0점 |
| 화물 상차 작업 (45점) | 17. 전진 주행(2) | 3 | 양호 3점, 기타 0점, 불량 실격 |
| | 18. 포크 삽입(2) | 5 | 양호 5점, 보통 3점, 기타 0점, 불량 실격 |
| | 19. 포크 들어 올리기 | 2 | 양호 2점, 기타 0점 |
| | 20. 포크 뒤로 기울이기(2)(후경) | 5 | 양호 5점, 보통 3점, 기타 0점 |
| | 21. 포크 높이 조절(3) | 5 | 양호 5점, 보통 3점, 기타 0점, 불량 실격 |
| | 22. 작업 코스 후진 진행 | 5 | 양호 5점, 보통 3점, 기타 0점, 불량 실격 |
| | 23. 포크 상승(2) | 2 | 양호 2점, 기타 0점 |
| | 24. 화물 상차(적재대) | 5 | 양호 5점, 보통 3점, 기타 0점, 불량 실격 |
| | 25. 후진 주행(3) | 3 | 양호 3점, 기타 0점, 불량 실격 |
| | 26. 포크 높이 조절(4) | 5 | 양호 5점, 보통 3점, 기타 0점 |
| | 27. 주차(주차 보조선 터치) | 3 | 양호 3점, 기타 0점 `기준` 양호: 주차 보조선에 포크가 닿은 경우 |
| | 28. 주차 브레이크 체결 | 2 | 양호 2점, 기타 0점 |

시작하는 데 있어서
나쁜 시기란 없다.

– 프란츠 카프카(Franz Kafka)

# 에듀윌
# 지게차운전기능사
## 정답만 보는
# 총정리문제집

필기

**eduwill**

# 초스피드 합격을 위한 3 STEP

## STEP 1 자주 나오는 이론만 빠르게

- 중요한 이론만 수록해 시간을 많이 투자하지 않고도 충분히 합격이 가능하다.

- 어려운 용어와 개념은 '용어'와 '심화' 코너에 따로 정리하였고, 모든 이론은 동영상 강의를 제공하여 쉽고 완벽한 이해가 가능하다.

- 모든 이미지는 풀컬러로 수록되어 이해가 쉽다.

## STEP 2 정답만 외우는 출제예상문제

- 출제 가능성이 높은 이론과 연계된 문제를 바로 풀어 보면서 챕터별 출제 유형을 알 수 있다.

- 붉은색 정답만 암기해 시험에서 빠르게 답을 선택하는 효율적 학습이 가능하다.

## STEP 3 총 11회분! 실전대비 문제로 합격까지

'기출복원문제 10회분＋2025 출제가능문제'로 출제경향을 완벽하게 파악해 실전대비가 가능하다.

## 1시간 이론 끝!

# 초압축
# 핵심요약

· 출제 빈도가 높은 순으로 이론을 정리했습니다.

· 확실하게 암기한 이론은 □에 체크 표시를
  check
  하고 넘어가세요.

· 좌측 QR코드를 스캔하면 무료특강을 볼 수 있
  습니다.

## check ☐ 01 안전보호구

▶ 교재 12p 참고

**1. 의미:** 산업현장에서 재해를 예방하기 위해 작업자가 작업 전 착용하는 기구나 장치

**2. 안전보호구의 구비조건**

① 착용이 용이하고 사용자에게 편리할 것
② 보호성능 기준에 적합하고 보호성능이 보장될 것
③ 품질이 양호할 것
④ 구조와 끝마무리가 양호할 것
⑤ 겉모양과 표면이 매끈하고 외관상 양호할 것

## check ☐ 02 기계·기구 및 공구의 취급

▶ 교재 14~15p 참고

**1. 기계·기구 작업안전**

① 해머, 드릴, 연삭 작업 시 장갑 착용 금지
② 드릴 작업 시 드릴을 끼운 후 척렌치를 제거
③ 토크렌치는 볼트나 너트를 규정토크로 조일 때 사용
④ 조정렌치(몽키 스패너)를 사용하는 경우 고정조(윗턱)에 힘이 걸리도록 작업함
⑤ 볼트나 너트를 풀거나 조일 때 렌치를 당기며 작업
⑥ 전기 작업 시 절연손잡이로 된 드라이버 사용

**2. 수공구의 관리**

① 사용한 수공구는 면걸레로 깨끗이 닦아 공구상자 또는 지정된 곳에 보관함
② 칼 등 날카로운 수공구는 적절한 방법으로 보호함

## check ☐ 03 화재의 분류 및 소화설비

▶ 교재 16p 참고

**1. 화재의 분류**

① A급 화재: 일반 가연물질 화재
② B급 화재: 유류 화재(소화 시 물 사용 금지)
③ C급 화재: 전기 화재(소화 시 물 사용 금지)
④ D급 화재: 금속 화재(소화 시 물 사용 금지)

**2. 소화설비의 종류**

① 분말 소화설비: 미세한 분말 소화제를 화염에 방사
② 물 분무 소화설비: 연소물의 온도를 인화점 이하로 냉각시킴

③ 이산화탄소 소화설비: 공기 중 산소 농도를 낮추어 연소 반응을 억제하는 질식소화방식으로, 유류 화재 및 감전 위험이 높은 전기 화재에 사용함

**3. 연소의 3요소:** 가연물, 점화원, 산소

## check ☐ 04 작업 전·후 점검

▶ 교재 28p 참고

| 구분 | 점검 항목 |
|---|---|
| 작업 전 점검 | • 지게차 외관, 각부 누유 및 누수 점검<br>• 엔진오일, 냉각수, 유압작동유의 양 점검<br>• 팬벨트 장력, 타이어 외관, 축전지(배터리) 점검<br>• 공기청정기 엘리먼트 청소 |
| 작업 중 점검 | 지게차 작업 중 발생하는 소음·냄새·배기색, 클러치의 작동 상태 확인 |
| 작업 후 점검 | • 지게차 외관의 변형 및 균열 점검<br>• 각부 누유 및 누수 점검, 연료 보충 등 |

## check ☐ 05 안전주차

▶ 교재 31p 참고

① 지게차 주차 시 포크는 지면에 완전히 밀착하여 내려 놓음
② 지게차 주차 시 전·후진 레버를 중립에 놓고 주차 브레이크를 체결함
③ 지게차를 경사지에 주차할 경우 고임대를 사용함
④ 지게차 운행이 종료되면 지정된 장소(주기장)에 주차하고 시동키를 수거하여 열쇠함에 안전하게 보관함

## check ☐ 06 화물 적하 작업

▶ 교재 37p 참고

**1. 화물의 적재 방법**

① 적재하고자 하는 화물에 가까이 접근하였을 때에는 지게차 속도를 감속해야 함
② 화물의 바로 앞에 오면 일단 정지함
③ 틸트 레버를 조작하여 포크를 지면과 수평으로 하고(마스트를 지면과 수직으로 함), 포크 간격을 맞춘 뒤 적재할 팰레트 위치까지 상승시킴
④ 포크의 간격은 팰레트 폭의 1/2 이상~3/4 이하 정도로 유지하고, 포크를 꽂는 위치를 확인한 후 정면으로 향하여 천천히 삽입함

⑤ 포크를 완전히 삽입한 후 화물이 놓여 있는 위치로부터 5∼10cm 정도의 높이로 들어 올려 편하중이 없는지 확인함

⑥ 화물이 불안정할 경우 슬링와이어 또는 로프 등으로 지게차와 결착시킴

⑦ 이상이 없을 때에는 마스트를 충분히 뒤로 기울여 적재물이 백레스트에 완전히 닿도록 한 후, 포크와 지면의 거리를 20∼30cm 정도의 높이로 유지하고 목적지까지 운반함

## 2. 화물의 운반 방법

① 운행 경로 및 지반 상태를 사전에 파악함

② 화물 운반 시 마스트를 충분히 뒤로 기울이고(4∼6°), 포크와 지면의 거리를 20∼30cm 정도의 높이로 유지하고 주행함

③ 화물을 운반 중인 경우에는 반드시 제한 속도를 준수해야 함(주행 속도 10km/h 초과 불가)

④ 주변 상황을 파악하고, 후진 작업 시 후진경고음과 후사경을 확인하고 주행함

⑤ 급출발 및 급제동, 급선회 등을 하지 않음

⑥ 경사로를 올라가거나 내려갈 때에는 적재물이 경사로의 위쪽을 향하도록 하여 주행하고, 경사로를 내려올 때에는 엔진 브레이크 및 풋 브레이크를 걸고 천천히 운전함

⑦ 지게차 조종석 또는 적하장치에 사람을 태우지 않음

⑧ 포크 밑으로 사람의 출입을 통제함

⑨ 화물이 운전 시야를 가릴 경우 보조자의 수신호를 확인하여 운전함

⑩ 후륜이 뜬 상태로 주행하지 않음

⑪ 뒷바퀴 조향에 유의하며 운행함

⑫ 내리막길에서는 기어를 저단에 놓고 후진 서행함

## 3. 화물의 하역 방법

① 하역하고자 하는 장소의 앞에 접근하였을 때에는 지게차 속도를 감속함

② 하역하고자 하는 장소의 바로 앞에 오면 일단 정지함

③ 틸트 레버를 조작하여 포크를 지면과 수평으로 하고(마스트를 지면과 수직으로 함), 리프트 레버를 이용하여 내려 놓을 위치보다 약간 높은 위치까지 올림

④ 하역 위치를 확인하고 천천히 전진하여 예정된 위치에 내려 놓음

⑤ 천천히 후진하여 포크를 10∼20cm 정도 빼낸 뒤, 약간 들어 올려 안전한 하역 위치까지 밀어 넣음

check
□ **07 지게차 작업안전**

▶ 교재 38p 참고

① 안전벨트를 착용한 후 작업 및 주행해야 함

② 운전이나 정비 중에 관계자 외 접근을 금지함

③ 작업자 1인 이외에 사람을 탑승시키지 않으며, 자격이 없는 자의 조종을 금지함

④ 틸트는 적재물이 백레스트에 완전히 닿도록 한 후 운행함

⑤ 주행 방향을 바꿀 때에는 완전 정지 또는 저속에서 운행함

⑥ 작업 시에는 항상 사람의 접근에 특별히 주의해야 함

⑦ 무거운 물건을 상승시킨 채 오랫동안 방치하지 않아야 함

⑧ 용량을 초과한 화물을 적재하지 않아야 함

⑨ 전진에서 후진 변속 시에는 장비가 정지된 상태에서 해야 함

⑩ 화물의 무게가 가벼운 것은 위로, 무거운 것은 밑으로 적재해야 함

---

**PART 02 | 도로주행**

check
□ **08 도로교통법상 용어의 정의**

▶ 교재 44p 참고

| | |
|---|---|
| 자동차 전용도로 | 자동차만 다닐 수 있도록 설치된 도로 |
| 긴급 자동차 | ① 소방차<br>② 구급차<br>③ 혈액공급차량<br>④ 그 밖에 대통령령으로 정하는 자동차<br>　• 긴급한 우편물의 운송에 사용되는 자동차<br>　• 국군 및 주한 국제연합군용의 긴급자동차에 의하여 유도되는 국군 및 주한 국제연합군의 자동차<br>　• 생명이 위급한 환자 또는 부상자나 수혈을 위한 혈액을 운송 중인 자동차<br>　• 수사기관의 자동차 중 범죄 수사 등 긴급한 업무수행을 위해 사용되는 자동차<br>⑤ 긴급 용무 중일 때만 우선권과 특례의 적용을 받음 |
| 정차 | 운전자가 5분을 초과하지 아니하고 차를 정지시키는 것으로서 주차 외의 정지 상태 |
| 서행 | 운전자가 차 또는 노면전차를 즉시 정지시킬 수 있는 정도의 느린 속도로 진행하는 것 |

| 안전표지 | 교통안전에 필요한 주의 · 규제 · 지시 · 보조 · 노면표지 |
|---|---|
| 안전지대 | 도로를 횡단하는 보행자나 통행하는 차마의 안전을 위하여 안전표지나 이와 비슷한 인공구조물로 표시한 도로의 부분 |

check
## ☐ 09 차마의 통행

▶ 교재 45p 참고

### 1. 차마가 도로의 중앙이나 좌측 부분을 통행할 수 있는 경우

① 도로가 일방통행인 경우

② 도로의 파손, 도로공사나 그 밖의 장애 등으로 도로의 우측 부분을 통행할 수 없는 경우

③ 도로 우측 부분의 폭이 6m가 되지 아니하는 도로에서 다른 차를 앞지르려는 경우

④ 도로 우측 부분의 폭이 차마의 통행에 충분하지 않은 경우

### 2. 통행 우선순위: 긴급자동차 → 긴급자동차 외의 자동차 → 원동기장치자전거 → 자동차 및 원동기장치자전거 외의 차마

check
## ☐ 10 악천후 시 주행 속도

▶ 교재 46p 참고

| 주행 속도 | 이상기후 상태 |
|---|---|
| 최고 속도에서 20/100을 감속 | • 비가 내려 노면이 젖어 있는 경우<br>• 눈이 20mm 미만으로 쌓인 경우 |
| 최고 속도에서 50/100을 감속 | • 폭우 · 폭설 · 안개 등으로 가시거리가 100m 이내인 경우<br>• 노면이 얼어 붙은 경우<br>• 눈이 20mm 이상 쌓인 경우 |

check
## ☐ 11 주정차 및 주차 금지 장소

▶ 교재 47~48p 참고

| 주정차<br>금지 장소 | • 교차로 · 횡단보도 · 건널목이나 보도와 차도가 구분된 도로의 보도<br>• 시장 등이 지정한 어린이 보호구역<br>• 교차로의 가장자리나 도로의 모퉁이로부터 5m 이내인 곳<br>• 소방용수시설 또는 비상 소화장치가 설치된 곳으로부터 5m 이내인 곳<br>• 안전지대가 설치된 도로에서는 그 안전지대의 사방으로부터 각각 10m 이내인 곳<br>• 버스여객자동차의 정류지임을 표시하는 기둥이나 표지판 또는 선이 설치된 곳으로부터 10m 이내인 곳<br>• 건널목의 가장자리 또는 횡단보도로부터 10m 이내인 곳 |
|---|---|
| 주차<br>금지 장소 | • 터널 안 및 다리 위<br>• 도로공사를 하고 있는 경우에는 그 공사 구역의 양쪽 가장자리로부터 5m 이내인 곳<br>• 다중이용업소의 영업장이 속한 건축물로, 소방본부장의 요청에 의해 시 · 도경찰청장이 지정한 곳으로부터 5m 이내인 곳 |

check
## ☐ 12 승차 또는 적재의 방법과 제한

▶ 교재 49p 참고

① 승차 인원, 적재중량 및 적재용량에 관하여 안전기준을 넘어서 승차시키거나 적재한 상태로 운전하려는 경우 출발지를 관할하는 경찰서장의 허가를 받아야 함

② 안전기준을 넘는 화물의 적재허가를 받은 사람은 그 길이 또는 폭의 양끝에 너비 30cm, 길이 50cm 이상의 빨간 헝겊으로 된 표지를 달아야 함

check
## ☐ 13 건설기계관리법

▶ 교재 58p 참고

### 1. 목적

① 건설기계의 효율적인 관리

② 건설기계의 안전도 확보

③ 건설공사의 기계화 촉진

### 2. 정의

① 건설기계: 건설공사에 사용할 수 있는 기계로서 대통령령으로 정하는 것

② 건설기계형식: 건설기계의 구조 · 규격 및 성능 등에 관하여 일정하게 정한 것

## ☐ 14 건설기계등록

▶ 교재 58p 참고

**1. 등록:** 취득한 날부터 2월 이내에 주소지 또는 건설기계의 사용본거지를 관할하는 특별시장·광역시장·특별자치시장·도지사 또는 특별자치도지사(이하 '시·도지사')에게 등록신청서와 첨부서류를 제출

**2. 첨부서류**

① 건설기계의 출처를 증명하는 서류
② 건설기계의 소유자임을 증명하는 서류
③ 건설기계제원표
④ 「자동차손해배상 보장법」에 따른 보험 또는 공제의 가입을 증명하는 서류

**3. 등록사항의 변경:** 건설기계의 등록사항 중 변경사항이 있는 경우에는 30일 이내에 시·도지사에게 신고

## ☐ 15 등록 말소 사유

▶ 교재 59p 참고

**1. 시·도지사 직권에 의해 등록을 말소하는 경우**

① 거짓이나 그 밖의 부정한 방법으로 등록한 경우
② 정기검사 명령, 수시검사 명령 또는 정비명령에 따르지 아니한 경우
③ 건설기계를 폐기한 경우

**2. 소유자의 신청이나 시·도지사의 직권으로 등록을 말소할 수 있는 경우**

① 건설기계가 천재지변 또는 이에 준하는 사고 등으로 사용할 수 없게 되거나 멸실된 경우
② 건설기계의 차대(車臺)가 등록 시의 차대와 다른 경우
③ 건설기계가 건설기계안전기준에 적합하지 아니하게 된 경우
④ 건설기계를 수출하는 경우
⑤ 건설기계를 도난당한 경우
⑥ 건설기계해체재활용업을 등록한 자에게 폐기를 요청한 경우
⑦ 구조적 제작 결함 등으로 건설기계를 제작자 또는 판매자에게 반품한 경우
⑧ 건설기계를 교육·연구 목적으로 사용하는 경우

## ☐ 16 등록번호표

▶ 교재 59~60p 참고

**1. 용도에 따른 색칠 및 등록번호**

| 구분 | | 색상 | 등록번호 |
|---|---|---|---|
| 비사업용 | 관용 | 흰색 바탕에 검은색 문자 | 0001~0999 |
| | 자가용 | | 1000~5999 |
| 대여사업용 | | 주황색 바탕에 검은색 문자 | 6000~9999 |

**2. 특별표지판 부착 대상 건설기계(대형건설기계)**

① 길이가 16.7m를 초과하는 건설기계
② 너비가 2.5m를 초과하는 건설기계
③ 높이가 4m를 초과하는 건설기계
④ 최소회전반경이 12m를 초과하는 건설기계
⑤ 총중량이 40톤 초과, 총중량 상태에서 축하중(축중)이 10톤을 초과하는 건설기계

**3. 등록번호표 반납 기한:** 반납 사유가 발생한 날로부터 10일 이내에 시·도지사에게 반납

## ☐ 17 임시운행

▶ 교재 60p 참고

**1. 임시운행기간:** 15일 이내(신개발 건설기계를 시험·연구의 목적으로 운행하는 경우에는 3년 이내)

**2. 임시운행이 가능한 경우**

① 등록신청을 하기 위하여 건설기계를 등록지로 운행하는 경우
② 신규등록검사 및 확인검사를 받기 위해 건설기계를 검사장소로 운행하는 경우
③ 수출하기 위해 건설기계를 선적지로 운행하는 경우
④ 수출하기 위해 등록말소한 건설기계를 점검·정비의 목적으로 운행하는 경우
⑤ 신개발 건설기계를 시험·연구의 목적으로 운행하는 경우
⑥ 판매 또는 전시를 위해 건설기계를 일시적으로 운행하는 경우

## □ 18 건설기계검사

check

▶ 교재 60~61p 참고

### 1. 건설기계검사의 종류

① 신규등록검사
② 정기검사
③ 구조변경검사
④ 수시검사

### 2. 정기검사의 신청

① 검사유효기간의 만료일 전·후 각각 31일 이내에 정기검사 신청서를 시·도지사 또는 검사대행자에게 제출해야 함
② 검사신청을 받은 시·도지사 또는 검사대행자는 신청을 받은 날부터 5일 이내에 검사일시와 검사장소를 지정하여 신청인에게 통지해야 함

### 3. 출장검사 가능 건설기계

① 도서지역에 있는 경우
② 자체중량이 40톤을 초과하거나 축하중이 10톤을 초과하는 경우
③ 너비가 2.5m를 초과하는 경우
④ 최고 속도가 시간당 35km 미만인 경우

## □ 19 건설기계사업

check

▶ 교재 61p 참고

**1. 사업의 등록:** 대통령령으로 정하는 바에 따라 사업의 종류별로 특별자치시장·특별자치도지사·시장·군수 또는 자치구의 구청장(이하 '시장, 군수·구청장')에게 등록

### 2. 건설기계사업의 종류

① 건설기계대여업
② 건설기계정비업
③ 건설기계매매업
④ 건설기계해체재활용업

## □ 20 건설기계조종사 면허

check

▶ 교재 61~62p 참고

### 1. 면허의 취득

① 시장·군수 또는 구청장에게 건설기계조종사 면허를 받아야 함
② 건설기계조종사 면허는 건설기계의 종류별로 받아야 함

③ 「국가기술자격법」에 따른 해당 분야의 기술자격을 취득하고 적성검사에 합격해야 함

### 2. 면허의 정기적성검사

① 건설기계조종사는 10년마다(65세 이상인 경우는 5년마다) 시장·군수 또는 구청장이 실시하는 정기적성검사를 받아야 함
② 적성검사 기준
• 두 눈을 동시에 뜨고 잰 시력(교정시력 포함)이 0.7 이상이고, 두 눈의 시력이 각각 0.3 이상
• 55데시벨(보청기를 사용하는 사람은 40데시벨)의 소리를 들을 수 있고, 언어분별력이 80% 이상
• 시각이 150도 이상

### 3. 1종 대형운전면허로 조종할 수 있는 건설기계

① 덤프트럭
② 아스팔트살포기
③ 노상안정기
④ 콘크리트믹서트럭
⑤ 콘크리트펌프
⑥ 천공기(트럭적재식)
⑦ 특수건설기계 중 국토교통부장관이 지정하는 건설기계

## □ 21 건설기계조종사 면허의 반납

check

▶ 교재 63p 참고

**1. 면허증 반납 기간:** 면허증 반납 사유가 발생한 날부터 10일 이내에 시장·군수 또는 구청장에게 면허증을 반납해야 함

### 2. 면허증의 반납 사유

① 면허가 취소된 때
② 면허의 효력이 정지된 때
③ 면허증을 재교부받은 후 잃어버린 면허증을 발견한 때
④ 본인의 의사에 따라 면허를 자진해서 반납할 때

## □ 22 건설기계관리법상 벌칙

check

▶ 교재 63p 참고

| 2년 이하의 징역 또는 2천만 원 이하의 벌금 | • 등록되지 아니한 건설기계를 사용하거나 운행한 자<br>• 등록이 말소된 건설기계를 사용하거나 운행한 자 |
|---|---|

| 1년 이하의 징역 또는 1천만 원 이하의 벌금 | • 거짓이나 그 밖의 부정한 방법으로 등록을 한 자<br>• 건설기계조종사 면허를 받지 아니하고 건설기계를 조종한 자<br>• 건설기계를 도로나 타인의 토지에 버려둔 자 |
|---|---|
| 100만 원 이하의 과태료 | • 등록번호표를 부착·봉인하지 아니하거나 등록번호를 새기지 아니한 자<br>• 등록번호표를 가리거나 훼손하여 알아보기 곤란하게 한 자 또는 그러한 건설기계를 운행한 자 |

## PART 03 | 장비구조

### check ☐ 23 엔진구조 개요

▶ 교재 78p 참고

**1. 열기관:** 열에너지를 기계적 에너지로 변환시켜 주는 장치

**2. RPM(Revolution Per Minute):** 분당 회전수

**3. 행정:** 피스톤이 상사점에서 하사점 또는 하사점에서 상사점으로 이동한 거리

### check ☐ 24 4행정 1사이클기관

▶ 교재 78p 참고

**1. 행정 순서:** 흡입 → 압축 → 폭발(동력) → 배기

**2. 4행정 기관에서 크랭크축 기어와 캠축 기어의 지름비 및 회전비**

| 구분 | 크랭크축 | 캠축 |
|---|---|---|
| 지름비 | 1 | 2 |
| 회전비 | 2 | 1 |

### check ☐ 25 디젤기관과 가솔린기관의 비교

▶ 교재 81p 참고

| 구분 | 디젤기관 | 가솔린기관 |
|---|---|---|
| 사용 연료 | 경유 | 휘발유 |
| 흡입 행정 시 연소실로 흡입되는 것 | 공기 | 혼합기<br>(연료 + 공기) |
| 점화 방식 | 압축착화<br>(자기착화) | 불꽃점화 |

### check ☐ 26 기관의 주요부(엔진본체)

▶ 교재 79~81p 참고

**1. 실린더 헤드**

① 위치: 기관에서 가장 위쪽에 위치함

② 재질: 주철과 알루미늄 합금을 사용하며, 이 중 열전도성이 좋고 무게가 가벼운 알루미늄 합금을 주로 사용함

**2. 실린더 블록**

① 실린더 주위에는 냉각수 통로가 설치되어 있음

② 실린더 내경과 행정의 길이에 의한 실린더 분류

| 장행정 기관 | 실린더 내경 < 행정의 길이 |
|---|---|
| 정방형 기관 | 실린더 내경 = 행정의 길이 |
| 단행정 기관 | 실린더 내경 > 행정의 길이 |

**3. 피스톤**

① 피스톤은 폭발행정 시 발생한 팽창압력으로부터 받은 동력을 커넥팅 로드를 통해 크랭크축에 전달함

② 상부의 링 홈에는 3~4개의 피스톤 링이 장착됨

③ 피스톤 링의 3대 작용

• 밀봉(기밀 유지) 작용

• 열전도(냉각) 작용

• 오일제어 작용

**4. 크랭크축:** 피스톤의 직선왕복운동을 회전운동(회전력)으로 전환하여 외부로 전달함

### check ☐ 27 디젤기관(연료장치)

▶ 교재 81~82p 참고

**1. 디젤기관의 장단점**

| 장점 | • 열효율이 높고 연료 소비율이 적음<br>• 인화점이 높은 연료를 사용하므로 취급이 용이함<br>• 가솔린기관에 비해 유해가스가 적게 배출됨<br>• 스로틀 밸브가 없어 흡입행정 시 펌핑 손실을 줄일 수 있음<br>• 저속에서 큰 회전력이 발생함 |
|---|---|
| 단점 | • 폭발압력이 커 기관 구성품의 내구성이 커야 함<br>• 기관 작동 중 진동과 소음이 큼<br>• 기관 출력당 무게가 무거움<br>• 고압 발생 연료장치가 필요함 |

**2. 디젤기관 연소 과정:** 착화 지연 기간 → 화염 전파 기간 → 직접 연소 기간 → 후기 연소 기간

### 3. 디젤기관 노킹 방지책

① 세탄가가 높은 연료를 사용할 것
② 압축비 및 압축압력을 높일 것
③ 흡입 공기 온도 및 기관의 온도를 높일 것
④ 착화 지연 기간을 짧게 할 것

---

check
## ☐ 28 기계식 디젤기관과 전자제어 디젤기관

▶ 교재 82~84p 참고

### 1. 기계식 디젤기관 연료장치

① 연료공급 순서: 연료탱크 → 공급펌프 → 연료필터 (연료 여과기) → 분사펌프 → 분사노즐
② 공급펌프
  • 프라이밍펌프: 연료공급 라인 내의 공기빼기 작업 및 연료를 수동으로 공급할 때 사용
  • 공기빼기 순서: 연료공급펌프 → 연료필터 → 연료분사펌프 → 분사노즐
③ 분사펌프
  • 딜리버리 밸브: 역류 방지, 후적 방지, 잔압 유지의 기능을 함
  • 분사펌프의 플런저와 플런저 배럴 사이의 윤활은 경유로 함

### 2. 전자제어 디젤기관(커먼레일 시스템)

① 연료계통의 분류

| 저압계통 | 연료탱크, 저압펌프, 연료필터 |
|---|---|
| 고압계통 | 고압펌프, 커먼레일, 인젝터 |

② 연료공급 순서: 연료탱크 → 연료필터 → 저압펌프 → 고압펌프 → 커먼레일 → 인젝터
③ 커먼레일기관의 컴퓨터(ECU) 입·출력 요소

| 입력 요소 | 각종 센서 및 스위치 신호 |
|---|---|
| 출력 요소 | 각종 액추에이터(작동기) |

④ 전자식(커먼레일) 디젤엔진의 고압펌프는 캠축에 의해 구동됨
⑤ 엔진 자기진단기능: ECU(전자제어장치)가 엔진의 상태, 연료소비율, 배기가스 점화장치 등의 상태를 감시하고 이상을 자체 진단하며, 결함 발생 시 계기판에 경고등을 점등시켜 운전자에게 알려줌

---

check
## ☐ 29 흡기 및 과급장치

▶ 교재 84~85p 참고

### 1. 흡기장치(공기청정기)

① 흡입 공기 내 이물질과 수분 등을 여과하고 흡기 소음을 감소시킴
② 공기청정기 엘리먼트가 막히면 검은색 배기가스가 배출되고 출력이 저하됨
③ 습식 공기청정기: 엔진오일을 사용함
④ 건식 공기청정기: 청소는 압축공기를 이용하여 안에서 밖으로 불어냄

### 2. 과급장치

① 과급기(터보장치): 흡입 공기량을 증대시켜 체적효율을 향상시키기 위한 일종의 공기압축기
② 터보차저(배기터빈) 방식
  • 배기터빈 과급기에서 터빈축 베어링에는 엔진오일로 급유
  • 디퓨저: 흡입 공기의 속도에너지를 압력에너지로 변환하는 장치

---

check
## ☐ 30 냉각장치

▶ 교재 85~86p 참고

### 1. 개요

① 기관 냉각장치는 기관의 정상 작동 온도를 65~90℃로 유지하기 위한 장치
② 기관의 온도는 실린더 헤드의 물 재킷부의 온도로 표시함

### 2. 수냉식 냉각장치의 구성품

① 압력식 캡(가압식 캡, 라디에이터 캡)
  • 냉각수의 비등점을 높여 냉각 효율의 범위를 넓게 사용하게 함
  • 압력 스프링 및 압력 밸브, 진공 밸브로 구성됨
② 물펌프: 원심식 펌프를 사용하며, 크랭크축과 구동 벨트로 연동하여 회전하면서 냉각수를 순환시킴
③ 수온 조절기: 65℃에서 열리기 시작하여 85℃ 이상에서 완전히 열리며, 라디에이터로 유입되는 냉각수의 양을 조절하고 냉각수의 온도를 일정하게 유지함

| 수온조절기<br>열린 채 고장 | • 기관 과냉<br>• 연료 소비율 증가<br>• 기관 각부 손상 |
|---|---|
| 수온조절기<br>닫힌 채 고장 | • 기관 과열<br>• 기관이 소결될 수 있음 |

## 31 윤활장치

▶ 교재 87~88p 참고

### 1. 윤활유의 기능

① 마찰 및 마모 방지

② 기밀(밀봉) 작용

③ 냉각 작용

④ 세척 작용

⑤ 응력 분산 작용

⑥ 방청 작용

### 2. 윤활유의 구비조건

① 점도지수가 클 것(온도 변화에 따른 점도 변화가 작을 것)

② 인화점 및 착화점이 높을 것

③ 응고점이 낮을 것

④ 비중과 점도가 적당할 것

⑤ 강인한 유막을 형성할 것

⑥ 기포 발생 및 카본 생성이 적을 것

### 3. 윤활방식 및 여과방식의 종류

| 윤활방식 | 비산식, 압송식, 비산 압송식 |
|---|---|
| 여과방식 | 전류식, 분류식, 샨트식 |

### 4. SAE분류

① 윤활유의 점도에 따른 분류로, 번호가 클수록 점도가 높음

② 윤활유의 점도는 온도가 높을수록 낮아지므로, 여름용은 겨울용보다 SAE 번호가 큰 윤활유를 사용함

## 32 기초전기

▶ 교재 100p 참고

### 1. 전압과 전류, 저항

① 전압: 도체 내에서 전류를 흐르게 하는 전기적 압력으로, 단위는 'V(볼트)', 기호는 'E'

② 전류: 도체 내에서의 전자의 이동으로, 단위는 'A(암페어)', 기호는 'I'

③ 저항: 전류가 물질 속을 흐를 때 그 흐름을 방해하는 요소로, 단위는 'Ω(옴)', 기호는 'R'

### 2. 합성저항

① 직렬 연결: $R = R_1 + R_2 + R_3 + \cdots + R_n$

② 병렬 연결: $\dfrac{1}{R} = \dfrac{1}{R_1} + \dfrac{1}{R_2} + \dfrac{1}{R_3} + \cdots + \dfrac{1}{R_n}$

### 3. 전류의 3대 작용

① 발열 작용: 예열 플러그

② 자기 작용: 발전기, 기동 전동기, 인젝터

③ 화학 작용: 축전지(배터리)

### 4. 옴의 법칙

① 도체에 흐르는 전류는 전압에 비례하고, 저항에 반비례한다는 법칙

② $I(전류) = \dfrac{E(전압)}{R(저항)}$

## 33 축전지(배터리)

▶ 교재 101~102p 참고

### 1. 건설기계에서 축전지의 역할

① 기관 시동 시 기동 전동기에 전기적 부하를 담당함

② 발전기 고장 시 일시적으로 필요한 전원을 공급함

③ 건설기계 작동 시 필요한 전기적 부하와 발전기에서 출력되는 전기와의 불평형을 조정함

### 2. 납산 축전지의 특징

① 셀당 기전력은 2.1V

② 12V 축전지는 6개의 셀이 직렬로 연결됨

③ 음(−)극판을 양(+)극판보다 1장 더 설치함

④ 축전지 용량(Ah): A(방전 전류) × h(방전 시간)

⑤ 축전지 직렬 연결 시: 용량은 일정, 전압은 배수

⑥ 축전지 병렬 연결 시: 전압은 일정, 용량은 배수

## 34 시동장치(기동 전동기)의 구조

▶ 교재 103p 참고

### 1. 작동 원리와 종류

① 플레밍의 왼손 법칙: 자력선 내의 도체에 전류가 흐를 때 도체에 작용하는 힘의 방향을 나타내는 법칙

② 전동기의 종류

| 직권식 | • 전기자 코일과 계자 코일이 직렬로 접속됨<br>• 건설기계에는 직류 직권식 전동기를 사용함 |
|---|---|
| 분권식 | 전기자 코일과 계자 코일이 병렬로 접속됨 |
| 복권식 | 전기자 코일과 계자 코일이 직·병렬로 접속됨 |

### 2. 기동 전동기 구성품

① 전기자: 회전하는 부분 전체(전기자 코일, 정류자,

전기자 철심)
② 계철: 고정되는 부분(계자 코일, 계자 철심, 원통)
③ 전자석 스위치: 전기자 피니언 기어를 플라이휠 링 기어에 섭동시키는 역할(풀인 코일, 홀드인 코일)
④ 오버러닝 클러치: 엔진 시동 후 피니언이 링 기어와 맞물려 있으면 전기자가 파손되는데, 이를 방지하기 위해 엔진의 회전력이 전기자에 전달되지 않도록 하는 장치

<sup>check</sup>
□ **35 충전장치의 구조와 기능**

▶ 교재 104p 참고

### 1. 충전장치의 작동 원리와 종류
① 플레밍의 오른손 법칙: 자계 내에서 도체를 운동시키면 도체에서는 유도기전력이 발생한다는 법칙
② 종류: 직류발전기, 교류발전기

### 2. 교류발전기
① 도체가 고정되고 자계가 회전하는 형식. 외부로부터 전원을 공급받아 자계를 형성하는 타여자식 발전기
② 구조 및 기능

| 스테이터 | 3상 코일이 철심에 고정되는 부분. 스테이터 코일이 로터 철심의 자기장을 자르면서 전기(유도전기)가 발생함 |
|---|---|
| 로터 | 양 철심 안쪽에 코일이 감겨 있으며 풀리에 의해 회전하는 부분으로 슬립링을 통해 공급된 전류로 코일이 자기장을 형성하면 철심은 자석이 됨 |
| 슬립링 | 로터 코일에 전류를 공급함 |
| 브러시 | 슬립링에 접속하여 로터 코일에 전류를 공급함 |
| 실리콘 다이오드 | 교류전기를 직류전기로 정류시킴 |
| 전압 조정기 | 로터 코일에 공급되는 전류를 조정함 |

<sup>check</sup>
□ **36 시동 보조장치 및 등화장치**

▶ 교재 105p 참고

### 1. 시동 보조장치
① 기능: 냉간 시동 시 흡입되는 공기 또는 연소실 내에 유입된 공기를 가열하여 시동을 용이하게 함
② 예열 플러그식의 종류

| 코일형 | 히트 코일이 노출된 형식, 직렬접속 |
|---|---|
| 실드형 | 히트 코일을 보호 튜브로 감싸는 형식, 병렬접속 |

### 2. 전조등의 종류

| 실드 빔 형식 | • 렌즈, 반사경, 필라멘트가 일체로 된 형식<br>• 필라멘트가 단선되면 전조등 전체를 교환 |
|---|---|
| 세미 실드 빔 형식 | • 렌즈, 반사경이 일체로 되어 있고 필라멘트는 전구를 사용<br>• 필라멘트가 단선되어도 전구만 교환 |

<sup>check</sup>
□ **37 조향장치**

▶ 교재 116~118p 참고

### 1. 조향장치 구성품
① 조향기어 박스: 내부에 조향기어가 설치되어 있으며, 감속비를 이용해 조향 조작력을 증대시킴
② 피트먼 암: 조향기어로부터 전달된 조향 조작력을 드래그 링크에 전달함
③ 드래그 링크: 피트먼 암과 너클 암을 연결하는 로드
④ 타이로드: 타이로드 길이를 조정하여 토를 조정할 수 있음

### 2. 조향바퀴 정렬의 요소

| 캠버 | 바퀴를 앞에서 보았을 때 바퀴 중심선이 수직선에 대해 바깥쪽(정의 캠버) 혹은 안쪽(부의 캠버)으로 기울어진 것 |
|---|---|
| 토 | 바퀴를 위에서 보았을 때 앞쪽이 뒤쪽보다 좁은 것(토 인) 또는 넓은 것(토 아웃) |
| 캐스터 | 바퀴를 옆에서 보았을 때 킹핀 중심선이 수직선에 대해 앞(부의 캐스터) 또는 뒤(정의 캐스터)로 기울어진 것 |
| 킹핀 경사각 | 바퀴를 앞에서 보았을 때 킹핀 중심선이 수직선에 대해 안쪽으로 기울어진 것 |

<sup>check</sup>
□ **38 동력전달장치의 구조와 기능**

▶ 교재 118~120p 참고

### 1. 동력전달 순서: 기관 → 클러치 또는 토크컨버터 → 변속기 → 드라이브 라인 → 종감속 장치 및 차동장치 → 액슬축 → 바퀴

### 2. 클러치의 필요성
① 기관 시동 시 무부하 상태로 두기 위해

나온 문제는 또 나온다!

# 최다 출제
# 기출 PACK 2회분

동영상 강의
바 로 보 기

· 출제 가능성 높은 기출복원문제만 재구
  성했습니다.
· 좌측 QR코드를 스캔하면 무료특강을 볼
  수 있습니다.

## 01 작업 현장에서 전기 기구 취급 시 주의사항으로 옳지 않은 것은?

① 동력기구 사용 시 정전되었다면 전원 스위치를 끈다.
② 퓨즈가 끊어졌다고 함부로 손을 대면 안 된다.
③ 보호덮개를 씌우지 않은 백열전등으로 된 작업등을 사용한다.
④ 안전점검사항을 확인하고 스위치를 넣는다.

해설 백열전등은 화재 및 화상의 위험이 높으므로 보호덮개를 씌워 사용해야 한다.

## 02 인체에 전류가 흐를 때 위험 정도의 결정 요인으로 가장 관계가 적은 것은?

① 인체에 전류가 흐른 시간
② 인체에 흐른 전류의 크기
③ 인체에 전류가 통과한 경로
④ 전류가 통과한 인체의 성별

해설 인체에 전류가 흐른 경우 위험 정도의 결정 요인에는 인체에 전류가 흐른 시간, 흐른 전류의 크기, 전류가 통과한 경로 등이 있다.

## 03 연삭기의 안전한 사용 방법이 아닌 것은?

① 숫돌 측면의 사용 제한
② 보안경과 방진 마스크 착용
③ 숫돌 덮개 설치 후 작업
④ 숫돌과 받침대 간격을 가능한 한 넓게 유지

해설 연삭숫돌과 받침대의 간격은 3mm 이내로 한다.

## 04 다음 안전보건표지가 나타내는 것은?

① 고압전기경고　　② 레이저광선경고
③ 낙하물경고　　　④ 고온경고

해설 경고표지의 일종으로, 레이저광선경고표지이다.

## 05 기계의 회전 부분(기어, 벨트, 체인)에 덮개를 설치하는 이유는?

① 회전 부분이 신체와 접촉하는 것을 방지하기 위해
② 좋은 품질의 제품을 얻기 위해
③ 회전 부분의 속도를 높이기 위해
④ 제품의 제작 과정을 숨기기 위해

해설 신체의 일부가 접촉하거나 말려 들어가는 것을 방지하기 위해 회전 부분에 덮개를 설치한다.

## 06 작업 시 장갑을 착용하면 안 되는 것은?

① 해머 작업　　　② 청소 작업
③ 차량정비 작업　④ 용접 작업

해설 해머 작업 시 장갑을 착용하면 자루에서 손이 미끄러질 수 있으므로 장갑을 착용하지 않고 작업해야 한다.

**07** 스패너를 사용할 때의 주의사항으로 옳은 것은?

① 스패너를 해머로 사용한다.
② 스패너 입이 너트의 치수보다 큰 것을 사용해야 한다.
③ 너트를 스패너에 깊이 물리고 조금씩 앞으로 당기는 식으로 풀고 조인다.
④ 너트에 스패너를 깊이 물리고 조금씩 밀면서 풀고 조인다.

해설 스패너로 볼트나 너트를 조이거나 풀 경우 밀면서 작업하면 다칠 위험이 있으므로 당기면서 풀고 조여야 한다.

**08** 공구 및 장비의 사용에 대한 설명으로 옳지 않은 것은?

① 공구는 사용 후 공구상자에 넣어 보관한다.
② 볼트와 너트는 가능한 한 소켓렌치로 작업한다.
③ 토크렌치는 볼트와 너트를 푸는 데 사용한다.
④ 마이크로미터를 보관할 때에는 직사광선에 노출시키지 않는다.

해설 토크렌치는 볼트와 너트를 규정 토크로 조일 때 사용한다.

**09** 충전경고등 점검은 어느 때 하는가?

① 키 ON 및 엔진 가동 중
② 엔진 가동 중지 후
③ 고속 운행 중
④ 저속 운행 중

해설 충전경고등은 키 ON 시에 점등되고, 엔진 시동 후 발전기가 작동하면 소등된다.

**10** 엔진에서 공기청정기가 막혔을 경우 발생하는 현상으로 옳은 것은?

① 배기색은 흰색이고, 출력은 증가한다.
② 배기색은 흰색이고, 출력은 저하된다.
③ 배기색은 무색이고, 출력은 증가한다.
④ 배기색은 검은색이고, 출력은 저하된다.

해설 공기청정기가 막히면 연소의 3요소 중 산소의 공급이 부족하게 되어 불완전 연소로 인해 출력이 저하되고 배기색은 검게 된다.

**11** 지게차에 아워미터(시간계)를 설치하는 목적이 아닌 것은?

① 가동 시간에 맞추어 예방정비를 하기 위해서
② 가동 시간에 맞추어 오일을 교환하기 위해서
③ 각 부위의 주유를 정기적으로 하기 위해서
④ 하차 만료 시간을 체크하기 위해서

해설 아워미터는 장비의 가동 시간에 맞추어 점검 및 정비를 하기 위해 설치한다.

**12** 지게차에 대한 설명으로 옳지 않은 것은?

① 연료탱크에 연료가 비어 있으면 연료 게이지는 'E'를 가리킨다.
② 오일압력 경고등은 시동 후 워밍업되기 전에 점등되어야 한다.
③ 암페어 메타의 지침은 방전되면 (−)쪽을 가리킨다.
④ 히터 시그널은 연소실 글로 플러그의 가열 상태를 표시한다.

해설 오일압력 경고등은 시동 전 키 ON 시 점등되고, 시동 후 소등되어야 한다.

**13** 지게차 운전 시의 유의사항으로 옳지 <u>않은</u> 것은?

① 지게차 주행 시 포크 높이와 지면의 거리를 20~30cm 정도로 조절한다.
② 포크의 간격은 화물에 맞게 수시로 조정한다.
③ 시야 확보를 위해 뒤에 사람을 탑승시킨다.
④ 적재물이 높아 전방 시야가 가릴 때에는 후진하여 주행한다.

**해설** 지게차 작업 시에는 운전자 1인만 탑승해야 한다.

**14** 지게차에 허용 하중 이상의 짐을 실었을 경우 나타나는 현상이 <u>아닌</u> 것은?

① 조향이 어려워진다.
② 뒷바퀴가 들린다.
③ 지게차 부품 등이 손상될 수 있다.
④ 작업 속도를 높일 수 있다.

**해설** 허용 하중 이상의 짐을 실을 경우 뒷바퀴가 들려 조향이 어려워지고, 장비가 손상될 수 있다.

**15** 지게차로 화물 운반 중 전복될 경우 중상이나 사망 등의 사고를 방지하기 위해 운전자가 취해야 하는 행동으로 옳지 <u>않은</u> 것은?

① 절대로 뛰어내리지 않는다.
② 조향핸들을 꼭 잡는다.
③ 지게차에서 뛰어내린다.
④ 발에 힘을 주어 버틴다.

**해설** 지게차 전복 시 뛰어내리면 지게차에 깔릴 위험이 높으므로 조향핸들을 꼭 잡고 발에 힘을 주어 버텨야 한다.

**16** 긴급자동차의 종류에 해당하지 <u>않는</u> 것은?

① 혈액공급차량
② 어린이 통학 전용버스
③ 수사기관의 자동차 중 범죄 수사를 위해 사용되는 자동차
④ 국군 및 주한 국제연합군용의 긴급자동차에 의해 유도되는 국군 및 주한 국제연합군의 자동차

**해설** 「도로교통법 시행령」 제2조(긴급자동차의 종류)에 근거하면 소방차, 구급차, 혈액공급차량, 그 밖에 대통령령으로 정하는 자동차 등이 긴급자동차에 해당한다.

**17** 다음 (　　) 안에 들어갈 내용으로 옳은 것은?

> 신호등의 (　　　)가 점멸하는 경우, 차마는 정지선이나 횡단보도가 있을 때에는 그 직전이나 교차로의 직전에 일시정지한 후 다른 교통에 주의하면서 진행할 수 있다.

① 녹색등화
② 황색등화
③ 녹색 화살표
④ 적색등화

**해설** 신호등의 적색등화가 점멸하는 경우, 차마는 정지선이나 횡단보도가 있을 때에는 그 직전이나 교차로의 직전에 일시정지한 후 다른 교통에 주의하면서 진행할 수 있다.

**18** 도로교통법상 3색 등화로 표시되는 신호등의 신호 순서로 옳은 것은?

① 녹색(적색 및 녹색 화살표)등화, 황색등화, 적색등화의 순서이다.
② 녹색(적색 및 녹색 화살표)등화, 적색등화, 황색등화의 순서이다.
③ 적색(적색 및 녹색 화살표)등화, 황색등화, 녹색등화의 순서이다.
④ 적색점멸등화, 황색등화, 녹색(적색 및 녹색 화살표)등화의 순서이다.

해설 3색 등화는 녹색(적색 및 녹색 화살표)등화, 황색등화, 적색등화의 순서이다.

**19** 도로교통법상 철길 건널목을 통과하는 방법으로 옳은 것은?

① 신호등이 없는 철길 건널목을 통과할 때에는 서행으로 통과해야 한다.
② 신호등이 있는 철길 건널목을 통과할 때에는 건널목 앞에서 일시정지하여 안전한지 확인한 후에 통과해야 한다.
③ 신호기가 없는 철길 건널목을 통과할 때에는 건널목 앞에서 일시정지하여 안전한지 확인한 후에 통과해야 한다.
④ 신호기와 관련 없이 철길 건널목을 통과할 때에는 건널목 앞에서 일시정지하여 안전한지 확인한 후에 통과해야 한다.

해설 철길 건널목을 통과하려는 경우에는 건널목 앞에서 일시정지하여 안전한지 확인한 후에 통과해야 한다. 다만, 신호기 등이 표시하는 신호에 따르는 경우에는 정지하지 아니하고 통과할 수 있다.

**20** 교차로 진입 방법에 대한 설명으로 옳은 것은?

① 교차로 중심 바깥쪽으로 좌회전한다.
② 우회전 차는 차로에 관계없이 우회전할 수 있다.
③ 좌회전 차는 미리 도로의 중앙선을 따라 서행하며 진입한다.
④ 좌우회전 시 경음기를 사용하여 주위에 주의 신호를 한다.

해설 좌회전 차는 미리 도로의 중앙선을 따라 서행하며 진입해야 한다.

**21** 건설기계관리법상 등록 말소 사유에 해당하지 않는 것은?

① 건설기계를 수출하는 경우
② 건설기계조종사 면허가 취소된 경우
③ 건설기계의 차대가 등록 시 차대와 다른 경우
④ 거짓 그 밖의 부정한 방법으로 등록한 경우

해설 ①③④ 이외에도 「건설기계관리법」상 등록 말소 사유에는 건설기계를 교육·연구목적으로 사용하는 경우, 건설기계를 폐기하는 경우, 건설기계를 도난당한 경우 등이 있다.

**22** 건설기계조종사 면허를 받은 자가 면허가 취소되거나 면허의 효력이 정지된 경우, 그 사유가 발생한 날로부터 며칠 이내에 주소지를 관할하는 시장·군수 또는 구청장에게 면허증을 반납해야 하는가?

① 7일    ② 10일
③ 20일    ④ 30일

해설 건설기계조종사 면허가 취소되거나 면허의 효력이 정지된 경우, 면허증은 10일 이내에 주소지를 관할하는 시장·군수 또는 구청장에게 반납해야 하고, 등록번호판은 10일 이내에 등록지를 관할하는 시·도지사에게 반납해야 한다.

**23** 소형 또는 대형건설기계조종사 면허증 발급 신청 시 구비서류가 아닌 것은?

① 소형건설기계 조종교육 이수증(소형면허 신청 시)
② 국가기술자격증 정보(대형면허 신청 시)
③ 주민등록등본
④ 신체검사서

해설 건설기계 조종사 면허증을 발급받으려는 경우 ①②④ 이외에도 신청서와 함께 구비서류인 6개월 이내에 촬영한 탈모상반신 사진 2매, 건설기계조종사 면허증(건설기계조종사 면허를 받은 자가 면허의 종류를 추가하고자 하는 경우)을 제출해야 한다.

**24** 건설기계조종사 면허가 취소되었거나 정지된 상태에서 건설기계를 조종한 자에 대한 벌칙은?

① 100만 원 이하의 벌금
② 300만 원 이하의 벌금
③ 1년 이하의 징역 또는 1,000만 원 이하의 벌금
④ 2년 이하의 징역 또는 2,000만 원 이하의 벌금

해설 건설기계 무면허 운전에 대한 처벌은 1년 이하의 징역 또는 1,000만 원 이하의 벌금이다.

**25** 건설기계조종사의 적성 검사에 대한 설명으로 옳은 것은?

① 정기 적성 검사는 2년마다 실시한다.
② 정기 적성 검사는 60세까지만 실시한다.
③ 65세 이상의 경우 3년마다 받는다.
④ 적성 검사에 합격하여야 면허를 받을 수 있다.

해설 건설기계조종사는 적정 검사에 합격해야 면허를 받을 수 있다. 정기 적성 검사는 10년마다(65세 이상의 경우 5년마다) 받는다.

**26** 피스톤 링의 작용이 아닌 것은?

① 기밀 작용
② 열전도 작용
③ 열차단 작용
④ 오일제어 작용

해설 피스톤 링의 3대 작용에는 기밀 작용, 열전도 작용, 오일제어 작용이 있다.

**27** 연소 시 발생하는 질소산화물(NOx)의 발생 원인과 가장 밀접한 관계가 있는 것은?

① 흡입 공기량 부족
② 높은 연소 온도
③ 연료량 부족
④ 에어클리너의 막힘

해설 질소산화물은 높은 연소 온도와 이론공연비에 가깝게 연소할 때 발생하며, 방지책으로 배기가스 재순환 장치(EGR)를 사용한다.

**28** 냉각장치에서 라디에이터 캡을 사용하는 이유는?

① 냉각수의 비등점을 높이기 위해
② 냉각수의 비중을 높이기 위해
③ 엔진의 온도를 높이기 위해
④ 라디에이터 구조를 간단하게 하기 위해

해설 라디에이터 캡(압력식 캡)은 냉각장치 내의 압력을 $0.4 \sim 1.1 \text{kgf/cm}^2$로 유지하여 비등점(비점)을 높여 냉각효율을 높인다.

**29** 디젤기관 부조(떨림) 현상의 원인으로 옳지 않은 것은?

① 발전기 고장
② 연료의 압송 불량
③ 분사 시기 조정 불량
④ 조속기의 작동 불량

**해설** 디젤기관 부조 현상의 원인으로는 연료의 압송 불량, 분사 시기 조정 불량, 조속기의 작동 불량, 연료라인 내 공기 혼입, 분사량 불균율이 큰 경우 등이 있다.

**30** 엔진오일 여과기가 막히는 것을 대비해서 설치하는 것은?

① 체크 밸브
② 릴리프 밸브
③ 바이패스 밸브
④ 오일팬

**해설** 엔진오일 여과기에는 여과기가 막혔을 때 여과기를 거치지 않고 각 윤활부로 엔진오일이 공급될 수 있게 하는 바이패스 밸브를 설치한다.

**31** 커먼레일 디젤기관 시스템의 컴퓨터(ECU) 출력 요소는?

① 공기 유량 센서
② 인젝터
③ 엔진 ECU
④ 브레이크 스위치

**해설** 커먼레일 디젤기관의 ECU는 각종 센서(공기 유량 센서, 엑셀러레이터 포지션 센서, 크랭크각 센서 등)들의 신호를 입력받아 인젝터 등으로 출력 신호를 내보낸다.

**32** 디젤기관의 시동보조장치가 아닌 것은?

① 히트레인지
② 감압장치
③ 과급기
④ 예열 플러그

**해설** 과급기는 기관의 출력을 증대시키기 위한 목적으로 외기를 압축하여 공급하는 일종의 압축기이며, 종류에는 터보차저와 슈퍼차저가 있다.

**33** 윤활유의 기능이 아닌 것은?

① 기밀 작용
② 냉각 작용
③ 방청 작용
④ 응력 집중 작용

**해설** ①②③ 이외에도 윤활유의 기능에는 마찰 및 마모방지 작용, 세척 작용, 응력 분산 작용, 소음 방지 작용 등이 있다.

**34** 건식 공기청정기의 세척 방법으로 옳은 것은?

① 압축오일로 안에서 밖으로 불어낸다.
② 압축오일로 밖에서 안으로 불어낸다.
③ 압축공기로 안에서 밖으로 불어낸다.
④ 압축공기로 밖에서 안으로 불어낸다.

**해설** 건식 공기청정기의 세척 방법은 압축공기(에어건)를 이용하여 안에서 밖으로 불어내는 것이다.

**35** 건설기계에 주로 사용되는 기동 전동기로 옳은 것은?

① 직류분권 전동기
② 직류직권 전동기
③ 직류복권 전동기
④ 교류 전동기

**해설** 건설기계에 주로 사용되는 기동 전동기는 전기자 코일과 계자 코일이 직렬로 연결되어 있는 직류직권 전동기이다.

**36** 교류(AC)발전기에서 실리콘 다이오드 냉각은 무엇으로 하는가?

① 히트싱크
② 냉각튜브
③ 냉각팬
④ 엔드 프레임에 설치된 오일장치

**해설** 교류발전기에서 실리콘 다이오드가 교류전기를 직류로 정류할 때 발생하는 열을 식히기 위해 히트싱크를 사용한다.

**37** 12V 납산 축전지 셀의 구성은?

① 6V의 셀이 2개 있다.
② 4V의 셀이 3개 있다.
③ 3V의 셀이 4개 있다.
④ 2V의 셀이 6개 있다.

해설 12V 납산 축전지는 2V의 셀 6개가 직렬로 연결된다(셀당 기전력은 2.1V이나 시험에는 2V로 출제되는 경우도 있다).

**38** 교류(AC)발전기에서 실리콘 다이오드의 역할로 옳은 것은?

① 전류를 조정한다.
② 전압을 조정한다.
③ 교류를 정류하고 역류를 방지한다.
④ 여자 전류를 조정하고 역류를 방지한다.

해설 실리콘 다이오드는 교류전기를 직류로 정류하고 역류를 방지하는 역할을 한다.

**39** 직권식 기동 전동기의 계자 코일과 전기자 코일의 연결에 대한 설명으로 옳은 것은?

① 직렬로 연결되어 있다.
② 병렬로 연결되어 있다.
③ 직렬 및 병렬로 연결되어 있다.
④ 계자 코일은 병렬, 전기자 코일은 직렬로 연결된다.

해설 • 직권식 전동기: 직렬 연결
• 분권식 전동기: 병렬 연결
• 복권식 전동기: 직·병렬 연결

**40** 옴의 법칙의 공식으로 옳은 것은?

① $I = \dfrac{R}{E}$ 　　　② $E = I \times R$

③ $R = \dfrac{I}{E}$ 　　　④ $I = E \times R$

해설 옴의 법칙은 'I=E/R, E=I×R, R=E/I'이다. 여기에서 I는 전류(A), E는 전압(V), R은 저항(Ω)을 의미한다.

**41** 토크컨버터의 구성품 중 스테이터의 기능에 대한 설명으로 옳은 것은?

① 터빈을 회전시킨다.
② 펌프를 회전시킨다.
③ 오일의 흐름 방향을 바꾸어 터빈의 회전력을 증대시킨다.
④ 변속기 입력축에 회전력을 전달한다.

해설 스테이터는 터빈으로부터 오는 오일의 흐름 방향을 바꾸어 터빈으로 다시 되돌려 터빈의 회전력을 증대시킨다.

**42** 드라이브 라인에서 길이 변화에 대응하기 위해 설치하는 것은?

① 자재 이음 　　　② 슬립 이음
③ 훅 이음 　　　　④ 추진축

해설 드라이브 라인에서 길이 변화에 대응하기 위한 것은 슬립 이음이고, 각도 변화에 대응하기 위한 것은 자재 이음이다.

**43** 지게차 조향바퀴의 얼라인먼트 요소가 <u>아닌</u> 것은?

① 캠버(Camber)　② 토 인(Toe in)
③ 캐스터(Caster)　④ 부스터 (Booster)

**해설** 휠 얼라인먼트의 요소에는 캠버, 캐스터, 토 인, 토 아웃, 킹핀 경사각이 있다.


**44** 지게차의 유압식 조향장치에서 조향 실린더의 직선운동을 회전운동으로 바꾸어 줌과 동시에 타이로드에 직선운동을 주는 것은?

① 벨 크랭크　　② 드래그링크
③ 핑거보드　　④ 스테빌라이저

**해설** 벨 크랭크는 차대 앞부분에 설치되어 드래그링크와 타이로드를 연결하여 조향작용을 한다.


**45** 차동기어장치에서 피니언 기어와 링 기어의 틈새를 무엇이라고 하는가?

① 럿아웃　　② 백래시
③ 베이퍼록　　④ 스프레드

**해설** 백래시란 한 쌍의 기어를 맞물렸을 때 치면(맞물리는 면) 사이에 생기는 틈새이다. 백래시가 너무 작으면 윤활이 불충분해지기 쉬워 치면끼리의 마찰이 커지고, 백래시가 너무 크면 기어의 맞물림이 나빠져 기어가 파손되기 쉽다.


**46** 공기 브레이크에서 브레이크슈를 직접 작동시키는 것은?

① 릴레이 밸브　　② 브레이크 페달
③ 캠　　④ 유압

**해설** 공기 브레이크에서 브레이크슈를 직접 작동시키는 것은 캠이다.


**47** 리듀싱(감압) 밸브에 대한 설명으로 옳지 <u>않은</u> 것은?

① 상시 폐쇄 상태로 되어 있다.
② 유압장치에서 회로 일부의 압력을 릴리프 밸브의 설정 압력 이하로 하고 싶을 때 사용한다.
③ 출구의 압력이 감압 밸브의 설정 압력보다 높아지면 밸브가 작동하여 유로를 닫는다.
④ 입구의 주회로에서 출구의 감압 회로로 유압유가 흐른다.

**해설** 리듀싱(감압) 밸브는 회로 일부의 압력을 릴리프 밸브 설정 압력 이하로 제어할 때 사용하며, 입구의 주회로에서 출구의 감압 회로로 유압유가 흐른다. 또한 상시 개방 상태로 되어 있으며, 출구의 압력이 감압 밸브 설정 압력보다 높아지면 밸브가 작동하여 유로를 닫는다.


**48** 유압탱크의 구비조건으로 옳지 <u>않은</u> 것은?

① 적당한 크기의 주유구 및 스트레이너를 설치하여야 한다.
② 오일 냉각을 위한 쿨러를 설치하여야 한다.
③ 오일에 이물질이 혼입되지 않게 밀폐되어야 한다.
④ 드레인 코크 및 유면계를 설치하여야 한다.

**해설** 오일 쿨러는 유압탱크와 별개의 구성품이다.


**49** 유압회로에서 유압 실린더와 유압모터 등 두 개 이상 사용하는 분기회로에서 순차적으로 작동시키는 밸브는?

① 교축 밸브　　② 시퀀스 밸브
③ 체크 밸브　　④ 릴리프 밸브

**해설** 시퀀스 밸브는 유압회로에서 유압 실린더와 유압모터 등 두 개 이상 사용하는 분기회로에서 순차적으로 작동시키는 밸브이다.

**50** 유압유의 구비조건으로 옳지 <u>않은</u> 것은?

① 강인한 유막을 형성하여야 한다.
② 비압축성이어야 한다.
③ 점도 지수가 커야 한다.
④ 인화점 및 발화점이 낮아야 한다.

해설 ①②③ 이외에도 유압유의 구비조건으로는 인화점 및 발화점이 높을 것, 적당한 점도를 가지고 내부식성이 있을 것, 불활성일 것 등이 있다.

**51** 유압장치에서 내구성이 강하고 작동 및 움직임이 있는 곳에 사용하기 적합한 호스는?

① 강파이프 호스
② 플렉시블 호스
③ 구리스파이프 호스
④ PVC 호스

해설 플렉시블 호스는 굽히기 쉽게 만들어진 호스로, 움직임이 있는 곳에서 사용한다.

**52** 일반적으로 캠(Cam)에 의해 작동되는 유압 밸브로서 액추에이터의 속도를 서서히 감속시키는 데 사용하는 밸브는?

① 감압 밸브
② 카운터 밸런스 밸브
③ 디셀러레이션 밸브
④ 무부하 밸브

해설 액추에이터의 속도를 서서히 감속시키는 밸브는 디셀러레이션 밸브(감속 밸브)이다.

**53** 유압펌프의 소음 발생 원인으로 옳지 <u>않은</u> 것은?

① 펌프의 속도가 너무 빠르다.
② 펌프 축의 센터와 원동기 축의 센터가 일치한다.
③ 펌프 흡입관에 공기가 흡입된다.
④ 흡입되는 작동유 속에 기포가 있다.

해설 펌프 축의 센터와 원동기 축의 센터가 일치하지 않을 때 소음이 발생한다.

**54** 유압장치에서 방향제어 밸브에 대한 설명으로 옳지 <u>않은</u> 것은?

① 유체의 흐름 방향을 변환한다.
② 액추에이터의 속도를 제어한다.
③ 유체의 흐름 방향을 한쪽으로만 허용한다.
④ 유압 실린더나 유압모터의 작동 방향을 바꾸는 데 사용된다.

해설 액추에이터의 속도 제어는 유량제어 밸브가 한다.

**55** 다음 유압기호가 나타내는 것은?

① 가변유압모터　　② 유압펌프
③ 가변토출 밸브　　④ 가변흡입 밸브

해설 원 안의 화살표가 안쪽 방향이면 유압모터이고, 바깥쪽 방향이면 유압펌프를 의미한다. 또한 원을 가로지르는 화살표는 가변용량형을 의미한다.

**56** L자형으로 된 두 개의 구조물로 되어 있으며, 핑거보드에 체결되어 화물을 받쳐 드는 부분에 해당하는 것은?

① 포크
② 백레스트
③ 마스트
④ 카운터 웨이트

**57** 지게차 장비중량에 포함되지 <u>않는</u> 것은?

① 연료
② 냉각수
③ 윤활유
④ 예비타이어

**58** 전동식 지게차의 동력전달 순서 중 ( ) 안에 들어갈 내용으로 옳은 것은?

> 축전지(배터리) → 제어기구 → ( ) →
> 변속기 → 종감속 및 차동기어장치 → 앞바퀴

① 엑슬축
② 구동모터
③ 추진축
④ 클러치

**59** 지게차의 일반적인 조향 방식은?

① 굴절(허리꺾기) 조향 방식
② 앞바퀴 조향 방식
③ 뒷바퀴 조향 방식
④ 작업 조건에 따른 가변 방식

**60** 차량이 남쪽에서 북쪽으로 진행 중일 때, 그림의 표지에 대한 설명으로 옳지 <u>않은</u> 것은?

① 차량을 좌회전하는 경우 '만리재로' 또는 '중림로'로 진입할 수 있다.
② 차량을 좌회전하는 경우 '만리재로' 또는 '중림로' 도로구간의 끝지점과 만날 수 있다.
③ 차량을 직진하는 경우 '서소문공원' 방향으로 갈 수 있다.
④ 차량을 '중림로'로 좌회전하면 '충정로역' 방향으로 갈 수 있다.

## 01 경고표지로 사용되지 않는 것은?

① 방진마스크경고
② 낙하물경고
③ 인화성물질경고
④ 급성독성물질경고

해설 방진마스크는 지시표지이다.

## 02 감전사고 방지책으로 옳지 않은 것은?

① 작업자에게 사전 안전교육을 실시한다.
② 작업자에게 안전보호구를 착용시킨다.
③ 전기 기기에 위험표시를 한다.
④ 전기설비에 약간의 물을 뿌려 감전 여부를 확인한다.

해설 감전사고를 예방하기 위해 전기설비는 물기를 제거해야 한다.

## 03 중량물을 들어 올리는 방법 중 안전상 가장 올바른 것은?

① 지렛대를 이용한다.
② 체인블록을 이용하여 들어 올린다.
③ 로프로 묶고 잡아당긴다.
④ 최대한 힘을 모아 들어 올린다.

해설 중량물을 들어 올리는 가장 안전한 방법은 체인블록을 이용하는 것이다.

## 04 운반 작업을 하는 방법으로 옳지 않은 것은?

① 공동으로 운반할 때는 서로 협조를 하여 작업한다.
② LPG 봄베는 굴려서 운반한다.
③ 긴 물건은 앞쪽을 위로 올린다.
④ 무리한 몸가짐으로 물건을 들지 않는다.

해설 LPG 봄베는 굴려 운반하지 않는다.

## 05 작업장에서 작업복을 착용하는 이유로 옳은 것은?

① 작업장의 질서를 확립하기 위해서
② 작업자의 직책과 직급을 알리기 위해서
③ 재해로부터 작업자의 몸을 보호하기 위해서
④ 작업자의 복장을 통일하기 위해서

## 06 드릴 작업의 안전수칙으로 옳지 않은 것은?

① 드릴에 말려 들어가지 않게 머리가 길면 뒤로 묶은 후 작업한다.
② 칩을 제거할 때에는 회전을 정지시킨 상태에서 솔로 제거한다.
③ 드릴을 끼운 후에 척렌치를 그대로 둔다.
④ 일감을 견고하게 고정시키고, 손으로 잡고 구멍을 뚫지 않는다.

해설 드릴을 끼운 후 척렌치를 제거한다.

**07** 작업장에서 용접 작업의 유해 광선으로 인해 눈에 이상이 생겼을 때의 조치 방법으로 옳은 것은?

① 손으로 비빈 후 과산화수소로 치료한다.
② 냉수로 씻어 낸 냉수포를 얹거나 병원에서 치료한다.
③ 알코올로 씻는다.
④ 뜨거운 물로 씻는다.

해설 용접 작업 중 유해 광선으로 인해 눈이 충혈되었을 때에는 응급조치로 냉수포를 얹은 후 병원 진료를 받아야 한다.

**08** 화재의 분류에서 전기 화재에 해당하는 것은?

① A급 화재　　② B급 화재
③ C급 화재　　④ D급 화재

해설 • A급 화재: 일반 가연물질 화재
• B급 화재: 유류 화재
• D급 화재: 금속 화재

**09** 타이어 트레드에 대한 설명으로 옳지 않은 것은?

① 타이어 공기압이 높으면 타이어 중앙부의 마모가 크다.
② 타이어 트레드가 마모되면 열 발산이 불량하게 된다.
③ 타이어 트레드가 마모되면 선회 능력과 구동력이 저하된다.
④ 타이어 트레드가 마모되면 지면과 접촉하는 면적이 커져 마찰력이 증대되어 제동 성능이 좋아진다.

해설 타이어 트레드는 선회 성능과 구동력을 향상시키고, 옆 방향 및 전진 방향 미끄러짐을 방지하므로 마모가 되면 제동 시 노면과의 마찰력이 감소하여 제동 성능이 저하된다.

**10** 지게차의 일상점검사항에 해당하지 않는 것은?

① 엔진오일의 양 점검
② 냉각수의 양 점검
③ 각부 누유 점검
④ 크랭크축 점검

해설 크랭크축의 점검은 분해정비사항이다.

**11** 자동 변속기가 장착되어 있는 지게차를 주차할 경우 주의사항으로 옳지 않은 것은?

① 포크를 지면에 완전히 내려 놓는다.
② 전·후진 레버를 중립에 놓는다.
③ 주차 브레이크 레버를 당겨 놓는다.
④ 주 브레이크를 제동시켜 놓는다.

해설 주 브레이크는 주차 시가 아니라 작업 또는 주행 중에 사용하는 브레이크이다.

**12** 리프트 체인의 점검 요소에 해당하지 않는 것은?

① 균열(크랙)　　② 마모
③ 힌지 균열　　④ 부식

해설 리프트 체인의 점검 요소에는 균열(크랙), 마모, 부식, 장력 점검 등이 있다.

**13** 지게차 주행 시 포크의 높이로 적절한 것은?

① 지면으로부터 20~30cm
② 지면으로부터 60~70cm
③ 지면으로부터 90cm
④ 최대한 높이 들어 주행한다.

해설 지게차 주행 시 포크 또는 팔레트가 장애물과 충돌하는 것을 방지하기 위해 지면으로부터 20~30cm 정도 높이로 유지해야 한다.

**14** 지게차 작업 시의 안전사항으로 옳지 <u>않은</u> 것은?

① 화물의 바로 앞에 도달하면 안전한 속도로 감속한다.
② 포크의 간격은 팔레트 폭의 1/2 이상 3/4 이하 정도로 유지하여 적재한다.
③ 포크 삽입 시 작업 속도를 높이기 위해 가속 페달을 밟는다.
④ 화물이 불안정할 경우 슬링와이어 또는 로프 등을 사용하여 지게차와 결착한다.

**해설** 포크 삽입 시 삽입 위치를 확인한 후 정면으로 향하여 천천히 삽입해야 한다.

**15** 지게차로 가파른 경사지에서 적재물을 운반하는 방법으로 옳은 것은?

① 적재물을 앞으로 하여 천천히 내려온다.
② 기어의 변속을 중립에 놓고 내려온다.
③ 지그재그로 회전하여 내려온다.
④ 기어의 변속을 저속 상태로 놓고 후진으로 내려온다.

**해설** 가파른 경사지에서 적재물을 운반할 경우 변속기어를 저단에 넣고 엔진 브레이크와 풋 브레이크를 사용하여 후진 서행하며 내려온다.

**16** 교통사고 사상자가 발생하였을 경우 도로교통법상 운전자가 즉시 취해야 하는 조치로 옳은 것은?

① 증인 확보 - 정차 - 사상자 구호
② 즉시 정차 - 증인 확보 - 사상자 구호
③ 즉시 정차 - 사상자 구호 - 신고
④ 즉시 정차 - 위해 방지 - 신고

**해설** 교통사고가 발생하면 즉시 정차하고 사상자를 구호하는 등 필요한 조치를 한 뒤 국가경찰관서에 신고하여야 한다[도로교통법 제54조(사고 발생 시 조치)].

**17** 승차 또는 적재의 방법과 제한에서 운행상의 안전기준을 넘어서 승차 및 적재가 가능한 경우는?

① 도착지를 관할하는 경찰서장의 허가를 받은 때
② 출발지를 관할하는 경찰서장의 허가를 받은 때
③ 관할 시·군수의 허가를 받은 때
④ 동·읍·면장의 허가를 받은 때

**해설** 출발지를 관할하는 경찰서장의 허가를 받은 경우 승차 인원, 적재중량 및 적재용량을 초과하여 운행할 수 있다[도로교통법 제39조(승차 또는 적재의 방법과 제한)].

**18** 비가 내려 노면이 젖어 있는 경우에는 최고 속도에서 얼마나 감속 운행해야 하는가?

① 20/100      ② 30/100
③ 40/100      ④ 50/100

**해설** 비가 내려 노면이 젖어 있거나 눈이 20mm 미만 쌓인 경우에는 최고 속도에서 100분의 20을 줄인 속도로 운행해야 한다.

**19** 녹색신호에서 교차로 내를 직진 중에 황색신호로 바뀌었을 때, 안전운전 방법 중 가장 옳은 것은?

① 속도를 줄여 조금씩 움직이는 정도의 속도로 서행하면서 진행한다.
② 일시정지하여 좌우를 살피고 진행한다.
③ 일시정지하여 다음 신호를 기다린다.
④ 계속 진행하여 교차로를 통과한다.

**해설** 녹색신호에서 교차로 내를 직진 중에 황색신호로 바뀌었을 때에는 계속 진행하여 신속하게 교차로를 통과한다.

**20** 도로교통법상 반드시 서행해야 할 장소로 지정된 곳은?

① 비탈길의 고갯마루 부근
② 안전지대 우측
③ 교통정리가 행해지고 있는 교차로
④ 교통정리가 행해지고 있는 횡단보도

서행해야 하는 장소
• 교통정리를 하고 있지 아니하는 교차로
• 도로가 구부러진 부근
• 비탈길의 고갯마루 부근
• 가파른 비탈길의 내리막

**21** 건설기계관리법상 건설기계등록이 말소된 경우 소유자는 등록번호판을 며칠 이내에 반납해야 하는가?

① 7일　　　　② 10일
③ 15일　　　　④ 30일

건설기계소유자는 건설기계등록이 말소된 경우 등록번호판을 10일 이내에 등록지의 시·도지사에게 반납하여야 한다(건설기계관리법). → 제9조

**22** 건설기계관리법상 건설기계정비업의 범위에 포함되는 것은?

① 엔진오일 보충
② 배터리 점검
③ 전구 교환
④ 브레이크류의 부품 교환

브레이크류의 부품 교환은 건설기계 부분품을 교체하는 것으로 건설기계정비업의 범위에 포함된다.

**23** 건설기계조종사의 면허취소 사유가 아닌 것은?

① 거짓 또는 부정한 방법으로 건설기계의 면허를 받은 때
② 면허정지 처분을 받은 자가 그 정지 기간 중 건설기계를 조종한 때
③ 건설기계의 조종 중 고의로 중대한 사고를 일으킨 때
④ 등록번호표를 가리거나 훼손하여 알아보기 곤란하게 한 건설기계를 운행한 때

등록번호표를 가리거나 훼손하여 알아보기 곤란하게 한 건설기계를 운행한 때에는 100만 원 이하의 과태료 처분을 받는다.

**24** 건설기계등록번호표의 색상 기준으로 옳지 않은 것은?

① 수입용 – 적색 바탕에 흰색 문자
② 자가용 – 흰색 바탕에 검은색 문자
③ 대여사업용 – 주황색 바탕에 검은색 문자
④ 관용 – 흰색 바탕에 검은색 문자

건설기계 등록번호표의 색상 기준은 비사업용(관용. 자가용)은 흰색 바탕에 검은색 문자, 대여사업용은 주황색 바탕에 검은색 문자이다.

**25** 건설기계사업을 영위하고자 하는 자는 누구에게 등록해야 하는가?

① 시·도지사
② 시장·군수 또는 구청장(자치구청장)
③ 국토교통부장관
④ 건설기계 폐기업자

건설기계사업을 하려는 자는 대통령령으로 정하는 바에 따라 사업의 종류별로 시장·군수 또는 구청장(자치구청장)에게 등록하여야 한다(건설기계관리법 제21조).

**26** 엔진오일 교환 방법으로 옳지 <u>않은</u> 것은?

① 오일 레벨게이지의 'F'에 가깝게 오일을 주입한다.
② 엔진오일은 순정품으로 교환한다.
③ 가혹한 조건에서 지속적으로 운전하였을 경우에는 교환 주기를 조금 앞당긴다.
④ 규정된 엔진오일보다는 플러싱 오일로 교체하여 사용한다.

**해설** 플러싱 오일은 잔유제거용 오일이기 때문에 엔진오일 교환 시에는 잔유제거 과정 후 플러싱 오일을 배출하고 규정된 엔진오일로 교체해야 한다.

**27** 4행정 사이클 디젤기관의 크랭크축이 4,000 rpm으로 회전할 때 분사펌프 캠축의 회전수로 옳은 것은?

① 2,000rpm  ② 4,000rpm
③ 6,000rpm  ④ 8,000rpm

**해설** 크랭크축과 캠축의 회전비는 2:1이다.

**28** 예열 플러그를 빼서 보았더니 심하게 오염되어 있었다면 그 원인으로 옳은 것은?

① 불완전 연소 또는 노킹
② 기관의 과열
③ 플러그의 용량 과다
④ 냉각수 부족

**해설** 예열 플러그가 심하게 오염되는 이유는 불완전 연소 및 노킹으로 인해 발생한 카본이 예열 플러그에 축적되었기 때문이다.

**29** 6기통 디젤기관에서 병렬로 연결된 예열 플러그가 있다. 3번 기통의 예열 플러그가 단선되면 어떤 현상이 발생하는가?

① 예열 플러그 전체가 작동이 안 된다.
② 3번 실린더 예열 플러그만 작동이 안 된다.
③ 2번과 4번의 예열 플러그가 작동이 안된다.
④ 축전지 용량의 배가 방전된다.

**해설** 디젤기관의 예열 플러그를 병렬로 연결하면 어느 한 실린더 예열 플러그가 단선이 되더라도 해당 실린더 예열 플러그만 작동이 안 되고 나머지 실린더 예열 플러그는 작동된다.

**30** 엔진의 윤활유에 대한 설명으로 옳지 <u>않은</u> 것은?

① 점도 지수가 높은 것이 좋다.
② 인화점 및 발화점이 높아야 한다.
③ 응고점이 높은 것이 좋다.
④ 적당한 점도가 있어야 한다.

**해설** 엔진의 윤활유는 응고점이 낮아야 한다.

**31** 단행정기관에 대한 설명으로 옳지 <u>않은</u> 것은?

① 실린더 내경이 행정의 길이보다 작은 기관이다.
② 실린더 내경이 행정의 길이보다 긴 기관이다.
③ 피스톤의 평균 속도를 올리지 않고도 기관 회전 속도를 높일 수 있다.
④ 피스톤이 과열되기 쉽다.

**해설** 실린더 내경이 행정의 길이보다 작은 기관은 장행정기관이다.

**32** 디젤기관에서 흡입 행정 시 연소실 내로 흡입하는 것은?

① 공기 　　　　② 가솔린
③ 혼합기 　　　④ 경유

해설 디젤기관은 순수한 공기만을 흡입하여 압축한다.

**33** 예열 플러그가 15~20초에서 완전히 가열되었을 경우에 대한 설명으로 옳은 것은?

① 정상 상태이다.
② 단락되었다.
③ 접지되었다.
④ 다른 플러그가 모두 단선되었다.

해설 예열 플러그가 15~20초에서 완전히 가열되면 정상 상태이다.

**34** 냉각장치의 라디에이터의 압력식 캡에 설치되어 있는 밸브는?

① 진공 밸브와 체크 밸브
② 압력 밸브와 진공 밸브
③ 압력 밸브와 스로틀 밸브
④ 릴리프 밸브와 감압 밸브

해설 라디에이터 압력식 캡은 냉각수의 비등점을 높여주는 역할을 하며, 압력 밸브와 진공 밸브가 설치되어 있다.

**35** 건설기계에 사용되는 12볼트(V), 80암페어(A) 축전지 2개를 병렬로 연결하면 전압과 전류는 어떻게 변하는가?

① 12볼트(V), 80암페어(A)가 된다.
② 12볼트(V), 160암페어(A)가 된다.
③ 24볼트(V), 80암페어(A)가 된다.
④ 24볼트(V), 160암페어(A)가 된다.

해설 배터리 2개를 병렬로 연결하면 전압은 변함이 없고 전류는 접속 개수의 2배가 된다.

**36** 전기회로에서 저항의 병렬접속에 대한 설명으로 옳지 않은 것은?

① 합성저항은 각 저항의 어느 것보다 작다.
② 어느 저항에서나 동일한 전압이 흐른다.
③ 합성저항을 구하는 식은 $R = R_1 + R_2 + R_3 + \cdots + R_n$이다.
④ 합성저항이 감소하는 것은 전류가 나누어져 저항 속을 흐르기 때문이다.

해설 병렬접속의 합성저항은 $\frac{1}{R} = \frac{1}{R_1} + \frac{1}{R_2} + \frac{1}{R_3} + \cdots + \frac{1}{R_n}$이다.

**37** 축전지 전해액의 온도가 내려가면 비중은 어떻게 되는가?

① 내려간다. 　　② 올라간다.
③ 일정하다. 　　④ 무관하다.

해설 축전지 전해액의 온도와 비중은 서로 반비례 관계이므로, 온도가 내려가면 비중은 올라간다.

**38** 지게차의 엔진에 사용되는 기동 전동기가 회전이 안 되거나 회전력이 약한 원인이 <u>아닌</u> 것은?

① 시동 스위치 접촉 불량
② 배터리 단자 접촉 불량
③ 배터리 전압 낮음
④ 피니언 기어의 마모

해설 피니언 기어가 마모되면 기동 전동기의 회전력이 플라이휠 링 기어에 전달되지 않는다.

**39** 교류(AC)발전기의 구성품이 <u>아닌</u> 것은?

① 스테이터 코일　　② 슬립링
③ 전류 조정기　　　④ 다이오드

해설 교류발전기에는 전류 조정기가 없고 전압 조정기만 있다.

**40** 납산 축전지(배터리)의 전해액을 보충하기 위해 사용하는 것은?

① 빗물　　　　　② 수돗물
③ 소금물　　　　④ 증류수

해설 납산 축전지의 전해액이 부족한 경우 순수한 물인 증류수를 보충한다.

**41** 지게차에 사용하는 동력조향장치 주요부 중 작동부에 사용하는 유압 실린더는?

① 단로드 단동식　　② 단로드 복동식
③ 양로드 단동식　　④ 양로드 복동식

해설 지게차에 사용하는 조향장치 유압 실린더는 좌우 바퀴를 제어하기 위해 양로드 복동식을 사용한다.

**42** 브레이크 드럼이 갖추어야 하는 조건으로 옳지 <u>않은</u> 것은?

① 내마멸성이 커야 한다.
② 정적·동적 평형이 좋아야 한다.
③ 재질이 단단하고 무거워야 한다.
④ 열이 잘 발산되어야 한다.

해설 브레이크 드럼은 재질이 단단하고 가벼워야 한다.

**43** 지게차 동력전달 계통에서 최종적으로 구동력을 증가시키는 것은?

① 트랙 모터　　　② 종감속 기어
③ 스프로킷　　　④ 변속기

해설 동력전달 장치에서 최종적으로 구동력을 증가시키는 것은 종감속 기어이며, 종감속 기어는 링 기어와 피니언 기어로 이루어져 있다.

**44** 토크컨버터에 대한 설명으로 옳지 <u>않은</u> 것은?

① 펌프 임펠러, 터빈 러너, 가이드링으로 구성되어 있다.
② 토크 변환율은 2~3:1이다.
③ 오일을 매체로 하여 클러치 역할을 한다.
④ 펌프는 크랭크축과 연결되고 터빈은 변속기 입력축과 연결된다.

해설 토크컨버터는 펌프 임펠러, 터빈 러너, 스테이터로 구성되어 있으며, 오일을 매체로 하여 일종의 클러치 역할을 한다.

**45** 변속기의 필요성과 관계가 <u>없는</u> 것은?

① 시동 시 장비를 무부하 상태로 한다.
② 기관의 회전력을 증대시킨다.
③ 장비의 후진 시 필요하다.
④ 환향을 빠르게 한다.

**해설** 변속기는 클러치와 추진축 또는 클러치와 종감속 기어 사이에 설치하며, 건설기계의 후진, 기관 회전력 증대, 기관 시동 시 장비를 무부하 상태로 두기 위해 필요하다.

**46** 수동 변속기가 장착된 지게차에서 클러치 용량은 기관 최대 출력의 몇 배로 설계하는 것이 적당한가?

① 0.5~1.5배  ② 1.5~2.5배
③ 3~4배  ④ 5~6배

**해설** 클러치 용량은 기관 최대 출력의 1.5~2.5배로 설계하는 것이 적당하다. 용량이 너무 크면 시동이 꺼지기 쉽고, 용량이 너무 작으면 클러치가 미끄러진다.

**47** 공동 현상이라고도 하며, 소음과 진동이 발생하고 양정과 효율이 저하되는 현상은?

① 캐비테이션  ② 스트로크
③ 제로랩  ④ 오버랩

**해설** 공동 현상이란 캐비테이션이라고도 하며, 유체의 압력이 급격하게 변화하여 상대적으로 압력이 낮은 곳에 공동이 생기는 현상을 말한다. 이때 공동이 높은 압력을 받아 무너지면서 강한 충격이 발생한다.

**48** 다음 유압기호 중 체크 밸브를 나타내는 것은?

**해설** ② 유압동력원, ③ 압력원, ④ 드레인 플러그이다.

**49** 유압펌프의 토출량을 나타내는 단위로 옳은 것은?

① psi  ② LPM
③ kPa  ④ W

**해설** 유압펌프 토출량의 단위
• LPM(Liter Per Minute)
• GPM(Gallon Per Minute)

**50** 유압회로 내의 유압유 점도가 너무 낮을 때 생기는 현상이 <u>아닌</u> 것은?

① 시동 저항이 커진다.
② 오일 누설에 영향이 크다.
③ 회로 압력이 떨어진다.
④ 펌프 효율이 떨어진다.

**해설** 유압유의 점도가 낮을 경우 오일 누설이 많아지고 회로 압력 및 펌프 효율이 떨어질 뿐만 아니라 시동 저항이 낮아진다.

**51** 어큐뮬레이터(축압기)의 용도가 **아닌** 것은?

① 압력 보상　② 유압에너지 축적
③ 충격 흡수　④ 릴리프 밸브 제어

해설 축압기는 주로 질소가스를 사용하는 기체 압축형이며, 유압회로 내의 압력 보상, 맥동압력(충격압력) 흡수, 유압에너지 축적을 위해 사용한다.

**52** 회전운동을 하는 유압기기는?

① 유압 실린더　② 유압모터
③ 유압탱크　④ 유압필터

해설 유압기기 중 회전운동을 하는 것은 유압모터이고, 직선운동을 하는 것은 유압 실린더이다.

**53** 일반적으로 건설기계의 유압펌프는 무엇에 의해 구동되는가?

① 엔진의 플라이휠에 의해 구동된다.
② 변속기 P.T.O. 장치에 의해 구동된다.
③ 에어 컴프레셔에 의해 구동된다.
④ 캠축에 의해 구동된다.

해설 건설기계의 유압펌프는 엔진의 플라이휠과 직결되어 있다.

**54** 유압작동유의 구비조건으로 옳지 **않은** 것은?

① 적당한 점도가 있어야 한다.
② 응고점이 낮아야 한다.
③ 내열성이 높아야 한다.
④ 압축성이 높아야 한다.

해설 유압작동유는 비압축성이어야 한다.

**55** 유압회로 내의 유압이 상승하지 않을 때 점검사항으로 옳지 **않은** 것은?

① 오일탱크의 오일의 양 점검
② 펌프로부터 정상 유압이 발생하는지 점검
③ 자기탐상법에 의한 작업장치의 균열 점검
④ 오일이 누출되는지 점검

해설 자기탐상법은 철강제품의 끝이나 속에 생긴 미세한 균열을 자기력선 속의 변화를 이용하여 찾아내는 비파괴 검사법으로, 유압이 상승하지 않을 때의 점검사항은 아니다.

**56** 지게차 틸트 장치에 대한 설명으로 옳은 것은?

① 틸트 레버를 당기면 틸트 실린더 로드가 수축하고 마스트는 앞으로 기운다.
② 틸트 레버를 당기면 틸트 실린더 로드가 팽창하고 마스트는 앞으로 기운다.
③ 틸트 레버를 밀면 틸트 실린더 로드가 수축하고 마스트는 앞으로 기운다.
④ 틸트 레버를 밀면 틸트 실린더 로드가 팽창하고 마스트는 앞으로 기운다.

해설 틸트 레버를 밀면 틸트 실린더 로드가 팽창하고 마스트는 앞으로 기울고, 틸트 레버를 당기면 틸트 실린더 로드가 수축하고 마스트가 뒤로 기운다.

**57** 최소직각교차 통로폭에 대한 설명으로 옳은 것은?

① 전폭이 작을수록 통로폭이 작아진다.
② 전폭이 작을수록 통로폭이 커진다.
③ 전고가 낮을수록 통로폭이 작아진다.
④ 전고가 낮을수록 통로폭이 커진다.

해설 최소직각교차 통로폭은 지게차의 전폭과 관련되며, 전폭이 작을수록 통로폭이 작아진다.

**58** 포크 가이드에 대한 설명으로 옳은 것은?

① 포크를 보호하는 장치이다.
② 포크를 좌우로 이동시키기 위해 필요하다.
③ 포크를 상하로 이동시키기 위해 필요하다.
④ 포크를 이용하여 다른 짐을 이동할 목적으로 사용하기 위해 필요하다.

해설 포크 가이드는 포크를 이용하여 다른 짐을 이동할 목적으로 사용하기 위해 필요하다.

**59** 지게차에 사용되는 리프트 실린더 및 틸트 실린더의 형식은?

① 틸트 실린더와 리프트 실린더 모두 복동 방식이다.
② 틸트 실린더와 리프트 실린더 모두 단동 방식이다.
③ 틸트 실린더는 복동 방식이고, 리프트 실린더는 단동 방식이다.
④ 틸트 실린더는 단동 방식이고, 리프트 실린더는 복동 방식이다.

해설 지게차의 틸트 실린더는 복동 싱글 로드 형식이고, 리프트 실린더는 단동 램형 실린더이다.

**60** 차량이 남쪽에서 북쪽으로 진행 중일 때, 그림에 대한 설명으로 옳지 <u>않은</u> 것은?

① 차량을 좌회전하면 '충정로' 도로구간 시작지점에 진입할 수 있다.
② 차량을 우회전하면 '새문안길' 도로구간 시작지점에 진입할 수 있다.
③ 차량을 직진하면 '연신내역' 방향으로 갈 수 있다.
④ 차량을 우회전하면 '시청' 방향으로 갈 수 있다.

해설 차량을 좌회전하면 '충정로' 도로구간 끝지점에 진입할 수 있다.

## PLUS 초단기 합격팩 특별 제공

### ① 초압축 핵심요약+최다 출제 기출 PACK

반드시 봐야 할 이론과 기출복원문제만 모았다. 무료 동영상 강의를 함께 보며 시험 대비 핵심이론과 문제만 빠르게 익힐 수 있다.

▶무료 동영상 강의 보기: 에듀윌 도서몰(book.eduwill.net) ⟫ 동영상 강의실 ⟫ '지게차' 검색

### ② CBT 기출복원 모의고사 서비스(10회분)

모바일과 PC로 실제 CBT화면을 통한 10회분의 기출복원문제를 풀이하며 실전감각을 익힐 수 있다.

### ③ 꿀팁 영상과 함께 보는 지게차 실기 합격 가이드

실기 시험 준비부터 종료까지, 꿀팁 영상과 함께 실기시험을 완벽하게 대비할 수 있다.

# 지게차 필기시험 소개

## 1 시험 기본 정보

- **시행처:** 한국산업인력공단
- **문항 수/시험시간:** 총 60문항/1시간
- **합격기준:** 100점 만점 중 60점 이상
- **필기검정방법:** 전과목 혼합, 객관식
- **응시료:** 필기 14,500원/실기 25,200원

## 2 필기시험 출제기준

| 주요 항목 | 세부 항목 | 이론 찾아가기 | |
|---|---|---|---|
| 1. 안전관리 | 1. 안전보호구 착용 및 안전장치 확인 | **CH01** 안전관리 | p. 12 |
| | 2. 위험요소 확인 | | |
| | 3. 안전운반 작업 | | |
| | 4. 장비 안전관리 | | |
| 2. 작업 전 점검 | 1. 외관 점검 | **CH02** 작업 전·후 점검 | p. 28 |
| | 2. 누유·누수 확인 | | |
| | 3. 계기판 점검 | | |
| | 4. 마스트·체인 점검 | | |
| | 5. 엔진시동 상태 점검 | | |
| 3. 화물 적재 및 하역작업 | 1. 화물의 무게중심 확인 | **CH03** 화물 적재, 하역 및 운반 작업 | p. 37 |
| | 2. 화물 하역작업 | | |
| 4. 화물운반작업 | 1. 전·후진 주행 | | |
| | 2. 화물 운반작업 | | |
| 5. 운전시야 확보 | 1. 운전시야 확보 | | |
| | 2. 장비 및 주변상태 확인 | | |
| 6. 작업 후 점검 | 1. 안전주차 | **CH02** 작업 전·후 점검 | p. 28 |
| | 2. 연료 상태 점검 | | |
| | 3. 외관 점검 | | |
| | 4. 작업 및 관리일지 작성 | | |
| 7. 건설기계관리법 및 도로교통법 | 1. 도로교통법 | **CH01** 도로교통법 | p. 44 |
| | 2. 안전운전 준수 | | |
| | 3. 건설기계관리법 | **CH02** 건설기계관리법 | p. 58 |
| 8. 응급대처 | 1. 고장 시 응급대처 | **CH01** 도로교통법 | p. 44 |
| | 2. 교통사고 시 대처 | | |
| 9. 장비구조 | 1. 엔진구조 | **CH01** 엔진구조 | p. 78 |
| | 2. 전기장치 | **CH02** 전기장치 | p. 100 |
| | 3. 전·후진 주행장치 | **CH03** 전·후진 주행장치 | p. 116 |
| | 4. 유압장치 | **CH04** 유압장치 | p. 131 |
| | 5. 작업장치 | **CH05** 작업장치 | p. 154 |

\* 2025. 1. 1.부터 출제기준이 변경되었습니다. 본 교재는 개편된 출제기준을 반영하고 있습니다.

\* 추가 시험 정보는 큐넷 홈페이지(www.q-net.or.kr)를 참고하시기 바랍니다.

# CBT 시험 체험 안내

## 1 CBT 시험 웹체험 서비스 접속하기

**처음** 방문하셨나요?
큐넷 서비스를 **미리 체험**해보고
사이트를 쉽고 빠르게 이용할 수 있는
**이용 안내, 큐넷 길라잡이**를 제공.

| | |
|---|---|
| 큐넷 체험하기 | CBT 체험하기 **클릭** |
| 이용안내 바로가기 | 큐넷길라잡이 보기 |
| 동영상 실기시험 체험하기 | |
| 전문자격시험체험학습관바로가기 | |

① 큐넷 홈페이지(www.q-net.or.kr) 하단의 CBT 체험하기를 클릭합니다.
② 튜토리얼에 따른 안내사항, 유의사항 등을 모두 확인합니다. 튜토리얼 내용 확인을 원하지 않을 경우 '튜토리얼 나가기'를 클릭한 뒤 '시험 바로가기'를 클릭하면 시험이 시작됩니다.

## 2 CBT 시험 웹체험 문제풀이 실시하기

**1 글자크기 조정:** 본인에게 편한 글자 크기로 변경할 수 있습니다.

**2 화면배치 변경:** 화면에 문제가 2개, 2단으로 여러 개, 1개씩 보이도록 변경할 수 있습니다.

**3 정보 확인:** 문제를 풀기 전, [수험번호]와 [수험자명]이 본인의 정보인지 확인합니다. 문제풀이 시에는 [남은시간]과 [안 푼 문제 수]를 수시로 체크하며 시간을 분배합니다.

**4 정답체크:** 선택지 번호를 클릭하면 ●으로 변경되며, 우측 [답안 표기란]에 체크됩니다. [답안 표기란]에서 직접 번호를 클릭해도 됩니다.

**5 다음▶:** 다음 화면에 있는 문제를 풀고자 할 때 사용합니다.

**6 안 푼 문제:** 3에 있는 [안 푼 문제 수]를 확인하고 해당 버튼을 눌러 안 푼 문제의 번호를 클릭하면 해당 문제로 바로 이동할 수 있습니다.

**7 계산기:** 계산이 필요한 문제가 나올 경우 사용할 수 있습니다.

**8 답안제출:** 문제를 모두 푼 후 해당 버튼을 눌러 합격 여부를 확인합니다.

# 필기시험 원서접수 절차

## 1 시험 일정 확인 및 원서 접수

① 큐넷 홈페이지(www.q-net.or.kr)에 접속하여 아이디와 비밀번호를 입력한 뒤 '로그인'을 합니다.

※ 아이디가 없는 경우 '회원가입하기'를 눌러 회원가입을 진행합니다.

② 메인화면에서 '원서접수'를 클릭하면 최근 기간에 해당하는 시험 일정을 확인할 수 있습니다. 시험 일정을 확인한 뒤, '접수하기'를 클릭합니다.

③ 응시종목명을 선택하고, 페이지 아래 수수료 환불 관련 안내사항에 체크 표시한 후 '다음' 버튼을 누릅니다.

| 응시시험명 | 2023년 상시 기능사 25회 필기 |
|---|---|
| 응시종목명 | 지게차운전기능사 |
| 핸드폰 | 회원정보수정바로가기 |

④ 이후 순서에 따라 응시자의 정보를 선택 또는 입력합니다.

자격선택 > 종목선택 > 응시유형 > 장소선택 > 결제하기 > 접수완료

## 2 시험 응시

① 시험 당일 신분증과 필기구를 지참해야 합니다.

② 고사장은 시험 시작 20분 전부터 입실이 가능합니다.

③ 시험은 CBT 방식(컴퓨터로 시험)으로 시행합니다.

④ 답안 제출 후, 합격 여부가 바로 표시됩니다.

※ 시험 응시절차 및 세부사항은 변경될 수 있습니다. 자세한 사항은 큐넷 홈페이지(www.q-net.or.kr)에서 확인하길 바랍니다.

# 차례

※ 표시된 문제 수는 각 챕터의 출제예상문제 수입니다. 이에 따라 우선순위를 두고 학습하세요.

# 01 안전관리

▶ 강의보기    문제보기 18p

출제예상
**8문제**

• 출제 비율이 높은 챕터입니다. 안전보건표지의 종류 및 수공구 사용 시 안전에 대한 문제가 특히 자주 출제되니 꼭 체크하세요.

## 1 안전보호구 착용

### 1. 안전보호구

① 의미: 안전보호구는 산업현장에서 재해를 예방하기 위해 작업자가 작업 전 착용하는 기구나 장치를 말한다.

② 안전보호구의 구비조건

　㉠ 착용이 용이하고 사용자에게 편리해야 함

　㉡ 보호성능 기준에 적합하고 보호성능이 보장되어야 함

　㉢ 품질이 양호해야 함

　㉣ 구조와 끝마무리가 양호해야 함

　㉤ 겉모양과 표면이 매끈하고 외관상 양호해야 함

### 2. 안전보호구의 종류

① 안전모: 물체가 떨어지거나 날아올 위험 또는 근로자가 추락할 위험이 있는 작업 시 착용한다.

② 안전화: 물체의 낙하 충격, 물체 끼임, 감전 등에 의한 위험이 있는 작업 시 착용한다.

　㉠ 중 작업용: 강재(鋼材) 운반, 건설업 등에서의 중량물 운반 작업 및 가공대상물의 중량이 큰 물체를 취급하는 곳에서 착용

　㉡ 보통 작업용: 일반적으로 기계공업, 금속가공업, 운반 등 공구가공품을 손으로 취급하는 작업 및 차량사업장, 기계 등을 운전·조작하는 일반 작업장에서 착용

　㉢ 경 작업용: 금속 선별, 전기제품조립, 식품가공업 등 비교적 경량의 물체를 취급하는 작업장에서 착용

　㉣ 절연용: 전기 감전을 방지하기 위해 착용

③ 안전대: 높이 또는 깊이가 2m 이상이고 추락 위험이 있는 장소에서 작업 시 착용한다.

④ 보안면: 용접 중 불꽃이나 물체가 흩날릴 위험이 있는 작업 시 착용한다.

⑤ 보안경

　㉠ 일반 보안경: 물체가 흩날릴 위험이 있거나 분진 발생이 많은 작업 시 착용

　㉡ 차광용 보안경: 자외선, 적외선, 가시광선 등으로부터 눈을 보호하며, 용접 작업 시 주로 착용

　㉢ 도수렌즈 보안경: 근시, 원시 또는 난시인 근로자가 보안경을 착용해야 하는 장소에서 작업하는 경우 또는 빛이나 비산물 및 기타 유해 물질로부터 눈을 보호하고 시력을 교정하기 위해 착용

> **심화** 보안경의 유지관리 방법
> ① 렌즈는 매일 깨끗이 닦음
> ② 흠집이 있는 보안경은 교환함
> ③ 성능이 떨어진 헤드 밴드는 교환함
> ④ 교환렌즈는 안전상 앞면으로 빠지도록 함

⑥ 마스크: 산소 결핍이 우려되는 장소에서 작업 시, 분진 및 유독가스가 발생하는 작업 시 착용한다.

　㉠ 방독 마스크: 유독가스 발생 장소에서 착용

　㉡ 방진 마스크: 분진 발생 장소에서 착용

　㉢ 송기 마스크(공기 마스크): 산소 결핍이 우려되는 장소에서 착용

⑦ 방열복: 고열에 의한 화상 등의 위험이 있는 작업 시 착용한다.

### 3. 안전보호구의 관리

① 관리자는 안전보호구를 상시 점검하여 이상이 있는 것은 수리하거나 다른 것으로 교환해 주어야 한다.

② 안전보호구를 사용한 후에는 손질하여 건조시킨 후 습기가 없고 청결한 장소에 보관한다.

③ 방진 마스크는 필터를 주기적으로 교환한다.

④ 여러 명이 공동으로 사용할 경우 질병 감염의 우려가 있는 보호구는 전용보호구를 지급해야 한다.

## 2 위험요소 확인

### 1. 안전보건표지

①「산업안전보건법」상 안전표지는 색채, 내용, 모양으로 구성된다.

② 안전보건표지의 색채

　㉠ 금지표지: 바탕은 흰색, 기본모형은 빨간색, 관련 부호와 그림은 검은색

ⓒ 경고표지
- 바탕은 노란색, 기본모형 및 관련 부호와 그림은 검은색
- 다만, 인화성물질경고, 산화성물질경고, 폭발성물질경고, 급성독성물질경고, 부식성물질경고 및 발암성·변이원성·생식독성·전신독성·호흡기과민성물질경고의 경우 바탕은 무색, 기본모형은 빨간색(검은색도 가능)

ⓒ 지시표지: 바탕은 파란색, 관련 그림은 흰색

ⓒ 안내표지: 바탕은 흰색, 기본모형 및 관련 부호는 녹색 또는 바탕은 녹색, 관련 부호와 그림은 흰색

③ 안전보건표지의 종류

㉠ 금지표지

| 출입금지 | 보행금지 | 차량통행금지 | 사용금지 |
|---|---|---|---|
| | | | |
| 탑승금지 | 금연 | 화기금지 | 물체이동금지 |
| | | | |

ⓒ 경고표지

| 인화성물질경고 | 산화성물질경고 | 폭발성물질경고 | 급성독성물질경고 |
|---|---|---|---|
| | | | |
| 부식성물질경고 | 방사성물질경고 | 고압전기경고 | 매달린물체경고 |
| | | | |
| 낙하물경고 | 고온경고 | 저온경고 | 몸균형상실경고 |
| | | | |
| 레이저광선경고 | 발암성·변이원성·생식독성·전신독성·호흡기과민성물질경고 | | 위험장소경고 |
| | | | |

ⓒ 지시표지

| 보안경착용 | 방독마스크착용 | 방진마스크착용 |
|---|---|---|
| | | |
| 보안면착용 | 안전모착용 | 귀마개착용 |
| | | |
| 안전화착용 | 안전장갑착용 | 안전복착용 |
| | | |

ⓒ 안내표지

| 녹십자표지 | 응급구호표지 | 들것 | 세안장치 |
|---|---|---|---|
| | | | |
| 비상용기구 | 비상구 | 좌측비상구 | 우측비상구 |
| | | | |

> 참고 「산업안전보건법 시행규칙」 [별표 6]

## 2. 위험요소 판단

① 재해 관련 용어

㉠ **산업재해**: 노동 과정에서 작업환경 또는 작업행동 등의 업무상 사유로 발생하는 노동자의 신체적·정신적 피해

ⓒ **낙하**: 물체가 높은 곳에서 낮은 곳으로 떨어져 가해지는 재해

ⓒ **협착**: 움직이는 부분 사이 또는 움직이는 부분과 고정된 부분 사이에 신체 또는 신체의 일부분이 끼이거나 물리거나 말려들어감으로 인해 발생하는 재해

ⓒ **전도**: 사람이 바닥 등의 장애물 등에 걸려 넘어지는 재해

ⓒ **추락**: 사람이 높은 곳에서 떨어지는 재해

② 지게차 화물의 낙하 재해 예방 방법

㉠ 화물의 적재 상태를 확인함

ⓒ 허용 하중을 초과하여 적재하지 않음

ⓒ 마모가 심한 타이어는 교체함

ⓒ 작업장 바닥의 장애물 및 요철을 확인함

ⓜ 자격이 없는 자의 탑승을 금지함

ⓗ 중량물 작업 시에는 체인블록 등을 이용하여 들어올림

③ 지게차 협착 재해 예방 방법

　　㉠ 지게차의 전용 통로를 확보함

　　㉡ 운행 구간별 규정 속도를 지정하고 표지판을 부착함

　　㉢ 사각지대 및 교차로 등에 반사경을 설치함

　　㉣ 운전 시야를 확보하고 불안전한 화물 적재를 금지함

④ 지게차 전도 재해 예방 방법

　　㉠ 연약한 지반 구간에서는 받침판을 사용하고 편하중에 주의하며 작업함

　　㉡ 지게차의 최대 용량을 무시하거나 무리하게 작업하지 않음

　　㉢ 급선회, 급제동 및 급출발 등을 하지 않음

⑤ 추락 재해 예방 방법

　　㉠ 작업 전 안전벨트를 착용함

　　㉡ 운전자 이외의 작업자를 탑승시키지 않음

　　㉢ 지게차를 이용한 고소작업을 금지함

　　㉣ 고정식 사다리 또는 임시가설물인 비계를 사용해 작업함

### 3 기계·기구 및 공구에 관한 사항

#### 1. 드라이버 작업안전

① 드라이버 날 끝이 나사 홈의 너비와 길이에 맞는 것을 사용한다.

② (−) 드라이버 날 끝은 평평한 것이어야 한다.

③ 이가 빠지거나 둥글게 된 것은 사용하지 않는다.

④ 작은 공작물이라도 한 손으로 잡지 않으며, 바이스 등으로 고정하고 사용한다.

⑤ 전기 작업 시에는 절연손잡이로 된 드라이버를 사용한다.

⑥ 손이 닿지 않거나 작업이 불편한 곳에서 나사를 조일 때에는 자석의 성질을 가진 드라이버를 사용한다.

#### 2. 드릴 작업안전

① 드릴 작업 시 재료 밑의 받침으로는 나무판을 사용한다.

② 일감을 견고하게 고정해야 하며, 손으로 잡고 구멍을 뚫지 않는다.

③ 칩을 제거할 때에는 드릴 회전을 정지시킨 상태에서 솔로 제거한다.

④ 드릴을 끼운 후 척렌치를 제거한다.

⑤ 드릴 작업 시에는 장갑을 끼지 않는다.

⑥ 머리가 긴 사람은 머리카락이 말려 들어가지 않도록 뒤로 묶거나 안전모를 쓰고 작업한다.

⑦ 차체에 드릴 작업 시 내부 파이프는 관통하지 않는다.

#### 3. 렌치(스패너) 작업안전

① 작업 시 유의사항

　　㉠ 볼트나 너트를 풀거나 조일 때에는 렌치를 당기며 작업함

　　㉡ 렌치를 해머 대용으로 사용하지 않음

　　㉢ 렌치에 파이프 등을 연결하여 사용하지 않음

　　㉣ 조정렌치를 사용하는 경우 고정조에 당기는 힘이 가해지도록 함

　　㉤ 렌치는 볼트 및 너트에 꼭 맞는 것을 사용함

② 렌치의 종류

　　㉠ 조정렌치(몽키 스패너): 제한된 범위 내에서 어떠한 규격의 볼트나 너트에도 사용할 수 있으며, 파손을 방지하기 위해 고정조(윗 턱)에 힘이 걸리도록 작업해야 함

▲ 조정렌치

　　㉡ 복스렌치: 볼트나 너트의 주위를 감싸는 형태로 되어 있어 힘의 균형 때문에 미끄러지지 않고 사용할 수 있으며, 6각 볼트·너트에 적합함

▲ 복스렌치

　　㉢ 오픈엔드렌치: 한쪽 또는 양쪽이 벌어진 렌치로, 연료 파이프의 피팅을 풀거나 조일 때 사용함

▲ 오픈엔드렌치

ⓔ 조합렌치(콤비네이션렌치): 렌치의 한쪽은 오픈 엔드렌치, 다른 한쪽은 복스렌치로 되어 있음

▲ 조합렌치

ⓜ 토크렌치: 볼트나 너트를 규정토크로 조일 때 사용하는 공구

▲ 토크렌치

ⓗ 파이프렌치: 관을 설치하거나 분해할 때 관의 나사를 돌리는 공구

▲ 파이프렌치

ⓢ 소켓렌치: 복스렌치의 일종으로, 라쳇핸들 및 힌지핸들 또는 스피드핸들에 끼워 사용하는 공구

▲ 소켓렌치용 소켓

## 4. 벨트 작업안전

① 벨트 교환 및 점검은 회전이 완전히 멈춘 상태에서 한다.
② 벨트의 이음쇠는 돌기가 없는 구조로 한다.
③ 신체의 일부가 끼이거나 말려 들어가는 것을 방지하기 위해 벨트의 둘레 및 **풀리**가 돌아가는 부분은 보호덮개를 설치한다.

> 용어 **풀리**: 로프나 벨트를 걸어 회전시키는 바퀴

## 5. 해머 작업안전

① 작업에 알맞은 무게의 해머를 사용한다.
② 장갑을 끼고 작업하지 않는다.
③ 처음부터 강한 힘으로 사용하지 않는다.
④ 공동으로 해머 작업 시에는 호흡을 맞춘다.
⑤ 해머를 사용할 때 자루 부분을 확인한다.
⑥ 해머의 사용면이 얇아지면 사용하지 않는다.

## 6. 가스 용접 작업안전

① 산소용기(**봄베**)는 40℃ 이하에서 보관한다.
② 산소용기는 반드시 세워서 보관한다.
③ 산소용기에 충격을 주어서는 안 된다.
④ 산소용기는 화기로부터 지정된 거리에 둔다.
⑤ 용접기에서의 가스 누설 여부는 비눗물을 사용해 확인한다.
⑥ 산소 봄베와 호스의 색은 녹색, 아세틸렌 봄베와 호스의 색은 황색이다.
⑦ 가스 용접 작업 시에는 소화기를 준비하고 작업한다.
⑧ 토치 점화 시에는 전용 점화기로 한다.

> 용어 **봄베**: 가스를 저장하는 내압성 용기

## 7. 연삭기 작업안전

① 연삭 숫돌과 받침대 사이의 간격은 3mm 이상 떨어지지 않도록 한다.
② 안전 커버를 떼어내고 작업하지 않는다.
③ 작업 시 보안경과 방진마스크를 착용한다.
④ 작업 시 숫돌의 측면 쪽에 서서 작업한다.
⑤ 숫돌의 측면으로 연삭 작업을 하지 않는다.

## 8. 수공구의 취급

① 수공구 사용 시 작업안전
　ⓐ 작업에 적당한 수공구를 사용함
　ⓑ 손상된 수공구를 사용하지 않음
　ⓒ 사용하기 전에 수공구 상태를 점검함
　ⓓ 수공구를 던지지 않음
　ⓔ 수공구를 손에 들고 사다리 등을 오르지 않음
　ⓕ 수공구는 설계된 목적 외에는 사용하지 않음
　ⓖ 수공구는 높은 곳에서 다른 작업자에게 떨어뜨리지 않도록 관리함
　ⓗ 작업복 주머니에 날카로운 수공구를 넣고 다니지 않음
② 수공구의 관리와 보관
　ⓐ 수공구의 유지·관리에 대해서는 각 작업자에게 책임을 부여하고, 부적절한 수공구 발견 시 즉시 수리 또는 보고 절차를 거쳐 조치함
　ⓑ 사용할 수 없는 수공구는 꼬리표를 부착하고 수리될 때까지 사용하지 않음
　ⓒ 칼 등 날카로운 수공구는 적절한 방법으로 보호함
　ⓓ 모든 수공구는 기록·관리하고, 항상 안전하고 정상적인 상태로 사용할 수 있도록 조치함

ⓜ 사용한 수공구는 면걸레로 깨끗이 닦아 공구상자 또는 지정된 곳에 보관하며, 사용하기 적정한 상태를 유지함

> **심화** 페일세이프: 기계가 잘 작동하지 않거나 고장이 났을 경우 운전을 정지하거나 안전하게 작동할 수 있도록 하는 장치

## 4 전기 작업 시 유의사항

### 1. 전기 작업안전
① 전기기기에 의한 감전사고를 막기 위해 접지설비를 한다.
② 덮개가 없는 백열등을 사용하지 않는다.
③ 퓨즈 교체 시에는 규정된 용량의 퓨즈만 사용한다.
④ 인체에 전류가 흐른 경우 위험 정도의 결정 요인은 인체에 전류가 흐른 시간, 전류의 크기, 전류가 통과한 경로 등이다.
⑤ 작업장에서 기계 및 기구 작업 중 정전이 되었을 경우에는 즉시 전원스위치를 끄고 퓨즈의 단선 여부를 점검한다.
⑥ 전기장치의 전류계는 부하에 직렬로 접속해야 한다.
⑦ 전기장치 퓨즈가 끊어져 새것으로 교체하였으나 다시 끊어진 경우에는 과전류가 의심되므로 전기장치의 고장개소를 찾아 수리해야 한다.
⑧ 용접 작업 시 유해 광선으로부터 눈에 이상이 생겼을 경우(눈이 혈안이 되었을 경우), 냉수로 씻어 낸 다음 냉수포를 얹거나 병원에서 치료를 받아야 한다.

### 2. 감전재해 발생 형태
① 전선이나 전기기기의 노출된 충전부의 양단간에 인체가 접촉되는 경우
② 전기기기의 충전부와 대지 사이에 인체가 접촉되는 경우
③ 누전 상태의 전기기기에 인체가 접촉되는 경우
④ 고압 전력선에 안전거리 이상 이격하지 않은 경우

### 3. 감전사고 방지 대책
① 작업자에게 사전 안전교육을 실시한다.
② 작업자에게 안전보호구를 착용시킨다.
③ 전기기기에 위험표시를 한다.

## 5 화재의 분류 및 소화설비

### 1. 화재의 분류
① A급 화재(일반 가연물질 화재)
 ㉠ 나무, 섬유, 종이, 고무, 플라스틱류와 같은 일반 가연물이 타고 재를 남기는 일반적 화재
 ㉡ 보통 물을 사용한 냉각소화의 효과를 이용함
② B급 화재(유류 화재)
 ㉠ 유류, 가스 등의 가연성 액체나 기체 등의 화재로 연소 후 재를 남기지 않는 화재
 ㉡ 포말·분말약제를 사용하여 주로 질식소화의 효과를 이용함
 ㉢ 유류 화재 시 물을 사용하면 물보다 비중이 낮은 기름이 물 위에 떠다니며 화재를 확산시키므로 사용을 금지함
③ C급 화재(전기 화재)
 ㉠ 전기설비 등에서 발생하는 화재로, 금수성 화재(물을 사용하면 안 되는 화재)에 해당함
 ㉡ 전기적 절연성을 갖는 $CO_2$, 할론, 분말 등의 소화약제를 사용하여 질식·냉각 효과를 이용함
④ D급 화재(금속 화재)
 ㉠ 금속 또는 금속분에서 발생하는 화재로 다른 화재에 비해 발생 빈도가 낮음
 ㉡ 건조사, 건조규조토 등으로 질식소화의 효과를 이용함
 ㉢ 금속 화재 시 물을 사용하면 수소가스가 발생하므로 사용을 금지함

### 2. 소화설비의 종류
① 분말 소화설비: 미세한 분말 소화제를 화염에 방사하여 화재를 진화한다.
② 물 분무 소화설비: 연소물의 온도를 인화점 이하로 냉각시키는 효과가 있다.
③ 이산화탄소 소화설비: 공기 중 산소 농도를 낮추어 연소 반응을 억제하는 질식소화방식으로, 유류 화재 및 감전 위험이 높은 전기 화재에 사용한다.

### 3. 소화기의 사용 및 소화방식
① 소화기의 사용
 ㉠ **사용 방법**: 화재 발생 시 소화기의 안전핀을 뽑고 불이 난 곳을 향해 바람을 등지고 위쪽에서 아래쪽을 향해 분사함

ⓛ ABC소화기: A급, B급, C급 화재에 적합한 소화기로 주로 냉각 및 질식·억제 작용으로 소화하며, 대표적으로 가정용 소화기가 이에 해당함

② 소화방식

ⓐ **질식소화방식**: 연소의 3요소 중 산소를 차단하여 소화하는 방식

ⓛ **냉각소화방식**: 가연물의 온도를 인화점 이하로 낮추어 소화하는 방식

- **연소의 3요소**: 가연물, 점화원, 산소
- **카바이드 저장소의 화재 예방**: 카바이드는 탄산칼슘의 속칭으로 단단한 결정성의 백색고체이며, 물과 화합하여 아세틸렌가스를 발생시키므로 화재 예방을 위하여 전등스위치를 옥외에 설치해야 함
- **에어폼**: 대표적인 질식소화방식으로, 물과 포소화약제를 가압공기로 분사하여 거품으로 산소를 차단하는 소화방식을 말함

## 1 안전보호구 착용

**01** 안전보호구를 선택할 때의 유의사항으로 옳지 **않은** 것은?

① 작업 행동에 방해되지 않을 것
② 사용 목적에 구애받지 않을 것
③ 보호성능 기준에 적합하고 보호성능이 보장될 것
④ 착용이 용이하고 크기 등이 사용자에게 편리할 것

해설 안전보호구는 사용 목적에 따라 구분해서 사용해야 한다.

★★★
**02** 안전을 위해 보안경을 착용해야 하는 작업은?

① 유니버설 조인트 조임 및 하체 점검 작업
② 전기저항 측정 및 배선 점검 작업
③ 엔진오일 보충 및 냉각수 점검 작업
④ 팬벨트 교환 작업

해설 장비 하부에서 작업할 경우 눈을 보호하기 위해 보안경을 착용해야 한다.

**03** 전기 용접 작업 시 보안경을 사용하는 이유로 옳은 것은?

① 유해 광선으로부터 눈을 보호하기 위하여
② 유해 약물로부터 눈을 보호하기 위하여
③ 중량물의 추락 시 머리를 보호하기 위하여
④ 분진으로부터 눈을 보호하기 위하여

해설 전기 용접 작업 시에는 유해 광선으로부터 눈을 보호하기 위해 차광용 보안경을 착용한다.

★★★★
**04** 먼지가 많은 장소에서 착용해야 하는 마스크는?

① 방독 마스크　　　② 산소 마스크
③ 방진 마스크　　　④ 일반 마스크

해설 청소를 하거나 그라인더 작업장과 같이 먼지가 많은 장소에서는 방진 마스크를 착용해야 한다.

★★★
**05** 산소 결핍의 우려가 있는 장소에서 착용해야 하는 마스크는?

① 방독 마스크　　　② 방진 마스크
③ 송기 마스크　　　④ 가스 마스크

해설 하수구 청소 작업과 같이 산소 결핍이 우려되는 장소에서는 송기 마스크(공기 마스크)를 착용한다.

★★★
**06** 안전모에 대한 설명으로 옳지 **않은** 것은?

① 구멍을 뚫어 통풍이 잘 되게 하여 착용한다.
② 알맞은 규격으로 성능시험에 합격한 합격품이어야 한다.
③ 각종 위험으로부터 보호할 수 있는 종류의 안전모를 선택해야 한다.
④ 가볍고 성능이 우수하며 머리에 꼭 맞고 충격 흡수성이 좋아야 한다.

해설 안전모에 구멍을 뚫으면 구조적으로 강도가 약해지기 때문에 구멍을 뚫어 사용하면 안 된다.

★★★★
**07** 작업장에서 작업복을 착용하는 이유로 옳은 것은?

① 작업장의 질서를 확립시키기 위해서
② 작업자의 직책과 직급을 알리기 위해서
③ 재해로부터 작업자의 몸을 보호하기 위해서
④ 작업자의 복장을 통일하기 위해서

해설 작업 종류에 따라 적합한 작업복을 착용하여 작업 시 몸을 보호해야 한다.

★★★
**08** 중량물 운반 작업 시 착용해야 할 안전화로 가장 적절한 것은?

① 중 작업용　　　② 보통 작업용
③ 경 작업용　　　④ 절연용

해설 중 작업용 안전화는 강재 운반 시 또는 건설업 등에서 중량물 운반 작업 및 가공대상물의 중량이 큰 물체를 취급하는 곳에서 착용한다.

## 09 작업 시 보안경 착용에 대한 설명으로 옳지 않은 것은?

① 가스 용접 시에는 보안경을 착용해야 한다.
② 절단하거나 깎는 작업 시에는 보안경을 착용해서는 안 된다.
③ 아크 용접 시에는 보안경을 착용해야 한다.
④ 특수 용접 시에는 보안경을 착용해야 한다.

해설 절단하거나 깎는 작업 시에는 물체가 흩날리거나 분진이 발생할 수 있기 때문에 일반 보안경을 착용해야 한다.
①③④ 용접 작업 시에는 유해 광선으로부터 눈을 보호하기 위해 차광용 보안경을 착용한다.

## ★★★
## 10 작업과 안전보호구의 연결이 옳지 않은 것은?

① 그라인딩 작업 – 보안경 착용
② 10m 높이에서 작업 – 안전벨트 착용
③ 산소 결핍 장소 – 송기 마스크 착용
④ 아크 용접 – 도수렌즈 안경 착용

해설 아크 용접 시에는 유해 광선으로부터 눈을 보호하기 위해 차광용 보안경을 착용해야 한다.

## 11 일반적인 보호구의 구비조건으로 옳지 않은 것은?

① 착용이 간편할 것
② 햇볕에 잘 열화될 것
③ 재료의 품질이 양호할 것
④ 위험 유해 요소에 대한 방호성능이 충분할 것

해설 ①③④ 이외에도 보호구는 겉모양과 표면이 매끈하고 보호성능 기준에 적합해야 한다.

## 2 위험요소 확인

## 12 산업안전보건법상 제시한 안전표지의 구성요소가 아닌 것은?

① 색채          ② 재질
③ 내용          ④ 모양

해설 「산업안전보건법」상 안전표지는 색채, 내용, 모양으로 구성된다.

## ★★★
## 13 산업안전보건법령상 안전보건표지의 색채와 용도가 옳지 않은 것은?

① 파란색: 지시          ② 녹색: 안내
③ 노란색: 위험          ④ 빨간색: 금지, 경고

해설 안전보건표지는 금지표지, 경고표지, 지시표지, 안내표지로 구분된다. 노란색으로 표시하는 것은 경고표지이다.

## 14 응급구호표지의 바탕색은?

① 녹색          ② 흰색
③ 검은색          ④ 노란색

해설 응급구호표지는 안내표지에 해당하므로 바탕색은 녹색, 관련 부호 및 그림은 흰색이다.

## 15 안전보건표지 중 안내표지에 해당하지 않는 것은?

① 녹십자표지          ② 응급구호표지
③ 비상구표지          ④ 출입금지표지

해설 출입금지표지는 안전보건표지 중 금지표지에 해당한다.

## 16 산업안전보건법령상 안전보건표지 중 다음 안전표지가 나타내는 것은?

① 산화성물질경고          ② 인화성물질경고
③ 폭발성물질경고          ④ 급성독성물질경고

해설 경고표지 중 인화성물질경고표지이다.

## 17 다음 안전보건표지가 나타내는 것은?

① 비상구          ② 출입금지
③ 인화성물질경고          ④ 보안경착용

해설 금지표지 중 출입금지표지이다.

**18** 다음 안전보건표지의 종류로 옳은 것은?

① 지시표지　　　　② 금지표지
③ 경고표지　　　　④ 안내표지

해설 지시표지 중 보안경착용표지이다.


**19** 다음 안전보건표지가 나타내는 것은?

① 비상구　　　　　② 방사선물질경고
③ 탑승금지　　　　④ 보행금지

해설 금지표지 중 보행금지표지이다.


**20** 다음 안전보건표지가 나타내는 것은?

① 보행금지　　　　② 몸균형상실경고
③ 안전복착용　　　④ 방독마스크착용

해설 지시표지 중 안전복착용표지이다.


**21** 다음 안전보건표지가 나타내는 것은?

① 사용금지　　　　② 탑승금지
③ 보행금지　　　　④ 물체이동금지

해설 금지표지 중 물체이동금지표지이다.


**22** 다음 안전보건표지가 나타내는 것은?

① 인화성물질경고　② 금연
③ 화기금지　　　　④ 산화성물질경고

해설 금지표지 중 화기금지표지이다.


## 3 기계·기구 및 공구에 관한 사항

**23** 드라이버 작업안전에 대한 설명으로 옳지 <u>않은</u> 것은?

① 드라이버 날 끝이 나사 홈의 너비와 길이에 맞는 것을 사용한다.
② (−) 드라이버 날의 끝은 평평한 것이어야 한다.
③ 이가 빠지거나 둥글게 된 것은 사용하지 않는다.
④ 필요에 따라 정 대신으로 사용한다.

해설 드라이버를 정 대신 사용하면 드라이버 날이 망가져 사용할 수 없게 된다.


**24** 드라이버의 사용 방법으로 옳지 <u>않은</u> 것은?

① 날 끝이 나사 홈의 폭과 깊이에 맞는 것을 사용한다.
② 전기 작업 시 자루는 금속으로 된 것을 사용한다.
③ 날 끝이 수평이어야 하며 이가 빠지거나 둥글게 된 것은 사용하지 않는다.
④ 작은 공작물이라도 한 손으로 잡지 않으며, 바이스 등으로 고정하고 사용한다.

해설 전기 작업 시 감전을 예방하기 위해 자루는 금속이 아닌 플라스틱과 같은 절연물질로 된 것을 사용한다.


**25** 드릴 작업 시 주의사항으로 옳지 <u>않은</u> 것은?

① 칩을 털어낼 때에는 칩털이를 사용한다.
② 작업이 끝나면 드릴을 척에서 빼놓는다.
③ 칩은 드릴이 움직일 때 손으로 치운다.
④ 재료는 움직이지 않게 바이스로 고정한다.

해설 드릴 작업 시 나오는 칩은 날카롭기 때문에 칩을 제거할 때에는 드릴 회전을 정지시키고 솔로 제거한다.

**26** 볼트나 너트를 조이거나 푸는 데 사용하는 각종 렌치에 대한 설명으로 옳지 않은 것은?

① 조정렌치: 몽키 스패너라고도 부르며, 제한된 범위 내에서 어떠한 규격의 볼트나 너트에도 사용 가능
② 엘(L)렌치: 6각형 봉을 L자 모양으로 구부려서 만든 렌치
③ 복스렌치: 연료 파이프 피팅 작업에 사용
④ 소켓렌치: 다양한 크기의 소켓을 바꾸어가면서 작업할 수 있도록 만든 렌치

해설 연료 파이프 피팅 작업에 사용하는 공구는 오픈엔드렌치 이다.

★★★★
**27** 스패너의 사용 방법으로 옳은 것은?

① 스패너를 해머로 사용할 수도 있다.
② 스패너 입이 너트의 치수보다 큰 것을 사용한다.
③ 너트를 스패너에 깊이 물리고 조금씩 앞으로 당기는 식으로 풀고 조인다.
④ 너트에 스패너를 깊이 물리고 조금씩 밀면서 풀고 조인다.

해설 스패너로 볼트나 너트를 풀거나 조일 경우 밀면서 작업하면 다칠 위험이 있기 때문에 당기면서 풀고 조여야 한다.

★★★★
**28** 복스렌치가 오픈엔드렌치보다 비교적 많이 사용되는 이유로 옳은 것은?

① 두 가지 볼트 또는 너트를 한번에 조일 수 있어서
② 마모율이 작고 가격이 저렴해서
③ 다양한 크기의 볼트와 너트를 사용할 수 있어서
④ 볼트와 너트의 주위를 감싸 주어 힘의 균형 때문에 미끄러지지 않아서

해설 복스렌치는 볼트나 너트의 주위를 감싸는 형태로 되어 있어 힘의 균형 때문에 미끄러지지 않고 사용할 수 있다.

**29** 렌치 작업에 대한 설명으로 옳지 않은 것은?

① 필요시 해머 대용으로 사용할 것
② 너트에 꼭 맞는 것을 사용할 것
③ 조금씩 돌리며 사용할 것
④ 몸 앞으로 잡아당기며 작업할 것

해설 렌치는 볼트와 너트를 조이거나 푸는 용도이기 때문에 해머 대용으로 사용하지 않는다.

**30** 다음 그림과 같이 조정렌치의 힘이 작용되도록 사용하는 이유로 옳은 것은?

① 볼트나 너트의 나사산의 손상을 방지하기 위하여
② 작은 힘으로 풀거나 조이기 위하여
③ 렌치의 파손을 방지하고 안전한 작업을 위하여
④ 규정토크로 조이기 위하여

해설 고정조(윗 턱) 방향으로 돌리게 되면 가동조가 망가질 수 있기 때문에 가동조 방향으로 돌려 고정조(윗 턱)에 힘이 걸리도록 한다.

★★★★
**31** 렌치 사용 시 유의사항이 아닌 것은?

① 스패너의 입이 너트 폭과 잘 맞는 것을 사용한다.
② 스패너를 너트에 단단히 끼워 앞으로 당기면서 사용한다.
③ 몽키 스패너는 웜과 랙의 마모 상태를 확인한다.
④ 몽키 스패너는 윗 턱 방향으로 돌려 사용한다.

해설 몽키 스패너를 윗 턱(고정조) 방향으로 돌리게 되면 가동조가 망가질 수 있기 때문에 가동조 방향으로 돌려 윗 턱(고정조)에 힘이 걸리도록 한다.

**32** 가스 용접 시 사용하는 산소용 호스의 색상은?

① 적색         ② 황색
③ 녹색         ④ 청색

해설 산소용 호스는 녹색, 아세틸렌용 호스는 황색이다.

**33** 가스 용접기에 사용되는 용기의 색으로 옳은 것을 모두 고른 것은?

> ㄱ. 산소 – 녹색
> ㄴ. 수소 – 흰색
> ㄷ. 아세틸렌 – 황색

① ㄱ, ㄴ        ② ㄱ, ㄷ
③ ㄴ, ㄷ        ④ ㄱ, ㄴ, ㄷ

해설 수소용기(봄베)의 색은 주황색이다.

★★
**34** 가스 용접 시 사용하는 봄베의 안전수칙으로 옳지 <u>않은</u> 것은?

① 봄베를 넘어뜨리지 않는다.
② 봄베에 충격을 주어서는 안 된다.
③ 봄베는 40℃ 이하에서 보관한다.
④ 봄베 몸통이 녹슬지 않도록 그리스를 바른다.

해설 봄베(용기) 몸통에 그리스를 바르면 운반 시 미끄러질 수 있으며, 화재의 위험이 크다.

**35** 아세틸렌 용접기에서 가스가 누설되는지 검사하는 방법으로 옳은 것은?

① 비눗물 검사        ② 기름 검사
③ 촛불 검사        ④ 물 검사

해설 아세틸렌 용접기에서 가스가 누설 여부를 검사할 때에는 비눗물을 사용한다.

★★★
**36** 벨트 취급 시 안전에 대한 주의사항으로 옳지 <u>않은</u> 것은?

① 벨트에 기름이 묻지 않도록 한다.
② 벨트는 적당한 유격을 유지하도록 한다.
③ 벨트 교환 시 회전이 완전히 멈춘 상태에서 한다.
④ 벨트의 회전을 정지시킬 때에는 손으로 잡아 정지시킨다.

해설 벨트의 회전을 정지시킬 때에는 동력을 차단하고 스스로 멈출 때까지 기다린다.

**37** 벨트를 풀리에 안전하게 걸고 벗기기 위한 작동 상태로 옳은 것은?

① 중속인 상태        ② 정지한 상태
③ 역회전 상태        ④ 고속인 상태

해설 벨트를 풀리에 걸거나 벗길 때에는 반드시 회전을 정지한 상태에서 해야 한다.

★★★
**38** 벨트에 대한 안전사항으로 옳지 <u>않은</u> 것은?

① 벨트의 이음쇠는 돌기가 없는 구조로 한다.
② 벨트를 걸 때나 벗길 때에는 기계를 정지한 상태에서 한다.
③ 벨트가 풀리에 감겨 돌아가는 부분에는 커버나 덮개를 설치한다.
④ 바닥면으로부터 2m 이내에 있는 벨트는 덮개를 제거한다.

해설 작업자의 신체가 말려 들어가는 것을 방지하기 위해 벨트에는 보호덮개를 장착해야 한다.

★★★★
**39** 작업 시 장갑을 착용해서는 <u>안</u> 되는 것은?

① 해머 작업        ② 청소 작업
③ 차량정비 작업        ④ 용접 작업

해설 해머 작업 시 장갑을 착용하면 자루에서 손이 미끄러질 수 있으므로 장갑을 착용하지 않고 작업해야 한다.

**40** 해머 작업에 대한 설명으로 옳지 <u>않은</u> 것은?

① 작업 시 장갑을 끼지 않는다.
② 작업에 알맞은 무게의 해머를 사용한다.
③ 해머는 작업 처음부터 힘차게 때린다.
④ 해머 자루가 단단한 것을 사용한다.

해설 해머 작업의 경우 처음에는 약하게 타격을 시작하여 점점 강한 힘으로 타격을 해야 한다.

★★★
**41** 연삭기의 안전한 사용 방법으로 옳지 <u>않은</u> 것은?

① 연삭 숫돌의 측면 사용 제한
② 보안경과 방진 마스크 착용
③ 연삭 숫돌의 덮개 설치 후 작업
④ 연삭 숫돌과 받침대 간격은 가능한 한 넓게 유지

해설 연삭 숫돌과 받침대 사이의 간격은 3mm 이내로 한다.


**42** 연삭기 작업 시 반드시 착용해야 하는 안전보호구는?

① 안전모        ② 방열복
③ 보안경        ④ 안전화

해설 연삭기 작업 시에는 연삭가루로부터 눈을 보호하기 위해 보안경을 착용해야 한다.


**43** 감전되거나 화상을 입을 위험이 있는 작업을 할 때 작업자가 착용해야 할 것은?

① 구명구        ② 보호구
③ 구명조끼       ④ 비상벨

해설 작업자는 감전 또는 화상의 위험이 있는 작업 시. 몸을 보호할 수 있는 보호구를 착용해야 한다.


**44** 작업 시 준수해야 할 안전사항으로 옳지 <u>않은</u> 것은?

① 정전 시에는 반드시 스위치를 끌 것
② 다른 볼일이 있을 때에는 기기 작동을 자동으로 조정하고 자리를 비울 것
③ 고장 난 기기에는 반드시 표시를 할 것
④ 대형 물건을 기중 작업할 경우에는 서로 신호에 의거할 것

해설 작업자가 기기 작동 중 다른 볼일이 있어 자리를 비울 때에는 반드시 기기 작동을 멈추고, 자리를 비워야 한다.


**45** 작업자의 올바른 안전 자세를 모두 고른 것은?

> ㄱ. 자신의 안전과 타인의 안전을 고려한다.
> ㄴ. 작업에 임해서는 아무런 생각 없이 작업한다.
> ㄷ. 안전한 작업장 환경 조성을 위해 노력한다.
> ㄹ. 작업안전사항을 준수한다.

① ㄱ, ㄴ, ㄷ        ② ㄱ, ㄴ, ㄹ
③ ㄱ, ㄷ, ㄹ        ④ ㄴ, ㄷ, ㄹ

해설 작업에 임할 때에는 작업에 집중해야 안전사고를 예방할 수 있다.


**46** 작업장 내의 안전한 통행을 위해 지켜야 할 사항이 <u>아닌</u> 것은?

① 주머니에 손을 넣고 보행하지 말 것
② 좌측 또는 우측통행 규칙을 엄수할 것
③ 운반차를 이용할 때에는 가능한 한 빠른 속도로 주행할 것
④ 물건을 든 사람과 만나면 즉시 길을 양보할 것

해설 운반차를 이용할 경우 주위의 장애물을 확인하며 서행해야 한다.


**47** 무거운 물건을 들어 올릴 때 주의사항으로 옳지 <u>않은</u> 것은?

① 장갑에 기름을 묻히고 물건을 든다.
② 가능한 한 이동식 크레인을 이용한다.
③ 힘이 센 사람과 약한 사람 사이의 균형을 잡는다.
④ 약간씩 이동할 때에는 지렛대를 이용할 수 있다.

해설 무거운 물건을 들어 올릴 경우 미끄러짐을 방지하기 위해 고무가 코팅된 장갑을 착용하는 것이 좋으며, 장갑에 기름을 묻히고 작업하지 않는다.


**48** 공장 내 작업안전수칙으로 옳은 것은?

① 기름걸레나 인화물질은 철제상자에 보관한다.
② 공구나 부속품을 닦을 때에는 휘발유를 사용한다.
③ 차량이 잭에 의해 올려져 있을 때에는 작업자 외에는 차내 출입을 삼가한다.
④ 높은 곳에서 작업 시 훅을 놓치지 않게 잘 잡고, 체인 블록을 이용한다.

해설 기름걸레나 인화물질은 화재 발생의 위험이 있기 때문에 작업 후에 반드시 목재상자가 아닌 철제상자에 보관한다.

★★★
**49** 안전상 장갑을 끼고 작업하기에 적절하지 <u>않은</u> 것은?

① 전기 용접 작업
② 타이어 교체 작업
③ 건설기계운전 작업
④ 선반 등의 절삭가공 작업

해설 선반 등의 절삭가공 작업 시 장갑을 끼고 작업하면 기계에 장갑이 말려 들어갈 위험이 있기 때문에 장갑을 끼고 작업하지 않는다.

**50** 작업장에서 별도의 예고 없이 정전되었을 경우, 전기로 작동하던 기계·기구의 조치 방법으로 옳지 <u>않은</u> 것은?

① 즉시 스위치를 끈다.
② 퓨즈의 단선 여부를 검사한다.
③ 전기가 들어오는 것을 알기 위해 스위치를 켜 둔다.
④ 안전을 위해 작업장을 미리 정리해 놓는다.

해설 갑자기 전기가 들어올 경우 발생할 수 있는 기계·기구에 의한 재해를 예방하기 위해 스위치를 꺼 두어야 한다.

★★★★
**51** 작업장에 사다리식 통로를 설치하는 방법으로 옳지 <u>않은</u> 것은?

① 견고한 구조로 할 것
② 발판의 간격을 일정하게 할 것
③ 사다리가 넘어지거나 미끄러지는 것을 방지하기 위한 조치를 할 것
④ 사다리식 통로의 길이가 10m 이상인 때에는 접이식으로 설치할 것

해설 접이식 사다리는 전복될 위험이 커서 통로용으로 부적합하기 때문에 2019년 1월 1일부터 작업용으로 사용이 금지되었다.

★★★
**52** 동력전달장치에서 가장 재해가 많이 발생하는 곳은?

① 기어
② 벨트
③ 차축
④ 피스톤

해설 동력전달장치에서는 벨트에 신체의 일부가 끼이거나 말려 들어가는 협착 재해가 가장 많이 발생한다.

**53** 작업장의 안전관리에 대한 설명으로 옳지 <u>않은</u> 것은?

① 항상 청결하게 유지한다.
② 작업대 사이 또는 기계 사이의 통로는 안전을 위해 일정한 너비를 유지한다.
③ 공장바닥에는 폐유를 뿌려 먼지 등이 일어나지 않도록 한다.
④ 전원 콘센트 및 스위치 등에 물을 뿌리지 않는다.

해설 공장바닥에 폐유를 뿌리면 미끄러울 뿐만 아니라 폐유의 점성으로 인해 먼지가 달라붙는다.

**54** 사용한 공구를 정리·보관하는 방법으로 옳은 것은?

① 사용한 공구는 종류별로 묶어 보관한다.
② 사용한 공구는 녹슬지 않게 기름칠을 잘 해서 작업대 위에 진열해 놓는다.
③ 사용 시 기름이 묻은 공구는 물로 깨끗이 씻어 보관한다.
④ 사용한 공구는 면걸레로 깨끗이 닦아 공구상자 또는 공구 보관용으로 지정된 곳에 보관한다.

해설 사용한 공구는 면걸레로 깨끗이 닦아 공구상자 또는 공구 보관용으로 지정된 곳에 보관하며, 항상 사용하기 적정한 상태를 유지해야 한다.

**55** 수공구 사용 시 재해의 원인이 <u>아닌</u> 것은?

① 공구의 점검 소홀
② 규격에 맞는 공구 사용
③ 사용법의 미숙지
④ 잘못된 공구 선택

해설 규격에 맞는 공구를 사용하면 재해 발생을 막을 수 있다.

**56** 안전하게 공구를 취급하는 방법으로 옳지 <u>않은</u> 것은?

① 공구를 사용한 후에는 제자리에 정리하여 둔다.
② 끝부분이 예리한 공구 등을 주머니에 넣고 작업을 해서는 안 된다.
③ 공구를 사용하기 전에 손잡이에 묻은 기름 등은 닦아 내야 한다.
④ 숙달이 되면 옆 작업자에게 공구를 던져 전달하여 작업 능률을 올린다.

해설 옆 작업자에게 공구를 전달하는 경우에는 던지지 않고 손에서 손으로 전달한다.

**★★★**
**57** 공구 및 장비 사용에 대한 설명으로 옳지 <u>않은</u> 것은?

① 공구는 사용 후 공구상자에 넣어 보관한다.
② 볼트와 너트는 가능한 한 소켓렌치로 작업한다.
③ 토크렌치는 볼트와 너트를 풀 경우에 사용한다.
④ 마이크로미터를 보관할 때에는 직사광선에 노출시키지 않는다.

해설 토크렌치는 볼트와 너트를 규정토크로 조일 때 사용한다.

**58** 수공구 사용 방법으로 옳지 <u>않은</u> 것은?

① 사용하기 편한 공구를 사용할 것
② 해머의 쐐기 유무를 확인할 것
③ 스패너는 너트에 잘 맞는 것을 사용할 것
④ 해머는 사용면이 넓고 얇아진 것을 사용할 것

해설 해머의 사용면이 얇아지면 사용하지 않고 교체해야 한다.

**59** 작업을 위한 공구관리의 요건으로 옳지 <u>않은</u> 것은?

① 공구별로 장소를 지정하여 보관할 것
② 공구는 항상 최소 보유량 이하를 유지할 것
③ 공구 사용 점검 후 파손된 공구는 교환할 것
④ 사용한 공구는 항상 깨끗이 한 후 보관할 것

해설 공구는 항상 최소 보유량 이상 확보해야 한다.

**60** 작업장에서 수공구로 인한 재해 예방 대책으로 옳지 <u>않은</u> 것은?

① 결함이 없는 안전한 공구 사용
② 공구의 올바른 사용과 취급
③ 공구는 항상 오일을 바른 후 보관
④ 작업에 알맞은 공구 사용

해설 사용한 공구는 면걸레로 깨끗하게 닦아 지정된 곳에 보관한다.

**61** 작업 방법으로 옳지 <u>않은</u> 것은?

① 배터리 전해액을 다룰 때에는 고무장갑을 껴야 한다.
② 배터리는 그늘진 곳에 보관해야 한다.
③ 공구 손잡이가 짧을 때에는 파이프를 연결하여 사용한다.
④ 무거운 것은 혼자 작업하면 위험하다.

해설 공구는 크기에 맞게 강도가 설계되어 있기 때문에 파이프를 연결하여 사용하면 부러질 위험이 높다.

**62** 수공구를 사용할 때의 주의사항으로 옳지 <u>않은</u> 것은?

① 상태가 양호한 공구를 사용할 것
② 설계된 목적 이외의 용도로는 사용하지 않을 것
③ 수공구를 손에 들고 사다리 등을 오르지 않을 것
④ 녹 방지를 위해 항상 기름걸레에 싸서 보관할 것

해설 사용한 공구는 면걸레로 깨끗하게 닦아 지정된 곳에 보관한다.

### 4 전기 작업 시 유의사항

**63** 전기기기에 의한 감전사고를 막기 위해 필요한 설비는?

① 접지설비
② 방폭등 설비
③ 고압계 설비
④ 대지 전위 상승 설비

해설 전기기기에 의한 감전사고를 막기 위해 접지설비를 한다.

**★★★★**
**64** 인체에 전류가 흐를 때 위험 정도의 결정 요인에 해당하지 <u>않는</u> 것은?

① 인체에 전류가 흐른 시간
② 인체에 흐른 전류의 크기
③ 인체에 전류가 통과한 경로
④ 전류가 통과한 인체의 성별

해설 인체에 전류가 흐른 경우 위험 정도의 결정 요인에는 인체에 전류가 흐른 시간, 전류의 크기, 전류가 통과한 경로 등이 있다.

★★★★

**65** 감전사고 방지책으로 옳지 <u>않은</u> 것은?

① 작업자에게 사전 안전교육을 실시한다.
② 작업자에게 안전보호구를 착용시킨다.
③ 전기기기에 위험표시를 한다.
④ 전기설비에 약간의 물을 뿌려 감전 여부를 확인한다.

해설 감전사고를 예방하기 위해 전기설비에는 물기를 제거해야 한다.

**66** 전기장치에 대한 설명으로 옳지 <u>않은</u> 것은?

① 계기 사용 시에는 최대 측정 범위를 초과하지 않아야 한다.
② 전류계는 부하에 병렬로 접속해야 한다.
③ 축전지 전원 결선 시에는 합선되지 않도록 유의해야 한다.
④ 절연된 전극이 접지되지 않도록 해야 한다.

해설 전기장치의 전류계는 부하에 직렬로 접속해야 한다. 병렬로 접속하는 것은 전압계이다.

**5** 화재의 분류 및 소화설비

**67** 소화설비에 대한 설명으로 옳지 <u>않은</u> 것은?

① 포말 소화설비는 저온 압축한 질소가스를 방사시켜 화재를 진화한다.
② 분말 소화설비는 미세한 분말 소화제를 화염에 방사하여 화재를 진화한다.
③ 물 분무 소화설비는 연소물의 온도를 인화점 이하로 냉각시키는 효과가 있다.
④ 이산화탄소 소화설비는 질식 작용으로 화염을 진화한다.

해설 포말 소화설비는 소화 약액을 이용한 거품으로 연소면을 덮어 산소 공급을 막고, 거품이 가진 수분을 이용하여 냉각하여 화재를 진화한다.

**68** 화재의 분류에서 전기 화재에 해당하는 것은?

① A급 화재          ② B급 화재
③ C급 화재          ④ D급 화재

해설 ① A급 화재: 일반 가연물 화재, ② B급 화재: 유류 화재, ④ D급 화재: 금속 화재이다.

**69** 화재의 분류가 옳은 것은?

① A급 화재: 일반 가연물 화재
② B급 화재: 전기 화재
③ C급 화재: 금속 화재
④ D급 화재: 유류 화재

해설 ② B급 화재: 유류 화재, ③ C급 화재: 전기 화재, ④ D급 화재: 금속 화재이다.

**70** 가동 중인 엔진에서 화재가 발생하였을 때 불을 끄기 위한 조치로 옳은 것은?

① 원인을 분석하고 모래를 뿌린다.
② 포말 소화기 사용 후 엔진 시동 스위치를 끈다.
③ 엔진 시동 스위치를 끄고 ABC소화기를 사용한다.
④ 엔진을 급가속하여 팬의 강한 바람을 일으켜 불을 끈다.

해설 엔진에서 발생하는 화재는 연료에 의해 발생하는 유류 화재(B급 화재)가 대부분이다. 유류 화재로 인한 부품의 연소는 일반 가연물 화재(A급 화재)이므로 ABC소화기를 사용하여 진화한다.

**71** 유류 화재 시 소화 방법으로 옳지 <u>않은</u> 것은?

① B급 화재 소화기를 사용한다.
② 다량의 물을 부어 끈다.
③ 모래를 뿌린다.
④ ABC소화기를 사용한다.

해설 유류 화재 진화 시에는 물 사용이 금지되며, 분말 소화기, 탄산가스 소화기, ABC소화기를 사용하는 것이 적절하다.

**72** 화재 발생 시 소화기를 사용하여 소화 작업을 하는 방법으로 옳은 것은?

① 바람을 안고 우측에서 좌측을 향해 분사한다.
② 바람을 안고 아래쪽에서 위쪽을 향해 분사한다.
③ 바람을 등지고 좌측에서 우측을 향해 분사한다.
④ 바람을 등지고 위쪽에서 아래쪽을 향해 분사한다.

해설 화재 발생 시 소화기의 안전핀을 뽑고 불이 난 곳을 향해 바람을 등지고 위쪽에서 아래쪽을 향해 분사한다.

**73** 화재 시 연소의 3요소에 해당하지 <u>않는</u> 것은?

① 질소
② 가연물
③ 점화원
④ 산소

해설 연소의 3요소는 가연물, 점화원, 산소이다.

**74** 전기 화재 시 소화 장비로 적절하지 <u>않은</u> 것은?

① 물
② 이산화탄소 소화기
③ 모래
④ 분말 소화기

해설 전기 화재는 감전의 위험이 높기 때문에 물로 소화하지 않고, 모래, 이산화탄소 소화기, 분말 소화기 등 산소를 차단하는 질식소화방식을 사용한다.

**75** 전기 화재에 적합하며, 화재 시 화점에 분사하여 산소를 차단하는 소화기는?

① 포말 소화기
② 이산화탄소 소화기
③ 분말 소화기
④ 증발 소화기

해설 이산화탄소 소화기는 '탄산가스 소화기'라고도 하며, 공기 중 산소 농도를 낮추어 연소 반응을 억제해 주는 질식소화방식 이다.

**76** 유류 화재 시 소화기 외의 소화 재료로 적절한 것은?

① 모래
② 시멘트
③ 진흙
④ 물

해설 유류 화재 시 물을 뿌리면 화재의 위험이 더 커지기 때문에 모래가 소화 재료로 적합하다.

★★★
**77** 소화방식의 종류 중 주된 작용이 질식소화에 해당하는 것은?

① 강화액
② 호스방수
③ 에어-폼
④ 스프링클러

해설 에어-폼은 물과 포소화약제를 가압공기로 분사하는 거품으로, 산소를 차단하는 질식소화방식의 일종이다.

★★★
**78** 화재 발생 시 화염이 있는 곳을 통과할 때의 요령으로 옳지 <u>않은</u> 것은?

① 몸을 낮게 엎드려서 통과한다.
② 물수건으로 입을 막고 통과한다.
③ 머리카락, 얼굴, 발, 손 등이 불과 닿지 않게 한다.
④ 뜨거운 김을 입으로 마시면서 통과한다.

해설 화재 발생 시 호흡기 손상을 방지하기 위해 젖은 수건으로 입을 막고 화염이 있는 곳을 통과한다.

**79** 화재 및 폭발의 우려가 있는 가스 발생 장치 작업장에서 지켜야 할 사항으로 옳지 <u>않은</u> 것은?

① 불연성 재료 사용 금지
② 화기 사용 금지
③ 인화성 물질 사용 금지
④ 점화원이 될 수 있는 기재 사용 금지

해설 화재 및 폭발의 우려가 있는 가스 발생 장치 작업장에서는 불연성 재료를 사용해야 한다.

**80** 소화설비 선택 시 고려해야 할 사항이 <u>아닌</u> 것은?

① 작업의 성질
② 작업자의 성격
③ 화재의 성질
④ 작업장의 환경

해설 소화설비 선택 시 고려할 사항에는 작업의 성질, 화재의 성질, 작업장의 환경 등이 있다. 작업자의 성격은 고려 대상이 아니다.

**81** D급 화재(금속 화재)에 대한 설명으로 가장 적절한 것은?

① 물을 사용한 냉각소화의 효과를 이용한다.
② 포말소화기를 이용한다.
③ ABC소화기를 이용한다.
④ 건조사, 건조규조토 등으로 질식소화의 효과를 이용한다.

해설 금속 화재 시에는 건조사, 건조규조토 등으로 질식소화의 효과를 이용한다. 금속 화재 시 물을 사용하면 수소가스가 발생하므로 사용을 금지한다.

# 02 작업 전·후 점검

● 강의보기   문제보기 32p

■ 출제예상
**4문제**

• PART 3의 장비구조와 관련된 내용으로 함께 정리하면 좋습니다.

## 1 일일 점검(개요)

지게차를 효율적으로 운용하기 위한 일일점검사항은 작업 전 점검, 작업 중 점검, 작업 후 점검으로 나눌 수 있다.

| 작업 전 점검 | • 지게차 외관, 각부 누유·누수 점검<br>• 엔진오일, 냉각수, 유압작동유 양 점검<br>• 팬벨트 장력, 타이어 외관, 축전지(배터리) 점검<br>• 공기청정기 엘리먼트 청소 |
|---|---|
| 작업 중 점검 | 지게차 작업 중 발생하는 소음, 냄새, 배기색, 클러치의 작동 상태 확인 |
| 작업 후 점검 | • 지게차 외관의 변형 및 균열 점검<br>• 각부 누유·누수 점검, 연료 보충 등 |

## 2 작업 전 점검

### 1. 시동 전·후 점검

① 시동 전 점검
  ㉠ 냉각수의 양 및 엔진오일의 양
  ㉡ 연료량 및 유압작동유의 양
  ㉢ 배터리 충전 상태
  ㉣ 지게차의 외관, 각부 누유 및 누수
  ㉤ 연료계통의 공기빼기 점검

② 시동 후 점검
  ㉠ 지게차의 이상 소음, 냄새, 배기색
  ㉡ 엔진오일 압력 경고등, 충전 경고등 소등 여부(엔진오일 압력 경고등과 충전 경고등은 키 ON 시 점등되었다가 시동 후 소등되어야 정상이다)

### 2. 지게차 외관 및 타이어 점검

① 지게차의 외관 점검
  ㉠ 마스트 체인, 오버헤드가드, 핑거보드, 백레스트의 균열 및 변형 점검
  ㉡ 포크의 휨, 이상 마모, 균열 및 핑거보드와의 정상 연결 상태, 작업장치 연결부 니플에 그리스 주입 상태 점검

> 심화
> • 리프트 체인의 일상점검사항
>   ① 좌우 체인의 유격
>   ② 리프트 체인의 균열
>   ③ 리프트 체인의 급유 상태
> • **리프트 체인 장력 조정 방법**: 리프트 체인의 처짐량이 서로 다르면 처진 쪽 마스트 상단에 있는 조정너트를 조여 장력이 같도록 조정함

② 타이어 점검
  ㉠ 타이어의 기능
    • 지게차의 하중을 지지하고 노면으로부터의 충격을 흡수함
    • 지게차의 동력·제동력을 노면에 전달하는 역할을 함
    • 솔리드 타이어: 통고무로 만든 타이어로 동일한 외경의 공기압 타이어보다 큰 하중을 견딜 수 있음. 전동지게차에 주로 사용되며, 포장이 잘 된 실내에서는 작업 능률이 좋으나 비포장 실외에서는 잘 사용하지 않음
  ㉡ 공기식 타이어 점검: 림의 변형, 타이어 편마모, 공기압, 휠 볼트 및 너트 풀림, 타이어 접지면 이물질 등을 점검함
  ㉢ 타이어 트레드: 노면에 닿는 바퀴의 접지면으로, 주행 중 미끄러짐을 방지하고 타이어의 내부 열을 방출하며 구동력 및 선회 성능을 향상시켜 주는 역할을 함
    – 타이어 트레드 마모 한계를 초과하여 사용할 경우 발생하는 현상
    • 제동력이 저하되어 브레이크를 밟아도 타이어가 미끄러져 제동거리가 길어짐
    • 우천 주행 시 도로와 타이어 사이의 물이 배수가 잘 되지 않아 타이어가 물에 떠 있는 것과 같은 수막 현상이 발생함
    • 도로주행 시 도로의 작은 이물질에 의해서도 타이어 트레드에 상처가 생겨 사고의 원인이 됨

## 3. 팬벨트 및 공기청정기 점검

① 팬벨트(구동벨트)
  ㉠ 기능: 크랭크축의 동력을 발전기, 물펌프, 에어컨 컴프레셔 등에 전달함
  ㉡ 점검
    • 기관이 정지된 상태에서 실시함
    • 엄지손가락으로 팬벨트 중앙을 약 10kgf의 힘으로 눌렀을 때 처지는 정도가 13~20mm이면 정상임
    • 팬벨트는 발전기를 움직이면서 조정함
    • 팬벨트는 풀리의 70% 정도에 접촉됨
  ㉢ 팬벨트 장력이 느슨할 경우(유격이 클 경우) 발생하는 현상
    • 냉각수 순환 불량으로 엔진이 과열됨
    • 발전기 출력이 저하됨
    • 에어컨 작동이 불량해짐
  ㉣ 팬벨트 장력이 강할 경우 발생하는 현상: 베어링 마모가 심해짐

② 공기청정기(에어클리너)
  ㉠ 기능: 연소에 필요한 공기를 흡입할 때 먼지 등의 불순물을 여과하여 피스톤 등의 마모를 방지함
  ㉡ 점검
    • 오염이 심한 경우 에어건(압축공기)을 이용하여 오염 물질을 안에서 밖으로 불어내야 함
    • 공기청정기가 막히면 배기색은 검은색이며  출력은 감소함

## 4. 제동장치 점검

① 브레이크 제동 불량의 원인
  ㉠ 브레이크 라이닝과 드럼의 간극이 큰 경우
  ㉡ 브레이크 오일 회로 내에 공기가 찬 경우
  ㉢ 휠 실린더 피스톤 컵이 손상된 경우
  ㉣ 브레이크 라이닝에 오일이 묻은 경우
  ㉤ 브레이크 페달의 자유 간극이 큰 경우

② 브레이크 라이닝과 드럼의 간극이 클 때
  ㉠ 브레이크 페달을 밟는 행정이 길어져 브레이크 작동이 늦어짐
  ㉡ 제동 시 브레이크 페달이 발판에 닿아 제동작용이 안 될 수 있음

③ 브레이크 라이닝과 드럼의 간극이 작을 때
  ㉠ 브레이크 페달을 밟지 않을 때에도 드럼과 라이닝의 마모가 촉진됨
  ㉡ 브레이크액은 베이퍼록, 라이닝은 페이드 현상이 일어남

> **심화** 베이퍼록과 페이드 현상: 베이퍼록은 브레이크액에 기포가 발생하여 브레이크가 제대로 작동하지 않는 현상이며, 페이드는 과도한 온도 상승으로 라이닝의 마찰계수가 작아져 브레이크의 제동력이 떨어지는(감소하는) 현상을 말함. 과도한 브레이크 조작을 피하고, 내리막길에서는 엔진 브레이크를 사용하면 이를 방지할 수 있음

## 5. 조향장치 점검

① 조향핸들이 무거운 원인
  ㉠ 조향기어의 **백래시**가 작을 경우
  ㉡ 조향기어의 윤활이 부족할 경우
  ㉢ **휠 얼라인먼트**가 불량할 경우
  ㉣ 타이어 마멸이 과대하거나 공기압이 부족할 경우

> **용어**
> • 백래시: 한 쌍의 기어를 맞물렸을 때 치면(맞물리는 면) 사이에 생기는 틈새로, 백래시가 너무 작으면 윤활이 불충분해지기 쉬워 치면끼리의 마찰이 커지고, 백래시가 너무 크면 기어의 맞물림이 나빠져 소음이 발생하거나 기어가 파손되기 쉬움
> • 휠 얼라인먼트(바퀴 정렬): 자동차의 바퀴가 정확히 정렬되어 있는지 점검하는 작업으로, 토 인, 캠버, 캐스터, 킹핀 경사각 등 4가지 요소로 정해짐

② 조향기어의 백래시가 클 경우 발생하는 현상
  ㉠ 조향핸들의 유격이 커짐
  ㉡ 조향기어가 파손되기 쉬움

## 6. 각부 누유 · 누수 점검

① 엔진오일 누유 점검
  ㉠ 엔진에서 누유된 부분이 있는지 육안으로 확인함
  ㉡ 유면표시기(오일 레벨 게이지)를 빼서 엔진오일의 양을 점검함
  ㉢ 엔진을 정지시키고 약 5분 정도 후, 유면표시기를 빼냄 → 유면표시기에 묻은 오일을 깨끗이 닦아냄 → 유면표시기를 다시 끼웠다 빼서 확인함 → Low와 Full 표시 사이에 위치하면 정상이고, Full에 가까이 있을수록 좋음

② 냉각수 누수 점검
　　㉠ 냉각장치에서 누수된 부분이 있는지 육안으로 확인하고, 리저버탱크(보조탱크)의 냉각수 양을 점검함
　　㉡ 라디에이터 압력식 캡을 열었을 때 엔진오일이 떠 있다면, 실린더 블록의 균열 또는 실린더 헤드 개스킷의 불량이 원인임
③ 유압작동유 누유 점검
　　㉠ 각 실린더 및 유압호스의 누유 상태를 육안으로 확인하고 작동유 탱크의 오일 양을 점검함
　　㉡ 작동유의 양 점검 시 유압 실린더 안의 작동유를 탱크로 최대한 귀환시키기 위해 포크는 최대로 내리고, 마스트는 최대로 후경시킴
　　㉢ 작동유의 양이 유면표시기의 L과 F 중간에 위치하면 정상임
　　㉣ 작동유의 누유는 작동유의 점도와 반비례 관계임. 즉, 작동유의 점도가 높으면 누유가 감소하고, 점도가 낮으면 누유가 증가함
　　㉤ 유압장치의 수명 연장을 위해 오일의 양을 점검하고, 주기적으로 오일 및 필터를 교환해야 함

## 7. 계기판(클라크 지게차) 구성

▲ 계기판

① **연료 게이지**: 연료탱크 안의 연료량을 표시한 것으로, 연료가 비었으면 'E'를 가리킨다.
② 냉각수 온도 게이지: 엔진의 냉각수 온도를 표시한다.
③ 연료량 경고등: 연료 부족을 나타내는 경고등이다.
④ 충전 경고등: 배터리 충전 전압이 낮을 경우 점등되는 경고등이다.
⑤ LPG 장비표시등
⑥ **엔진오일 압력 경고등**: 엔진오일의 압력이 낮을 때 나타나는 경고등이다.

⑦ 변속기 오일 온도 경고등: 변속기 오일의 온도가 높을 때 나타나는 경고등이다.
⑧ 엔진 경고등: 엔진의 각종 센서 및 액추에이터가 고장 났을 때 나타나는 경고등이다.
⑨ 예열 플러그등: 엔진을 예열시키고 있음을 나타내는 것으로, 15~20초에서 완전히 가열되면 정상이다.
⑩ 변속기 오일 압력 경고등: 변속기 오일 압력이 낮을 때 나타나는 경고등이다.
⑪ 아워미터: 장비의 가동 시간을 표시한다.
⑫ 주차 브레이크 경고등: 주차 브레이크 체결 시 점등된다.
⑬ 안전벨트 경고등: 안전벨트를 착용하지 않았을 때 나타나는 경고등이다.
⑭ 정비아이콘: 전자기기 및 기계장치 등에 이상이 발생하면 나타나는 경고등이다.
⑮ 후방작업등 아이콘
⑯ 작업등 아이콘
⑰ 냉각수 온도 경고등: 냉각수 온도가 규정온도 이상으로 상승하면 나타나는 경고등이다.

## 8. 계기판 점검

① 엔진오일 압력 경고등 점검
　　㉠ 윤활장치 안을 순환하는 오일의 압력이 규정압력 이하로 떨어지면 점등됨
　　㉡ 키 ON 시 점등되고 시동을 걸면 소등됨
　　㉢ 엔진오일 색 변화의 원인
　　　• 검은색인 경우: 심하게 오염된 경우로, 엔진오일의 점도를 점검하고 교환해야 함
　　　• 우유색인 경우: 냉각수가 혼입된 경우임
② 냉각수 온도 게이지 점검
　　㉠ 실린더 블록을 순환하는 냉각수의 온도를 알려주는 게이지로, 게이지가 점등된 경우는 엔진 과열이 주 원인이므로 즉시 작업을 중지하고 냉각계통을 점검해야 함
　　㉡ 엔진 과열의 원인
　　　• 팬벨트 장력이 부족한 경우
　　　• 수온조절기가 닫힌 채 고장 난 경우
　　　• 라디에이터 코어가 막힌 경우
　　　• 누수로 인해 냉각수가 부족한 경우
③ 충전 경고등 점검
　　㉠ 발전기에서 충전전류가 나오지 않으면 점등됨
　　㉡ 키 ON 시 점등되고 시동을 걸면 소등됨

> 심화 **기관의 예방 정비 사항**
> ① 연료 여과기의 엘리먼트 점검
> ② 냉각수 및 엔진오일의 보충
> ③ 연료 파이프의 풀림 상태 조임

## ③ 작업 후 점검

### 1. 안전주차

① 지게차 주차 시 포크는 지면에 완전히 밀착해 내려 놓는다.

② 지게차 주차 시 전·후진 레버를 중립에 놓고 주차 브레이크를 체결한다.

③ 지게차를 경사지에 주차할 경우 고임대를 사용하여 주차한다.

④ 지게차 운행이 종료되면 지정된 장소(주기장)에 주차하고 시동키를 수거하여 열쇠함에 안전하게 보관한다.

### 2. 연료 및 충전 상태 점검

① 연료 상태 점검

   ⊙ 운행 종료 시 다음 날 작업을 위해 연료를 보충함

   ⓛ 연료 보충 시 엔진을 정지시키고 실시함

   ⓒ 겨울철에는 연료탱크와 대기의 온도 차이로 인해 결로 현상이 발생하므로 연료를 가득 채워두는 것이 좋음

   ⓔ 연료 속에 포함된 불순물 및 수분은 연료보다 비중이 높아 탱크 아래에 침전되기 때문에 배출콕을 열어 주기적으로 배출시켜야 함

② 충전 상태 점검

   ⊙ MF 배터리(축전지) 점검창을 확인해 충전 상태를 점검함

   ⓛ MF 배터리(축전지)는 정비나 보수가 필요 없는 배터리이므로 증류수 보충이 필요 없음

   ⓒ MF 배터리(축전지) 점검 방법

     • ● 초록색: 정상

     • ● 검은색: 충전 필요

     • ○ 흰색: 교환 필요

> 심화 **기관 시동이 걸리지 않을 경우 점검사항**
> ① 기동 전동기 점검
> ② 배터리 충전 상태 점검
> ③ 배터리 접지 케이블 단자 점검

## 2 작업 전 점검

### 01 일상점검 정비 작업 내용에 해당하지 않는 것은?

① 엔진오일의 양 점검
② 브레이크액 수준 점검
③ 라디에이터 냉각수 양 점검
④ 연료분사노즐 압력 점검

해설 연료분사노즐 압력 점검은 분해 정비 사항이다.

### 02 기관을 시동하기 전에 점검해야 할 사항에 해당하지 않는 것은?

① 냉각수 및 엔진오일의 양
② 기관의 온도
③ 연료의 양
④ 유압유의 양

해설 기관의 온도는 시동 후 점검할 사항이다.

### 03 유압장치 일일정비 점검사항이 아닌 것은?

① 유압호스의 손상과 접촉면의 점검
② 유압오일의 유량 점검
③ 이음 부분과 탱크 급유구 등의 풀림 점검
④ 유압장치의 필터 점검

해설 유압장치의 필터는 주기적인 교환 정비 항목이다.

★★★
### 04 시동을 걸 때 점검해야 할 사항으로 옳지 않은 것은?

① 윤활계통의 공기빼기가 잘 되었는지 확인한다.
② 라디에이터 캡을 열고 냉각수가 채워져 있는지 확인한다.
③ 엔진오일 레벨 게이지를 점검하여 윤활유가 정상적인지 확인한다.
④ 배터리 충전이 정상적으로 되어 있는지 확인한다.

해설 윤활계통은 펌프에 의해 가압되어 구동되므로 공기빼기가 필요 없다. 공기가 들어갔는지 확인한 후 공기빼기를 해야 하는 것은 연료계통이다.

### 05 기관 시동 전 점검사항에 해당하지 않는 것은?

① 엔진오일의 양
② 엔진 주변 오일의 누유
③ 엔진오일의 압력
④ 냉각수의 양

해설 엔진오일의 압력은 기관 시동 후 점검할 사항이다.

★★★★
### 06 엔진오일이 우유색을 띄는 원인으로 옳은 것은?

① 경유가 유입되었다.
② 연소가스가 섞여 있다.
③ 냉각수가 섞여 있다.
④ 가솔린이 유입되었다.

해설 실린더 헤드 개스킷 또는 실린더 블록이 파손되면 냉각수와 엔진오일 통로가 연결되어 서로 희석될 수 있다. 이때 냉각수가 혼입되면 엔진오일이 우유색을 띄게 된다.

★★★★
### 07 엔진에서 라디에이터의 방열기 캡을 열어 냉각수를 점검했더니 기름이 떠 있었다면, 그 원인으로 옳은 것은?

① 피스톤 링과 실린더 마모
② 밸브 간격 과다
③ 압축압력의 과다로 인한 역화 현상
④ 실린더 헤드 개스킷 파손

해설 라디에이터 방열기 캡(압력식 캡)을 열었을 때 냉각수에 엔진오일이 떠 있다면 실린더 블록의 균열 또는 실린더 헤드 개스킷의 불량이 그 원인이다.

★★
### 08 지게차의 작업장치 연결부(작동부) 니플에 주입하는 것은?

① G.A.A(그리스)
② SAE 30(엔진오일)
③ G.O(기어오일)
④ H.O(유압유)

해설 지게차 작업장치 연결부의 윤활을 위해 니플에 그리스를 주입한다.

**09** 지게차 작업 전 타이어 점검 시 공기식 타이어의 점검 항목에 해당하지 <u>않는</u> 것은?

① 림의 변형
② 타이어의 편마모
③ 휠 볼트 및 너트의 풀림
④ 솔리드 타이어의 공기압

해설 솔리드 타이어는 통고무로 만들어진 타이어이므로 공기압은 점검사항이 아니다.

★★★
**10** 타이어 트레드 패턴과 관련 <u>없는</u> 것은?

① 제동력, 구동력 및 견인력
② 조향성, 안정성
③ 편평률
④ 타이어의 배수 효과

해설 ①②④ 이외에 타이어 트레드는 타이어 내부 열을 방출하는 역할을 한다.

★★★
**11** 타이어 트레드 마모 한계를 초과하여 사용할 경우 발생하는 현상이 <u>아닌</u> 것은?

① 제동거리가 길어진다.
② 빗길에서 수막 현상이 발생한다.
③ 작은 이물질에도 타이어가 찢어질 수 있다.
④ 지면과의 접지면적이 넓어져 제동력이 좋아진다.

해설 타이어 트레드가 마모되면 마찰력이 높은 고무의 양이 신품 타이어에 비해 줄어들어 제동력이 나빠진다.

**12** 지게차의 유압탱크 유량을 점검하기 전 포크의 위치로 옳은 것은?

① 포크를 지면에 내려놓고 점검한다.
② 포크가 지상에서 떨어진 높이에서 최대 적재량의 하중을 점검한다.
③ 포크를 최대로 높여 점검한다.
④ 포크를 중간 높이에 두고 점검한다.

해설 포크를 지면에 내려놓아야 유압 실린더에 남아 있는 작동유가 최대한 탱크로 귀환한다.

★★★
**13** 지게차 점검 시 운전 상태에서 해야 하는 작업은?

① 체인의 장착 상태 확인
② 베어링의 누유 상태 확인
③ 벨트의 장력 상태 확인
④ 클러치의 상태 확인

해설 동력의 연결 및 차단 역할을 하는 클러치의 정상 작동 여부를 점검하기 위해서는 운전 상태에서 점검해야 한다.

★★★★
**14** 기관에서 팬벨트 유격이 너무 클 때 일어나는 현상은?

① 베어링의 마모가 심하다.
② 벨트가 절단된다.
③ 기관이 과열된다.
④ 점화 시기가 빨라진다.

해설 기관의 팬벨트 유격이 너무 큰 경우 냉각수 순환 불량으로 인해 엔진(기관) 과열, 발전기 출력 저하, 에어컨 작동 불량 등의 현상이 발생한다.
① 베어링의 마모는 팬벨트 유격이 작을 경우 일어나는 현상이다.

**15** 건설기계기관에 있는 팬벨트의 장력이 약할 때 생기는 현상으로 옳은 것은?

① 발전기 출력이 저하될 수 있다.
② 물펌프 베어링이 조기에 손상된다.
③ 엔진이 과냉된다.
④ 엔진이 부조를 일으킨다.

해설 팬벨트의 장력이 약한 경우 냉각수 순환의 불량으로 인해 엔진 과열, 발전기 출력 저하, 에어컨 작동 불량 등이 일어난다.

★★
**16** 지게차 기관에서 팬벨트 장력이 너무 클 때 생기는 현상으로 옳은 것은?

① 발전기의 출력이 저하된다.
② 엔진이 과열된다.
③ 베어링의 마모가 심하다.
④ 점화 시기가 빨라진다.

해설 팬벨트 장력이 크면 베어링이 마모된다.

**17** 구동벨트를 점검할 때 기관의 상태로 옳은 것은?

① 공회전 상태　　　② 급가속 상태
③ 정지 상태　　　④ 급감속 상태

해설 모든 벨트의 점검은 회전이 완전히 정지된 후 실시해야 한다.

★★★
**18** 팬벨트의 점검 과정에 대한 설명으로 옳지 <u>않은</u> 것은?

① 팬벨트를 약 10kgf의 힘으로 눌렀을 때 처지는 정도는 13~20mm이어야 한다.
② 팬벨트는 풀리의 밑부분에 접촉되어야 한다.
③ 팬벨트는 발전기를 움직이면서 조정한다.
④ 팬벨트가 너무 헐거우면 기관 과열의 원인이 된다.

해설 팬벨트는 풀리의 70% 정도에 접촉되어야 한다.

**19** 연소에 필요한 공기를 실린더로 흡입할 때, 먼지 등의 불순물을 여과하여 피스톤 등의 마모를 방지하는 역할을 하는 장치는?

① 과급기(Super Charger)
② 에어클리너(Air Cleaner)
③ 냉각장치(Cooling System)
④ 플라이휠(Fly Wheel)

해설 에어클리너는 공기청정기라고도 하며, 압축공기를 이용하여 오염 물질을 안에서 밖으로 불어내는 방법으로 청소한다.

★★★
**20** 긴 내리막길에서 엔진 브레이크를 사용하지 않고 풋 브레이크만을 사용할 때 나타나는 현상은?

① 브레이크액은 페이드, 라이닝은 베이퍼록
② 브레이크액은 베이퍼록, 라이닝은 페이드
③ 브레이크액은 인터록, 라이닝은 페이드
④ 브레이크액은 베이퍼록, 라이닝은 스프레드

해설 브레이크액은 베이퍼록, 라이닝은 페이드 현상이 일어난다.

★★★★
**21** 긴 내리막길을 내려갈 때 베이퍼록을 방지하기 위한 좋은 운전 방법은?

① 변속 레버를 중립으로 놓고 브레이크 페달을 밟으며 내려간다.
② 클러치를 끊고 브레이크 페달을 밟으면서 속도를 조절하여 내려간다.
③ 시동을 끄고 브레이크 페달을 밟고 내려간다.
④ 엔진 브레이크를 사용한다.

해설 내리막길에서 엔진 브레이크를 사용하면 베이퍼록 현상을 방지할 수 있다. 엔진 브레이크는 엔진의 부하(압축압력, 마찰저항)를 이용하여 속도를 줄이는 제동 방법으로, 기어를 저단으로 넣고 풋 브레이크와 함께 사용한다.

**22** 조향핸들이 무거운 원인이 <u>아닌</u> 것은?

① 조향기어의 윤활이 부족할 때
② 타이어의 공기압이 부족할 때
③ 휠 얼라인먼트가 불량할 때
④ 디퍼런셜기어가 불량할 때

해설 디퍼런셜기어(차동기어)는 조향장치가 아니라 동력전달장치이다.
①②③ 이외에도 조향기어의 백래시가 작은 경우 조향핸들이 무거워진다.

★★★
**23** 조향기어의 백래시가 큰 경우 나타나는 현상으로 옳은 것은?

① 조향기어가 파손되기 쉽다.
② 조향반경이 작아진다.
③ 조향각도가 커진다.
④ 핸들이 한쪽으로 쏠린다.

해설 조향기어의 백래시가 크면 조향핸들 유격이 커지고, 조향기어가 파손되기 쉽다.

★★★
**24** 유압펌프 점검에 대한 설명으로 옳지 <u>않은</u> 것은?

① 정상 작동 온도로 난기운전을 실시하여 점검하는 것이 좋다.
② 고정 볼트가 풀린 경우에는 추가 조임을 한다.
③ 작동유 유출 점검은 운전자가 관심을 가지고 점검해야 한다.
④ 하우징에 균열이 발생하면 패킹을 교환한다.

해설 유압펌프 점검은 정상 작동 온도로 난기운전(워밍업) 후 실시하며, 하우징에 균열이 발생하면 하우징을 교환한다.

**25** 기관의 오일 레벨 게이지에 대한 설명으로 옳지 <u>않은</u> 것은?

① 윤활유 레벨을 점검할 때 사용한다.
② 윤활유 점도 확인 시에도 활용된다.
③ 기관의 오일팬에 있는 오일을 점검하는 것이다.
④ 기관 가동 상태에서 게이지를 뽑아 점검한다.

해설 오일 레벨 게이지는 유면표시기 또는 딥스틱(Dipstick)이라고도 하며, 오일팬에 있는 윤활유의 레벨을 점검하거나 점도를 확인하기 위해 사용한다. 오일 레벨 게이지는 엔진을 정지시키고 약 5분 뒤 뽑아 점검한다.

**★★★★**

**26** 엔진오일의 양 점검 시 오일 레벨 게이지의 상한선 (Full)과 하한선(Low) 표시로 적합한 것은?

① Low 표시에 있어야 한다.
② Low와 Full 표시 사이에서 Low에 가까이 있을수록 좋다.
③ Low와 Full 표시 사이에서 Full에 가까이 있을수록 좋다.
④ Full 표시 이상이 되어야 한다.

**해설** Low와 Full 표시 사이에 위치하면 정상이고, Full에 가까이 있을수록 좋다.

**★★**

**27** 유압펌프 내의 내부 누설은 무엇에 반비례하여 증가하는가?

① 작동유의 오염       ② 작동유의 점도
③ 작동유의 압력       ④ 작동유의 온도

**해설** 작동유의 누설은 작동유의 점도와 반비례 관계이다. 작동유의 짐도가 높으면 누설이 감소하고, 점도가 낮으면 누설이 증가한다.

**★★★**

**28** 건설기계장비에서 기관을 시동한 후 정상운전 가능 상태를 확인하기 위해 운전자가 가장 먼저 점검해야 할 것은?

① 주행속도계          ② 엔진오일 양
③ 냉각수온도계        ④ 오일압력계

**해설** 오일압력계는 기관 시동 후 소등된다. 시동 후에도 점등되어 있다면 즉시 시동을 멈추고 윤활계통을 점검한다.

**29** 지게차 작업 중 운전자가 관심을 가져야 할 사항이 아닌 것은?

① 엔진 속도 게이지     ② 온도 게이지
③ 작업 속도 게이지     ④ 장비의 잡음 상태

**해설** 지게차에는 작업 속도 게이지가 없다.

**30** 운전 중 운전석 계기판에서 확인해야 하는 사항이 아닌 것은?

① 실린더 압력계        ② 연료 게이지
③ 냉각수 온도 게이지    ④ 충전 경고등

**해설** 지게차의 계기판에는 실린더 압력계가 없다.

**31** 운전 중 운전석 계기판에 다음 그림과 같은 경고등이 점등되었다. 무슨 표시인가?

① 배터리 완전충전 표시등
② 전원 차단 경고등
③ 전기계통 작동 표시등
④ 충전 경고등

**해설** 배터리 충전전압이 낮을 경우 충전 경고등이 점등된다. 충전 경고등이 점등되면 즉시 작업을 중지하고 팬벨트 장력 및 발전기를 점검한다.

**★★★**

**32** 유압장치의 수명 연장을 위해 가장 중요한 요소는?

① 유압 컨트롤 밸브의 세척 및 교환
② 오일의 양 점검 및 필터 교환
③ 유압펌프의 점검 및 교환
④ 오일 쿨러의 점검 및 세척

**해설** 유압장치의 수명 연장을 위해서는 오일의 양을 수시로 점검하고 아워미터를 확인하여 주기적으로 오일 및 필터를 교환해야 한다.

**33** 건설기계 운전 중 점검사항이 아닌 것은?

① 라디에이터 냉각수의 양 점검
② 냉각수 온도 게이지 점검
③ 경고등 점멸 여부 점검
④ 주행속도계 점검

**해설** 라디에이터 냉각수의 양은 운전 전 점검사항이다.

**★★★**

**34** 오일의 양은 정상이나 오일 압력계의 압력이 규정치보다 높을 경우 조치 사항으로 옳은 것은?

① 오일을 보충한다.
② 오일을 배출한다.
③ 유압 조절 밸브를 조인다.
④ 유압 조절 밸브를 푼다.

**해설** 유압회로 내의 압력은 유압 조절 밸브(릴리프 밸브)를 풀거나 조여서 조절한다. 유압 조절 밸브를 조이면 유압이 높아지고, 밸브를 풀면 유압이 낮아진다.

**★★★**

**35** 건설기계장비 작업 시 계기판에 냉각수 온도 경고등이 점등되었을 때 운전자가 할 수 있는 조치는?

① 오일의 양을 점검한다.
② 작업이 모두 끝나면 곧바로 냉각수를 보충한다.
③ 작업을 중지하고 점검 및 정비를 받는다.
④ 라디에이터를 교환한다.

해설 냉각수 온도 경고등의 점등은 엔진 과열이 원인이므로 즉시 작업을 중지하고 냉각계통(팬벨트 장력, 수온조절기, 라디에이터 코어, 냉각수의 양 등)을 점검해야 한다.

**36** 운전석 계기판에 다음 그림과 같은 경고등이 점등되었다. 무슨 표시인가?

① 엔진오일 압력 경고등
② 엔진오일 온도 경고등
③ 냉각수 배출 경고등
④ 냉각수 온도 경고등

해설 제시된 그림은 엔진오일 압력 경고등 표시로, 오일 압력이 낮을 때 점등된다.

**37** 엔진오일 압력 경고등이 켜지는 경우가 <u>아닌</u> 것은?

① 오일이 부족할 때
② 오일 필터가 막혔을 때
③ 가속을 하였을 때
④ 오일 회로가 막혔을 때

해설 엔진오일 압력 경고등은 엔진오일이 순환되지 않아 오일의 압력이 낮을 때 점등된다.

**★★★**

**38** 운전 중 갑자기 계기판에 충전 경고등이 점등된 상황에 대한 설명으로 옳은 것은?

① 정상적으로 충전이 되고 있음을 나타낸다.
② 충전이 되지 않고 있음을 나타낸다.
③ 충전계통에 이상이 없음을 나타낸다.
④ 주기적으로 점등되었다가 소등되는 것이다.

해설 충전 경고등은 발전기의 충전전압이 낮을 경우 점등되므로, 이는 충전이 정상적으로 되고 있지 않음을 의미한다.

**39** 지게차 조종석 계기판에 없는 것은?

① 아워미터　　　　② 연료 게이지
③ 냉각수 온도 게이지　　④ 차량속도계

해설 대부분의 건설기계는 차량 속도가 낮기 때문에 조종석 계기판에는 속도계 대신 가동 시간을 나타내는 아워미터 또는 엔진 회전 속도를 나타내는 RPM(Revolution Per Minute, 분당 회전수) 게이지가 있다.

### 3 작업 후 점검

**★★★**

**40** 지게차 주차 시 포크의 위치로 옳은 것은?

① 포크를 지면에 완전히 내려놓는다.
② 포크를 지면에서 20~30cm 정도 올려놓는다.
③ 포크를 지면에서 50~60cm 정도 올려놓는다.
④ 포크를 최대한 올려놓는다.

해설 지게차 주차 시 틸트 레버를 적당히 사용하여 포크가 지면에 완전히 닿도록 내려놓는다.

**★★★**

**41** 겨울철에 연료탱크를 가득 채우는 가장 주된 이유는?

① 연료가 적으면 증발하여 손실되기 때문에
② 연료가 적으면 출렁거리기 때문에
③ 공기 중의 수분이 응축되어 물이 생기기 때문에
④ 연료 게이지에 고장이 발생하기 때문에

해설 겨울철에는 연료와 대기의 온도 차이로 인해 결로 현상이 발생하므로 이를 방지하기 위해 연료를 가득 채워두는 것이 좋다.

**★★★**

**42** MF 배터리에 대한 설명으로 옳지 <u>않은</u> 것은?

① 점검창이 초록색이면 정상이다.
② 수시로 증류수를 보충해야 한다.
③ 점검창이 검은색이면 충전을 해야 한다.
④ 점검창이 흰색이면 교환을 해야 한다.

해설 MF 배터리는 무보수 배터리로 불리며, 증류수 보충이 필요 없다.

# 화물 적재, 하역 및 운반 작업

▶ 강의보기    문제보기 39p

출제예상
2문제

• 화물 적재, 하역 및 운반 시 안전에 대한 내용이 출제됩니다.

## 1 화물 적하 작업

### 1. 화물의 적재 방법

① 적재하고자 하는 화물에 가까이 접근하였을 때에는 지게차의 속도를 감속한다.

② 화물의 바로 앞에 오면 일단 정지한다.

③ 틸트 레버를 조작하여 포크를 지면과 수평으로 하고 (마스트를 지면과 수직으로 한다), 포크 간격을 맞춘 뒤 적재할 팔레트 위치까지 상승시킨다.

④ 포크의 간격은 팔레트 폭의 1/2 이상~3/4 이하 정도로 유지하고, 포크를 꽂는 위치를 확인한 후 정면으로 향하여 천천히 꽂는다.

⑤ 포크를 완전히 삽입한 후 화물이 놓여 있는 위치로부터 5~10cm 정도의 높이로 들어 올려 편하중이 없는지 확인한다.

⑥ 화물이 불안정할 경우 슬링와이어 또는 로프 등으로 지게차와 결착시킨다.

⑦ 이상이 없을 때에는 마스트를 충분히 뒤로 기울여 적재물이 백레스트에 완전히 닿도록 한 후, 포크와 지면과의 거리를 20~30cm 정도의 높이로 유지하고 목적지까지 운반한다.

팔레트의 폭

포크의 간격 =
팔레트 폭의 $\frac{1}{2}$ 이상~$\frac{3}{4}$ 이하

포크

▲ 팔레트 폭에 따른 포크의 폭

### 2. 화물의 운반 방법

① 운행 경로 및 지반 상태를 사전에 파악한다.

② 화물 운반 시 마스트를 충분히 뒤로 기울이고(4~6°), 포크와 지면의 거리를 20~30cm 정도의 높이로 유지하고 주행한다.

③ 화물을 운반 중인 경우에는 반드시 제한 속도를 준수한다(주행 속도는 10km/h를 초과할 수 없다).

④ 주변 상황을 파악하고, 후진 작업 시 후진경고음과 후사경을 확인하고 주행한다.

⑤ 급출발 및 급제동, 급선회 등을 하지 않는다.

⑥ 경사로를 올라가거나 내려갈 때에는 적재물이 경사로의 위쪽을 향하도록 하여 주행하고, 경사로를 내려올 때에는 엔진 브레이크 및 풋 브레이크를 걸고 천천히 운전한다.

⑦ 지게차 조종석 또는 적하장치에 사람을 태우지 않는다.

⑧ 포크 밑으로 사람의 출입을 통제한다.

⑨ 화물이 운전 시야를 가릴 경우 보조자의 수신호를 확인하여 운전한다.

⑩ 후륜이 뜬 상태로 주행하지 않는다.

⑪ 뒷바퀴 조향에 유의하며 운행한다.

⑫ 수동변속기를 장착한 지게차의 출발 시 클러치 페달을 밟고, 변속 레버를 저단에 넣고 클러치 페달을 떼며 가속 페달을 밟는다.

⑬ 내리막길에서는 기어를 저단에 놓고 후진 서행한다.

⑭ 내연기관을 장착한 지게차를 건물 내부에서 가동시킬 때에는 적절히 환기 조치를 취해야 한다.

⑮ 지게차의 안전한 주행을 위해 작업 전에 후사경, 경광등, 후진 경고음, 후방카메라 등을 점검한다.

### 3. 화물의 하역 방법

① 하역하고자 하는 장소의 앞에 접근하였을 때에는 지게차 속도를 감속한다.

② 하역하고자 하는 장소의 앞에 오면 일단 정지한다.

③ 틸트 레버를 조작하여 포크를 지면과 수평으로 하고 (마스트를 지면과 수직으로 한다), 리프트 레버를 이용하여 내려놓을 위치보다 약간 높은 위치까지 올린다.

④ 하역 위치를 확인하고 천천히 전진해 예정된 위치에 내려놓는다.

⑤ 천천히 후진하여 포크를 10~20cm 정도 빼낸 뒤, 약간 들어 올려 안전한 하역 위치까지 밀어 넣는다.

⑥ 하역 시 포크를 완전히 올린 상태에서 마스트 전·후 동작을 거칠게 조작하지 않는다.

⑦ 하역 시 절대로 차에서 내리거나 이탈해서는 안 된다.

## ② 지게차 작업안전

① 안전벨트를 착용한 후 작업 및 주행을 한다.
② 운전이나 정비 중에는 관계자 외 접근을 금지한다.
③ 작업자 1인 이외에는 사람을 탑승시키지 않으며, 자격이 없는 자의 조종을 금지한다.
④ 틸트는 적재물이 백레스트에 완전히 닿도록 한 후 운행한다.
⑤ 주행 방향을 바꿀 때에는 완전 정지 또는 저속에서 운행한다.
⑥ 작업 시에는 항상 사람의 접근에 특별히 주의한다.
⑦ 무거운 물건을 상승시킨 채 오랫동안 방치하지 않는다.
⑧ 용량을 초과한 화물을 적재하지 않는다.
⑨ 화물 적재 후 후륜이 뜬 상태가 되도록 적재하지 않는다.
⑩ 화물 적재 시 운전 시야를 확보한다.
⑪ 연약한 지반에서 작업 시에는 받침판을 사용한다.
⑫ 전진에서 후진 변속 시에는 장비가 정지된 상태에서 해야 한다.
⑬ 화물의 무게가 가벼운 것은 위로, 무거운 것은 밑으로 적재한다.
⑭ 창고 출입 시에는 차폭 및 장애물을 확인한다.
⑮ 주정차 시 반드시 주차 브레이크를 고정시킨다.

## ① 화물 적하 작업

**01** 지게차에서 적재 상태의 마스트 경사로 적절한 것은?

① 뒤로 기울어지도록 한다.
② 앞으로 기울어지도록 한다.
③ 진행 좌측으로 기울어지도록 한다.
④ 진행 우측으로 기울어지도록 한다.

해설 적재물의 낙하를 방지하기 위해 마스트를 뒤로 충분히 기울여 화물이 백레스트에 안전하게 받쳐지도록 한다.

★★
**02** 포크는 팔레트 폭에 비해 어느 정도 간격을 유지해야 하는가?

① 1/2~4/5    ② 1/2~3/4
③ 1/3~2/3    ④ 1/4~3/5

해설 포크의 간격은 팔레트 폭의 1/2 이상 3/4 이하 정도를 유지하는 것이 좋다.

★★★
**03** 화물을 적재하고 주행할 때 포크와 지면의 거리로 가장 적절한 것은?

① 지면에 밀착    ② 20~30cm
③ 50~55cm    ④ 80~85cm

해설 화물을 적재하고 주행할 때에는 포크와 지면의 거리를 20~30cm 정도로 유지한다.

**04** 지게차의 운행 시 주의사항으로 옳지 않은 것은?

① 틸트는 적재물이 백레스트에 완전히 닿도록 한 후 운행한다.
② 주행 중 노면 상태에 주의하고 노면이 고르지 않은 곳에서는 천천히 운행한다.
③ 내리막길에서는 급회전을 삼간다.
④ 지게차의 중량 제한은 필요에 따라 무시할 수 있다.

해설 지게차의 작업안전을 위해 용량을 초과하여 화물을 적재하지 않는다.

**05** 지게차의 작업 방법으로 옳지 않은 것은?

① 경사길에서 내려올 때에는 후진으로 진행한다.
② 주행 방향을 바꿀 때에는 완전 정지 또는 저속에서 운행한다.
③ 틸트는 적재물이 백레스트에 완전히 닿도록 하고 운행한다.
④ 조향륜이 지면에서 5cm 이하로 떨어졌을 때에는 카운터 웨이트 중량을 높인다.

해설 카운터 웨이트는 평형추 또는 밸런스 웨이트라고도 하며, 지게차 맨 뒤쪽에 설치되어 지게차 앞쪽에 화물을 실었을 때 균형을 잡아주는 역할을 한다. 카운터 웨이트를 추가할 수 있게 설계된 지게차 외에는 카운터 웨이트 중량을 높여 작업하지 않는다.

**06** 지게차를 운전하여 화물을 운반할 때 주의사항으로 옳지 않은 것은?

① 노면이 좋지 않을 때에는 저속으로 운행한다.
② 경사지에서는 화물을 위쪽으로 한다.
③ 화물의 운반 거리는 5m 이내로 한다.
④ 포크를 노면에서 약 20~30cm 상승 후 이동한다.

해설 지게차는 약 100m 이내의 공간에서 비교적 가벼운 화물을 적재·하역·운반하는 건설기계이다.

**07** 지게차 주행 시 주의사항으로 옳지 않은 것은?

① 짐을 싣고 주행할 때에는 절대로 속도를 내서는 안 된다.
② 노면의 상태에 주의를 기울인다.
③ 포크의 끝을 밖으로 경사지게 한다.
④ 적하 장치에 사람을 태워서는 안 된다.

해설 주행 시에는 틸트 레버를 당겨 마스트를 충분히 뒤로 기울인 뒤, 포크를 지면으로부터 20~30cm 정도의 높이로 유지하고 주행한다. 포크의 끝을 밖으로 경사지게 해야 하는 것은 아니다.

**08** 지게차를 경사면에서 운전할 때 짐의 방향은?

① 짐이 언덕 위쪽으로 가도록 한다.
② 짐이 언덕 아래쪽으로 가도록 한다.
③ 운전에 편리하도록 짐의 방향을 정한다.
④ 짐의 크기에 따라 방향이 정해진다.

해설 경사로를 올라가거나 내려갈 때에는 적재물이 경사로의 위쪽을 향하도록 주행한다.

**09** 지게차 운전 시 유의사항으로 옳지 않은 것은?

① 주행 시 포크 높이를 20~30cm로 조절한다.
② 주행 또는 작업 시 안전벨트를 착용한다.
③ 화물이 무거워 뒷바퀴가 뜬 경우 카운터 웨이트에 사람을 탑승시킨다.
④ 적재물로 전방 시야가 가릴 때에는 신호수를 배치한다.

해설 지게차의 작업안전을 위해 화물 적재 시 후륜이 뜬 상태가 되게 물건을 적재해서는 안 된다. 또한 지게차에는 작업자 1인 외에는 사람을 탑승시키지 않는다.

★★★
**10** 지게차로 가파른 경사지에서 적재물을 운반할 때의 방법으로 옳은 것은?

① 적재물을 앞으로 하여 천천히 내려온다.
② 기어의 변속을 중립에 놓고 내려온다.
③ 기어의 변속을 저속 상태로 놓고 후진으로 내려온다.
④ 지그재그로 회전하여 내려온다.

해설 가파른 경사지에서 적재물을 운반할 경우에는 변속기어를 저단에 넣고 엔진 브레이크와 풋 브레이크를 사용하며 후진 서행한다.

★★
**11** 지게차의 화물 운반 방법으로 옳은 것은?

① 마스트를 뒤로 4° 정도 경사시켜 운반한다.
② 샤퍼를 뒤로 6° 정도 경사시켜 운반한다.
③ 바이브레이터를 뒤로 8° 정도 경사시켜 운반한다.
④ 댐퍼를 뒤로 13° 정도 경사시켜 운반한다.

해설 화물 운반 시 화물의 낙하를 방지하기 위해 마스트를 충분히 뒤로 경사시켜(4~6°) 운반한다.

★
**12** 지게차의 화물 적재 방법에 대한 설명으로 옳지 않은 것은?

① 짐을 싣기 위해 마스트를 약간 전경시키고 포크를 끼워 물건을 싣는다.
② 틸트 레버를 앞으로 밀면 마스트가 앞으로 기울고 이에 따라 포크도 앞으로 기운다.
③ 포크를 상승시킬 때에는 리프트 레버를 뒤쪽으로 당기고, 하강시킬 때에는 앞쪽으로 민다.
④ 목적지에 도착한 후 물건을 내리기 위해 틸트 실린더를 후경시켜 전진한다.

해설 물건을 내리기 위해서는 틸트 레버를 조작하여 포크가 지면과 수평이 되게 하거나 약간 전경시킨다.

**13** 지게차의 화물 하역 방법에 대한 설명으로 옳지 않은 것은?

① 짐을 내릴 때에는 마스트를 앞으로 약 4° 정도 경사시킨다.
② 짐을 내릴 때 틸트 레버 조작은 필요하지 않다.
③ 짐을 내릴 때 가속 페달은 사용하지 않는다.
④ 리프트 레버를 사용할 때 시선은 포크를 주시한다.

해설 물건을 내리기 위해서는 틸트 레버를 조작하여 포크가 지면과 수평이 되게 하거나 앞으로 4° 정도 경사지게 한다.

**14** 평탄한 노면에서 지게차로 화물 하역 시 올바른 방법이 아닌 것은?

① 팔레트에 실은 짐이 안정되고 확실하게 실려 있는지 확인한다.
② 포크는 상황에 따라 안전한 위치로 이동한다.
③ 적재가 불안정한 경우에는 빠르게 작업을 진행하여 완료한다.
④ 팔레트를 사용하지 않고 밧줄로 짐을 걸어 올릴 때에는 포크에 잘 맞는 고리를 사용한다.

해설 적재가 불안정한 경우 슬링와이어 또는 로프 등으로 지게차와 결착시키고 서행하여 작업을 진행한다.

## 2 지게차 작업안전

**15** 상차 작업장에서 사고를 방지하기 위한 안전 대책으로 옳지 않은 것은?

① 해당 운전자만 운전하도록 한다.
② 운전자와 신호수의 신호에 의해서만 작업을 진행한다.
③ 운전이나 정비 중에는 관계자 외 접근을 금지한다.
④ 작업장 시설에 대한 검토는 작업이 종료된 직후 실시한다.

해설 작업장 시설에 대한 검토는 작업 시작 전에 실시하여 안전 대책을 강구하고 작업에 임해야 한다.

**16** 지게차 운전작업 관련 사항으로 옳지 않은 것은?

① 운전 시 급정지, 급선회를 하지 않는다.
② 화물을 적재한 후 포크를 될 수 있는 한 높이 들고 운행한다.
③ 화물 운반 시 포크의 높이는 지면으로부터 20~30cm 정도를 유지한다.
④ 포크는 액셀러레이터를 밟으면서 상승시킨다.

해설 화물 운반 시 포크는 지면과 20~30cm 높이를 유지한다.

**17** 지게차에서 화물을 취급하는 방법으로 옳지 않은 것은?

① 포크는 화물의 받침대 속에 정확히 들어갈 수 있도록 조작한다.
② 운반물을 적재하여 경사지를 주행할 때에는 짐이 언덕 위쪽으로 향하도록 한다.
③ 포크를 지면에서 약 800mm 정도 높이로 올려 주행한다.
④ 운반 중 마스트를 뒤로 약 6° 정도 경사시킨다.

해설 주행 시 포크와 지면의 거리는 20~30cm 정도의 높이로 유지한다.

★★
**18** 지게차 작업 시 지켜야 할 안전수칙으로 옳지 않은 것은?

① 후진 시에는 반드시 뒤를 살필 것
② 전·후진 변속은 장비가 정지된 상태에서 행할 것
③ 주정차 시 반드시 주차 브레이크를 고정시킬 것
④ 주차 시 포크를 최대한 높이 들어 놓고 주차할 것

해설 지게차 포크에 걸려 넘어질 위험이 높기 때문에 주차 시에는 마스트를 앞으로 기울여 포크 끝이 지면에 완전히 밀착되게 내려놓는다.

★
**19** 지게차 작업 시 주의사항으로 옳지 않은 것은?

① 운전석을 떠날 경우에는 기관을 정지시킨다.
② 작업 시에는 항상 사람의 접근에 특별히 주의한다.
③ 가능한 한 평탄한 지면으로 주행한다.
④ 후진 후 사람 및 장애물 등을 확인한다.

해설 후진하기 전 사람 및 장애물을 확인하고 서행하며 작업한다.

**20** 중량물 운반 시 안전사항으로 옳지 않은 것은?

① 규정 용량을 초과하지 않는다.
② 화물을 운반할 경우에는 운전반경 안을 확인한다.
③ 무거운 물건을 상승시킨 채 오랫동안 방치하지 않는다.
④ 흔들리는 화물은 사람이 승차하여 붙잡는다.

해설 지게차에는 작업자 외 사람이 탑승하지 않는다. 화물이 흔들릴 경우에는 슬링와이어 또는 로프 등으로 지게차와 결착시키고 서행하며 작업을 진행한다.

**21** 지게차 작업 시 안전수칙으로 옳지 않은 것은?

① 주차 시에는 포크를 완전히 지면에 내려야 한다.
② 화물을 적재하고 경사지를 내려갈 때에는 운전 시야 확보를 위해 전진으로 운행해야 한다.
③ 포크를 이용하여 사람을 싣거나 들어 올리지 않아야 한다.
④ 경사지를 오르거나 내려올 때에는 급회전을 금해야 한다.

해설 화물을 적재하고 경사지를 전진하여 내려가면 화물이 앞으로 쏟아질 수 있기 때문에 후진하여 내려가야 한다.

**22** 지게차 화물 취급 작업 시 준수해야 할 사항으로 옳지 않은 것은?

① 화물 앞에서 일단 정지해야 한다.
② 화물의 근처에 접근하면 가속 페달을 살짝 밟는다.
③ 팔레트에 실려 있는 물체가 안전하게 적재되었는지 확인한다.
④ 지게차를 화물 쪽으로 반듯하게 향하고 포크가 팔레트를 마찰하지 않도록 주의한다.

해설 화물 근처에 접근했을 때에는 브레이크를 밟으면서 안전 속도로 서행해야 한다.

PART

# PART
# 02

## 도로주행

# 도로교통법

• 운전면허와 관련된 내용으로 주행 속도와 안전거리, 교통안전표지를 꼭 체크하세요.

## 1 도로교통법의 목적 및 용어

### 1. 목적

도로에서 일어나는 교통상의 모든 위험과 장해를 방지하고 제거하여 안전하고 원활한 교통을 확보함을 목적으로 한다.

### 2. 용어의 정의

| 도로 | ① 「도로법」에 따른 도로<br>② 「유료도로법」에 따른 유료도로<br>③ 「농어촌도로 정비법」에 따른 농어촌도로<br>④ 그 밖에 현실적으로 불특정 다수의 사람 또는 차마(車馬)가 통행할 수 있도록 공개된 장소로서 안전하고 원활한 교통을 확보할 필요가 있는 장소 |
|---|---|
| 자동차<br>전용도로 | 자동차만 다닐 수 있도록 설치된 도로 |
| 고속도로 | 자동차의 고속운행에만 사용하기 위하여 지정된 도로 |
| 긴급<br>자동차 | ① 소방차<br>② 구급차<br>③ 혈액공급차량<br>④ 그 밖에 대통령령으로 정하는 자동차<br>　㉠ 긴급한 우편물의 운송에 사용되는 자동차<br>　㉡ 국군 및 주한 국제연합군용의 긴급자동차에 의하여 유도되는 국군 및 주한 국제연합군의 자동차<br>　㉢ 생명이 위급한 환자 또는 부상자나 수혈을 위한 혈액을 운송 중인 자동차<br>　㉣ 수사기관의 자동차 중 범죄 수사, 교통단속 등 긴급한 업무수행을 위해 사용되는 자동차<br>⑤ 긴급자동차는 긴급 용무 중일 때만 우선권과 특례의 적용을 받음 |
| 주차 | ① 운전자가 승객을 기다리거나 화물을 싣거나 차가 고장 나거나 그 밖의 사유로 차를 계속 정지 상태에 두는 것<br>② 운전자가 차에서 떠나서 즉시 그 차를 운전할 수 없는 상태에 두는 것 |
| 정차 | 운전자가 5분을 초과하지 아니하고 차를 정지시키는 것으로서 주차 외의 정지 상태 |

| 서행 | 운전자가 차 또는 노면전차를 즉시 정지시킬 수 있는 정도의 느린 속도로 진행하는 것 |
|---|---|
| 어린이 | 13세 미만인 사람 |
| 안전표지 | 교통안전에 필요한 주의·규제·지시·보조·노면표지 |
| 안전지대 | 도로를 횡단하는 보행자나 통행하는 차마의 안전을 위하여 안전표지나 이와 비슷한 인공구조물로 표시한 도로의 부분 |

## 2 신호기 및 차의 신호

### 1. 신호등화에 따른 의미

| 녹색등화 | ① 차마는 직진 또는 우회전할 수 있음<br>② 비보호 좌회전 표지 또는 비보호 좌회전 표시가 있는 곳에서는 좌회전할 수 있음 |
|---|---|
| 황색등화 | ① 차마는 정지선이 있거나 횡단보도가 있을 때에는 그 직전이나 교차로의 직전에 정지해야 하며, 이미 교차로에 차마의 일부라도 진입한 경우에는 신속히 교차로 밖으로 진행하여야 함<br>② 차마는 우회전할 수 있고, 우회전하는 경우에는 보행자의 횡단을 방해하지 못함 |
| 적색등화 | ① 차마는 정지선, 횡단보도 및 교차로의 직전에서 정지해야 함<br>② 차마는 우회전하려는 경우 정지선, 횡단보도 및 교차로의 직전에서 정지한 후, 신호에 따라 진행하는 다른 차마의 교통을 방해하지 않고 우회전할 수 있음<br>③ 다만, 차마는 우회전 삼색등이 적색의 등화인 경우 우회전할 수 없음 |
| 황색등화의<br>점멸 | 차마는 다른 교통 또는 안전표지의 표시에 주의하면서 진행할 수 있음 |
| 적색등화의<br>점멸 | 차마는 정지선이나 횡단보도가 있을 때에는 그 직전이나 교차로의 직전에 일시정지한 후 다른 교통에 주의하면서 진행할 수 있음 |

## 2. 신호등의 신호 순서

| 사색등화(적색·황색·녹색화살표·녹색) | 녹색 → 황색 → 적색 및 녹색화살표 → 적색 및 황색 → 적색 |
|---|---|
| 삼색등화[적색·황색·녹색(녹색화살표)] | 녹색(적색 및 녹색화살표) → 황색 → 적색 |
| 이색등화(적색·녹색) | 녹색 → 녹색 점멸 → 적색 |

## 3. 신호의 시기 및 방법

① 진로를 바꾸려는 때
   ㉠ 진로를 바꾸려는 행위를 하려는 지점에 이르기 전 30m(고속도로에서는 100m) 이상의 지점에 이르렀을 때 방향지시기 또는 등화를 조작해야 함
   ㉡ 노면표지가 황색 점선 및 백색 점선인 경우에 진로 변경을 할 수 있음
② 서행할 때: 팔을 차체의 밖으로 내어 45° 밑으로 펴서 위아래로 흔든다.

참고 「도로교통법 시행령」[별표 2]

## 4. 신호 또는 지시에 따를 의무

① 내용: 도로를 통행하는 보행자, 차마 또는 노면전차의 운전자는 교통안전시설이 표시하는 신호 또는 지시와 아래 ②의 어느 하나에 해당하는 사람이 하는 신호 또는 지시를 따라야 한다(교통안전시설이 표시하는 신호 또는 지시와 교통정리를 하는 경찰공무원 또는 경찰보조자(이하 '경찰공무원' 등)의 신호 또는 지시가 서로 다른 경우에는 경찰공무원 등의 신호 또는 지시에 따라야 한다).
② 지시를 하는 자
   ㉠ 교통정리를 하는 경찰공무원(의무경찰 포함) 및 제주특별자치도의 자치경찰공무원(이하 '자치경찰공무원')
   ㉡ 경찰공무원(자치경찰공무원 포함)을 보조하는 사람으로 대통령령으로 정하는 자(경찰보조자)
     • 모범운전자
     • 군사훈련 및 작전에 동원되는 부대의 이동을 유도하는 군사경찰
     • 본래의 긴급한 용도로 운행하는 소방차·구급차를 유도하는 소방공무원

# 3 차마의 통행

## 1. 차마의 도로주행

① 차마의 운전자는 보도와 차도가 구분된 도로에서는 차도로 통행하여야 한다. 다만, 도로 외의 곳으로 출입할 때에는 보도를 횡단하여 통행할 수 있다.
② 차마의 운전자는 보도를 횡단하기 직전에 일시정지하여 좌측과 우측 부분 등을 살핀 후, 보행자의 통행을 방해하지 아니하도록 횡단하여야 한다.
③ 차마의 운전자는 도로의 중앙 우측 부분을 통행해야 한다.

## 2. 차마가 도로의 중앙이나 좌측 부분을 통행할 수 있는 경우

① 도로가 일방통행인 경우
② 도로의 파손, 도로공사나 그 밖의 장애 등으로 도로의 우측 부분을 통행할 수 없는 경우
③ 도로 우측 부분의 폭이 6m가 되지 아니하는 도로에서 다른 차를 앞지르려는 경우
   ㉠ 다음의 경우는 예외로 함
     • 도로의 좌측 부분을 확인할 수 없는 경우
     • 반대 방향의 교통을 방해할 우려가 있는 경우
     • 안전표지 등으로 앞지르기를 금지하거나 제한하고 있는 경우
④ 도로 우측 부분의 폭이 차마의 통행에 충분하지 아니한 경우
⑤ 가파른 비탈길의 구부러진 곳에서 교통의 위험을 방지하기 위하여 시·도경찰청장이 필요하다고 인정하여 구간 및 통행 방법을 지정하고 있는 경우에 그 지정에 따라 통행하는 경우

## 3. 통행 우선순위

① 통행 우선순위는 '긴급자동차 → 긴급자동차 외의 자동차 → 원동기장치자전거 → 자동차 및 원동기장치자전거 외의 차마' 순이다.
② 교차로나 그 부근에서 긴급자동차가 접근하는 경우에는 차마와 노면전차의 운전자는 교차로를 피해 일시정지하여야 한다.
③ 도로의 우측가장자리에 있는 모든 차와 노면전차의 운전자는 교차로나 그 부근 외의 곳에서 긴급자동차가 접근한 경우에는 긴급자동차가 우선 통행할 수 있도록 진로를 양보하여야 한다.

④ 긴급자동차가 범죄 및 화재 예방 등을 위한 순찰·훈련 등을 실시하는 경우에는 특례의 적용을 받지 못한다.

## 4. 도로에 따른 통행차로 구분

| 도로 | 차로 구분 | 통행할 수 있는 차종 |
|---|---|---|
| 고속도로 외 도로 | 왼쪽 차로 | 승용자동차 및 경형·소형·중형 승합자동차 |
| | 오른쪽 차로 | 대형 승합자동차, 화물자동차, 특수자동차, 건설기계, 이륜자동차, 원동기장치자전거 |
| 고속도로 | 편도 2차로 1차로 | ① 앞지르기를 하려는 모든 자동차 ② 다만, 차량통행량 증가 등 도로 상황으로 인하여 부득이하게 시속 80km 미만으로 통행할 수밖에 없는 경우에는 앞지르기를 하는 경우가 아니더라도 통행할 수 있음 |
| | 2차로 | 모든 자동차(건설기계를 포함) |
| | 편도 3차로 이상 1차로 | ① 앞지르기를 하려는 승용자동차 및 앞지르기를 하려는 경형·소형·중형 승합자동차 ② 다만, 차량통행량 증가 등 도로 상황으로 인하여 부득이하게 시속 80km 미만으로 통행할 수밖에 없는 경우에는 앞지르기를 하는 경우가 아니더라도 통행할 수 있음 |
| | 왼쪽 차로 | 승용자동차 및 경형·소형·중형 승합자동차 |
| | 오른쪽 차로 | 대형 승합자동차, 화물자동차, 특수자동차, 건설기계 |

참고 「도로교통법 시행규칙」 [별표 9]

## 4 자동차 등과 노면전차의 속도

### 1. 편도 2차로 이상 고속도로에서 건설기계의 속도

① 최고 속도는 매시 80km, 최저 속도는 매시 50km 이다.
② 단, 경찰청장이 고속도로의 원활한 소통을 위하여 특히 필요하다고 인정하여 지정·고시한 노선 또는 구간의 경우 최고 속도는 매시 90km, 최저 속도는 매시 50km이다.

### 2. 비·안개·눈 등으로 인한 악천후 시 주행 속도

| 주행 속도 | 이상기후 상태 |
|---|---|
| 최고 속도에서 20/100을 감속 | • 비가 내려 노면이 젖어 있는 경우 • 눈이 20mm 미만으로 쌓인 경우 |
| 최고 속도에서 50/100을 감속 | • 폭우·폭설·안개 등으로 가시거리가 100m 이내인 경우 • 노면이 얼어 붙은 경우 • 눈이 20mm 이상 쌓인 경우 |

### 3. 자동차를 견인할 때의 속도

총중량 2,000kg 미만인 자동차를 총중량이 그의 3배 이상인 자동차로 견인하는 경우에는 시속 30km 이내로 주행한다.

## 5 앞지르기 방법과 금지

### 1. 앞지르기 방법

① 모든 차의 운전자는 다른 차를 앞지르려면 앞차의 좌측으로 통행하여야 한다.
② 자전거 등의 운전자는 서행하거나 정지한 다른 차를 앞지르려면 앞차의 우측으로 통행할 수 있다. 이 경우 자전거 등의 운전자는 정지한 차에서 승차하거나 하차하는 사람의 안전에 유의하여 서행하거나 필요한 경우 일시정지하여야 한다.
③ 앞지르려고 하는 모든 차의 운전자는 반대 방향의 교통과 앞차의 교통에도 충분한 주의를 기울여야 하며, 앞차의 속도·진로와 그 밖의 도로 상황에 따라 방향지시기·등화 또는 경음기를 사용하는 등 안전한 속도와 방법으로 앞지르기를 하여야 한다.
④ 앞지르기를 하는 차가 있을 때에는 속도를 높여 경쟁하거나 그 차의 앞을 가로막는 등의 방법으로 앞지르기를 방해하여서는 안 되며, 도로 우측 가장자리에서 일시정지하거나 서행하며 앞지르기를 시킨다.

### 2. 앞지르기가 금지되는 경우

① 앞차의 좌측에서 다른 차가 앞차와 나란히 가고 있는 경우
② 앞차가 다른 차를 앞지르고 있거나 앞지르려 하는 경우
③ 다음의 차는 앞지르기를 할 수 없다.
　㉠ 「도로교통법」이나 「도로교통법」에 따른 명령에 의해 정지하거나 서행하고 있는 차
　㉡ 경찰공무원의 지시에 따라 정지하거나 서행하고

있는 차

ⓒ 위험을 방지하기 위해 정지하거나 서행하고 있는 차

### 3. 앞지르기 금지 장소

① 교차로

② 터널 안

③ 다리 위

④ 도로의 구부러진 곳, 비탈길의 고갯마루 부근 또는 가파른 비탈길의 내리막 등 시·도경찰청장이 도로에서의 위험을 방지하고 교통의 안전과 원활한 소통을 확보하기 위하여 필요하다고 인정하는 곳으로서 안전표지로 지정한 곳

## 6 철길 건널목의 통과 방법과 안전거리

### 1. 통과 방법

① 건널목 앞에서 일시정지하여 안전한지 확인한 후에 통과하여야 한다.

② 다만, 신호기 등이 표시하는 신호에 따르는 경우에는 정지하지 않고 통과할 수 있다.

### 2. 안전거리

앞차가 갑자기 정지하게 되는 경우, 그 앞차와의 충돌을 피할 수 있는 필요한 거리를 말한다.

## 7 교차로 통행 방법

### 1. 모든 차의 교차로 통행

① 우회전을 하려는 경우: 미리 도로의 우측 가장자리를 서행하면서 우회전해야 한다. 이 경우 우회전하는 차의 운전자는 신호에 따라 정지하거나 진행하는 보행자 또는 자전거 등에 주의해야 한다.

② 좌회전을 하려는 경우: 미리 도로의 중앙선을 따라 서행하면서 교차로의 중심 안쪽을 이용하여 좌회전해야 한다.

③ 신호기로 교통정리를 하고 있는 경우: 진행하려는 진로의 앞쪽에 있는 차 또는 노면전차의 상황에 따라 교차로에 정지하게 되어 다른 차 또는 노면전차의 통행에 방해될 우려가 있는 경우에는 그 교차로에 들어가서는 안 된다.

④ 교통정리를 하고 있지 않은 경우(단, 일시정지나 양보를 표시하는 안전표지가 설치되어 있음): 다른 차의 진행을 방해하지 아니하도록 일시정지하거나 양보

하여야 한다.

⑤ 비보호 좌회전 교차로의 경우: 녹색 신호 시 반대 방향의 교통에 방해되지 않게 좌회전을 할 수 있다.

### 2. 교통정리를 하고 있지 않은 교차로에서 우선순위

① 먼저 교차로에 들어가 있는 다른 차

② 폭이 넓은 도로로부터 교차로에 들어가려고 하는 차

③ 우측도로의 차

④ 좌회전하려는 교차로에서 직진하거나 우회전하려는 다른 차

## 8 서행 및 일시정지, 주정차 금지

### 1. 서행해야 하는 장소

① 교통정리를 하고 있지 아니 하는 교차로

② 도로가 구부러진 부근

③ 비탈길의 고갯마루 부근

④ 가파른 비탈길의 내리막

⑤ 시·도경찰청장이 도로에서의 위험을 방지하고 교통의 안전과 원활한 소통을 확보하기 위하여 필요하다고 인정하여 안전표지로 지정한 곳

### 2. 일시정지해야 하는 장소

① 교통정리를 하고 있지 아니하고 좌우를 확인할 수 없거나 교통이 빈번한 교차로

② 시·도경찰청장이 도로에서의 위험을 방지하고 교통의 안전과 원활한 소통을 확보하기 위하여 필요하다고 인정하여 안전표지로 지정한 곳

### 3. 주정차 금지 장소

① 교차로·횡단보도·건널목이나 보도와 차도가 구분된 도로의 보도

② 시장 등이 지정한 어린이 보호구역

③ 다음 각 목의 곳으로부터 5m 이내인 곳

ㄱ 교차로의 가장자리나 도로의 모퉁이로부터 5m 이내인 곳

ㄴ 소방용수시설 또는 비상 소화장치가 설치된 곳으로부터 5m 이내인 곳

④ 다음 각 목의 곳으로부터 10m 이내인 곳

ㄱ 안전지대가 설치된 도로에서는 그 안전지대의 사방으로부터 각각 10m 이내인 곳

ㄴ 버스여객자동차의 정류지임을 표시하는 기둥이나 표지판 또는 선이 설치된 곳으로부터 10m 이

내인 곳

    © 건널목의 가장자리 또는 횡단보도로부터 10m 이내인 곳

### 4. 주차 금지 장소

① 터널 안 및 다리 위

② 도로공사를 하고 있는 경우에는 그 공사 구역의 양쪽 가장자리로부터 5m 이내인 곳

③ 다중이용업소의 영업장이 속한 건축물로, 소방본부장의 요청에 의하여 시·도경찰청장이 지정한 곳으로부터 5m 이내인 곳

참고   주정차 금지 장소와 주차 금지 장소를 구분해야 한다. 주차 금지 장소에서는 5분을 초과하지 않는 정차는 허용된다.

### 5. 주정차 방법

① 모든 차의 운전자는 도로에 정차할 때 차도의 오른쪽 가장자리에 정차한다.

② 경사진 곳에 정차하거나 주차하려는 경우, 자동차의 주차제동장치를 작동한 후의 조치 사항

    ③ 경사의 내리막 방향으로 바퀴에 고임목, 고임돌, 그 밖에 고무, 플라스틱 등 자동차의 미끄럼 사고를 방지할 수 있는 것을 설치함

    © 조향장치를 도로의 가장자리 방향으로 돌려 놓음

## 9   차와 노면전차의 등화

### 1. 야간운행 시 차의 등화

① **자동차**: 자동차안전기준에서 정하는 전조등, 차폭등, 미등, 번호등과 실내조명등(실내조명등은 승합자동차와 여객자동차 운수사업법에 따른 여객자동차운송사업용 승용자동차만 해당함)

② **원동기장치자전거**: 전조등 및 미등

③ **견인되는 차**: 미등, 차폭등 및 번호등

④ **노면전차**: 전조등, 차폭등, 미등 및 실내조명등

⑤ **위의 규정 외의 모든 차**: 시·도경찰청장이 정하여 고시하는 등화

### 2. 야간에 도로 주정차 시 차의 등화

① **자동차**: 미등 및 차폭등

② **이륜자동차 및 원동기장치자전거**: 미등(후부 반사기를 포함한다)

③ **노면전차**: 미등 및 차폭등

### 3. 야간에 차가 마주보고 진행하는 경우의 등화

서로 마주보고 진행할 때에는 전조등의 밝기를 줄이거나 불빛의 방향을 아래로 향하게(하향) 하거나 잠시 전조등을 끈다.

## 10   교통안전표지

### 1. 교통안전표지의 종류

| | |
|---|---|
| 주의표지 | 도로 상태가 위험하거나 도로 또는 그 부근에 위험물이 있는 경우에 필요한 안전조치를 할 수 있도록 도로사용자에게 알리는 표지 |
| 규제표지 | 도로교통의 안전을 위하여 각종 제한·금지 등의 규제를 하는 경우에 도로사용자에게 알리는 표지 |
| 지시표지 | 도로의 통행 방법·통행 구분 등 도로교통의 안전을 위하여 필요한 지시를 하는 경우에 도로사용자가 이에 따르도록 알리는 표지 |
| 보조표지 | 주의표지·규제표지 또는 지시표지의 주기능을 보충하여 도로사용자에게 알리는 표지 |
| 노면표지 | 도로교통의 안전을 위하여 각종 주의·규제·지시 등의 내용을 노면에 기호·문자 또는 선으로 도로사용자에게 알리는 표지 |

### 2. 교통안전표지의 예시

| 안전표지 | 내용 |
|---|---|
| (50) | 최고 속도(50km/h) 제한표지 |
| (30) | 최저 속도(30km/h) 제한표지 |
| (5.5t) | 차 중량 제한표지 |
| ↰↱ | 좌우회전표지 |
| ⚠ | 좌우로 이중 굽은 도로표지 |
| ⚠ | 회전형 교차로표지 |
| 진입금지 | 진입금지표지 |

우합류도로표지

참고 「도로교통법 시행규칙」[별표 6]

## 11 승차 또는 적재의 방법과 제한

① 모든 차의 운전자는 승차 인원, 적재중량 및 적재 용량에 관하여 안전기준을 넘어서 승차시키거나 적재한 상태로 운전하여서는 안 된다. 다만, 출발 지를 관할하는 경찰서장의 허가를 받은 경우에는 그러하지 아니하다.

② 안전기준을 넘는 화물의 적재허가를 받은 사람은 그 길이 또는 폭의 양끝에 너비 30cm, 길이 50cm 이상의 빨간 헝겊으로 된 표지를 달아야 한 다. 다만, 밤에 운행하는 경우에는 반사체로 된 표 지를 달아야 한다.

## 1 도로교통법의 목적 및 용어

★★★
**01** 긴급자동차에 해당하지 <u>않는</u> 것은?

① 소방자동차
② 구급자동차
③ 그 밖에 대통령령이 정하는 자동차
④ 긴급배달 우편물 운송차 뒤를 따라가는 자동차

**해설** 긴급자동차는 소방차, 구급차, 혈액공급차량 및 그 밖에 대통령령이 정하는 자동차로 긴급한 우편물의 운송에 사용되는 자동차 등이 있다.

**02** 도로교통법상 교통사고에 해당하지 <u>않는</u> 것은?

① 도로운전 중 언덕길에서 추락하여 부상당한 사고
② 차고에서 적재하던 화물이 전락하여 사람이 부상당한 사고
③ 주행 중 브레이크 고장으로 도로변의 전주에 충돌한 사고
④ 도로주행 중에 화물이 추락하여 사람이 부상당한 사고

**해설** 「도로교통법」상 교통사고란 도로에서 일어난 사고를 의미한다. 도로가 아닌 차고에서 일어난 사고는 교통사고에 해당하지 않는다.

**03** 긴급자동차에 대한 설명으로 옳지 <u>않은</u> 것은?

① 소방자동차, 구급자동차는 항시 우선권과 특례의 적용을 받는다.
② 긴급용무 중일 때에만 우선권과 특례의 적용을 받는다.
③ 우선권과 특례의 적용을 받으려면 경광등을 켜고 경음기를 울려야 한다.
④ 긴급용무임을 표시할 때에는 제한속도 준수 및 앞지르기 금지, 일시정지 의무 등의 적용을 받지 않는다.

**해설** 긴급자동차라 하여 항상 우선권과 특례를 적용받는 것이 아니며, 이는 긴급용무 중일 때에만 적용받는다.

**04** 서행에 대한 설명으로 옳은 것은?

① 매시 15km 이내의 속도를 말한다.
② 매시 20km 이내의 속도를 말한다.
③ 정지거리 2m 이내에서 정지할 수 있는 경우를 말한다.
④ 위험을 느낄 때 즉시 정지할 수 있을 만큼 느린 속도로 운행하는 것을 말한다.

**해설** 운전자가 차 또는 노면전차를 즉시 정지시킬 수 있는 정도의 느린 속도로 진행하는 것을 서행이라고 한다.

★★★★
**05** 교통안전표지의 종류로 옳은 것은?

① 주의, 규제, 지시, 안내, 교통표지
② 주의, 규제, 지시, 보조, 노면표지
③ 주의, 규제, 지시, 안내, 보조표지
④ 주의, 규제, 안내, 보조, 통행표지

**해설** 교통안전표지는 주의, 규제, 지시, 보조, 노면표지로 되어 있다.

**06** 도로상의 안전지대에 대한 설명으로 옳은 것은?

① 버스정류장 표지가 있는 장소
② 자동차가 주차할 수 있도록 설치된 장소
③ 도로를 횡단하는 보행자나 통행하는 차마의 안전을 위하여 안전표지 등으로 표시된 도로의 부분
④ 사고가 잦은 장소에 보행자의 안전을 위하여 설치한 장소

**해설** 보행자나 차마의 안전을 위해 안전표지 또는 인공구조물로 표시한 도로의 부분을 안전지대라고 한다.

## 2 신호기 및 차의 신호

★★★★
**07** 신호기가 표시하고 있는 내용과 경찰관의 수신호가 다른 경우 통행 방법으로 옳은 것은?

① 경찰관의 수신호를 우선적으로 따른다.
② 신호기의 신호를 우선적으로 따른다.
③ 자신이 판단하여 위험이 없다고 생각하면 아무 신호나 따라도 좋다.
④ 수신호는 보조 신호이므로 따르지 않아도 된다.

해설 신호기가 설치된 곳일지라도 신호기의 신호보다 경찰관의 수신호가 우선시 되며, 모범운전자, 부대의 이동을 유도하는 군사경찰의 수신호도 우선시 된다.

**08** 자동차에서 팔을 차체의 밖으로 내어 45° 밑으로 펴서 상하로 흔들고 있을 경우, 이 신호가 의미하는 것은?

① 서행신호　　　　② 정지신호
③ 주의신호　　　　④ 앞지르기신호

해설 서행할 때에는 팔을 차체의 밖으로 내어 45° 밑으로 펴서 위아래로 흔든다.

**09** 차마가 다른 교통에 주의하며 방해되지 않게 진행하는 신호에 해당하는 것은?

① 적색등화 점멸　　② 황색등화 점멸
③ 적색 신호　　　　④ 녹색등화 점멸

해설 ① 정지선이나 횡단보도가 있는 경우 그 직전이나 교차로의 직전에 일시정지한 후 다른 교통에 주의하며 진행한다.
③ 차마는 정지선, 횡단보도 및 교차로 직전에 정지해야 한다.
④ 직진 또는 우회전할 수 있다.

★★★
**10** 고속도로가 아닌 일반도로 교차로에서 진로를 변경하고자 할 때 교차로의 가장자리에 이르기 전 몇 m 이상의 지점으로부터 방향지시등을 켜야 하는가?

① 10m　　　　　② 20m
③ 30m　　　　　④ 40m

해설 진로를 바꾸려는 지점에 이르기 전 일반도로의 교차로는 30m, 고속도로의 경우 100m 이상의 지점에 이르렀을 때 방향지시등을 켜야 한다.

**11** 신호등에 녹색등화 시 차마의 통행 방법으로 옳지 <u>않은</u> 것은?

① 차마는 직진할 수 있다.
② 차마는 다른 교통에 방해되지 않을 때 천천히 우회전할 수 있다.
③ 차마는 비보호 좌회전 표시가 있는 곳에서는 언제든지 좌회전을 할 수 있다.
④ 차마는 좌회전을 하여서는 아니 된다.

해설 비보호 좌회전 표시가 있는 곳에서 차마는 녹색등화 시 맞은편 차가 없을 경우 좌회전을 할 수 있다.

**12** 건설기계를 운전하여 교차로 전방 20m 지점에 이르렀을 때 황색등화로 바뀐 경우 운전자의 조치 방법으로 옳은 것은?

① 일시정지하여 안전을 확인하고 진행한다.
② 정지할 조치를 취하여 정지선에 정지한다.
③ 그대로 계속 진행한다.
④ 주위의 교통에 주의하면서 진행한다.

해설 황색등화로 바뀌었을 때에는 정지선에 정지해야 하며, 이미 교차로에 차마의 일부라도 진입한 경우라면 신속히 교차로 밖으로 진행해야 한다.

## 3 차마의 통행

**13** 차마가 주차장 등에서 나올 때 보도를 통과하는 경우 통행 방법으로 옳은 것은?

① 일시정지 후 안전을 확인하면서 통과한다.
② 경음기를 사용하면서 통과한다.
③ 서행하면서 진행한다.
④ 보행자가 있는 경우에는 빨리 통과한다.

해설 차마의 운전자는 보도를 횡단하기 직전 일시정지하여 좌우를 살핀 후 보행자의 통행을 방해하지 않도록 주의하여 횡단해야 한다.

**14** 도로주행 시 위반 사항이 <u>아닌</u> 것은?

① 여러 차로를 연속적으로 가로지르는 행위
② 갑자기 차로를 바꾸어 옆 차선에 끼어드는 행위
③ 두 개의 차로를 걸쳐 운행하는 행위
④ 일방통행인 도로에서 중앙이나 좌측 부분을 통행하는 행위

해설 일방통행인 도로에서는 도로의 중앙이나 좌측 부분을 통행할 수 있다.

★★★
**15** 통행의 우선순위로 옳은 것은?

① 긴급자동차 → 일반자동차 → 원동기장치자전거
② 긴급자동차 → 원동기장치자전거 → 승용자동차
③ 건설기계 → 원동기장치자전거 → 승용자동차
④ 승합자동차 → 원동기장치자전거 → 긴급자동차

해설 도로에서의 통행 우선순위는 '긴급자동차 → 긴급자동차 외의 자동차 → 원동기장치자전거 → 자동차 및 원동기장치자전거 이외의 차마' 순이다.

**16** 차마가 도로의 중앙이나 좌측 부분을 통행할 수 있는 경우는?

① 교통을 방해할 우려가 있을 때
② 도로에 물이 고여 있어 통행할 수 없을 때
③ 도로가 잡상인 등으로 혼잡할 때
④ 도로의 파손, 도로공사 등으로 도로의 우측 부분을 통행할 수 없을 때

해설 ① 도로의 좌측 부분을 확인할 수 없거나 반대 방향의 교통을 방해할 우려가 있는 경우에는 도로의 중앙이나 좌측 부분을 통행할 수 없다.

★★★★
**17** 편도 4차로 도로에서 굴착기와 지게차의 주행 차선은?

① 1차로
② 2차로
③ 3차로
④ 4차로

해설 「도로교통법 시행규칙」 [별표 9] 차로에 따른 통행차의 기준에 따르면 건설기계는 화물차, 특수자동차 등과 마찬가지로 편도 3차로 이상에서는 가장 오른쪽 차로로 통행하여야 한다. 따라서 편도 4차로 도로에서 건설기계는 가장 오른쪽 차로인 4차로로 통행하여야 한다.

## 4 자동차 등과 노면전차의 속도

★★★
**18** 4차선 고속도로에서 건설기계의 최저 속도는?

① 매시 30km
② 매시 50km
③ 매시 60km
④ 매시 80km

해설 「도로교통법 시행규칙」 제19조(자동차등과 노면전차의 속도)에 따르면 편도 2차로 이상 고속도로에서 건설기계의 최저 속도는 매시 50km, 최고 속도는 매시 80km이다.

★★★★
**19** 노면이 얼어 붙은 경우 또는 폭설로 가시거리가 100m 이내인 경우 최고 속도의 얼마를 감속 운행하여야 하는가?

① $\dfrac{50}{100}$
② $\dfrac{30}{100}$
③ $\dfrac{40}{100}$
④ $\dfrac{20}{100}$

해설 ④ 최고 속도의 20/100을 감속해야 하는 경우는 비가 내려 노면이 젖어 있거나 눈이 20mm 미만으로 쌓인 경우이다.

**20** 도로교통법에 위반되는 경우는?

① 밤에 교통이 빈번한 도로에서 전조등을 계속 하향했다.
② 낮에 어두운 터널 속을 통과할 때 전조등을 켰다.
③ 소방용 방화 물통에서 10m 지점에 주차하였다.
④ 터널 안에서 앞지르기를 하였다.

해설 「도로교통법」상 앞지르기가 금지된 장소는 교차로, 터널 안, 다리 위, 도로의 구부러진 곳, 비탈길의 고갯마루 부근 등이다.

**21** 총중량이 2,000kg 미만인 자동차를 그의 3배 이상의 총중량 자동차로 견인할 때의 속도는?

① 시속 15km 이내
② 시속 20km 이내
③ 시속 30km 이내
④ 시속 40km 이내

해설 「도로교통법 시행규칙」 제20조에 근거하여 총중량 2,000kg 미만인 자동차를 그의 3배 이상인 자동차로 견인하는 경우에는 시속 30km 이내로 견인해야 한다.

## 5 앞지르기 방법과 금지

**22** 도로주행 시 앞지르기에 대한 설명으로 옳지 <u>않은</u> 것은?

① 앞지르기를 하는 때에는 안전한 속도와 방법으로 하여야 한다.
② 앞차가 다른 차를 앞지르고 있을 때 그 차를 앞지를 수 있다.
③ 앞지르기를 하는 때에는 교통 상황에 따라 경음기를 울릴 수 있다.
④ 경찰공무원의 지시를 따르거나 위험을 방지하기 위하여 정지 또는 서행하고 있는 다른 차를 앞지를 수는 없다.

**해설** 앞차가 다른 차를 앞지르고 있거나 앞지르려 하는 경우에는 앞지르기가 금지된다.

**23** 주행 중 진로를 변경하고자 할 때 운전자가 지켜야 할 사항으로 옳지 <u>않은</u> 것은?

① 후사경 등으로 주위의 교통 상황을 확인한다.
② 신호를 주어 뒤차에 알린다.
③ 진로를 변경할 때에는 뒤차에 주의할 필요가 없다.
④ 뒤차와 충돌을 피할 수 있는 거리를 확보할 수 없을 때에는 진로를 변경하지 않는다.

**해설** 진로를 변경할 때에는 뒤차의 속도, 진로, 교통 상황 등에 주의를 기울여야 한다.

**24** 앞지르기를 할 수 <u>없는</u> 경우는?

① 용무상 서행하고 있는 차
② 화물적하를 위해 정차 중인 차
③ 경찰관의 지시로 서행하는 차
④ 앞차의 최고 속도가 낮은 경우

**해설** 경찰공무원의 지시에 따라 정지하거나 서행하고 있는 차는 앞지르기를 할 수 없다.

★★★
**25** 앞지르기 금지 장소가 <u>아닌</u> 것은?

① 교차로, 도로의 구부러진 곳
② 버스 정류장 부근, 주차 금지 구역
③ 터널 내, 앞지르기 금지표지 설치 장소
④ 경사로의 정상 부근, 급경사로의 내리막

**해설** ①③④ 이외에 앞지르기 금지 장소는 다리 위, 비탈길의 고갯마루 부근, 시·도경찰청장이 도로에서의 위험을 방지하고 교통의 안전과 원활한 소통을 확보하기 위해 필요하다고 인정하는 곳으로서 안전표지로 지정한 곳이 해당한다.

## 6 철길 건널목의 통과 방법과 안전거리

**26** 철길 건널목을 통과할 때 일시정지하지 않고 통과할 수 있는 경우는?

① 경보가 울리고 있을 때
② 간수가 진행 신호를 하고 있을 때
③ 앞차가 건널목을 통과하고 있을 때
④ 차단기가 내려지려고 할 때

**해설** 간수의 진행 신호 또는 신호기가 표시하는 신호에 따르는 경우에는 일시정지하지 않고 통과할 수 있다.

**27** 철길 건널목 통과 방법에 대한 설명으로 옳지 <u>않은</u> 것은?

① 철길 건널목에서는 앞지르기를 하여서는 안 된다.
② 철길 건널목 부근에서는 주정차를 해서는 안 된다.
③ 철길 건널목에 일시정지 표지가 없을 때에는 서행하면서 통과한다.
④ 철길 건널목에서는 반드시 일시정지하여 안전을 확인한 후에 통과한다.

**해설** 철길 건널목에서는 일시정지하여 안전을 확인한 후 통과해야 한다. 단, 신호기 등이 표시하는 신호에 따르는 경우에는 정지하지 않고 통과할 수 있다.

★★★★
**28** 앞차와의 안전거리로 옳은 것은?

① 앞차 속도의 0.3배 거리
② 앞차와의 평균 8m 이상 거리
③ 앞차의 진행 방향을 확인할 수 있는 거리
④ 앞차가 갑자기 정지하였을 때 충돌을 피할 수 있는 필요한 거리

**해설** 안전거리는 앞차가 갑자기 정지할 경우 앞차와의 충돌을 피하기 위해 필요한 거리를 말한다.

## 7 교차로 통행 방법

**29** 교차로에서 직진하고자 신호대기 중에 있는 차가 진행 신호를 받고 통행하는 가장 안전한 방법은?

① 좌우를 살피며 계속 보행 중인 보행자와 진행하는 교통의 흐름에 유의하여야 한다.
② 진행 권리가 부여되었으므로 좌우의 진행 차량은 신경쓰지 않는다.
③ 신호와 동시에 바로 출발한다.
④ 신호와 동시에 서행하며 출발한다.

**30** 편도 4차로 일반도로의 경우 교차로 30m 전방에서 우회전을 하려면 몇 차로로 진입 통행해야 하는가?

① 1차로로 통행한다.
② 2차로와 1차로로 통행한다.
③ 3차로로만 통행이 가능하다.
④ 4차로로 통행한다.

> **해설** 교차로에서 우회전을 하려는 경우 미리 우측 가장자리에서 서행하며 우회전해야 한다. 이에 편도 4차로의 도로인 경우에는 가장자리인 4차로 진입 통행한다.

**31** 교차로 통행 방법으로 옳은 것은?

① 교차로에서는 다른 차를 앞지르기할 수 있다.
② 교차로에는 차선이 없으므로 진행 방향을 임의로 바꿀 수 있다.
③ 교차로에서는 반드시 경음기를 울려야 한다.
④ 좌우회전 시에는 방향지시등으로 신호를 하여야 한다.

> **해설** ①②③ 교차로에서는 앞지르기가 금지되어 있으며, 진행 방향을 임의로 바꿀 수 없다. 또한 운전자는 정당한 사유 없이 반복적이거나 연속적으로 경음기를 사용할 수 없다.

**32** 교차로에서의 좌회전 방법으로 옳은 것은?

① 운전자가 편한 방식으로 운전한다.
② 교차로 중심 바깥쪽으로 서행한다.
③ 교차로 중심 안쪽으로 서행한다.
④ 앞차의 주행 방향을 따라가면 된다.

> **해설** ② 교차로 중심 바깥쪽으로 서행하는 것은 교차로에서의 우회전 방법이다.

**33** 건설기계를 운전하여 교차로에서 우회전하려고 할 때의 방법으로 옳은 것은?

① 우회전 신호를 행하면서 우회전한다.
② 신호를 행하면서 우회전하며, 속도를 빠르게 진행한다.
③ 서행으로 신호를 행하면서 보행자가 있을 때에는 보행자의 통행을 방해하지 않도록 하여 우회전한다.
④ 우회전은 언제, 어느 곳에서나 할 수 있다.

> **해설** 미리 도로의 우측 가장자리를 서행하면서 우회전해야 하고, 신호에 따라 정지하거나 진행하는 보행자 또는 자전거에 주의해야 한다.

★★★
**34** 비보호 좌회전 교차로에서의 통행 방법으로 옳은 것은?

① 황색 신호 시에만 좌회전할 수 있다.
② 황색 신호 시 반대 방향의 교통에 유의하면서 서행한다.
③ 녹색 신호 시 반대 방향의 교통에 방해되지 않게 좌회전할 수 있다.
④ 녹색 신호 시에는 언제나 좌회전할 수 있다.

**35** 교통정리가 행하여지고 있지 않은 교차로에서 우선순위가 같은 차량이 동시에 교차로에 진입한 때의 우선순위로 옳은 것은?

① 소형 차량이 우선한다.
② 우측도로의 차가 우선한다.
③ 좌측도로의 차가 우선한다.
④ 중량이 큰 차량이 우선한다.

> **해설** 교통정리가 행하여지고 있지 않은 교차로에서는 이미 교차로에 들어가 있는 차, 폭이 넓은 도로로부터 교차로에 들어가려는 차, 우측도로의 차 등이 우선순위에 해당한다.

**36** 신호등이 없는 교차로에 좌회전하려는 버스와 교차로에 진입하여 직진하고 있는 건설기계가 있을 때 어느 차에 우선권이 있는가?

① 건설기계
② 형편에 따라 정해짐
③ 사람이 많이 탄 차
④ 좌회전하려는 차

> **해설** 신호등이 없는 교차로에서는 먼저 진입한 차에 우선권이 있다. 따라서 교차로에 진입하여 직진하고 있는 건설기계에 우선권이 있다.

## 8 서행 및 일시정지, 주정차 금지

**37** 교차로 또는 그 부근에 긴급자동차가 접근하였을 때 피양 방법으로 옳은 것은?

① 교차로의 우측단에 일시정지하여 진로를 피양한다.
② 교차로를 피하여 도로의 우측 가장자리에 일시정지한다.
③ 서행하면서 앞지르기를 하라는 신호를 한다.
④ 진행 방향 그대로 진행을 계속한다.

> **해설** 교차로 또는 그 부근에 긴급자동차가 접근하였을 때에는 교차로를 피해 도로의 우측 가장자리에 일시정지한다.

**38** 도로교통법상 서행 또는 일시정지해야 하는 장소로 지정된 곳은?

① 안전지대 우측
② 가파른 비탈길의 내리막
③ 좌우를 확인할 수 있는 교차로
④ 교량 위

해설 「도로교통법」상 서행 또는 일시정지해야 하는 장소로 지정된 곳으로는 가파른 비탈길의 내리막 및 교통정리를 하지 아니하는 교차로, 도로가 구부러진 부근, 비탈길의 고갯마루 부근 등이 있다.

**39** 일시정지 안전표지판이 설치된 횡단보도에서 위반행위에 해당하는 것은?

① 경찰공무원이 진행 신호를 하여 일시정지하지 않고 통과하였다.
② 횡단보도 직전에 일시정지하여 안전을 확인한 후 통과하였다.
③ 보행자가 없으므로 그대로 통과하였다.
④ 연속적으로 진행 중인 앞차의 뒤를 따라 진행할 때 일시정지하였다.

해설 보행자가 없더라도 일시정지 표지판이 설치된 횡단보도에서는 반드시 일시정지한 뒤, 보행자의 유무를 살피고 서행하여 통과해야 한다.

**40** 도로교통법상 서행 및 일시정지에 대한 설명으로 옳지 않은 것은?

① 비탈길 고갯마루 부근에서는 서행해야 한다.
② 신호등이 없고 교통이 빈번한 교차로에서는 일시정지해야 한다.
③ 신호등이 없는 철길 건널목을 통과할 때에는 서행하여 통과해야 한다.
④ 도로가 구부러진 부근에서는 서행해야 한다.

해설 신호등이 없는 철길 건널목에서는 건널목 앞에서 일시정지하여 안전을 확인한 후 통과해야 한다. 다만, 표시하는 신호에 따르는 경우에는 정지하지 않고 통과할 수 있다.

**41** 도로교통법상 도로의 모퉁이로부터 몇 m 이내의 장소에 정차하여서는 안 되는가?

① 2m              ② 3m
③ 5m              ④ 10m

해설 ④ 안전지대가 설치된 도로에서 그 안전지대의 사방으로부터 각각 10m 이내인 곳, 버스여객자동차의 정류지임을 표시하는 기둥이나 표지판과 선이 설치된 곳으로부터 10m 이내인 곳, 건널목의 가장자리 또는 횡단보도로부터 10m 이내인 장소에 정차해서는 안 된다.

**42** 도로교통법상 주정차 금지 장소에 해당하지 않는 것은?

① 건널목 가장자리로부터 10m 이내
② 교차로 가장자리로부터 5m 이내
③ 횡단보도
④ 고갯마루 정상 부근

해설 고갯마루 정상 부근은 주정차 금지 장소가 아니라 서행해야 하는 장소이다.

**43** 정차 및 주차 금지 장소에 해당하는 것은?

① 도로의 모퉁이로부터 4m 지점
② 교차로 가장자리로부터 10m 지점
③ 정류장 표지판으로부터 12m 지점
④ 건널목 가장자리로부터 15m 지점

해설 도로의 모퉁이로부터 5m 이내인 곳이 주정차 금지 장소이다. 따라서 도로의 모퉁이로부터 4m 지점 역시 정차 및 주차가 금지된다.

**44** 정차라 함은 주차 외의 정지 상태로서 몇 분을 초과하지 아니하고 차를 정지시키는 것을 말하는가?

① 3분              ② 5분
③ 7분              ④ 10분

해설 정차란 운전자가 5분을 초과하지 아니하고 차를 정지시키는 것으로서 주차 외의 정지 상태를 말한다.

★★★
## 45 정차는 할 수 있으나 주차만 금지된 장소는?

① 교차로 가장자리로부터 5m 이내인 곳
② 도로공사를 하고 있는 구역의 양쪽 가장자리로부터 5m 이내인 곳
③ 횡단보도로부터 10m 이내인 곳
④ 건널목의 가장자리로부터 10m 이내인 곳

해설 도로공사 구역의 양쪽 가장자리로부터 5m 이내인 곳은 주차 금지 장소에 해당한다. 주차 금지 장소에서 5분을 초과하지 않는 정차는 허용된다.

## 46 도로에서 정차를 하는 방법으로 옳은 것은?

① 진행 방향의 반대 방향으로 정차한다.
② 차도의 우측 가장자리에 정차한다.
③ 차체의 전단부를 도로 중앙을 향하도록 비스듬히 정차한다.
④ 일방통행로에서 좌측 가장자리에 정차한다.

해설 모든 차의 운전자는 도로에 정차할 때 차도의 오른쪽 가장자리에 정차한다.

## 47 경사진 곳에서의 주차 방법으로 옳지 않은 것은?

① 변속 레버를 중립에 넣는다.
② 조향장치를 도로의 가장자리 방향으로 돌려 놓는다.
③ 미끄럼 사고의 발생 방지를 위한 조치를 취한다.
④ 경사지의 내리막 방향으로 바퀴에 고임목을 설치한다.

해설 자동변속기 차량의 경우 변속 레버를 P 위치에 넣고, 수동변속기 차량의 경우 변속 레버를 저단 또는 후진에 넣어야 안전하다.

## 9 차와 노면전차의 등화

## 48 도로를 통행하는 자동차 중 견인되는 자동차가 야간에 켜야 할 등화는?

① 미등, 전조등
② 미등, 전조등, 번호등
③ 미등, 전조등, 차폭등
④ 미등, 차폭등, 번호등

해설 견인되는 차는 미등, 차폭등, 번호등을 켜야 한다.

## 49 야간에 차가 서로 마주보고 진행하는 경우, 등화 조작 방법으로 옳은 것은?

① 전조등, 보호등, 실내조명등을 조작한다.
② 전조등을 켜고 보조등을 끈다.
③ 전조등 변환빔을 하향으로 한다.
④ 전조등을 상향으로 한다.

해설 야간에 차가 서로 마주보고 진행하는 경우 전조등의 밝기를 줄이거나, 불빛의 방향을 아래로 향하게 하거나, 잠시 전조등을 끈다.

## 50 야간에 자동차가 도로에 정차하거나 주차할 때 켜야 하는 등화는?

① 전조등
② 제동등
③ 미등 및 차폭등
④ 실내조명등

해설 야간에 도로에 주정차할 때에는 미등 및 차폭등을 켜야 한다.

## 10 교통안전표지

## 51 다음 교통안전표지가 나타내는 것은?

① 차간거리 최저 50m
② 차간거리 최고 50m
③ 최저 속도 제한표지
④ 최고 속도 제한표지

## 52 다음 교통안전표지에 대한 설명으로 옳은 것은?

① 최고 중량 제한표지이다.
② 최고 시속 30km 제한표지이다.
③ 최저 시속 30km 제한표지이다.
④ 차간거리 최저 30m 제한표지이다.

**53** 다음 교통안전표지에 대한 설명으로 옳은 것은?

① 좌우회전표지이다.
② 좌우회전 금지표지이다.
③ 양측방 일방통행표지이다.
④ 양측방 통행 금지표지이다.

**54** 다음 교통안전표지가 나타내는 것은?

① 우로 이중 굽은 도로
② 좌우로 이중 굽은 도로
③ 좌로 굽은 도로
④ 회전형 교차로

**55** 다음 교통안전표지가 나타내는 것은?

① 삼거리표지
② 우회로표지
③ 회전형 교차로표지
④ 좌로 계속 굽은 도로표지

**56** 다음 교통안전표지에 대한 설명으로 옳은 것은?

① 좌로 일방통행표지이다.
② 우로 일방통행표지이다.
③ 일단정지표지이다.
④ 진입금지표지이다.

**57** 다음 교통안전표지의 기능으로 옳은 것은?

① 좌합류도로가 있음을 알리는 것
② 우합류도로가 있음을 알리는 것
③ 좌로 굽은 도로가 있음을 알리는 것
④ 철길 건널목이 있음을 알리는 것

## 11 승차 또는 적재의 방법과 제한
★★★★

**58** 승차 인원, 적재중량에 관하여 안전기준을 넘어 운행하고자 하는 경우 누구에게 허가를 받아야 하는가?

① 출발지를 관할하는 경찰서장
② 시 · 도지사
③ 절대 운행 불가
④ 국토교통부장관

해설 승차 인원, 적재중량 및 적재용량에 관하여 안전기준을 넘어 승차시키거나 적재한 상태로 운전할 수 없다. 그러나 출발지를 관할하는 경찰서장의 허가를 받은 경우는 예외로 한다.

**59** 안전기준을 초과하는 화물의 적재허가를 받은 자는 그 길이 또는 폭의 양끝에 너비 및 길이가 각각 몇 cm 이상인 빨간 헝겊으로 된 표지를 달아야 하는가?

① 30cm(너비), 40cm(길이)
② 30cm(너비), 50cm(길이)
③ 40cm(너비), 50cm(길이)
④ 60cm(너비), 50cm(길이)

해설 안전기준을 초과하는 화물의 적재허가를 받은 경우 그 길이 또는 폭의 양끝에 30cm(너비)×50cm(길이) 이상의 빨간 헝겊으로 된 표지를 달아야 한다. 단, 밤에 운행하는 경우에는 반사체로 된 표지를 달아야 한다.

# 건설기계관리법

• 법령은 암기 위주로 학습하세요. 특히 유효기간 및 규격 즉, 숫자를 묻는 문제가 다수 출제됩니다.

## 1 목적 및 정의

### 1. 목적
① 건설기계의 효율적인 관리
② 건설기계의 안전도 확보
③ 건설공사의 기계화 촉진

### 2. 정의
① 건설기계: 건설공사에 사용할 수 있는 기계로서 대통령령으로 정하는 것을 말한다.
② 건설기계사업
　㉠ 건설기계대여업
　㉡ 건설기계정비업: 건설기계를 분해·조립·수리하고 그 부분품을 가공, 제작, 교체하는 등 건설기계를 원활하게 사용하기 위한 모든 행위를 업으로 하는 것으로 종합건설기계정비업, 부분건설기계정비업, 전문건설기계정비업으로 구분됨
　㉢ 건설기계매매업
　㉣ 건설기계해체재활용업
③ 건설기계형식: 건설기계의 구조·규격 및 성능 등에 관하여 일정하게 정한 것을 말한다.

## 2 건설기계등록

### 1. 등록
① 건설기계의 소유자는 대통령령으로 정하는 바에 따라 건설기계를 등록하여야 한다.
② 기한: 취득한 날부터 2월 이내, 전시·사변, 기타 이에 준하는 국가비상사태하에 있어서는 5일 이내이다.

### 2. 등록 시 제출서류
① 건설기계의 소유자는 등록신청서와 첨부서류를 건설기계소유자의 주소지 또는 건설기계의 사용본거지를 관할하는 특별시장·광역시장·특별자치시장·도지사 또는 특별자치도지사(이하 '시·도지사')에게 제출하여야 한다.

② 첨부서류
　㉠ 건설기계의 출처를 증명하는 서류
　　• 국내에서 제작한 건설기계: 건설기계제작증
　　• 수입한 건설기계: 수입면장 등 수입사실을 증명하는 서류
　　• 행정기관으로부터 매수한 건설기계: 매수증서
　㉡ 건설기계의 소유자임을 증명하는 서류
　㉢ 건설기계제원표
　㉣ 「자동차손해배상 보장법」에 따른 보험 또는 공제의 가입을 증명하는 서류(덤프트럭, 타이어식 기중기, 콘크리트믹서트럭, 트럭적재식 콘크리트펌프, 트럭적재식 아스팔트살포기, 타이어식 굴착기, 트럭지게차, 도로보수트럭, 노면측정장비로 한정하되, 시장·군수 또는 구청장에게 신고한 매매용건설기계는 제외함. 지게차는 보험 또는 공제의 가입을 증명하는 서류가 없어도 됨)

### 3. 등록사항의 변경
① 기한: 건설기계의 등록사항 중 변경사항이 있는 경우에는 30일 이내에 시·도지사에게 신고해야 한다.
② 등록이전 신고: 주소지 또는 사용본거지가 변경된 경우 30일 이내에 새로운 등록지 관할 시·도지사에게 등록이전 신고를 하여야 한다.
③ 제출서류
　㉠ 건설기계등록사항변경 신고서
　㉡ 변경내용을 증명하는 서류
　㉢ 건설기계등록증
　㉣ 건설기계검사증

> • 등록사항변경 대위(代位)신청: 건설기계를 산(매수한) 사람이 등록사항변경(소유권 이전) 신고를 하지 않아 등록사항변경 신고를 독촉하였으나 이를 이행하지 않을 경우 판(매도한) 사람이 등록사항변경 신고를 할 수 있음
>
> • 등록의 경정: 시·도지사는 등록을 행한 후 그 등록에 관해 착오 또는 누락이 있음을 발견한 경우 부기로써 경정등록을 하여야 함

## 3 등록의 말소

시·도지사는 등록된 건설기계를 소유자의 신청이나 직권으로 등록을 말소할 수 있다.

### 1. 시·도지사 직권에 의해 등록을 말소하는 경우
① 거짓이나 그 밖의 부정한 방법으로 등록한 경우
② 정기검사 명령, 수시검사 명령 또는 정비명령에 따르지 아니한 경우
③ 건설기계를 폐기한 경우

### 2. 소유자의 신청이나 시·도지사의 직권으로 등록을 말소할 수 있는 경우
① 건설기계가 천재지변 또는 이에 준하는 사고 등으로 사용할 수 없게 되거나 멸실된 경우
② 건설기계의 차대(車臺)가 등록 시의 차대와 다른 경우
③ 건설기계가 건설기계안전기준에 적합하지 아니하게 된 경우
④ 건설기계를 수출하는 경우
⑤ 건설기계를 도난당한 경우
⑥ 건설기계해체재활용업을 등록한 자에게 폐기를 요청한 경우
⑦ 구조적 제작 결함 등으로 건설기계를 제작자 또는 판매자에게 반품한 경우
⑧ 건설기계를 교육·연구 목적으로 사용하는 경우

### 3. 말소신청 및 직권말소 기간
① 건설기계를 도난당한 경우: 2개월 이내
② 그 밖의 경우: 30일 이내
③ 시·도지사는 직권으로 등록을 말소하려는 경우에는 미리 그 뜻을 건설기계의 소유자 및 이해관계인에게 알려야 한다. 단, 통지 후 1개월(저당권이 등록된 경우에는 3개월이다)이 지난 후가 아니면 이를 말소할 수 없다.

## 4 등록번호표

### 1. 등록의 표식
① 내용: 건설기계 등록번호표에는 용도·기종 및 등록번호를 표시하여야 한다.
② 재질: 알루미늄 제판

### ③ 용도에 따른 색상 및 등록번호

| 구분 | | 색상 | 등록번호 |
|---|---|---|---|
| 비사업용 | 관용 | 흰색 바탕에 검은색 문자 | 0001~0999 |
| | 자가용 | | 1000~5999 |
| 대여사업용 | | 주황색 바탕에 검은색 문자 | 6000~9999 |

### 2. 기종별 표시번호

| 기종번호 | 건설기계명 | 기종번호 | 건설기계명 |
|---|---|---|---|
| 01 | 불도저 | 06 | 덤프트럭 |
| 02 | 굴착기 | 07 | 기중기 |
| 03 | 로더 | 08 | 모터그레이더 |
| 04 | 지게차 | 09 | 롤러 |
| 05 | 스크레이퍼 | 10 | 노상안정기 |

참고 「건설기계관리법 시행규칙」 [별표 2]

### 3. 특별표지판(대형건설기계에 부착)
① 특별표지판의 부착: 대형건설기계에는 등록번호가 표시되어 있는 면에 특별표지판을 부착한다(단, 건설기계 구조상 불가피한 경우 건설기계의 좌우 측면에 부착할 수 있다).
② 대형건설기계의 종류
  ㉠ 길이 16.7m를 초과하는 건설기계
  ㉡ 너비 2.5m를 초과하는 건설기계
  ㉢ 높이 4m를 초과하는 건설기계
  ㉣ **최소회전반경** 12m를 초과하는 건설기계
  ㉤ 총중량 40톤 초과, 총중량 상태에서 **축하중**(축중)이 10톤을 초과하는 건설기계

> 용어
> * **최소회전반경**: 자동차 핸들을 최대로 회전시킨 상태에서 선회할 경우 바깥쪽 뒷바퀴의 중심이 그리는 원의 반지름
> * **축하중**: 수평 상태에 있는 타이어식 건설기계에서 하나의 차축에 연결된 모든 바퀴의 윤하중을 합한 것. 총중량 상태와 자체중량 상태에 대하여 각각 구함
> * **윤하중**: 수평 상태에 있는 건설기계 중량으로 인해 각각의 바퀴에 가해지는 하중

## 4. 등록번호표의 반납

① 반납 기한: 등록번호표는 아래 ②에 해당하는 경우 10일 이내에 시·도지사에게 반납해야 한다.

② 반납해야 하는 경우

ㄱ 건설기계 등록이 말소된 경우

ㄴ 건설기계 등록사항 중 대통령령으로 정하는 사항이 변경된 경우

ㄷ 등록번호표 또는 그 봉인이 떨어지거나 알아보기 어렵게 되어 시·도지사에게 등록번호표의 부착 및 봉인을 신청한 경우

## 5 임시운행

### 1. 임시운행기간

① 임시운행기간은 15일 이내로 한다.

② 단, 신개발 건설기계를 시험·연구의 목적으로 운행하는 경우에는 3년 이내로 한다.

### 2. 임시운행이 가능한 경우

다음에 해당하는 경우에는 미등록 건설기계를 등록하기 전에 일시적으로 운행할 수 있다.

① 등록신청을 하기 위하여 건설기계를 등록지로 운행하는 경우

② 신규등록검사 및 확인검사를 받기 위해 건설기계를 검사장소로 운행하는 경우

③ 수출하기 위해 건설기계를 선적지로 운행하는 경우

④ 수출하기 위해 등록말소한 건설기계를 점검·정비의 목적으로 운행하는 경우

⑤ 신개발 건설기계를 시험·연구의 목적으로 운행하는 경우

⑥ 판매 또는 전시를 위해 건설기계를 일시적으로 운행하는 경우

## 6 건설기계검사

건설기계의 소유자는 그 건설기계에 대하여 국토교통부령으로 정하는 바에 따라 국토교통부장관이 실시하는 검사를 받아야 한다.

### 1. 건설기계검사의 종류

① 신규등록검사: 건설기계 신규등록 시 실시하는 검사이다.

② 정기검사: 건설공사용 건설기계로서 3년의 범위에서 국토교통부령으로 정하는 검사유효기간이 끝난 후 계속하여 운행하려는 경우에 실시하는 검사이다.

ㄱ 정기검사 유효기간(정기검사 기준)

| 기종 | 구분 | 유효기간 |
|---|---|---|
| 지게차 | – | 2년 |
| 굴착기 | 타이어식 | 1년 |
| | 무한궤도식 | 3년 |

ㄴ 건설기계 운행기간이 20년을 초과한 경우: 유효기간을 1년으로 함

참고 「건설기계관리법 시행규칙」[별표 7]

③ 구조변경검사: 건설기계의 주요 구조를 변경하거나 개조한 경우 실시하는 검사로, 주요 구조를 변경 또는 개조한 날로부터 20일 이내에 신청한다.

ㄱ 구조의 변경: 건설기계의 주요 구조나 원동기, 동력전달장치, 제동장치 등 주요 장치를 변경 또는 개조하고자 하는 때에는 건설기계안전기준에 적합하게 해야 함

ㄴ 주요 구조의 변경 및 개조의 범위

• 원동기 및 전동기의 형식변경

• 동력전달장치의 형식변경

• 제동장치의 형식변경

• 주행장치의 형식변경

• 유압장치의 형식변경

• 조종장치의 형식변경

• 조향장치의 형식변경

• 작업장치의 형식변경

• 수상작업용 건설기계 선체의 형식변경

• 타워크레인 설치기초 및 전기장치의 형식변경

• 건설기계의 길이·너비·높이 등의 변경

• 단, 기종변경, 육상작업용 건설기계규격의 증가 또는 적재함의 용량 증가를 위한 구조변경은 불가함

④ 수시검사

ㄱ 성능이 불량하거나 사고가 자주 발생하는 건설기계의 안전성 등을 점검하기 위해 수시로 실시하는 검사 또는 건설기계 소유자의 신청을 받아 실시하는 검사를 말함

ㄴ 시·도지사는 수시검사를 명령하려는 때에는 수시검사 명령의 이행을 위한 검사의 신청기간을 31일 이내로 정하여 건설기계 소유자에게 건설

기계수시검사 명령서를 서면으로 통지해야 함

참고 「건설기계관리법 시행규칙」 제30조의2 제1항(2022.8.4. 개정)

## 2. 정기검사의 신청

① 정기검사를 받으려는 자는 검사유효기간의 만료일 전후 각각 31일 이내에 정기검사 신청서를 시·도지사에게 제출해야 한다(다만, 검사대행자를 지정한 경우에는 검사대행자에게 이를 제출해야 한다).

② 검사신청을 받은 시·도지사 또는 검사대행자는 신청을 받은 날부터 5일 이내에 검사일시와 검사장소를 지정하여 신청인에게 통지해야 한다.

③ 유효기간의 산정: 정기검사 신청기간 내에 정기검사를 받은 경우에는 종전 검사 유효기간 만료일의 다음 날부터, 그 외의 경우에는 검사를 받은 날의 다음 날부터 유효기간을 기산한다.

심화 검사업무대행기관: 우리나라 건설기계 검사업무대행기관은 대한건설기계안전관리원임

## 3. 정기검사의 명령

정기검사를 받지 아니한 건설기계의 소유자에게 국토교통부령으로 정하는 바에 따라 정기검사를 받을 것을 명령하여야 한다(건설기계관리법 제13조).

## 4. 정비명령

시·도지사는 검사에 불합격한 건설기계에 대해 31일 이내의 기간을 정하여 해당 건설기계의 소유자에게 검사를 완료한 날부터 10일 이내에 정비명령을 하여야 한다. 다만, 건설기계소유자의 주소 등을 통상적인 방법으로 확인할 수 없거나 통지가 불가능한 경우에는 해당 시·도의 공보 및 인터넷 홈페이지에 공고해야 한다.

## 5. 정기검사의 일부 면제

규정에 의해 종합건설기계 정비업자로부터 건설기계의 제동장치에 대해 정기검사에 상당하는 분해정비를 받은 해당 건설기계의 소유자는 그 부분에 대한 정기검사의 면제가 가능하다.

## 6. 검사장소

① 검사장소에서 검사를 받는 건설기계
ㄱ 덤프트럭
ㄴ 콘크리트믹서트럭
ㄷ 콘크리트펌프(트럭적재식)
ㄹ 아스팔트살포기
ㅁ 트럭지게차(국토교통부장관이 정하는 특수건설기계인 트럭지게차)

② 해당 건설기계가 위치한 장소에서 검사를 받는 건설기계(출장검사)
ㄱ 도서지역에 있는 경우
ㄴ 자체중량이 40톤을 초과하거나 축하중이 10톤을 초과하는 경우
ㄷ 너비가 2.5m를 초과하는 경우
ㄹ 최고 속도가 시간당 35km 미만인 경우

# 7 건설기계사업

## 1. 사업의 등록

건설기계사업을 하려는 자(지방자치단체는 제외한다)는 대통령령으로 정하는 바에 따라 사업의 종류별로 특별자치시장·특별자치도지사·시장·군수 또는 자치구의 구청장(이하 '시장·군수·구청장'이라 한다)에게 등록하여야 한다.

## 2. 건설기계사업의 종류

① 건설기계대여업
② 건설기계정비업
ㄱ 종합 건설기계정비업
ㄴ 부분 건설기계정비업
ㄷ 전문 건설기계정비업
③ 건설기계매매업
④ 건설기계해체재활용업

심화 건설기계대여업 신청 시 제출서류
① 건설기계대여업 등록신청서
② 건설기계 소유 사실을 증명하는 서류
③ 사무실의 소유권 또는 사용권이 있음을 증명하는 서류
④ 주기장소재지를 관할하는 시장·군수 또는 구청장이 발급한 주기장시설보유확인서

# 8 건설기계조종사 면허

## 1. 건설기계조종사 면허의 취득

① 건설기계를 조종하려는 사람은 시장·군수 또는 구청장에게 건설기계조종사 면허를 받아야 한다.

② 건설기계조종사 면허는 국토교통부령으로 정하는 바에 따라 건설기계의 종류별로 받아야 한다.

③ 건설기계조종사 면허를 받으려는 사람은 「국가기술자격법」에 따른 해당 분야의 기술자격을 취득하고

적성검사에 합격하여야 한다.

> **심화** 적성검사 합격여부에 관한 판정: 지정된 의료기관, 보건소 또는 보건지소에서 발급한 신체검사서에 의하며, 1종 자동차운전면허증 사본 또는 1종 운전면허에 요구되는 신체검사서로 갈음할 수 있음

## 2. 면허의 정기적성검사

① 내용: 건설기계조종사는 10년마다(65세 이상인 경우는 5년마다) 시장·군수 또는 구청장이 실시하는 정기적성검사를 받아야 한다.

② 적성검사 기준
　㉠ 두 눈을 동시에 뜨고 잰 시력(교정시력 포함)이 0.7 이상이고 두 눈의 시력이 각각 0.3 이상
　㉡ 55데시벨(보청기를 사용하는 사람은 40데시벨)의 소리를 들을 수 있고, 언어분별력이 80% 이상
　㉢ 시각이 150도 이상

## 3. 소형건설기계조종사 면허

① 내용: 시·도지사가 지정한 교육기관에서 실시하는 소형건설기계의 조종에 관한 교육과정을 이수하여 기술자격의 취득을 대신할 수 있다.

② 국토교통부령으로 정하는 소형건설기계
　㉠ 5톤 미만의 불도저
　㉡ 5톤 미만의 로더
　㉢ 5톤 미만의 천공기(트럭적재식은 제외)
　㉣ 3톤 미만의 지게차(1종 보통면허 이상이 필요)
　㉤ 3톤 미만의 굴착기
　㉥ 3톤 미만의 타워크레인
　㉦ 공기압축기
　㉧ 콘크리트펌프(이동식에 한정함)
　㉨ 쇄석기
　㉩ 준설선

③ 3톤 미만 지게차 및 굴착기 교육
　㉠ 교육 시간: 이론 6시간, 실습 6시간
　㉡ 교육 내용

| 구분 | 내용 | 시간 |
|---|---|---|
| 이론 | 건설기계기관, 전기 및 작업장치 | 2 |
| | 유압일반 | 2 |
| | 건설기계관리법규 및 도로통행 방법 | 2 |
| 실습 | 조종실습 | 6 |

> **참고** 「건설기계관리법 시행규칙」 [별표 20]

## 4. 1종 대형운전면허로 조종할 수 있는 건설기계

① 덤프트럭
② 아스팔트살포기
③ 노상안정기
④ 콘크리트믹서트럭
⑤ 콘크리트펌프
⑥ 천공기(트럭적재식을 말함)
⑦ 특수건설기계 중 국토교통부장관이 지정하는 건설기계

> **심화**
> • 1종 대형면허 운전 가능 차량
> 　① 승용자동차, 승합자동차, 화물자동차
> 　② 1종 대형면허로 조종할 수 있는 건설기계
> 　③ 특수자동차(대형견인차, 소형견인차, 구난차는 제외함)
> 　④ 원동기장치자전거
> • 1종 보통면허 운전 가능 차량
> 　① 승용자동차, 승차정원 15명 이하 승합자동차, 적재중량 12톤 미만 화물자동차
> 　② 1종 보통면허로 조종할 수 있는 건설기계
> 　③ 10톤 미만 특수자동차(구난차 등은 제외함)
> 　④ 원동기장치자전거

## 5. 건설기계조종사 면허의 결격사유

① 18세 미만인 사람
② 건설기계조종상의 위험과 장해를 일으킬 수 있는 정신질환자 또는 뇌전증환자로서 국토교통부령으로 정하는 사람
③ 앞을 보지 못하는 사람, 듣지 못하는 사람, 그 밖에 국토교통부령으로 정하는 장애인
④ 건설기계조종상의 위험과 장해를 일으킬 수 있는 마약·대마·향정신성의약품 또는 알코올중독자로서 국토교통부령으로 정하는 사람
⑤ 건설기계조종사 면허가 취소된 날부터 1년이 지나지 아니하였거나 건설기계조종사 면허의 효력정지 처분 기간 중에 있는 사람

## 9 건설기계조종사 면허의 취소·정지·반납

## 1. 면허의 취소 및 정지

① 내용: 시장·군수 또는 구청장은 국토교통부령으로 정하는 바에 따라 면허를 취소하거나 1년 이내의 기간을 정하여 면허의 효력을 정지시킬 수 있다.

② 위반행위에 따른 행정처분 기준

| 위반행위 | 행정처분 기준 |
|---|---|
| 거짓이나 그 밖의 부정한 방법으로 건설기계조종사 면허를 받은 경우 | 면허취소 |
| 건설기계조종사 면허의 효력정지 기간 중 건설기계를 조종한 경우 | 면허취소 |
| 건설기계의 조종 중 고의 또는 과실로 중대한 사고를 일으킨 경우<br>① 인명피해<br> ㉠ 고의로 인명피해(사망·중상·경상 등을 말한다)를 입힌 경우 | 면허취소 |
| ㉡ 그 밖의 인명피해를 입힌 경우<br> • 과실로 사망 1명마다<br> • 과실로 중상 1명마다<br> • 과실로 경상 1명마다<br>② 재산피해: 피해금액 50만 원마다 | 면허효력정지 45일<br>면허효력정지 15일<br>면허효력정지 5일<br>면허효력정지 1일<br>(90일을 넘지 못함) |
| ③ 건설기계의 조종 중 고의 또는 과실로 「도시가스사업법」 제2조 제5호에 따른 가스공급시설을 손괴하거나 가스공급시설의 기능에 장애를 입혀 가스의 공급을 방해한 경우 | 면허효력정지 180일 |
| 술에 취한 상태에서 조종한 경우<br>① 술에 취한 상태(혈중 알코올 농도 0.03% 이상 0.08% 미만을 말한다)에서 건설기계를 조종한 경우 | 면허효력정지 60일 |
| ② 술에 취한 상태에서 건설기계를 조종하다가 사고로 사람을 죽게 하거나 다치게 한 경우 | 면허취소 |
| ③ 술에 만취한 상태(혈중 알코올 농도 0.08% 이상을 말한다)에서 건설기계를 조종한 경우 | 면허취소 |
| ④ 2회 이상 술에 취한 상태에서 건설기계를 조종하여 면허효력정지를 받은 사실이 있는 사람이 다시 술에 취한 상태에서 건설기계를 조종한 경우 | 면허취소 |
| 정기적성검사를 받지 않고 1년이 지난 경우 | 면허취소 |
| 정기적성검사 또는 수시적성검사에서 불합격한 경우 | 면허취소 |

참고 「건설기계관리법 시행규칙」 [별표 22]

## 2. 면허증의 반납

① 내용: 건설기계조종사 면허를 받은 사람은 다음 어느 하나에 해당하는 때에는 그 사유가 발생한 날부터 10일 이내에 시장·군수 또는 구청장에게 면허증을 반납해야 한다.

② 반납 사유
 ㉠ 면허가 취소된 때
 ㉡ 면허의 효력이 정지된 때
 ㉢ 면허증을 재교부받은 후 잃어버린 면허증을 발견한 때
 ㉣ 본인의 의사에 따라 면허를 자진해서 반납할 때

# 10 벌칙

## 1. 2년 이하의 징역 또는 2천만 원 이하의 벌금

① 등록되지 아니한 건설기계를 사용하거나 운행한 자
② 등록이 말소된 건설기계를 사용하거나 운행한 자

## 2. 1년 이하의 징역 또는 1천만 원 이하의 벌금

① 거짓이나 그 밖의 부정한 방법으로 등록을 한 자
② 등록번호를 지워 없애거나 그 식별을 곤란하게 한 자
③ 구조변경검사 또는 수시검사를 받지 아니한 자
④ 정비명령을 이행하지 아니한 자
⑤ 폐기 요청을 받은 건설기계를 폐기하지 아니하거나 등록번호표를 폐기하지 아니한 자
⑥ 건설기계조종사 면허를 받지 아니하고 건설기계를 조종한 자
⑦ 건설기계조종사 면허를 거짓이나 그 밖의 부정한 방법으로 받은 자
⑧ 건설기계를 도로나 타인의 토지에 버려둔 자

## 3. 100만 원 이하의 과태료

① 등록번호표를 부착·봉인하지 아니하거나 등록번호를 새기지 아니한 자
② 등록번호표를 가리거나 훼손하여 알아보기 곤란하게 한 자 또는 그러한 건설기계를 운행한 자

## 1 목적 및 정의

★★★★
**01** 건설기계관리법상 건설기계형식의 정의로 옳은 것은?

① 엔진 구조 및 성능을 말한다.
② 형식 및 규격을 말한다.
③ 성능 및 용량을 말한다.
④ 구조, 규격 및 성능 등에 관하여 일정하게 정한 것을 말한다.

**해설** 건설기계형식이란 건설기계의 구조, 규격 및 성능 등에 관하여 일정하게 정한 것을 말한다.

★★★
**02** 건설기계의 높이에 대한 정의로 옳은 것은?

① 지면에서 가장 윗부분까지의 수직 높이
② 지면에서부터 적재할 수 있는 최고의 높이
③ 뒷바퀴의 윗부분에서 가장 윗부분까지의 수직 높이
④ 앞 차축의 중심에서 가장 윗부분까지의 높이

**해설** 건설기계의 높이는 작업장치를 부착한 자체중량 상태의 건설기계 가장 위쪽 끝이 만든 수평면으로부터 지면까지의 최단 거리를 말한다.

## 2 건설기계등록

**03** 건설기계를 등록한 주소지가 다른 시·도로 변경된 경우의 조치로 옳은 것은?

① 등록사항변경 신고를 한다.
② 등록이전 신고를 한다.
③ 건설기계 소재지 변동신고를 한다.
④ 등록지의 변경 시에는 아무 신고도 하지 않는다.

**해설** 건설기계를 등록한 주소지 또는 사용본거지가 다른 시·도로 변경된 경우에는 30일 이내에 등록이전 신고를 해야 한다.

★★
**04** 건설기계의 수급 조절을 위해 필요한 경우 건설기계 수급조절위원회의 심의를 거친 후 사업용 건설기계의 등록을 2년 이내의 범위에서 일정 기간 제한할 수 있다. 건설기계 수급계획을 마련할 때 반영하는 사항에 해당하지 않는 것은?

① 건설 경기(景氣)의 동향과 전망
② 건설기계 대여시장의 동향과 전망
③ 건설기계의 등록 및 가동률 추이
④ 건설기계 수출시장의 추세

**해설** 건설기계 수출시장의 추세는 국내 수급 조절을 위한 등록 제한과 관련 없다.

★★★
**05** 건설기계 등록사항에 변경이 있을 때에는 변경이 있는 날부터 며칠 이내에 변경 신고를 해야 하는가? (단, 전시·사변 기타 이에 준하는 국가비상사태하의 경우는 제외한다)

① 10일　　　② 15일
③ 20일　　　④ 30일

**해설** 건설기계의 등록사항 중 변경사항이 있는 경우 30일 이내에 시·도지사에게 신고해야 한다.

★★★★
**06** 건설기계 등록신청에 대한 설명으로 옳은 것은? (단, 전시·사변 기타 이에 준하는 국가비상사태하의 경우는 제외한다)

① 취득한 날로부터 10일 이내에 시·군·구청장에게 등록신청을 한다.
② 취득한 날로부터 15일 이내에 시·도지사에게 등록신청을 한다.
③ 취득한 날로부터 1월 이내에 시·군·구청장에게 등록신청을 한다.
④ 취득한 날로부터 2월 이내에 시·도지사에게 등록신청을 한다.

**해설** 건설기계 등록신청은 취득한 날로부터 2월 이내, 전시·사변 기타 이에 준하는 국가비상사태하에서는 5일 이내에 시·도지사에게 신청해야 한다.

**07** ★★ 건설기계 소유자의 건설기계등록을 규정하고 있는 법령은?

① 대통령령　　　　② 고용노동부령
③ 총리령　　　　　④ 행정안전부령

해설 건설기계의 소유자는 대통령령이 정하는 바에 따라 건설기계의 등록을 해야 한다.

**08** ★★ 건설기계를 산(매수한) 사람이 등록사항변경(소유권 이전) 신고를 하지 않아 등록사항변경 신고를 독촉하였으나 이를 이행하지 않을 경우, 판(매도한) 사람이 할 수 있는 조치로 옳은 것은?

① 소유권 이전 신고를 조속히 하도록 매수한 사람에게 재차 독촉한다.
② 매도한 사람이 직접 소유권 이전 신고를 한다.
③ 소유권 이전 신고를 조속히 하도록 매수한 사람에게 소송을 제기한다.
④ 아무런 조치도 할 수 없다.

해설 등록사항변경 신고를 독촉하였으나 이를 이행하지 않을 경우, 매도인이 등록이전 신고를 대위(代位)로 신청할 수 있다.

**09** ★★ 건설기계를 등록할 때 건설기계의 출처를 증명하는 서류와 관련 없는 것은?

① 건설기계제작증
② 수입면장
③ 매수증서(행정기관으로부터 매수 시)
④ 건설기계대여업 신고증

해설 건설기계대여업 신고증은 건설기계대여업을 영위하고자 하는 경우 제출하는 서류이다.

## 3 등록의 말소

**10** ★★ 건설기계등록의 말소 사유에 해당하지 <u>않는</u> 것은?

① 건설기계를 폐기한 때
② 건설기계의 구조변경을 했을 때
③ 건설기계가 멸실되었을 때
④ 건설기계의 차대가 등록 시의 차대와 다른 때

해설 건설기계의 구조를 변경했을 때는 구조변경 검사를 받아야 하는 경우로, 이는 건설기계등록의 말소 사유에 해당하지 않는다.

**11** ★★ 건설기계의 등록원부는 등록을 말소한 후 몇 년 동안 보존해야 하는가?

① 5년　　　　　② 10년
③ 15년　　　　　④ 20년

해설 「건설기계관리법 시행규칙」 제12조에 근거하여 건설기계 등록원부는 등록말소 후 10년간 보존해야 한다.

## 4 등록번호표

**12** ★★★★ 건설기계 소유자가 관련 법에 의하여 등록번호표를 반납하고자 하는 때에는 누구에게 반납해야 하는가?

① 국토교통부장관　　② 구청장
③ 시·도지사　　　　④ 동장

해설 등록번호표 반납 사유가 발생한 날로부터 10일 이내에 시·도지사에게 반납해야 한다.

★★
## 13 건설기계 등록번호표에 대한 설명으로 옳지 않은 것은?

① 모든 번호표의 규격은 서로 다르다.
② 재질은 알루미늄 제판이다.
③ 굴착기의 경우 기종별 기호표시는 02로 한다.
④ 외곽선은 1.5mm 정도 튀어나와야 한다.

해설 모든 건설기계 등록번호표의 규격은 가로 520mm, 세로 110mm로 통일되었다(건설기계관리법 시행규칙 별표 2).

★★★
## 14 건설기계 등록번호 중 관용에 해당하는 것은?

① 1000~5999
② 6000~9999
③ 6001~8999
④ 0001~0999

해설 ① 자가용, ② 대여사업용의 등록번호에 해당한다.

★★★★
## 15 건설기계 등록번호표의 기종별 표시번호로 옳은 것은?

① 01: 굴착기
② 03: 모터그레이더
③ 04: 지게차
④ 08: 덤프트럭

해설 ① 01: 불도저, ② 03: 로더, ④ 08: 모터그레이더이다.

★★★★
## 16 건설기계 등록번호표에 표시되지 않는 것은?

① 기종
② 등록번호
③ 용도
④ 연식

해설 건설기계 등록번호표에는 기종, 용도, 등록번호가 표시된다. 연식은 건설기계 등록증에 표시되는 내용이다.

★★★
## 17 특별표지판을 부착해야 하는 건설기계의 범위에 해당하지 않는 것은?

① 높이가 5m인 건설기계
② 총중량이 50톤인 건설기계
③ 길이가 16m인 건설기계
④ 최소 회전반경이 13m인 건설기계

해설 길이가 16.7m를 초과하는 경우 특별표지판을 부착해야 하는 건설기계의 범위에 해당한다.

## 18 특별표지 또는 경고표지 부착대상 건설기계에 대한 설명으로 옳지 않은 것은?

① 대형건설기계에는 조종실 내부의 조종사가 보기 쉬운 곳에 경고 표지판을 부착해야 한다.
② 길이가 16.7m를 초과하는 건설기계는 특별표지판 부착 대상이다.
③ 특별표지판은 등록번호가 표시되어 있는 면에 부착한다.
④ 최소 회전반경이 12m를 초과하는 건설기계는 특별표지판 부착 대상이 아니다.

해설 최소 회전반경이 12m를 초과하는 건설기계는 특별표지판을 부착해야 하는 대형건설기계에 해당한다.

★★★
## 19 특별표지판을 부착해야 하는 건설기계에 해당하지 않는 것은?

① 높이가 3m인 건설기계
② 너비가 3m인 건설기계
③ 길이가 17m인 건설기계
④ 총중량이 45톤인 건설기계

해설 높이가 4m를 초과하는 건설기계가 특별표지판을 부착해야 하는 건설기계에 해당한다.

## 5 임시운행

★★★
**20** 건설기계의 임시운행 사유에 해당하는 것은?

① 작업을 위해 건설현장에서 건설기계를 검사장소로 운행할 때
② 정기검사를 받기 위해 건설기계를 검사장소로 운행할 때
③ 등록신청을 하기 위해 건설기계를 등록지로 운행할 때
④ 등록말소를 하기 위해 건설기계를 폐기장으로 운행할 때

해설 등록신청을 하기 위해 건설기계를 등록지로 운행하는 경우와 같이 법령에서 정하는 경우에 한하여 등록 전(미등록 상태)에 일시적으로 운행이 가능하다.

**21** 건설기계의 임시운행기간은 며칠 이내인가? (단, 신개발 건설기계를 시험·연구의 목적으로 운행하는 경우는 제외한다)

① 5일                    ② 10일
③ 15일                   ④ 20일

해설 시험·연구의 목적으로 운행하는 경우 임시운행기간은 3년 이내이지만, 그 이외의 건설기계 임시운행기간은 15일 이내로 한다.

## 6 건설기계검사

★★★★
**22** 건설기계를 검사유효기간 만료 후에 계속 운행하고자 할 때 받아야 하는 검사는?

① 신규등록검사            ② 계속검사
③ 수시검사               ④ 정기검사

해설 정기검사는 건설공사용 건설기계로서 3년의 범위에서 국토교통부령으로 정하는 검사유효기간이 끝난 후 계속하여 운행하려는 경우에 실시하는 검사이다.

★★
**23** 우리나라에서 건설기계의 정기검사를 실시하는 검사업무대행기관은?

① 자동차정비업협회
② 대한건설기계안전관리원
③ 건설기계정비협회
④ 교통안전공단

해설 우리나라 건설기계 검사업무대행기관은 대한건설기계안전관리원이다.

★★★★★
**24** 정기검사 대상 건설기계의 정기검사 신청기간은?

① 정기검사 유효기간 만료일 전 90일 이내
② 정기검사 유효기간 만료일 후 60일 이내
③ 정기검사 유효기간 만료일 전후 각각 31일 이내
④ 정기검사 유효기간 만료일 전후 각각 45일 이내

해설 정기검사를 받으려는 자는 검사유효기간의 만료일 전후 각각 31일 이내의 기간에 정기검사 신청서를 제출해야 한다.

**25** 건설기계 관련 법령상 건설기계가 정기검사 신청기간 내 정기검사를 받은 경우, 다음 정기검사 유효기간의 산정 기준은?

① 정기검사를 받은 날로부터 기산한다.
② 종전 검사 유효기간 만료일의 다음 날부터 기산한다.
③ 종전 검사 유효기간 만료일부터 기산한다.
④ 정기검사를 받은 날의 다음 날부터 기산한다.

해설 정기검사 유효기간은 정기검사 신청기간 내 정기검사를 받은 경우에는 종전 검사 유효기간 만료일의 다음 날부터, 그 외에는 검사를 받은 날의 다음 날부터 기산한다.

**26** 덤프트럭이 건설기계 검사소 검사가 아닌 출장검사를 받을 수 있는 경우는?

① 너비가 3m인 경우
② 축하중이 5톤인 경우
③ 자체중량이 25톤인 경우
④ 최고 속도가 40km/h인 경우

해설 너비가 2.5m를 초과하는 때에는 출장검사를 받을 수 있다.

**27** 해당 건설기계가 위치한 장소에서 검사를 받는 경우가 아닌 것은?

① 도서 지역에 있는 경우
② 너비가 2.5m 이상인 경우
③ 최고 속도가 시간당 35km 미만인 경우
④ 자체중량이 40톤을 초과하거나 축중이 10톤을 초과하는 경우

해설 건설기계의 너비가 2.5m를 초과한 경우가 출장검사 대상에 해당된다.

★★★
**28** 건설기계의 구조변경 범위에 해당하지 않는 것은?

① 건설기계의 길이, 너비, 높이 변경
② 적재함의 용량 증가를 위한 변경
③ 조종장치의 형식변경
④ 수상작업용 건설기계 선체의 형식변경

해설 적재함의 용량 증가를 위한 구조변경 및 기종변경은 건설기계 구조변경 범위에 해당하지 않는다.

**29** 건설기계의 주요 구조를 변경하거나 개조한 때 실시하는 검사는?

① 수시점검
② 신규등록검사
③ 정기검사
④ 구조변경검사

해설 건설기계의 주요 구조를 변경하거나 개조한 경우 실시하는 검사는 구조변경검사이다.

**30** 건설기계 구조변경검사 신청은 변경한 날로부터 며칠 이내에 해야 하는가?

① 7일 이내
② 10일 이내
③ 20일 이내
④ 30일 이내

해설 구조변경검사는 주요 구조를 변경 또는 개조한 날로부터 20일 이내에 신청해야 한다.

**31** 건설기계의 구조변경검사는 누구에게 신청해야 하는가?

① 건설기계정비업소
② 자동차검사소
③ 검사대행자(건설기계검사소)
④ 건설기계폐기업소

해설 건설기계의 구조변경검사는 검사대행자에게 신청할 수 있다. 우리나라 건설기계 검사업무대행기관은 대한건설기계안전관리원이다.

**32** 성능이 불량하거나 사고가 빈발하는 건설기계의 성능을 점검하기 위해 국토교통부장관 또는 시·도지사의 명령에 따라 수시로 실시하는 검사는?

① 신규등록검사
② 정기검사
③ 수시검사
④ 구조변경검사

해설 수시검사는 성능이 불량하거나 사고가 자주 발생하는 건설기계의 성능 점검을 위해 수시로 점검하는 검사 또는 건설기계 소유자의 요청으로 실시하는 검사를 말한다.

**33** 시·도지사는 수시검사 명령의 이행을 위한 검사의 신청기간을 며칠 이내로 정하여 건설기계소유자에게 수시검사 명령서를 서면으로 통지해야 하는가?

① 7일
② 15일
③ 31일
④ 1월

해설 시·도지사는 수시검사 명령의 이행을 위한 검사의 신청기간을 31일 이내로 정하여 수시검사 명령서를 서면으로 통지해야 한다.

## 7 건설기계사업

★★★
**34** 건설기계정비업의 등록 구분으로 옳은 것은?

① 부분 건설기계정비업, 전문 건설기계정비업, 개별
건설기계정비업
② 종합 건설기계정비업, 부분 건설기계정비업, 전문
건설기계정비업
③ 종합 건설기계정비업, 단종 건설기계정비업, 전문
건설기계정비업
④ 종합 건설기계정비업, 특수 건설기계정비업, 전문
건설기계정비업

**해설** 건설기계정비업에는 종합 건설기계정비업, 부분 건설기계
정비업, 전문 건설기계정비업이 있다.

**35** 건설기계사업에 해당하지 <u>않는</u> 것은?

① 건설기계대여업
② 건설기계수출업
③ 건설기계해체재활용업
④ 건설기계정비업

**해설** 「건설기계관리법」상 건설기계사업은 건설기계대여업, 건설
기계해체재활용업, 건설기계정비업, 건설기계매매업으로 나뉜다.

★★★★
**36** 건설기계대여업을 하고자 하는 자는 누구에게 등록을
해야 하는가?

① 고용노동부장관　　② 행정안전부장관
③ 국토교통부장관　　④ 시·군·구청장

**해설** 건설기계등록에 관한 사항을 제외하고, 「건설기계관리법」
에서 대부분의 권한자는 시장·군수·구청장(자치구)이다.

**37** 건설기계관리 및 사업이 적용받는 법은?

① 자동차관리법
② 화물자동차운수사업법
③ 건설기계관리법
④ 여객자동차운수사업법

**해설** 건설기계관리 및 사업은 「건설기계관리법」의 적용을 받는다.

★★
**38** 건설기계대여업 등록신청서에 첨부해야 할 서류가 <u>아닌</u>
것은?

① 주민등록표등본
② 건설기계 소유 사실을 증명하는 서류
③ 사무실의 소유권 또는 사용권이 있음을 증명하는
서류
④ 주기장소재지를 관할하는 시장·군수 또는 구청장
이 발급한 주기장시설보유확인서

**해설** 건설기계대여업을 영위하고자 하는 자는 건설기계대여업
등록신청서를 작성하고, ②③④의 첨부서류를 시장·군수 또는
구청장에게 제출한다.

## 8 건설기계조종사 면허

★★★
**39** 건설기계조종사 면허에 관한 설명으로 옳지 <u>않은</u> 것은?

① 면허를 받고자 하는 자는 국가기술자격을 취득해야
한다.
② 1종 대형운전면허로 조종할 수 있는 건설기계가 있다.
③ 특수건설기계 조종은 국토교통부장관이 지정하는
면허를 소지해야 한다.
④ 특수건설기계 조종은 특수조종사 면허를 받아야
한다.

**해설** 국토교통부장관이 지정한 특수건설기계를 조종하려면
「도로교통법」 제80조 규정에 의한 1종 대형면허 또는 국토교통
부장관이 지정한 건설기계조종사 면허를 받아야 한다.

**40** 3톤 미만 지게차의 소형건설기계 조종 교육시간은?

① 이론 4시간, 실습 8시간
② 이론 6시간, 실습 6시간
③ 이론 10시간, 실습 14시간
④ 이론 12시간, 실습 12시간

해설 3톤 미만의 굴착기, 3톤 미만 지게차의 교육시간은 이론 6시간, 실습 6시간이다.

**41** 1종 대형운전면허로 운전할 수 없는 건설기계는?

① 덤프트럭
② 노상안정기
③ 트럭적재식 천공기
④ 특수건설기계

해설 1종 대형운전면허를 취득한 경우 특수건설기계 중 콘크리트믹서트레일러, 아스팔트 콘크리트재생기, 도로보수트럭 등 국토교통부장관이 지정하는 건설기계만 조종할 수 있다.

**42** 건설기계관리법상 건설기계조종사의 면허를 받을 수 있는 자는?

① 파산자로서 복권되지 아니한 자
② 사지의 활동이 정상적이지 않은 자
③ 마약 또는 알코올중독자
④ 심신장애자

해설 ②③④ 이외에도 건설기계조종사 면허의 결격사유로는 건설기계조종사 면허의 효력정지처분 기간 중에 있는 사람 등이 포함된다.

**9** 건설기계조종사 면허의 취소·정지·반납

★★★★
**43** 건설기계조종사 면허가 취소되었을 경우 그 사유가 발생한 날로부터 며칠 이내에 면허증을 반납해야 하는가?

① 7일 이내
② 10일 이내
③ 14일 이내
④ 30일 이내

해설 건설기계조종사 면허증 반납사유(취소 또는 정지)가 발생한 날로부터 10일 이내에 시장·군수 또는 구청장에게 반납해야 한다.

**44** 건설기계운전 면허의 효력정지 사유가 발생한 경우, 면허효력정지 기간은?

① 6월 이내
② 1년 이내
③ 3년 이내
④ 5년 이내

해설 시장·군수 또는 구청장은 국토교통부령으로 정하는 바에 따라 1년 이내의 기간을 정하여 면허의 효력을 정지시킬 수 있다.

★★★
**45** 건설기계조종사의 면허취소 사유가 아닌 것은?

① 부정한 방법으로 건설기계의 면허를 받은 때
② 면허정지처분을 받은 자가 그 정지기간 중 건설기계를 조종한 때
③ 건설기계의 조종 중 고의로 인명피해를 입힌 때
④ 건설기계의 조종 중 과실로 적재한 화물이 추락하여 사람이 부상당한 사고가 생긴 때

해설 건설기계의 조종 중 과실로 인명피해를 입힌 경우는 면허 효력정지에 해당한다.

**46** 건설기계조종사 면허증을 반납하지 않아도 되는 경우는?

① 면허가 취소된 때
② 면허의 효력이 정지된 때
③ 면허증 분실로 인해 면허증을 재교부받은 후, 분실된 면허증을 발견한 때
④ 일시적인 부상 등으로 건설기계 조종을 할 수 없게 된 때

해설 일시적인 부상으로 건설기계 조종을 할 수 없게 된 경우는 면허증 반납 사유에 해당하지 않는다.
①②③ 이외에도 본인의 의사에 따라 면허를 자진해서 반납하는 경우도 면허증 반납 사유에 해당한다.

## ★★★
**47** 건설기계조종사 면허증 발급 신청 시 첨부하는 서류에 해당하지 <u>않는</u> 것은?

① 국가기술자격수첩
② 신체검사서
③ 주민등록표등본
④ 소형건설기계조종 교육이수증

> **해설** 건설기계조종사 면허증 발급 신청 시 첨부하는 서류에 주민등록표등본은 해당하지 않는다.

## ★★★
**48** 건설기계조종사의 적성검사 기준으로 옳지 <u>않은</u> 것은?

① 보청기를 사용하는 사람은 40데시벨의 소리를 들을 수 있을 것
② 시각은 150도 이상일 것
③ 두 눈 중 한쪽 눈의 시력이 0.6 이상일 것
④ 두 눈을 동시에 뜨고 잰 시력이 0.7 이상일 것

> **해설** 건설기계조종사의 적성검사 기준에 의하면 두 눈 중 한쪽 눈의 시력이 0.3 이상이어야 한다.

## ★★★
**49** 고의로 경상 1명의 인명피해를 입힌 건설기계조종사에 대한 면허의 취소 또는 정지처분 기준은?

① 면허효력정지 30일
② 면허효력정지 45일
③ 면허효력정지 90일
④ 면허취소

> **해설** 건설기계조종 중 고의로 인명피해를 입힌 경우에는 경상, 중상, 사망 등 피해의 정도와 관계없이 면허가 취소된다.

## ★★★
**50** 건설기계의 조종 중 고의 또는 과실로 가스공급시설을 손괴할 경우 건설기계조종사 면허의 처분 기준은?

① 면허효력정지 10일
② 면허효력정지 15일
③ 면허효력정지 25일
④ 면허효력정지 180일

> **해설** 건설기계의 조종 중 고의 또는 과실로 「도시가스사업법」 제2조 제5호에 따른 가스공급시설을 손괴하거나 가스공급시설의 기능에 장애를 입혀 가스의 공급을 방해한 경우에는 면허효력정지 180일에 처한다.

## ★★★★
**51** 건설기계의 조종 중 과실로 100만 원의 재산피해를 입힌 때의 면허처분 기준은?

① 면허효력정지 2일
② 면허효력정지 10일
③ 면허효력정지 15일
④ 면허효력정지 20일

> **해설** 과실로 재산피해를 입힌 경우 재산피해금액 50만 원마다 면허효력정지 1일(90일을 넘지 못한다)에 해당한다. 이에 과실로 100만 원의 재산피해를 입힌 경우 면허효력정지 2일에 처한다.

## **52** 건설기계의 조종 중 과실로 6명 이상에게 중상을 입힌 때의 면허처분 기준은?

① 면허효력정지 30일
② 면허효력정지 60일
③ 면허효력정지 90일
④ 면허취소

> **해설** 과실로 인명피해를 입힌 경우 중상 1명마다 면허효력정지 15일에 해당한다. 따라서 과실로 6명에게 중상을 입힌 경우에는 면허효력정지 90일(6명×15일=90일)에 해당한다.

**53** 과실로 경상 6명의 인명피해를 입힌 때 건설기계를 조종한 자의 행정처분 기준은?

① 면허효력정지 10일
② 면허효력정지 20일
③ 면허효력정지 30일
④ 면허효력정지 60일

> 해설 과실로 인명피해를 입힌 경우 경상 1명마다 면허효력정지 5일에 해당한다. 따라서 과실로 경상 6명의 인명피해를 입힌 경우에는 면허효력정지 30일(6명×5일=30일)에 해당한다.

**54** 술에 만취한 상태에서 건설기계를 조종한 자에 대한 면허의 취소·정지처분은?

① 면허효력정지 50일
② 면허효력정지 60일
③ 면허효력정지 70일
④ 면허취소

> 해설 술에 만취한 상태(혈중 알코올 농도 0.08% 이상)에서 건설기계를 조종한 경우 면허취소에 해당한다.
> ② 술에 취한 상태(혈중 알코올 농도 0.03% 이상 0.08% 미만)에서 건설기계를 조종한 경우 면허효력정지 60일에 해당한다.

★★★★
**55** 술에 취한 상태의 기준은 혈중 알코올 농도가 최소 몇 % 이상인 경우인가?

① 0.03%          ② 0.25%
③ 1.25%          ④ 1.50%

> 해설 술에 취한 상태는 혈중 알코올 농도 0.03% 이상 0.08% 미만인 경우이고, 술에 만취한 상태는 혈중 알코올 농도 0.08% 이상이다.

---

**10** 벌칙
★★★
**56** 폐기 요청을 받은 건설기계를 폐기하지 아니하거나 등록번호표를 폐기하지 아니한 자에 대한 벌칙은?

① 100만 원 이하의 벌금
② 200만 원 이하의 벌금
③ 1년 이하의 징역 또는 1천만 원 이하의 벌금
④ 2년 이하의 징역 또는 1천만 원 이하의 벌금

> 해설 폐기 요청을 받은 건설기계를 폐기하지 아니하거나 등록번호표를 폐기하지 아니한 자는 1년 이하의 징역 또는 1천만 원 이하의 벌금에 처한다.

★★★★
**57** 건설기계조종사 면허가 취소되거나 효력정지 처분을 받은 후에도 계속하여 건설기계를 조종한 자에 대한 벌칙은?

① 과태료 50만 원
② 1년 이하의 징역 또는 1천만 원 이하의 벌금
③ 취소기간 연장조치
④ 건설기계조종사 면허 취득 절대불가

> 해설 건설기계조종사 면허가 취소되거나 효력정지 처분을 받은 후에도 건설기계를 조종한 경우 무면허 처분에 해당하므로 1년 이하의 징역 또는 1천만 원 이하의 벌금에 처한다.

★★★★
**58** 등록되지 아니한 건설기계를 사용하거나 운행한 자에 대한 벌칙은?

① 50만 원 이하의 벌금
② 100만 원 이하의 벌금
③ 1년 이하의 징역 또는 100만 원 이하의 벌금
④ 2년 이하의 징역 또는 2천만 원 이하의 벌금

> 해설 미등록 건설기계를 사용하거나 운행한 자에 대한 처벌은 2년 이하의 징역 또는 2천만 원 이하의 벌금이다.

# CHAPTER 03 도로명주소

출제예상
**1문제**

• 출제 비율과 난도 모두 낮습니다. 본문내용을 천천히 읽어보면서 이해하세요.

## 1. 도로명주소의 개요

① 정의
  ㉠ 부여된 도로명, 기초번호, 건물번호, 상세주소에 의하여 건물의 주소를 표기하는 방식을 말함
  ㉡ 도로에는 도로명을 부여하고, 건물에는 도로에 따라 규칙적으로 건물번호를 부여하여 도로명과 건물번호 및 상세주소(동/층/호)로 표기하는 주소 제도

② 표기방법: 시/도 + 시/군/구 + 읍/면 + 도로명 + 건물번호 + 상세주소(동/층/호) + **(참고항목)**

> 용어 **참고항목**: 법정동, 공동주택의 명칭

③ 도로구간 설정: 도로구간의 시작지점과 끝지점은 서쪽에서 동쪽, 남쪽에서 북쪽 방향으로 설정·변경한다.

## 2. 도로명주소 부여 방법

▲ 도로명주소 부여 방법

① 현 위치는 '중앙로'의 도로 시작지점 '1'부터 (→)방향으로 '중앙로 359'까지 도로명주소가 부여되어 있다.
② 현 위치는 '대한대로'의 중간지점 '10'부터 (↑)방향으로 '대한대로 600'까지 있다.
③ 교차로에 설치되며 왼쪽(←)은 '7' 이하, 오른쪽(→)은 '9' 이상의 건물들이 있다.
④ '중앙로'를 기점으로 왼쪽은 홀수, 오른쪽은 짝수이다.

⑤ 대로: 8차로 이상
⑥ 로: 2차로에서 7차로까지
⑦ 길: '로'보다 좁은 도로
⑧ 건물 사이 간격은 약 20m

## 3. 안내시설 보는 방법

▲ 안내시설 보는 방법

① 시작지점: 도로 시작 '1'부터 (→)방향으로 '중앙로 19'까지 있다.
② 기초번호판: 도로명과 기초번호로 구성되며, 현 위치는 '중앙로 3'이다.
③ 교차지점: 교차로에 설치되며 왼쪽(←)은 '5' 이하, 오른쪽(→)은 '9' 이상의 건물이 있다.
④ 끝지점: 현 위치는 도로 끝지점 '19'부터 (←)방향으로 '중앙로 1'까지 있다.
⑤ 진행 중인 도로: 현 위치는 '대한대로'의 12번 지점으로, 도로 끝지점은 60번이다.
⑥ 예고용 도로명판: 현 위치에서 200m 전이다.
⑦ 건물번호판: 도로명과 건물번호로 구성된다.

## 4. 건물번호판

① 시작지점

강남대로
Gangnam-daero    1→699

▲ 도로명판(시작지점)
㉠ 강남대로 시작지점
㉡ 1→: 현 위치는 도로 시작점 '1'
㉢ 1→699: 강남대로는 6.99km(699×10m)

② 끝지점

▲ 도로명판(끝지점)

㉠ 대정로 23번길 끝지점

㉡ '대정로' 시작지점에서부터 약 230m 지점에서 왼쪽으로 분기된 도로

㉢ ← 65: 현 위치는 도로 끝지점 '65'

㉣ 1 ← 65: 이 도로는 650m(65×10m)

③ 교차지점

▲ 도로명판(교차지점)

㉠ 전방 교차 도로는 중앙로

㉡ 좌측으로 92번 이하 건물이 위치

㉢ 우측으로 96번 이상 건물이 위치

④ 진행 방향

사 임 당 로  250
Saimdang-ro  ↑
           92

▲ 도로명판(진행 방향)

㉠ 사임당로 중간지점을 의미

㉡ 92↑: 현 위치에는 도로상의 92번 건물이 위치

㉢ 92↑250: 남은 거리는 1.58km[(250−92)×10m]

위대한 일들을 이루기 전에
스스로에게 위대한 일들을 기대해야 한다.

– 마이클 조던(Michael Jordan)

# 장비구조

PART 학습방법

✓ 출제 확률이 높은 핵심이론만 수록하였습니다. 이외 출제될 수 있는 내용은 출제 예상문제를 통해 빠르고 간단하게 학습하는 것이 효율적입니다.

✓ 기출 분석을 통해 산정한 출제비중을 바탕으로 학습의 비중을 정하세요.

✓ ★표시는 중요도 표시입니다. 중요도가 높은 이론과 문제를 위주로 학습하세요.

미리보는
챕터별 출제비중

| | | |
|---|---|---|
| CH 01 | 엔진구조 | 15% |
| CH 02 | 전기장치 | 10% |
| CH 03 | 전·후진 주행장치 | 10% |
| CH 04 | 유압장치 | 15% |
| CH 05 | 작업장치 | 8.3% |

# 엔진구조

● 강의보기    문제보기 89p

출제예상
9문제

• 생소한 용어도 많고 출제 빈도도 높습니다. 전반적인 엔진 구조를 이해하고 특히 엔진 본체 및 디젤 엔진 연료장치 부분은 꼭 암기하세요.

## 1 개요

### 1. 기관

① 정의: 열기관은 동력 발생 장치이며 열에너지를 기계적 에너지로 바꾸는 장치이다.

② 내연기관

　㉠ 기본 구조: 실린더 헤드, 실린더 블록, 크랭크 케이스로 구성

　㉡ 내연기관에서의 동력 발생: 내연기관에서 연료와 공기가 섞인 혼합기 또는 공기를 압축하는 이유는 혼합기 또는 공기의 와류를 증가시키고, 온도를 상승시킴으로써 완전 연소를 유도해 큰 동력을 발생시키기 위해서임

▲ 기관의 기본 구조

### 2. 용어 정의

① 상사점(TDC; Top Dead Center): 기관 작동 시 피스톤이 실린더 맨 윗부분에 위치하는 점이다.

② 하사점(BDC; Bottom Dead Center): 기관 작동 시 피스톤이 실린더 맨 아랫부분에 위치하는 점이다.

③ 행정: 피스톤이 상사점에서 하사점 또는 하사점에서 상사점으로 이동한 거리이다.

## 2 기관의 기계학적 분류

### 1. 4행정 1사이클기관

① 정의: 크랭크축 2회전에 1사이클을 완성하는 기관이다.

② 행정 순서: 흡입 → 압축 → 폭발(동력) → 배기

③ 내용

　㉠ 흡입행정

　　• 피스톤이 상사점에서 하사점으로 이동

　　• 디젤기관은 공기만을 흡입함

　　• 흡입 밸브는 열리고 배기 밸브는 닫힘

　　• 크랭크축은 180° 회전

　㉡ 압축행정

　　• 피스톤이 하사점에서 상사점으로 이동

　　• 디젤기관은 흡입된 공기를 압축하여 가열함

　　• 흡입 밸브 및 배기 밸브는 닫힘

　　• 크랭크축은 총 360° 회전

　㉢ 폭발(동력)행정

　　• 피스톤이 상사점에서 하사점으로 이동

　　• 디젤기관은 연료를 분사하여 착화 연소하며 동력을 발생함

　　• 흡입 밸브 및 배기 밸브는 닫힘

　　• 크랭크축은 총 540° 회전

　㉣ 배기행정

　　• 피스톤이 하사점에서 상사점으로 이동

　　• 폭발행정 시 연소된 연소가스를 배출함

　　• 흡입 밸브는 닫히고 배기 밸브는 열림

　　• 크랭크축은 총 720°로 2회전

흡입행정　　　압축행정　　　폭발행정　　　배기행정

▲ 4행정 1사이클 작동

> **심화**
> • **블로다운 현상**: 배기행정 초에 폭발행정 시 발생한 자체 압력에 의해 배기가스가 배출되는 현상
> • **디젤기관 연소방식**: 공기만을 흡입, 고압축비로 압축해 공기의 온도를 450~600℃로 올린 후 연료를 분사함으로써 스스로 불이 붙는 '자기착화' 방식의 연소를 함

④ 4행정 기관에서 크랭크축 기어와 캠축 기어의 지름비 및 회전비

| 구분 | 크랭크축 | 캠축 |
|------|----------|------|
| 지름비 | 1 | 2 |
| 회전비 | 2 | 1 |

## 2. 2행정 1사이클기관

① 정의: 크랭크축 1회전에 1사이클을 완성하는 기관이다.

② 내용

　㉠ 피스톤 상승행정: 공기의 압축으로 새로운 공기를 유입함

　㉡ 피스톤 하강행정: 폭발 및 **소기**, 연소실로 새로운 공기를 흡입함

> **용어** 소기: 유입되는 새로운 공기로 연소 후 배기가스를 배출시키는 것으로, 소기방식에는 단류식, 횡단식, 루프식이 있음

압축 및 흡입행정　　　　폭발 및 소기·배기행정

흡기구 열림　　소기구 열림　　배기구 열림

▲ 2행정 1사이클 작동

## 3 기관의 주요부(엔진본체)

### 1. 실린더 헤드

① 위치: 기관에서 가장 위쪽에 위치한다.

② 재질: 주철과 알루미늄 합금을 사용하며, 이 중 **열전도성**이 좋고 무게가 가벼운 알루미늄 합금을 주로 사용한다.

> **용어** 열 전도성: 물질에 열을 가했을 때 그 열이 물질 속의 고온부에서 저온부로 흐르는 성질

③ 구성

　㉠ 흡입 밸브와 배기 밸브가 장착되어 있고, 이 두 밸브를 구동하기 위한 캠축 및 캠, 로커암 등이 설치되어 있음

　㉡ 흡입 밸브와 배기 밸브 중 흡입 밸브 헤드를 크게 하여 흡입 효율을 증대시킴

　㉢ 밸브 간극: 밸브 스템 엔드와 로커암 또는 밸브 스템 엔드와 태핏의 거리를 말하며, 열팽창을 고려하여 둠

• 밸브 간극이 클 경우 발생하는 현상: 밸브 열림이 작아 흡·배기 작용이 불량하게 되고 출력 저하 및 기관 과열, 기계적 소음이 발생함

• 밸브 간극이 작을 경우 발생하는 현상: 밸브 닫힘이 불량해지고 기밀 유지가 되지 않아 기관 출력 저하, 역화 및 실화, 후화가 발생함

　㉣ 밸브 스프링: 스프링이 가지고 있는 장력으로 밸브의 닫힘을 유도하고 유지하는 역할을 함

• 밸브 스프링 장력이 약할 때 발생하는 현상: 밸브 닫힘이 불량하여 연소실 내 기밀 유지가 어려워져 압축압력이 새고 출력이 저하되며, 연료 소비율이 증가함

• 밸브 스프링 장력이 강할 때 발생하는 현상: 밸브가 열릴 때 동력 소모가 크고, 흡입 및 배기 효율이 감소해 출력이 저하되며 기관이 과열됨

　㉤ 연소실: 헤드 밑면에는 연소실이 형성되어 있으며, 연소실 주위에는 냉각수가 흐르는 통로인 물재킷이 설치되어 있음

• 연소실의 구비조건

－ 압축행정 끝에 강한 와류를 일으켜야 함

－ 평균유효압력이 높아야 함

－ 고속 회전 중에도 연소 상태가 좋아야 함

－ 노킹 발생이 없어야 함

－ 분사된 연료를 가능한 한 짧은 시간 내에 완전 연소시켜야 함

－ 화염 전파 속도가 빨라야 함

　㉥ 실린더 헤드 개스킷: 실린더 블록과 실린더 헤드 사이에 설치되어 냉각수와 압축가스, 오일 등이 새지 않도록 밀봉 작용을 하는 부품

• 실린더 헤드 개스킷 손상 시 발생하는 현상

－ 압축압력과 폭발압력이 낮아짐

－ 엔진오일과 냉각수가 혼합되며 누유 및 누수가 발생함

> **심화**
> • **유압식 밸브 리프터**: 엔진오일의 압력을 이용하여 온도 변화에 관계없이 밸브 간극을 자동으로 조정하는 장치로, 밸브 개폐 시기가 정확하고 밸브기구의 내구성이 좋지만, 구조가 복잡한 단점이 있음
>
> • **디콤프**: 시동을 원활하게 하기 위한 감압장치로, 캠축과 관계없이 흡기 또는 배기 밸브를 열어 실린더의 압축 압력을 낮추는 구조로 되어 있음
>
> • **밸브 오버랩**: 기관은 고속에서 체적효율이 낮아져 출력이 저하되는데 이런 현상을 방지하기 위해 흡입 및 배기 밸브 열림 시간을 길게 두어 체적효율을 증대시키

고 기관 출력을 증대함. 이때 상사점 부근에서 흡·배기 밸브가 동시에 열리는 구간이 발생하는데, 이를 밸브 오버랩이라고 함

## 2. 실린더 블록

① 정의: 실린더 블록은 기관의 기초 구조물이다.

② 구성
  ㉠ 내부에 실린더가 설치되어 있음
  ㉡ 실린더 주위에는 냉각수 통로가 설치되어 있음
  ㉢ 상부 크랭크 케이스에 크랭크축이 설치되어 있음

③ 실린더 블록의 구비조건
  ㉠ 소형이며 경량일 것
  ㉡ 강도와 강성이 클 것
  ㉢ 내마모성일 것
  ㉣ 주조 및 절삭 가공이 용이할 것

④ 실린더의 종류
  ㉠ 일체식: 실린더 블록과 일체(동일 재질)로 만든 형식
  ㉡ 삽입식: 실린더 라이너(또는 슬리브)를 삽입하는 형식이며, 라이너의 종류에는 건식과 습식이 있음
    • 건식: 냉각수와 직접 접촉하지 않는 형식
    • 습식: 냉각수와 직접 접촉하는 형식으로 상·하에 냉각수 누출을 방지하기 위한 고무 실링이 장착되어 있음

▲ 실린더 라이너의 종류

⑤ 실린더 마모의 원인
  ㉠ 흡입 공기에 이물질 혼입
  ㉡ 윤활유의 공급 부족
  ㉢ 피스톤 링과의 마찰
  ㉣ 연소생성물(카본)에 의한 마모

⑥ 실린더 마모 시 발생하는 현상
  ㉠ 출력 저하
  ㉡ 윤활유 소비(연소) 증대
  ㉢ 압축압력 저하

⑦ 실린더 내경과 행정의 길이에 의한 실린더 분류
  ㉠ 장행정 기관(언더 스퀘어 기관): 실린더 내경보다 행정의 길이가 긴 기관으로, 회전력이 크고 측압을 감소시킬 수 있음
  ㉡ 정방형 기관(스퀘어 기관): 실린더 내경과 행정의 길이가 같은 기관임
  ㉢ 단행정 기관(오버 스퀘어 기관): 실린더 내경이 행정의 길이보다 긴 기관으로, 피스톤의 평균 속도를 올리지 않고도 기관 회전 속도를 높일 수 있으나 피스톤이 과열되기 쉬움

## 3. 피스톤

① 기능: 피스톤은 폭발행정 시 발생한 팽창압력으로부터 받은 동력을 커넥팅 로드를 통해 크랭크축에 전달하는 역할을 한다.

② 재질: 주철, 알루미늄 합금 등을 사용하며, 주로 열전도성이 좋은 알루미늄 합금을 사용한다.

③ 구성: 상부의 링 홈에는 3~4개의 피스톤 링이 장착되어 있다.

④ 피스톤 간극(실린더 간극): 실린더와 피스톤 사이의 간극을 말하며, 열팽창을 고려하여 둔다.
  ㉠ 간극이 클 때 발생하는 현상
    • 블로바이 현상 발생(연소실에 엔진오일이 유입되어 엔진오일이 연료와 희석됨)
    • 압축압력 및 기관 출력 저하
    • 연료 소비 증대, 피스톤 슬랩 등 발생
  ㉡ 간극이 작을 때 발생하는 현상
    • 피스톤이 실린더에 소결(고착, 눌어 붙음)
    • 실린더의 마모 증대
    • 마찰열에 의한 기관 과열

> **용어**
> • 블로바이 현상: 피스톤과 실린더 사이 간극이 클 때 미연소가스가 크랭크 케이스에 누출되는 현상
> • 피스톤 슬랩: 실린더와 피스톤 사이 간극이 클 때 나타나며, 피스톤이 상사점에서 운동 방향을 바꿀 때 실린더 벽에 충격을 주는 현상

> **심화**
> • 압축압력 저하(기관 출력 저하)의 원인
>   ① 실린더 과다 마모 또는 실린더 간극이 큰 경우
>   ② 실린더 헤드의 변형 또는 개스킷이 파손된 경우
>   ③ 피스톤 링의 과다 마모 또는 링의 장력이 부족한 경우
> • 행정체적: 배기량이라고도 하며, 피스톤이 실린더 내에 이동한 거리의 체적을 말함

## 4. 피스톤 링

① 기능: 실린더 벽에 링의 탄성을 이용하여 면압을 주며 접촉한다.

② 구성: 3~4개의 링이 장착된다(압축 링과 오일 링을 사용한다).

1번 압축 링
링 이음부
2번 압축 링
오일 링
피스톤

▲ 피스톤 링의 구조

③ 피스톤 링의 3대 작용

㉠ 밀봉(기밀 유지) 작용: 실린더 벽과 윤활유를 사이에 두고 압축압력이 새는 것을 방지함

㉡ 열전도(냉각) 작용: 피스톤 헤드부의 열 일부를 실린더 벽에 전달하여 냉각시킴

㉢ 오일제어 작용: 피스톤 상승 시 링에 의해 실린더 벽에 윤활을 하며, 하강 시 그 오일을 긁어내림

## 5. 크랭크축

① 기능: 피스톤의 직선왕복운동을 회전운동(회전력)으로 전환하여 외부로 전달한다.

② 구성: 메인저널, 핀저널(크랭크 핀), 크랭크 암, 밸런스 웨이트(평형추)로 구성되어 있으며, 내부에는 각 저널부로 윤활을 위한 오일 구멍이 형성되어 있다.

㉠ 크랭크 암: 메인저널과 핀저널의 연결 막대

㉡ 밸런스 웨이트(평형추): 크랭크축이 고속으로 회전하므로 동적 평형을 이루기 위한 장치

핀저널
오일통로
크랭크 암  오일  평형추
메인저널

▲ 크랭크축의 구조

③ 연료분사 순서

㉠ 4기통: 1-3-4-2(우수식), 1-2-4-3(좌수식)

㉡ 6기통: 1-5-3-6-2-4(우수식),
1-4-2-6-3-5(좌수식)

## 4 디젤기관(연료장치)

### 1. 장단점

① 장점

㉠ 열효율이 높고 연료 소비율이 적음

㉡ 인화점이 높은 연료를 사용하므로 취급이 용이함

㉢ 가솔린기관에 비해 유해가스가 적게 배출됨(디젤기관의 매연은 유해가스가 아닌 분진, 즉 입자상 물질이며 규제 대상에 해당됨)

㉣ 스로틀 밸브가 없어 흡입행정 시 **펌핑 손실**을 줄일 수 있음

㉤ 저속에서 큰 회전력이 발생함

> 용어 **펌핑 손실**: 엔진이 대기 중의 공기를 실린더 내부로 흡입하거나, 배기가스를 밀어내는 데 소모되는 에너지

② 단점

㉠ 폭발압력이 커 기관 구성품의 내구성이 커야 함

㉡ 기관 작동 중 진동과 소음이 큼

㉢ 기관 출력당 무게가 무거움

㉣ 고압 발생 연료장치가 필요함

### 2. 디젤기관의 연료

① 디젤연료(경유)의 구비조건

㉠ 자연 발화점이 낮을 것(착화성이 좋을 것)

㉡ 황 함유량이 적을 것

㉢ 점도가 적당하며, 온도 변화에 따른 점도 변화가 적을 것

② 디젤연료의 착화성

㉠ 착화성: 연소실 내에 분사된 연료가 착화할 때까지 걸리는 시간으로 표시하며, 시간이 짧을수록 착화성이 좋은 연료임

㉡ 세탄가: 디젤연료의 착화성 정도를 표시하는 수치로, 수치가 높을수록 노킹을 방지할 수 있음

$$세탄가 = \frac{세탄}{세탄 + \alpha - 메틸나프탈렌} \times 100(\%)$$

㉢ 착화 늦음(지연) 현상이 발생하는 경우

• 연료의 미립도가 낮을 때

• 연료의 착화성이 낮을 때

• 연료분사압력이 낮을 때

## 3. 연소 과정

① 디젤기관의 연소
  ㉠ 디젤기관은 순수한 공기만을 연소실 및 실린더 내로 흡입하고 고압으로 압축한 후 발생된 450~600℃ 고열에 연료를 안개처럼(무화) 분사하여 뜨거워진 공기 표면에 착화시키는 자기착화방식으로 연소함
  ㉡ 공기를 압축할 때에는 공기에 와류 작용이 일어나도록 해야 완전 연소를 할 수 있음

② 연소 과정
  ㉠ 착화 지연 기간: 연소 준비 기간으로, 불꽃이 생성되는 기간
  ㉡ 화염 전파 기간: 폭발 연소 기간으로, 화염이 전파되는 기간
  ㉢ 직접 연소 기간: 제어 연소 기간으로, 팽창압력이 발생하는 기간
  ㉣ 후기 연소 기간: 후 연소 기간으로, 직접 연소 기간 동안에 분사되어 남은 연료를 연소하는 기간

## 4. 디젤 노크

① 노킹 현상: 분사된 연료가 불완전 연소하여 모여 있다가 한번에 폭발함으로써 심한 진동과 소음이 발생하는 현상이다.

② 노킹 발생의 원인
  ㉠ 세탄가가 낮은 연료를 사용할 때
  ㉡ 착화 지연 기간이 길 때
  ㉢ 압축비 및 압축압력이 낮을 때
  ㉣ 흡입 공기의 온도가 낮을 때
  ㉤ 기관의 온도가 낮을 때
  ㉥ 기관 회전 속도가 낮을 때
  ㉦ 연료 분사가 불량할 때

③ 노킹이 기관에 미치는 영향
  ㉠ 기관의 과열
  ㉡ 기관의 출력 저하
  ㉢ 기관 회전수 저하
  ㉣ 흡기효율 저하

④ 노킹 방지책
  ㉠ 세탄가가 높은 연료를 사용할 것
  ㉡ 압축비 및 압축압력을 높일 것
  ㉢ 흡입 공기 온도 및 기관의 온도를 높일 것
  ㉣ 착화 지연 기간을 짧게 할 것

## 5. 디젤기관 연소실

① 정의: 연소실은 연료가 공기에 포함된 산소와 반응하여 착화하고 팽창압력이 발생하는 곳으로, 단실식과 복실식이 있다.

② 단실식: 직접분사실식
  ㉠ 실린더 헤드에 연소실을 설치하지 않고 피스톤 헤드부를 오목하게 하여 연소실을 형성한 형태
  ㉡ 분사 개시 압력이 높음($200~300kgf/cm^2$)
  ㉢ 열효율이 높고, 연료 소비율이 적음
  ㉣ 연소실 체적이 작아 냉각에 의한 열 손실이 적음
  ㉤ 복실식과 비교 시 연료압력이 가장 높고, 연료소비량이 가장 낮음

③ 복실식: 예연소실식, 와류실식, 공기실식
  ㉠ 예연소실식
    • 실린더 헤드에 주 연소실과 예연소실이 형성되어 있으며 예연소실이 작음
    • 분사 개시 압력이 낮음($100~120kgf/cm^2$)
    • 시동 보조장치인 예열 플러그가 필요함
    • 사용 연료 변화에 둔감함
  ㉡ 와류실식
    • 압축행정 시 강한 와류가 발생하므로 평균 유효압력이 높음
    • 분사 개시 압력이 낮음($100~140kgf/cm^2$)
    • 엔진의 회전속도 범위가 넓어 고속운전이 가능함
    • 연료 소비율이 적음
    • 실린더 헤드의 구조가 복잡하며, 연소실 표면적이 커 열효율이 낮음
    • 저속에서 노킹이 발생하기 쉬움
  ㉢ 공기실식
    • 연소가 완만하여 작동이 정숙함
    • 연료가 주 연소실에 분사됨
    • 분사 시기가 기관에 영향을 줌
    • 연료 소비율이 큼

## 6. 기계식 디젤기관 연료장치

① **연료공급 순서**: 연료탱크 → 공급펌프 → 연료필터 (연료 여과기) → 분사펌프 → 분사노즐

연료필터

리턴라인

송출라인

분사노즐

분사펌프  공급펌프

스트레이너

연료탱크

▲ 연료공급 순서

> **심화** **연료의 압력**: 분사펌프와 분사노즐 사이가 가장 높음

② **공급펌프**: 분사펌프 내의 캠에 의해 구동되는 플런저펌프로, 연료탱크의 연료를 흡입해 분사펌프까지 공급한다.

⊙ **프라이밍펌프**: 연료공급 라인 내의 공기빼기 작업 및 연료를 수동으로 공급할 때 사용하며, 분사노즐은 고압이므로 프라이밍펌프로 공기빼기를 할 수 없음(분사노즐은 **크랭킹**을 하며 공기빼기 작업을 함)

ⓒ **공기빼기 순서**: 연료공급펌프 → 연료필터 → 연료분사펌프 → 분사노즐

> **용어** **크랭킹**: 엔진이 기동 전동기에 의해 회전하는 상태

③ **연료필터(연료 여과기)**: 연료 속의 이물질, 수분 등을 여과하며, 오버플로 밸브가 장착되어 있다.

⊙ **오버플로 밸브의 기능**: 연료압력이 규정 이상 상승하는 것을 방지하며, 연료공급 라인 내 공기를 자동으로 배출하고, 연료공급 시 소음을 방지함

④ **분사펌프**: 공급펌프로부터 공급된 연료를 분사펌프 엘리먼트가 가압하여 분사노즐에 공급한다. 디젤기관에만 있는 부품으로, 분사펌프 내 캠축에 의해 구동된다.

⊙ **주요 구성품**

• 분사펌프 엘리먼트: 플런저, 플런저 배럴, 제어 피니언으로 구성되어 있음

• 조속기(거버너): 기관 상태에 따라 연료분사량을 조정하는 장치로, 기계식(기관 회전 속도에 따라 조정)과 공기식(기관 부하 정도에 따라 조정) 등이 있음

• 타이머: 기관 회전 속도에 따라 연료 분사 시기를 자동으로 조정하는 장치

• 딜리버리 밸브: 연료를 한쪽으로 흐르게 하는 체크 밸브의 일종으로, 역류 방지, **후적** 방지, 잔압 유지의 기능을 함

ⓒ **분사펌프의 윤활**: 플런저와 플런저 배럴 사이의 윤활은 경유로 함

> **용어** **후적**: 분사노즐에서 분사 후 노즐 팁에 연료가 맺혀 연소실에 떨어지는 것. 후적이 생기면 배압이 발생하고 엔진의 출력이 저하되며, 후기 연소 기간에 연소되므로 엔진이 과열됨

⑤ **분사노즐**: 분사펌프로부터 공급받은 고압의 연료를 연소실에 분사하는 것으로, 개방형과 밀폐형(폐지형)이 있다. 밀폐형은 구멍형, 핀틀형, 스로틀형 등으로 구분한다.

⊙ **구멍형 분사노즐**

• 분사 압력이 높아 무화가 잘 됨
• 시동이 쉬움
• 연료 소비율이 적음
• 분공 가공이 어려움
• 분공이 막히기 쉬움
• 분사압력이 높아 노즐 수명이 짧음

ⓒ **핀틀형 분사노즐**

• 분사 개시 시 니들 밸브가 상승하여 분공이 열리며 분사됨
• 분사압력이 비교적 낮음

ⓒ **스로틀형 분사노즐**

• 핀틀형의 개량형
• 분사 개시 시 소량의 연료를 분사한 후 다량의 연료를 분사하여 디젤 노크를 방지함

> **심화**
> • 디젤기관 작동 중 기관이 정지하는 원인
> ① 연료공급펌프의 작동 불량
> ② 연료공급 라인 내 공기 유입
> ③ 연료필터의 막힘
> ④ 연료의 누설
> • 디젤기관 연료분사의 3대 요건
> ① 안개화(무화)가 좋아야 함
> ② 관통력이 커야 함
> ③ 분포(분산)가 골고루 이루어져야 함

## 7. 전자제어 디젤기관(커먼레일 시스템)

① **정의**: 기관 상태에 따라 연료분사 압력과 분사 시간, 분사 순서를 제어하기 위해 각종 센서와 액추에이터를 장착한 전자화 형식의 디젤기관이다.

② **특징**
- ㉠ 배출가스 내 유해가스(매연) 절감
- ㉡ 출력 향상 및 연료 소비율 감소
- ㉢ 소음 및 진동 감소
- ㉣ 거버너, 타이머 등의 부가장치 불필요

③ **주요 구성품의 기능**
- ㉠ **공기 유량 센서(AFS)**: 흡입 공기량을 감지하여 EGR 밸브(배기가스 재순환 밸브)를 제어하는 신호로 사용하며, 핫 와이어(열선) 또는 핫필름(열막) 방식을 사용함
- ㉡ **압력제어 밸브**: 고압펌프에 장착되며 커먼레일에 공급되는 유량으로 압력을 제어함
- ㉢ **압력조절(제한) 밸브**: 커먼레일에 장착되며 인젝터에 공급되는 연료의 압력을 조절함
- ㉣ **커먼레일**: 고압펌프로부터 공급받은 고압의 연료를 저장하고 인젝터에 분배함
- ㉤ **부스터 센서(맵 센서)**: 흡기다기관의 공기압력을 감지함
- ㉥ **연료압력 센서**: 커먼레일에 장착되며 제어되는 연료압력을 감지하여 연료분사량 및 분사 시기를 제어함
- ㉦ **연료온도 센서**: 연료의 온도에 따른 연료량을 증감하는 보정신호로 사용함
- ㉧ **수온 센서**: 기관의 온도에 따른 연료량을 증감하는 보정신호로 사용함
- ㉨ **전자제어유닛(ECU)**: 각종 센서로부터 입력값을 받아 인젝터로 출력값을 내보내는 역할을 함
- ㉩ **크랭크각 센서**: 크랭크축의 위치 및 기관 회전 속도를 감지하며, 연료분사 시기와 분사 순서를 결정함
- ㉪ **인젝터(연료분사노즐)**: 고압의 연료를 연소실에 분사함

▲ 전자제어 디젤기관

④ **연료계통의 분류와 연료공급 순서**
- ㉠ **연료계통의 분류**
  - 저압계통: 연료탱크, 저압펌프, 연료필터로 구성
  - 고압계통: 고압펌프, 커먼레일, 인젝터로 구성
- ㉡ **연료공급 순서**: 연료탱크 → 연료필터 → 저압펌프 → 고압펌프 → 커먼레일 → 인젝터

⑤ **엔진 자기진단기능**: ECU(전자제어장치)가 엔진의 상태, 연료소비율, 배기가스 점화장치 등의 상태를 감시하고 이상을 자체 진단하며, 결함 발생 시 계기판에 경고등을 점등시켜 운전자에게 알려준다.

> **심화**
> - 커먼레일기관의 컴퓨터(ECU) 입·출력 요소
>   ① 연료장치 입력 요소: 각종 센서 및 스위치 신호
>   ② 연료장치 출력 요소: 각종 액추에이터(작동기)
> - 전자식(커먼레일) 디젤엔진의 고압펌프는 캠축에 의해 구동됨

## 5 흡·배기장치

### 1. 흡기장치

① **공기청정기의 기능**: 흡입 공기 내 이물질과 수분 등을 여과하고 흡기 소음을 감소시키며 역화를 방지한다.

② **공기청정기의 종류**

| 건식 | • 공기청정기 내부에 여과 엘리먼트가 설치됨<br>• 구조가 간단하여 설치·분해·조립이 간편함<br>• 종이 또는 여과포 등을 사용해 작은 입자의 이물질도 여과가 가능함<br>• 엔진 회전수 변동에도 안정된 청정 효율을 얻을 수 있음 |
|---|---|

| 원심식 | 여과망 주위에 원심 날개를 설치하여 흡입 공기가 유입되면서 발생한 원심력에 의해 작은 이물질이 여과되고 깨끗한 공기가 유입됨 |
|---|---|
| 습식 | • 위쪽에는 여과 엘리먼트가 설치되고, 아래쪽에는 오일팬이 설치됨<br>• 유입된 공기 중 큰 이물질은 유면을 통해 분리되고, 가벼워진 공기가 급격히 위로 상승하여 여과 엘리먼트를 통과하며 작은 이물질 등이 여과됨<br>• 기관 회전 속도가 빠를수록 청정효율 향상<br>• 엔진오일을 사용함<br>• 먼지가 많이 발생하는 공사장 등에서 쓰이는 장비에 사용됨 |

③ 공기청정기의 정비

  ⊙ 공기청정기 엘리먼트가 막히면 순간적으로 흡입 공기량이 적어져 검은색 배기가스가 배출됨

  ⓛ 공기청정기 효율이 저하되면 출력 저하, 배기가스 내 유해가스 증가, 연료 소비율 증가, 엔진 과열, 실린더 마모 촉진 등의 현상이 발생함

## 2. 배기장치(배기관 및 소음기)

① 배기가스가 배출될 때 발생하는 소음을 절감하고, 유해 물질을 정화한다.

② 소음기에 카본이 퇴적되면 엔진이 과열될 수 있으며 출력이 떨어진다.

③ 소음기가 손상되어 구멍이 생기면 배기음이 커진다.

> **심화** 디젤기관 배기가스가 검은색인 경우
> ① 내용: 불완전 연소로 인한 탄소 입자가 검은색으로 나옴
> ② 원인: 공기청정기의 막힘, 압축압력 낮음, 분사노즐의 불량 등

## 3. 과급장치

① 과급기(터보장치)

  ⊙ **정의**: 디젤기관에서 흡입 공기량을 증대시켜 체적효율을 향상시키기 위한 일종의 공기압축기임

  ⓛ **과급기 부착 시 장점**

    • 기관 출력과 회전력을 증대시킴

    • 연비를 향상시킴

    • 노킹을 방지함

    • 평균유효압력을 증대시킴

    • 압축온도의 상승으로 착화 지연 시간이 짧아짐

② 종류

  ⊙ **터보차저(배기터빈)방식**: 배기가스가 배출될 때의 에너지(압력)로 터빈을 회전시키면 동일 선상

축에 연결되어 있는 흡기 측 펌프가 회전하여 흡입 공기를 압축한 후 연소실로 공급하는 방식임

  • 주요 구성품

    – 펌프: 원심식 펌프를 이용

    – 디퓨저: 터빈 날개 뒤쪽에 있으며, 흡입 공기의 속도에너지를 압력에너지로 바꾸는 장치

    – 인터쿨러: 공기를 압축하는 과정에서 열이 발생하여 공기의 밀도가 낮아지게 되는데, 이때 뜨거워진 공기를 냉각시켜 공기의 밀도를 증대시킨 후 연소실로 공급하는 장치

  • 배기터빈의 윤활: 배기터빈 과급기의 윤활을 위해 엔진오일이 공급됨

▲ 터보차저방식

  ⓛ **슈퍼차저방식**: 기관 크랭크축 풀리 또는 전동 모터를 이용하여 압축기를 직접 구동하는 방식으로, 기관 상태에 따라 컴퓨터에 의해 가변적으로 구동하는 방식임

## 6 냉각장치

## 1. 개요

기관 냉각장치는 기관의 정상 작동 온도를 65~90℃로 유지하기 위한 일련의 장치이며, 기관의 온도는 실린더 헤드의 물 재킷부의 온도로 표시한다.

▲ 기관 냉각계통

## 2. 냉각방식의 종류

① 공랭식: 기관으로 유입 또는 송풍되는 공기로 냉각 핀을 냉각하는 방식으로, 자연 통풍식, 강제 통풍식 등이 있다.

② 수냉식: 오일 또는 냉각수로 냉각하는 방식으로, 자연 순환식, 강제 순환식, 압력 순환식, 밀봉 압력식 등이 있다.

## 3. 수냉식 냉각장치의 구성품 및 기능

① 물(워터) 재킷: 냉각수 흐름 통로이다.

② 라디에이터(방열기)

ⓐ 기능: 고온의 냉각수를 냉각·저장하며, 냉각수 가 흐르는 방향에 따라 다운플로 형식과 크로스 플로 형식으로 구분됨

ⓑ 방열기 보조탱크(리저버탱크)의 역할

- 냉각수의 체적 팽창을 흡수함
- 장기간 냉각수의 보충이 필요 없음
- 오버플로되어도 증기만 배출함

ⓒ 라디에이터의 구비조건

- 단위 면적당 방열량이 클 것
- 공기 흐름 저항이 작을 것
- 냉각수 유동이 용이할 것
- 가볍고 작으며 강도가 클 것

③ 압력식 캡(가압식 캡, 라디에이터 캡)

ⓐ 기능: 스프링 장력을 이용하여 냉각계통의 압력 을 $0.4 \sim 1.1 kgf/cm^2$로 유지하여 냉각수의 비등 점을 112℃로 상승시켜 냉각 효율의 범위를 넓게 사용하게 함

ⓑ 구성: 압력 밸브 및 스프링, 진공 밸브

ⓒ 장점

- 방열기를 작게 할 수 있음
- 냉각수의 비등점을 높일 수 있음
- 냉각장치의 효율을 높일 수 있음

▲ 압력식 캡

④ 물펌프(워터펌프): 원심식 펌프를 사용하며, 크랭크 축과 구동벨트로 연동하여 회전하면서 냉각수를 순환시킨다. 물펌프 불량으로 냉각수 순환이 불량할 경우 교환해야 한다.

⑤ 냉각팬: 라디에이터 냉각핀을 냉각하여 냉각 효율을 증대시킨다. 유체 커플링식, 팬 클러치식, 전동 모터식 등이 있다.

ⓐ 유체 커플링식, 팬 클러치식: 내부에 실리콘 오일 이 봉입되어 있으며, 이 오일의 유체 저항을 이용 하여 팬의 회전 속도를 조절함

ⓑ 전동 모터식: 냉각수 온도에 따라 전동 모터에 전류를 공급하여 팬을 회전시킴

⑥ 수온 조절기(서모스탯): 라디에이터로 유입되는 냉 각수의 양을 조절하고 온도를 일정하게 유지한다. 65℃에서 열리기 시작해 85℃ 이상에서 완전히 열린다. 펠릿형, 벨로즈형 등이 있다.

ⓐ 펠릿형: 내부에 왁스와 고무가 봉입되어 있음

ⓑ 벨로즈형: 내부에 에테르 또는 알코올이 봉입되어 있음

⑦ 냉각수 및 부동액

ⓐ 냉각수: 냉각수로는 연수(수돗물)를 사용함

ⓑ 부동액: 겨울철에 냉각수의 동파를 방지하기 위한 혼합액으로, 계절에 따라 혼합 비율을 다르게 함

- 반영구 부동액: 글리세린, 메탄올
- 영구 부동액: 에틸렌 글리콜

## 4. 냉각장치의 정비

① 기관의 과열

ⓐ 원인

- 라디에이터 코어 막힘률이 20% 이상인 경우
- 수온조절기가 닫힌 채 고장 난 경우
- 물펌프가 고장 나거나 냉각팬이 파손된 경우
- 냉각수가 부족한 경우
- 팬벨트 장력이 과다한 경우

ⓑ 과열이 기관에 미치는 영향

- 실린더 헤드의 변형
- 기관 각부 손상 및 기관 출력 저하
- 배기가스 내 유해가스 증가
- 연료 소비율 증대

- 점도 저하로 인한 유막의 파괴
- 과열로 인한 부품의 변형 발생
- 조기 점화나 노킹으로 인한 출력 저하 발생
- 금속의 빠른 산화와 변형 발생

② 기관의 과냉
  ㉠ 원인: 수온조절기가 열린 채 고장 난 경우
  ㉡ 냉이 기관에 미치는 영향
  - 피스톤 및 실린더 마모 증대
  - 배기가스 내 유해가스 증대
  - 연료 소비율 증대

## 7 윤활장치

### 1. 개요

기관의 윤활장치는 각 작동부의 마찰 및 마모를 방지하기 위해 윤활유를 공급하기 위한 일련의 장치이다.

▲ 윤활유 공급 과정

### 2. 윤활유의 기능

① **마찰 및 마모 방지**: 실린더와 피스톤 사이의 마찰 및 마모를 방지한다.
② **기밀(밀봉) 작용**: 유막을 형성하여 실린더와 피스톤 사이의 기밀을 유지한다.
③ **냉각 작용**: 마찰로 인해 발생한 열을 흡수한 윤활유는 오일팬으로 순환하여 냉각한다.
④ **세척 작용**: 기관 내를 순환하며 연소생성물(카본) 등을 흡수하여 여과기로 보낸다.
⑤ **응력 분산 작용**: 마찰을 방지해 응력을 분산시키는 기능을 한다.
⑥ **방청 작용**: 금속으로 제작된 엔진의 부식을 방지하는 기능을 한다.

### 3. 윤활유의 구비조건

① **점도지수**가 커야 한다(온도 변화에 따른 **점도** 변화가 작아야 한다).
② 인화점 및 착화점이 높아야 한다.
③ 응고점이 낮아야 한다.
④ 비중과 점도가 적당해야 한다.
⑤ 강인한 유막을 형성해야 한다.
⑥ 기포 발생 및 **카본** 생성이 적어야 한다.
⑦ 열전도가 양호해야 한다.
⑧ 산화에 대한 저항이 커야 한다.

> 용어
> - **점도지수**: 온도 변화에 따라 오일의 점도가 변화하는 정도를 나타내는 지수로, 점도지수가 높을수록 온도 변화에 따른 점도 변화가 작음
> - **점도**: 오일의 끈적끈적한 정도
> - **카본**: 불완전 연소로 인해 생기는 탄소 물질로, 기관의 엔진오일에 가장 많이 포함되는 이물질임

### 4. 윤활방식의 종류

① **비산식**: 커넥팅로드 대단부 또는 크랭크축에 주걱을 설치하여 오일팬의 오일을 비산시켜 윤활하는 방식이다.
② **압송식**: 오일펌프를 이용하여 오일팬의 오일을 흡입·가압한 후 윤활하는 방식이다.
③ **비산 압송식**: 비산식과 압송식을 혼용한 방식이다.

### 5. 압송식 윤활장치의 구성품과 기능

① 오일팬
  ㉠ **섬프**와 오일배출을 위한 드레인 플러그가 있음
  ㉡ 엔진오일 저장용기로, 오일의 방열 작용을 함

> 용어
> **섬프**: 자동차가 등판길을 주행할 경우 오일이 충분히 고여 있도록 만든 용기

② **오일 스트레이너**: 오일팬의 오일을 흡입하는 관으로, 여과망이 설치되어 큰 이물질을 여과한다.
③ 오일펌프
  ㉠ **기능**: 오일 스트레이너를 통해 오일을 흡입·가압한 뒤, 여과기를 거쳐 윤활부로 송출함

ⓒ 종류
- 기어식(외접 및 내접), 로터리식, 베인식(날개식), 플런저식(피스톤식)
- 4행정 기관에서 많이 쓰는 오일펌프는 기어식, 로터리식, 베인식임

④ 오일 여과기(오일필터)
ⓐ 기능: 여과기 엘리먼트를 통하여 작은 이물질을 여과함
ⓑ 오일의 여과방식에 따른 분류
- 전류식: 오일펌프로부터 흡입된 오일 전부를 여과기를 통해 여과한 후 작동부로 공급함
- 분류식: 오일펌프로부터 흡입된 오일 일부는 여과기를 거쳐 여과한 후 오일팬으로 공급하고, 일부는 여과하지 않은 채로 작동부로 공급함
- 샨트식: 전류식과 분류식의 혼용으로 오일펌프로부터 흡입된 오일 일부를 여과하여 공급하고, 일부는 여과하지 않은 채로 공급함

▲ 윤활유의 여과방식에 따른 분류

ⓒ 바이패스 밸브의 설치: 압송식에 사용하는 여과기에는 여과기가 막혔을 때 여과기를 거치지 않고 각 윤활부로 엔진오일이 공급될 수 있도록 하는 바이패스 밸브를 설치함

⑤ 오일 냉각기: 오일의 온도를 항상 정상 작동 온도인 79~80℃로 유지하기 위한 장치로, 기관 냉각수 온도를 이용한다.

## 6. 윤활유의 분류

① SAE 분류: 윤활유의 점도에 따른 분류로, 번호가 클수록 점도가 크다.

| 봄, 가을 | 여름 | 겨울 | 사계절(다급) |
|---|---|---|---|
| SAE 30 | SAE 40 | SAE 20 | • 가솔린기관: 10W-30<br>• 디젤기관: 20W-40 |

② API 분류: 윤활유의 사용(운전) 조건에 따른 분류이다.

| 구분 | 가장 좋은 조건 | 중간 조건 | 가혹한 조건 |
|---|---|---|---|
| 가솔린기관 | ML | MM | MS |
| 디젤기관 | DG | DM | DS |

③ SAE 신분류: 윤활유의 사용 용도에 따른 분류이다.
ⓐ 가솔린기관: SA, SB, SC~SJ
ⓑ 디젤기관: CA, CB, CC~CF

## 7. 윤활유 장치의 정비

① 유압이 높아지는 원인
ⓐ 오일의 점도가 높을 때
ⓑ 윤활회로 일부가 막혔을 때
ⓒ 유압조절 밸브의 스프링 장력이 클 때
ⓓ 오일필터가 막혔을 때

② 유압이 낮아지는 원인
ⓐ 크랭크축 메인 베어링의 오일간극이 클 때
ⓑ 오일펌프가 마모되었을 때
ⓒ 윤활회로 오일이 누출되었을 때
ⓓ 오일의 양이 부족할 때
ⓔ 유압조절 밸브 스프링의 장력이 작을 때
ⓕ 연료가 희석되었을 때(오일점도가 낮을 때)
ⓖ 오일펌프가 고장 났을 때
ⓗ 오일파이프가 파손되었을 때

③ 오일 소비 증대의 원인
ⓐ 연소
- 실린더와 피스톤 사이의 간극이 클 때
- 밸브 가이드 고무의 파손에 의해 연소실에 오일이 유입되어 연소될 때
ⓑ 누설: 로커암 개스킷 또는 오일팬 개스킷 등이 파손되었을 때

④ 오일 압력 경고등이 점등되는 경우
ⓐ 오일이 부족할 때
ⓑ 윤활계통(오일필터, 오일라인)이 막혔을 때
ⓒ 오일 드레인 플러그가 열렸을 때
ⓓ 오일펌프가 고장 났을 때

심화
기관 오일(윤활유)이 전달되는 곳
① 피스톤과 피스톤 링
② 크랭크축과 캠축
③ 습식 공기청정기 및 터보차저
④ 분사펌프 및 실린더 헤드

# CHAPTER 01 출제예상문제

## 1 개요

★★★★
**01** 열기관에 대한 설명으로 옳은 것은?

① 열에너지를 기계적 에너지로 바꾸어 주는 장치이다.
② 열에너지를 전기적 에너지로 바꾸어 주는 장치이다.
③ 열에너지를 구동력으로 바꾸어 주는 장치이다.
④ 열에너지를 압축에너지로 바꾸어 주는 장치이다.

**해설** 열기관은 동력 발생 장치로, 열에너지를 기계적 에너지로 바꾸는 장치이다.

**02** 내연기관의 구성품에 해당하지 않는 것은?

① 실린더 헤드　　　② 실린더 블록
③ 크랭크 케이스　　④ 플라이휠

**해설** 플라이휠은 기관 구성품 외의 장치이다.

★★★
**03** 디젤기관에서 피스톤이 상사점에서 하사점으로 이동한 거리를 무엇이라고 하는가?

① 행정　　　　　　② 내경
③ 피스톤 길이　　　④ 실린더 길이

**해설** 행정이란 피스톤이 실린더 상사점에서 하사점 또는 하사점에서 상사점으로 이동한 거리를 말한다.

**04** 행정체적에 대한 설명으로 옳은 것은?

① 배기량과 다른 뜻이다.
② 피스톤이 이동한 거리의 체적이다.
③ 피스톤 전체 길이의 체적이다.
④ 연소실 체적과 같다.

**해설** 행정체적은 배기량이라고도 하며, 피스톤이 실린더 내에서 이동한 거리의 체적이다.

## 2 기관의 기계학적 분류

★
**05** 4행정기관의 행정 순서로 옳은 것은?

① 압축 → 폭발 → 배기 → 흡입
② 폭발 → 배기 → 흡입 → 압축
③ 배기 → 흡입 → 압축 → 폭발
④ 흡입 → 압축 → 폭발 → 배기

**해설** 4행정기관의 행정 순서는 '흡입 → 압축 → 폭발 → 배기'이다.

★
**06** 4행정 1사이클기관에서 1사이클을 완성하면 크랭크축은 몇 회전을 하는가?

① 1회전　　　　　　② 2회전
③ 3회전　　　　　　④ 4회전

**해설** 4행정 1사이클기관은 크랭크축 2회전(720°)에 1사이클을 완성하는 기관이다.

★★★
**07** 4행정기관에서 흡입 및 배기 밸브가 모두 닫혀 있는 행정은?

① 흡입, 배기　　　　② 흡입, 폭발
③ 압축, 폭발　　　　④ 압축, 흡입

**해설** 4행정기관에서 흡입 및 배기 밸브가 모두 닫혀 있는 행정은 압축행정과 폭발행정이다.
① 흡입행정 및 배기행정은 한쪽 밸브는 닫혀 있고, 다른 한쪽 밸브는 열려 있는 행정이다.

**08** 압축행정의 밸브 열림에 대한 설명으로 옳은 것은?

① 모든 밸브가 닫혀 있다.
② 모든 밸브가 열려 있다.
③ 흡입 밸브가 열려 있다.
④ 배기 밸브가 열려 있다.

**해설** 압축행정 시에는 흡입 및 배기 밸브 모두가 닫혀 있다.

★★★
**09** 열기관에서 연소실로 흡입된 혼합기 또는 공기를 압축하는 이유로 옳은 것은?

① 혼합기 또는 공기를 팽창시키기 위해서
② 혼합기 또는 공기를 건조시키기 위해서
③ 혼합기 또는 공기 내의 이물질을 분리하기 위해서
④ 완전 연소를 유도하여 폭발압력을 높이기 위해서

해설 열기관에서 흡입된 혼합기 또는 공기를 압축하는 것은 혼합기 또는 공기의 와류를 증가시키고 동시에 온도를 상승시켜 완전 연소가 되도록 함으로써 폭발압력을 높이고 동력을 증대시키기 위함이다.

★★★★
**10** 블로다운 현상에 대한 설명으로 옳은 것은?

① 배기행정 초에 자체 압력에 의해 연소가스가 배출되는 현상이다.
② 배기행정 중에 자체 압력에 의해 연소가스가 배출되는 현상이다.
③ 배기행정 말에 자체 압력에 의해 연소가스가 배출되는 현상이다.
④ 실린더와 피스톤 사이의 간극이 클 때 미연소가스가 실린더 벽을 타고 크랭크 케이스로 새는 현상이다.

해설 블로다운 현상은 배기행정 초에 연소 후 생긴 자체 압력에 의해 연소가스가 배출되는 현상이다.
④ 블로바이 현상에 대한 설명이다.

★★★
**11** 디젤기관의 연소방식으로 옳은 것은?

① 전기적 연소방식
② 전기적 불꽃연소방식
③ 자기착화방식
④ 자기자화방식

해설 디젤기관에 사용되는 경유는 휘발성이 없으므로 불꽃연소가 불가능하다. 따라서 공기를 압축할 때 발생하는 압축열에 연료를 미세하게 분사하여 착화시키는 자기착화방식을 사용한다.

**3 기관의 주요부(엔진본체)**

**12** 실린더 헤드에 설치되어 있지 않은 것은?

① 핀저널                 ② 연소실
③ 물 재킷               ④ 흡·배기 밸브

해설 핀저널(크랭크 핀)은 크랭크축의 구성 요소로, 커넥팅로드와 연결되는 부분이다.

★★
**13** 실린더 헤드의 재질로 알루미늄 합금을 사용하는 이유로 옳은 것은?

① 열 발산이 느리기 때문에
② 열 전도성이 좋기 때문에
③ 값이 싸기 때문에
④ 내부식성이 크기 때문에

해설 실린더 헤드의 재질로는 주철과 알루미늄 합금을 사용한다. 알루미늄 합금은 열 전도성이 좋고 무게가 가볍다는 장점이 있으나 내부식성과 내구성이 좋지 않다는 단점도 있다.

**14** 기관에서 압축가스가 누설되어 압축압력이 저하될 수 있는 원인으로 가장 옳은 것은?

① 흡기 매니폴트 가스킷 불량
② 실린더 헤드 가스킷 불량
③ 라디에이터의 막힘
④ 워터펌프 불량

해설 실린더 헤드 가스킷이 손상되면 압축압력과 폭발압력이 낮아지고, 엔진오일과 냉각수가 혼합되며, 누유 및 누수가 발생한다.

★
**15** 밸브 간극에 대한 설명으로 옳지 <u>않은</u> 것은?

① 밸브 스템 엔드와 로커암의 거리이다.
② 밸브 태핏과 로커암의 거리이다.
③ 밸브 스템 엔드와 태핏의 거리이다.
④ 열팽창을 고려하여 둔다.

해설 밸브 간극은 밸브 스템 엔드와 로커암 또는 밸브 스템 엔드와 태핏의 거리를 말하며, 이는 열팽창을 고려하여 둔다.

**16** 밸브 간극이 클 때 나타나는 현상이 <u>아닌</u> 것은?

① 출력이 저하된다.
② 기관이 과열된다.
③ 기계적 소음이 발생한다.
④ 밸브 열림이 커서 흡·배기 작용이 불량해진다.

해설 밸브 간극이 크면 밸브 열림이 작아서 흡·배기 작용이 불량해진다. 이로 인해 출력 저하, 기관 과열, 기계적 소음이 발생한다.

**17** 밸브 간극이 작을 때 나타나는 현상이 <u>아닌</u> 것은?

① 밸브 닫힘이 불량해진다.
② 기밀 유지가 확실해진다.
③ 기관 출력이 저하된다.
④ 역화 및 실화, 후화가 발생한다.

**해설** 밸브 간극이 작으면 밸브 닫힘이 불량해지고 기밀 유지가 되지 않아 기관 출력 저하, 역화 및 실화, 후화 현상이 발생한다.

★
**18** 밸브 오버랩에 대한 설명으로 옳은 것은?

① 흡입 밸브 열림 시간이 긴 것을 말한다.
② 배기 밸브 열림 시간이 긴 것을 말한다.
③ 흡·배기 밸브를 겹쳐 만든 것이다.
④ 흡·배기 밸브가 동시에 열리는 구간을 말한다.

**해설** 기관은 흡입 및 배기 밸브 열림 시간을 길게 두어 체적효율과 기관 출력을 증대시킨다. 이때 상사점 부근에서 흡·배기 밸브가 동시에 열리는 구간이 발생하는데, 이를 밸브 오버랩이라고 한다.

**19** 밸브 스프링의 기능으로 옳은 것은?

① 흡입 밸브 및 배기 밸브가 시트에 밀착되게 한다.
② 밸브가 빠르게 닫히게 한다.
③ 로커암의 작동을 돕는다.
④ 밸브의 열림 위치를 바르게 한다.

**해설** 밸브 스프링은 밸브가 닫힐 때 스프링 장력을 이용하여 시트에 밀착되도록 한다.

**20** 밸브 스프링 장력이 약할 때 나타나는 현상이 <u>아닌</u> 것은?

① 압축압력이 샌다.
② 출력이 저하된다.
③ 연료 소비율이 증가한다.
④ 연소실 내 기밀 유지가 잘 된다.

**해설** 밸브 스프링 장력이 약하면 기밀 유지가 어려워져 압축압력이 새고, 출력 저하 및 연료 소비율 증가 현상이 발생한다.

**21** 밸브 스프링 장력이 강할 때 나타나는 현상으로 옳은 것은?

① 동력 소모가 커진다.
② 흡기 및 배기 효율이 증가한다.
③ 출력이 증가한다.
④ 기관이 과냉한다.

**해설** 밸브 스프링 장력이 강하면 동력 소모가 크고 흡기 및 배기 효율이 감소하여 출력 저하 및 기관 과열 현상이 발생한다.

★
**22** 기관 연소실의 구비조건이 <u>아닌</u> 것은?

① 노킹 발생이 없어야 한다.
② 평균유효압력이 높아야 한다.
③ 압축행정 끝에 강한 와류가 일어나야 한다.
④ 분사된 연료는 가능한 한 긴 시간에 걸쳐 연소시켜야 한다.

**해설** 연소실은 분사된 연료를 가능한 한 짧은 시간 내에 완전 연소시켜야 한다.

**23** 실린더 블록에 대한 설명으로 옳은 것은?

① 기관 상부에 위치한다.
② 연소실이 형성되어 있다.
③ 기관의 기초 구조물이다.
④ 오일이 담겨져 있다.

**해설** 실린더 블록은 실린더 헤드와 오일팬 사이에 설치되며, 기관의 기초 구조물이다.
①② 기관 상부에 위치하는 것은 실린더 헤드로, 헤드 밑면에 연소실이 형성되어 있다.
④ 오일이 담겨져 있는 것은 오일팬이다.

★★★★
**24** 실린더 라이너에 대한 설명으로 옳지 <u>않은</u> 것은?

① 건식과 습식이 있다.
② 건식은 냉각수와 직접 접촉한다.
③ 습식은 고무 실링이 장착되어 있다.
④ 습식은 냉각 효율이 좋다.

**해설** 실린더 라이너에는 건식과 습식이 있으며, 습식 라이너는 냉각수와 직접 접촉하기 때문에 냉각 효율이 좋다.

**25** 실린더 내경과 행정의 길이에 의한 실린더 분류가 <u>아닌</u> 것은?

① 정방형 기관　　② 언더 스퀘어 기관
③ 단행정 기관　　④ V형 기관

해설 실린더 내경과 행정의 길이에 의한 실린더 분류에는 장행정 기관(언더 스퀘어), 정방형 기관(스퀘어), 단행정 기관(오버 스퀘어)이 있다.

**26** 단행정 기관에 대한 설명으로 옳지 <u>않은</u> 것은?

① 실린더 내경이 행정의 길이보다 작은 기관이다.
② 실린더 내경이 행정의 길이보다 긴 기관이다.
③ 피스톤의 평균 속도를 올리지 않고도 기관 회전 속도를 높일 수 있다.
④ 피스톤이 과열되기 쉽다.

해설 실린더 내경이 행정의 길이보다 작은 기관은 장행정 기관(언더 스퀘어)이다. 단행정 기관은 실린더 내경이 행정의 길이보다 긴 기관이다.

★★
**27** 피스톤 간극을 두는 이유로 옳은 것은?

① 열팽창을 고려하여 둔다.
② 실린더와 밀착을 강하게 하기 위해 둔다.
③ 블로바이 현상이 일어나게 하기 위해 둔다.
④ 블로다운 현상이 일어나게 하기 위해 둔다.

해설 피스톤 간극 또는 실린더 간극은 열팽창을 고려하여 둔다.

★★★★
**28** 피스톤 간극이 클 때 일어나는 현상으로 옳지 <u>않은</u> 것은?

① 압축압력이 저하되어 기관 출력이 상승한다.
② 피스톤 슬랩 현상이 발생한다.
③ 연료 소비량이 증대된다.
④ 블로바이 현상이 일어난다.

해설 피스톤의 간극이 클 경우 압축압력 저하로 인해 기관의 출력이 저하된다.

★★★★
**29** 피스톤 간극이 작을 때 일어나는 현상으로 옳지 <u>않은</u> 것은?

① 피스톤 소결이 일어난다.
② 실린더 마모가 증대된다.
③ 기관이 과열된다.
④ 출력이 증대된다.

해설 피스톤 간극이 작을 경우 피스톤 소결 현상, 실린더 마모 증대, 마찰열에 의한 기관 과열 현상이 발생한다.

★★★
**30** 피스톤 링의 작용이 <u>아닌</u> 것은?

① 기밀 유지 작용　　② 열전도 작용
③ 열차단 작용　　　④ 오일제어 작용

해설 피스톤 링의 3대 작용은 밀봉(기밀 유지) 작용, 열전도(냉각) 작용, 오일제어 작용이다.

**31** 크랭크축에 대한 설명으로 옳은 것은?

① 피스톤의 왕복운동을 직선왕복운동으로 바꾸는 장치이다.
② 메인저널과 핀저널이 있다.
③ 크랭크 암은 평형추를 장착하는 부분이다.
④ 윤활은 별도의 장치를 이용한다.

해설 크랭크축은 피스톤의 직선왕복운동을 회전운동으로 바꾸는 장치이며, 크랭크 암은 메인저널과 핀저널의 연결 부분으로, 윤활을 위한 오일구멍이 있어 이를 통해 윤활유를 공급한다.

**4 디젤기관(연료장치)**

**32** 디젤기관의 장점으로 옳지 <u>않은</u> 것은?

① 열효율이 높고 연료 소비율이 작다.
② 유해가스 배출이 적다.
③ 저속에서 회전력이 크게 발생한다.
④ 사용 연료 취급이 어렵다.

해설 디젤기관에서 사용하는 연료는 인화점 및 발화점이 높기 때문에 취급이 용이하다.

**33** 디젤기관의 단점으로 옳지 <u>않은</u> 것은?

① 폭발압력이 작아 출력이 작게 발생한다.
② 기관 작동 시 진동과 소음이 크다.
③ 기관 출력당 무게가 무겁다.
④ 고압 발생 연료장치가 필요하다.

**해설** 디젤기관은 폭발압력이 커 기관 구성품의 내구성이 커야 한다.

**34** 디젤기관에서 흡입행정 시 연소실 내로 흡입하는 것은?

① 공기              ② 가솔린
③ 혼합기            ④ 경유

**해설** 디젤기관은 순수한 공기만을 연소실 내로 흡입하여 고압으로 압축한다.

★★
**35** 디젤기관에서 압축행정 시 발생하는 압축열의 온도는?

① 350~450℃        ② 450~600℃
③ 600~700℃        ④ 700~900℃

**해설** 디젤기관에서 흡입된 공기를 압축하면 압축열의 온도는 450~600℃까지 상승한다.

**36** 디젤기관의 연소에 대한 설명으로 옳지 <u>않은</u> 것은?

① 흡입한 공기를 압축하면 압축열은 450~600℃가 된다.
② 압축행정이 끝나기 전에 연료가 분사된다.
③ 연료가 분사될 때 공기는 와류를 일으키면 안 된다.
④ 연료는 가열된 공기 표면에 착화한다.

**해설** 디젤기관의 연소 과정에서 공기를 압축한 뒤 연료가 분사될 때 와류 작용이 일어나야 완전 연소가 된다.

★★
**37** 디젤기관의 연소 과정에 해당하지 <u>않는</u> 것은?

① 착화 지연 기간        ② 화염 전파 기간
③ 직접 연소 기간        ④ 전기 연소 기간

**해설** 디젤기관의 연소 과정은 '착화 지연 기간 → 화염 전파 기간 → 직접 연소 기간 → 후기 연소 기간'이다.

★★★★★
**38** 디젤 노크의 발생 원인이 <u>아닌</u> 것은?

① 압축압력이 낮을 때
② 기관의 온도가 높을 때
③ 세탄가가 낮은 연료를 사용하였을 때
④ 기관 회전 속도가 낮을 때

**해설** 기관의 온도가 낮을 때 디젤 노크가 발생한다. 기관의 온도를 높이는 것은 디젤 노크의 방지책에 해당한다.

**39** 세탄가의 의미로 옳은 것은?

① 연료의 황 함유량을 나타낸 것이다.
② 연료의 점도를 나타낸 것이다.
③ 연료의 착화성 정도를 나타낸 것이다.
④ 연료의 카본 발생량을 나타낸 것이다.

**해설** 세탄가는 디젤연료의 착화성을 나타내는 수치이다.

★★
**40** 디젤 연소실의 종류에 대한 설명으로 옳지 <u>않은</u> 것은?

① 단실식과 복실식이 있다.
② 단실식에는 직접분사실식이 있다.
③ 예연소실식은 복실식이다.
④ 공기실식은 단실식이다.

**해설** 디젤 연소실의 종류에는 크게 단실식과 복실식이 있으며, 단실식에는 직접분사실식이 있고, 복실식에는 예연소실식, 와류실식, 공기실식 등이 있다.

**41** 다음 중 기계식 디젤기관의 연료분사장치에서 연료의 압력이 가장 높은 곳은?

① 연료탱크와 공급펌프 사이
② 공급펌프와 연료필터 사이
③ 연료필터와 분사펌프 사이
④ 분사펌프와 분사노즐 사이

**해설** 기계식 디젤기관의 연료분사장치에서 분사펌프와 분사노즐 사이의 연료 압력이 가장 높다.

**42** 피스톤 헤드부에 요철 모양으로 설치되는 연소실에 해당하는 것은?

① 예연소실식          ② 직접분사실식
③ 와류실식            ④ 공기실식

**해설** 직접분사실식은 피스톤 헤드부를 오목하게 하여 요철 모양으로 연소실을 형성한 형태이다.

★★★
**43** 기계식 디젤기관의 연료공급 순서는?

① 연료탱크 → 공급펌프 → 연료필터 → 분사펌프 → 분사노즐
② 연료탱크 → 공급펌프 → 분사펌프 → 연료필터 → 분사노즐
③ 연료탱크 → 분사펌프 → 연료필터 → 공급펌프 → 분사노즐
④ 연료탱크 → 연료필터 → 공급펌프 → 분사펌프 → 분사노즐

**해설** 기계식 디젤기관의 연료공급 순서는 '연료탱크 → 공급펌프 → 연료필터 → 분사펌프 → 분사노즐' 순이다.

★★
**44** 연료공급펌프의 기능으로 옳은 것은?

① 공기빼기 작업을 한다.
② 연료를 고압으로 압축한다.
③ 수동으로 연료를 공급할 수 있다.
④ 연료탱크로부터 연료를 흡입하여 분사펌프에 공급한다.

**해설** 연료공급펌프는 기관이 작동하면 연료탱크로부터 연료를 흡입하여 분사펌프에 공급하는 역할을 한다.

★★
**45** 프라이밍펌프를 사용하는 경우는?

① 기관을 작동시킬 때
② 기관을 정지시킬 때
③ 연료공급을 증가시킬 때
④ 연료를 수동으로 공급하거나 공기빼기 작업을 할 때

**해설** 프라이밍펌프는 연료를 수동으로 공급할 때와 연료공급 라인 내의 공기빼기 작업을 할 때 사용한다.

★★★★
**46** 연료공급 라인 내에 공기가 유입되었을 때의 공기빼기 작업 순서로 옳은 것은?

① 연료공급펌프 → 연료분사펌프 → 연료 여과기 → 분사노즐
② 연료공급펌프 → 분사노즐 → 연료분사펌프 → 연료 여과기
③ 연료공급펌프 → 연료 여과기 → 연료분사펌프 → 분사노즐
④ 연료공급펌프 → 연료분사펌프 → 분사노즐 → 연료 여과기

**해설** 디젤기관 연료장치에서 공기빼기 작업 순서는 '연료공급펌프 → 연료 여과기 → 연료분사펌프 → 분사노즐' 순이다.

**47** 연료필터에 설치되어 있는 오버플로 밸브의 기능으로 옳지 <u>않은</u> 것은?

① 연료압력이 규정 이상으로 상승하는 것을 방지한다.
② 연료를 가열하는 역할을 한다.
③ 연료공급 라인 내 공기를 자동으로 배출시킨다.
④ 연료공급 시 발생하는 소음을 방지한다.

**해설** 연료필터에 설치된 오버플로 밸브는 연료압력이 규정 이상으로 상승하는 것을 방지하며, 연료공급 라인 내 공기를 자동으로 배출시키고, 연료공급 시 발생하는 소음을 방지한다.

**48** 디젤기관 분사펌프의 기능으로 옳은 것은?

① 연료를 탱크로부터 분사노즐로 송출한다.
② 연료를 고압으로 압축하여 분사노즐로 송출한다.
③ 연료를 탱크로 리턴시킨다.
④ 연료의 압력을 조절한다.

**해설** 디젤기관 분사펌프는 연료를 고압으로 압축하여 분사노즐로 송출하는 기능을 한다.
③ 리턴라인에 대한 설명이다.
④ 압력조절 밸브(압력제한 밸브)에 대한 설명이다.

★★★
**49** 거버너에 대한 설명으로 옳은 것은?

① 기관 상태에 따라 연료분사량을 조정한다.
② 기관 상태에 따라 연료분사압력을 조정한다.
③ 기관 부하 정도에 따라 작동하는 것은 기계식 거버너이다.
④ 기관 회전 속도에 따라 작동하는 것은 공기식 거버너이다.

해설 거버너(조속기)는 기관 상태에 따라 연료분사량을 조정하는 장치이다.
③④ 기관 회전 속도에 따라 조정하는 것은 기계식 거버너이고, 기관 부하 정도에 따라 조정하는 것은 공기식 거버너이다.

★★★
**50** 기계식 거버너는 무엇에 따라 연료의 분사량을 조정하는가?

① 기관 부하
② 기관 회전 속도
③ 에어컨 작동 부하
④ 전기 부하

해설 기계식 거버너는 기관 회전 속도에 따라 연료의 분사량을 조정한다.
① 기관 부하 정도에 따라 연료의 분사량을 조정하는 것은 공기식 거버너이다.

**51** 분사펌프에 설치된 딜리버리 밸브의 기능으로 옳지 않은 것은?

① 연료의 역류 방지
② 잔압 유지
③ 연료의 후적 방지
④ 연료의 압송

해설 분사펌프의 딜리버리 밸브는 연료의 역류 및 후적을 방지하고 잔압을 유지시켜 준다.

**52** 디젤기관 분사노즐의 종류에 해당하지 않는 것은?

① 인젝터형
② 구멍형
③ 핀틀형
④ 스로틀형

해설 디젤기관 분사노즐의 종류에는 개방형과 폐지형(밀폐형)이 있으며, 폐지형에는 구멍형, 핀틀형, 스로틀형 등이 있다.

**53** 디젤기관 분사노즐의 종류 중 연료분사 압력이 높아 시동이 양호한 형식은?

① 스로틀형
② 구멍형
③ 핀틀형
④ 핀틀 개량형

해설 디젤기관 분사노즐의 종류 중 연료분사 압력이 제일 높은 형식은 구멍형이다.
①④ 핀틀 개량형이 스로틀형이다. 분사 개시 시 소량의 연료를 분사한 후 다량의 연료를 분사한다.
③ 핀틀형은 분사 압력이 비교적 낮은 분사노즐이다.

★★★
**54** 디젤기관 작동 시 갑자기 기관이 정지하는 원인에 해당하지 않는 것은?

① 연료공급 라인 내에 공기가 유입되었다.
② 연료분사가 불량하다.
③ 연료공급 압력이 높다.
④ 연료분사 시기가 불량하다.

해설 디젤기관 작동 시 기관이 정지하는 원인은 연료장치의 문제 또는 기관의 기계적 결함으로 나뉜다. ①②④는 모두 연료장치의 문제에 해당한다. 연료공급 라인 내에 공기가 유입되었을 때, 연료분사가 불량할 때, 연료분사 시기가 불량할 때, 연료공급 라인이 막혔을 때 등의 연료장치 문제가 발생할 경우 디젤기관 작동 시 기관이 정지한다.

**55** 커먼레일 디젤기관의 도입 목적이 아닌 것은?

① 배출가스 내 유해가스(매연) 절감을 위해
② 진동 및 소음을 감소시키기 위해
③ 연료 소비율 감소 및 출력 증대를 위해
④ 제작 원가 절감을 위해

해설 커먼레일 디젤기관은 ①②③ 등의 도입 목적 달성을 위해 전자제어유닛을 추가하였으며, 부품 강도 및 정밀가공의 이유로 제작 원가가 높다.

**56** 커먼레일 디젤기관에서 사용하는 압력제한 밸브에 대한 설명으로 옳은 것은?

① 인젝터에 공급되는 연료의 양을 조절한다.
② 인젝터에 공급되는 연료의 압력을 조절한다.
③ 고압의 연료를 저장하고 조절한다.
④ 고압펌프에 공급되는 연료의 양을 조절한다.

해설 압력제한 밸브는 커먼레일에 장착되며 인젝터에 공급되는 연료의 압력을 조절한다.

★★★
**57** 커먼레일 디젤기관 컴퓨터(ECU)의 입력 요소에 해당하지 않는 것은?

① 흡기온도 및 흡기량 센서
② 크랭크각 센서 및 캠각 센서
③ 연료압력 센서, 부스터압력 센서
④ 인젝터, 연료압력조절 밸브, EGR 밸브

해설 인젝터, 연료압력조절 밸브, EGR 밸브는 커먼레일 디젤기관의 컴퓨터(ECU) 출력 요소에 해당한다.

★★
**58** 커먼레일 디젤기관의 연료계통 중 고압계통인 것은?

① 저압펌프        ② 인젝터
③ 연료필터        ④ 연료온도 센서

해설 커먼레일 디젤기관의 연료계통 중 고압계통에는 인젝터, 고압펌프, 커먼레일이 있다.
①③ 커먼레일 디젤기관의 연료계통 중 저압계통에 해당한다.

★★★★★
**59** 커먼레일 디젤기관에서 공기 유량 센서(AFS)에 사용되는 형식은?

① 열막방식        ② 칼만 와류방식
③ 베인방식        ④ 맵센서방식

해설 커먼레일 디젤기관에서 사용하는 공기 유량 센서 형식은 열막(핫필름) 또는 열선(핫 와이어)방식이다.

**60** 엔진의 작동상태, 연료소비율, 배기가스 점화장치 등의 상태를 감시하고, 결함 발생 시 계기판에 경고등을 점등시켜 주는 기능은?

① 자기진단기능      ② 자동운전기능
③ 냉각기능        ④ 윤활기능

해설 ECU(전자제어장치)는 엔진의 상태, 연료소비율, 배기가스 점화장치 등의 상태를 감시하고 이상을 자체 진단한다. 결함 발생 시 계기판에 경고등을 점등시켜 운전자에게 알려 주는 기능을 자기진단기능이라 한다.

**61** 전자식(커먼레일) 디젤엔진의 고압펌프 구동에 사용되는 것으로 옳은 것은?

① 오일펌프        ② 캠축
③ 인젝터          ④ 로커암

해설 전자식(커먼레일) 디젤엔진의 고압펌프는 캠축에 의해 구동된다.

**5 흡·배기장치**

★
**62** 공기청정기의 기능으로 옳지 않은 것은?

① 흡기 소음을 감소시킨다.
② 역화를 방지한다.
③ 공기 중 이물질을 여과한다.
④ 흡입 공기의 압력을 조절한다.

해설 공기청정기의 기능에는 흡기 소음 감소, 역화 방지, 이물질 여과 등이 있다.

**63** 건식 공기청정기의 특징으로 옳지 않은 것은?

① 구조가 간단하고 설치 및 분해 조립이 간편하다.
② 기관 회전 속도가 변해도 안정되게 공기청정 효율을 얻을 수 있다.
③ 오염된 여과망을 물로 세척하여 사용할 수 있다.
④ 작은 이물질도 여과할 수 있다.

해설 건식 공기청정기의 여과망(엘리먼트)은 물 등으로 세척하여 사용할 수 없고, 압축 공기(에어건)를 이용하여 청소해야 한다.

★★★
**64** 습식 공기청정기에서 사용하는 오일은?

① 엔진오일        ② 미션오일
③ 기어오일        ④ 파워 스티어링 오일

해설 습식 공기청정기에 사용하는 오일은 엔진오일이다.

**★★★★**
**65** 습식 공기청정기를 주로 사용하는 곳은?

① 공기가 깨끗한 장소
② 먼지가 많이 발생하는 장소
③ 습기가 많은 장소
④ 온도가 높은 장소

해설 습식 공기청정기는 먼지가 많이 발생하는 작업장에서 쓰이는 건설기계 등에 사용한다.

**★★**
**66** 디젤기관에 과급기를 설치하는 주된 목적은?

① 기관의 수명을 연장하기 위하여
② 기관 오일의 오염을 방지하기 위하여
③ 기관 공회전 속도를 증대하기 위하여
④ 기관 출력 및 회전력을 증대하기 위하여

해설 디젤기관에 과급기를 설치하는 주된 목적은 기관 출력 및 회전력 증대, 연비 향상, 노킹 방지, 평균유효압력 증대이다.

**★★**
**67** 터보차저방식의 터빈 날개를 회전시키는 것은?

① 크랭크축       ② 캠축
③ 흡입 공기      ④ 배기가스

해설 터보차저는 배기터빈방식으로, 배기가스가 배출되는 에너지를 이용하여 터빈을 회전시켜 공기를 압축한다.

**★**
**68** 과급기 구성 요소 중 인터쿨러의 기능에 대한 설명으로 옳은 것은?

① 고온의 흡입 공기를 냉각시킨다.
② 고온의 배기가스를 냉각시킨다.
③ 기관의 냉각수를 냉각시킨다.
④ 과급기에서 압축된 공기를 냉각시킨다.

해설 과급기에서 공기를 압축하면 고온이 발생하여 공기의 밀도가 낮아진다. 이 상태로 연소실에 공급되면 체적효율이 저하되므로 인터쿨러를 통해 공기를 냉각시켜 공기의 밀도를 상승시킴으로써 체적효율이 증대된다.

---

**6 냉각장치**

**★**
**69** 기관의 정상 작동 온도는?

① 65~90℃        ② 75~100℃
③ 85~110℃       ④ 95~120℃

해설 기관의 정상 작동 온도는 일반적으로 65~90℃이다.

**★**
**70** 냉각장치의 냉각수가 줄어드는 원인에 따른 정비 방법으로 옳지 않은 것은?

① 워터펌프 불량: 조정
② 라디에이터 캡 불량: 부품 교환
③ 히터 혹은 라디에이터 호스 불량: 수리 및 부품 교환
④ 서머 스타트 하우징 불량: 개스킷 및 하우징 교체

해설 워터펌프 불량이 냉각수가 줄어드는 원인일 경우에는 개스킷 및 워터펌프를 교환해야 한다.

**71** 수냉식 냉각장치의 구성 부품이 아닌 것은?

① 물 재킷          ② 냉각핀
③ 수온 조절기      ④ 압력식 캡

해설 냉각핀은 공랭식 냉각장치에 설치되어 있다.
①③④ 수냉식 냉각장치의 구성품에는 물 재킷, 수온 조절기, 라디에이터, 라디에이터 캡(압력식 캡), 물펌프, 냉각팬 등이 있다.

**★★★★**
**72** 라디에이터의 구비조건으로 옳지 않은 것은?

① 단위 면적당 방열량이 클 것
② 가볍고 작으며 강도가 클 것
③ 냉각수 흐름 저항이 클 것
④ 공기 흐름 저항이 작을 것

해설 냉각수 흐름 저항이 작아 유동이 용이한 것이 라디에이터의 구비조건에 해당한다.

**★★★**
**73** 라디에이터 캡에 대한 설명으로 옳지 않은 것은?

① 스프링 장력이 약해지면 기관이 과열된다.
② 냉각계통 내의 압력을 2~3kgf/cm² 로 유지한다.
③ 냉각수 비등점을 112℃로 유지한다.
④ 냉각 효율을 높일 수 있다.

해설 압력식 캡(라디에이터 캡)은 냉각수 비등점을 112℃로 유지하기 위해 내부의 압력을 0.4~1.1kgf/cm² 로 유지한다.

★★★
**74** 수온 조절기의 기능으로 옳은 것은?

① 냉각수의 온도를 100℃로 유지한다.
② 냉각수가 냉각되어 있으면 가열시킨다.
③ 고온의 냉각수를 배출시킨다.
④ 라디에이터로 유입되는 냉각수의 양을 조절하여 냉각수의 온도를 일정하게 유지한다.

해설 수온 조절기는 냉각수가 실린더 헤드에서 라디에이터로 유입되는 곳에 설치되며, 유입되는 냉각수의 양을 조절하고 냉각수의 온도를 일정하게 유지한다.

★★★★
**75** 기관 냉각수로 적절한 것은?

① 수돗물
② 빗물
③ 시냇물
④ 우물물

해설 냉각수로는 이물질이 포함되지 않은 연수인 증류수, 수돗물 등을 사용한다.

★★★★
**76** 현재 디젤기관에 가장 많이 사용되는 부동액은?

① 에틸렌 글리콜
② 글리세린
③ 메탄올
④ 에탄올

해설 부동액에는 영구 부동액과 반영구 부동액이 있으며, 현재 디젤기관에는 영구 부동액인 에틸렌 글리콜이 사용된다.
②③ 글리세린과 메탄올은 반영구 부동액이다.

★★★★★
**77** 기관이 과열되는 원인이 아닌 것은?

① 냉각수의 양이 부족한 경우
② 라디에이터 캡이 불량한 경우
③ 수온 조절기 열림 온도가 높은 경우
④ 라디에이터 코어 막힘이 없는 경우

해설 라디에이터 코어 막힘률이 20% 이상이 되면 기관이 과열된다.

★★★
**78** 수온 조절기 중 내부에 왁스가 봉입되어 있는 형식은?

① 펠릿형
② 벨로즈형
③ 서모스탯형
④ 코일형

해설 수온 조절기 중 펠릿형이 내부에 왁스와 고무가 봉입되어 있는 형식이다.
② 벨로즈형은 수온 조절기 중 내부에 에테르, 알코올 등이 봉입되어 있는 형식이다.

**79** 다음 중 라디에이터의 구성품이 아닌 것은?

① 물재킷
② 코어
③ 냉각핀
④ 압력식 캡

해설 물재킷은 실린더 블록에 설치되어 있으며 냉각수가 흐르는 통로를 말한다.

**80** 다음 중 피스톤의 고착 원인이 아닌 것은?

① 윤활유 부족
② 냉각수 부족
③ 발전기의 고장
④ 물펌프의 고장

해설 피스톤이 고착되는 원인은 엔진의 과열 때문이며 ①②④ 이외에도 수온조절기(서모스탯)가 닫힌 채 고장난 경우, 라디에이터 코어가 막힌 경우, 냉각팬이 파손된 경우 등이 피스톤 고착의 원인이 된다.

**7** 윤활장치

**81** 윤활방식의 종류에 해당하지 않는 것은?

① 비산식
② 압송식
③ 비산 압송식
④ 송출식

해설 윤활방식에는 비산식, 압송식, 비산 압송식이 있다.

★
**82** 압송식 윤활장치의 구성품 중 오일펌프의 종류에 해당하지 않는 것은?

① 니들식
② 기어식
③ 플런저식
④ 베인식

해설 오일펌프의 종류에는 기어식, 베인식, 플런저식, 로터리식 등이 있다.

**83** 오일팬의 오일을 흡입하는 관은?

① 오일펌프　　　　② 오일 스트레이너
③ 오일필터　　　　④ 압력조절 밸브

해설 오일팬의 오일을 흡입하는 관은 오일 스트레이너로, 이는 여과망이 설치되어 큰 이물질을 여과하는 역할을 한다.
① 오일펌프는 오일을 윤활부로 송출하는 기능을 한다.
④ 압력조절 밸브는 커먼레일에 장착되어 인젝터에 공급되는 연료의 압력을 조절한다.

★
**84** 오일 압력조절 밸브의 스프링 장력이 클 때 유압은 어떻게 되는가?

① 낮아진다.
② 높아진다.
③ 낮아졌다가 높아진다.
④ 변화가 없다.

해설 오일 압력조절 밸브는 스프링의 장력으로 압력을 조절하는데, 장력이 클 경우 유압이 높아지고 장력이 작으면 유압이 낮아진다.

★★★★
**85** 오일의 여과방식에 따른 분류가 아닌 것은?

① 전류식　　　　　② 반류식
③ 분류식　　　　　④ 샨트식

해설 오일의 여과방식에 따른 분류에는 전류식, 분류식, 샨트식이 있다.

★★★
**86** 윤활유의 분류 방법에서 SAE 분류의 기준은?

① 점도에 따른 분류
② 사용 조건에 따른 분류
③ 사용 시간에 따른 분류
④ 유성에 따른 분류

해설 윤활유의 분류 방법 중 SAE 분류는 오일의 점도를 기준으로 분류하는 방법이다.
② 사용 조건에 따른 분류는 API 분류가 해당한다.

★★★★★
**87** 윤활유의 기능으로 옳지 않은 것은?

① 기밀 작용　　　　② 냉각 작용
③ 방청 작용　　　　④ 응력집중 작용

해설 ①②③ 이외에도 윤활유의 기능에는 마찰 및 마모 방지, 세척 작용, 응력 분산 작용 등이 있다.

★★★★★
**88** 유압이 높아지는 원인이 아닌 것은?

① 점도가 낮을 때
② 유압조절 밸브 스프링 장력이 클 때
③ 오일필터가 막혔을 때
④ 윤활장치 회로 일부가 막혔을 때

해설 윤활유의 점도가 높을수록 유압이 높아진다.

★★★★
**89** 오일 소비 증대의 가장 큰 원인은?

① 짧은 오일 교환 주기
② 오일의 연소와 누설
③ 오일의 증발
④ 엔진의 과열

해설 오일 소비 증대의 가장 큰 원인은 오일의 연소와 누설이다.

★★★
**90** 다음과 같은 경고등이 계기판에 점등되었을 때 점검해야 하는 것은?

① 연료장치　　　　② 기동장치
③ 냉각장치　　　　④ 윤활장치

해설 제시된 그림은 오일 경고등으로, 윤활장치를 점검해야 한다.

**91** 기관의 윤활유 사용 방법에 대한 설명으로 옳은 것은?

① 여름용은 겨울용보다 SAE번호가 큰 윤활유를 사용한다.
② 겨울에는 여름보다 SAE번호가 큰 윤활유를 사용한다.
③ 계절과 관계없이 사용하는 윤활유 SAE번호는 일정하다.
④ 계절과 윤활유 SAE번호는 관계가 없다.

해설 SAE 분류는 윤활유의 점도에 따른 분류이며 번호가 클수록 점도가 높다. 윤활유의 점도는 온도가 높을수록 낮아지므로 여름용은 겨울용보다 SAE번호가 큰 윤활유를 사용한다.

# 02 전기장치

▶ 강의보기　문제보기 107p

출제예상
6문제

• 축전지, 시동장치, 충전장치가 주로 시험에 출제되니 꼭 학습하세요.

## 1 기초전기

### 1. 동전기
① **직류전기**: 시간의 흐름과 관계없이 전압과 전류가 일정한 값을 유지하고, 그 방향이 일정한 전기를 말한다.
② **교류전기**: 시간의 흐름에 따라 전압과 전류가 시시각각 변화하고, 그 방향이 정방향과 역방향으로 반복되는 전기를 말한다.

### 2. 전압과 전류, 저항
① **전압**: 도체 내에서 전류를 흐르게 하는 전기적 압력을 말하며(힘, 세기), 단위로는 'V(볼트)', 기호로는 'E'를 사용한다.
② **전류**: 도체 내에서 전자의 이동, 즉 전기의 흐름(양)을 말하며, 단위로는 'A(암페어)', 기호로는 'I'를 사용한다. 전류의 3대 작용에는 발열 작용, 자기 작용, 화학 작용이 있다.
③ **저항**: 전류가 물질 속을 흐를 때 그 흐름을 방해하는 요소를 말하며, 단위로는 'Ω(옴)', 기호로는 'R'을 사용한다.
  ㉠ **물질의 고유저항**: 모든 물질이 스스로 가지고 있는 저항을 말하며, 온도, 단면적, 재질, 형상에 따라 변화함
  ㉡ **접촉저항**: 두 도체 사이의 접촉 상태에 따라 발생하는 저항을 말하며, 접촉이 불량할수록 증가함. 건설기계는 주로 축전지 단자에서 접촉저항이 많이 발생함
  ㉢ **합성저항**
    • 직렬 연결: $R = R_1 + R_2 + R_3 + \cdots + R_n$
    • 병렬 연결: $\frac{1}{R} = \frac{1}{R_1} + \frac{1}{R_2} + \frac{1}{R_3} + \cdots + \frac{1}{R_n}$

### 3. 전기의 접속
① **직렬접속**
  ㉠ 두 개 이상의 저항을 일렬로 접속하는 것으로, 합성저항은 각 저항의 합과 같음

㉡ 동일 전압 축전지 두 개를 직렬로 접속하면 전류는 일정하고(축전지 1개일 때와 같음), 전압은 접속 개수의 배가 되므로 전압을 이용할 때 결선함
㉢ 예시: 1.5V인 1A 건전지 2개를 직렬접속하면 3V 1A 건전지가 됨
② **병렬접속**
  ㉠ 두 개 이상의 저항을 가로로 접속하는 것으로, 합성저항은 각 저항 역수의 합의 역수와 같음
  ㉡ 동일 전압 축전지 두 개를 병렬로 접속하면 전류는 접속 개수의 배가 되고, 전압은 일정함(축전지 1개일 때와 같음)
  ㉢ 예시: 1.5V인 1A 건전지 2개를 병렬접속하면 1.5V 2A 건전지가 됨

▲ 전기의 접속

### 4. 옴의 법칙
도체에 흐르는 전류는 전압에 비례하고, 저항에 반비례한다는 법칙이다.

$$I(전류) = \frac{E(전압)}{R(저항)}$$

### 5. 전력
단위 시간 동안에 전기장치에 공급되는 전기에너지를 말하며, 단위로는 'W(와트)', 기호로는 'P'를 사용한다.

$$• P(전력) = E(전압) \times I(전류)$$
$$• P(전력) = I(전류)^2 \times R(저항)$$
$$• P(전력) = \frac{E(전압)^2}{R(저항)}$$

## 2 축전지(배터리)

### 1. 건설기계에서 축전지의 역할

① 축전지는 전류의 3대 작용 중 화학 작용을 이용하여 화학적 에너지를 전기적 에너지로 변환 및 전기적 에너지를 화학적 에너지로 저장하는 장치이다.

② 건설기계의 축전지는 모두 납산 축전지이다. 납산 축전지 중 MF 축전지는 증류수 보충이 필요 없는 무보수 축전지라는 특징이 있다.

③ 축전지의 역할

  ㉠ 기관 시동 시 기동 전동기에 전기적 부하를 담당함

  ㉡ 전기적 에너지를 화학적 에너지로 바꾸어 저장하며, 전기가 필요할 경우 전기적 에너지로 바꾸어 공급함

  ㉢ 발전기 고장 시 일시적으로 필요한 전원을 공급함

  ㉣ 건설기계 작동 시 필요한 전기적 부하와 발전기에서 출력되는 전기와의 불평형을 조정함

### 2. 납산 축전지의 구조와 기능

① 극판: 양(+)극판과 음(−)극판으로 되어 있다.

  ㉠ 양(+)극판: 작용 물질은 화학 반응성이 풍부한 과산화납($PbO_2$)으로 되어 있음

  ㉡ 음(−)극판: 작용 물질은 순수한 납인 해면상납(Pb)으로 되어 있음

② 격리판: 양(+)극판과 음(−)극판의 단락을 방지하기 위한 장치이다.

  ㉠ 격리판의 구비조건

   • 비전도성이어야 함

   • 전해액 확산이 잘 되도록 다공성이어야 함

   • 극판에 유해한 물질을 내뿜지 않아야 함

   • 전해액에 부식되지 않아야 함

③ 셀: 양(+)극판과 음(−)극판이 설치되는 하나의 방을 말한다.

④ 전해액: 양(+)극판 및 음(−)극판의 작용 물질과 화학 작용을 일으키는 물질로, 묽은 황산($2H_2SO_4$)을 사용한다. 전해액 면이 낮아지면 증류수를 보충해 주어야 하며, 전해액 측정은 비중계로 한다.

⑤ 터미널(단자): 테이퍼 형태의 (+)터미널과 (−)터미널이 있다. 각 셀에 설치되어 있는 양(+)극판을 모두 직렬로 연결하고, (+)터미널에 음(−)극판을 모두 직렬로 연결하여 (−)터미널에 접속한다.

**단자 기둥 식별 방법**

| 구분 | 양극 기둥 | 음극 기둥 |
| --- | --- | --- |
| 단자 직경 | 굵음 | 가늚 |
| 부호 표시 | + | − |
| 색깔 표시 | 적색 | 흑색 |
| 문자 표시 | P | N |

▲ 납산 축전지의 구조

### 3. 납산 축전지의 특징

① 셀당 기전력은 2.1V이다.

② 12V 축전지는 6개의 셀이 직렬로 연결되어 있다.

③ 양(+)극판이 음(−)극판보다 더 활성적이므로 화학적 평형을 고려하여 각 셀에 양(+)극판을 설치할 때 음(−)극판을 한 장 더 설치한다.

### 4. 납산 축전지의 충·방전 화학 작용

$$\langle 완전\ 충전 \rangle \quad \overset{충전}{\underset{방전}{\rightleftarrows}} \quad \langle 완전\ 방전 \rangle$$
$$PbO_2 + 2H_2SO_4 + Pb \rightleftarrows PbSO_4 + 2H_2O + PbSO_4$$
과산화납 묽은 황산 납  황산납 물 황산납

① 화학적 표기

  ㉠ 양(+)극판: $PbO_2$(과산화납)

  ㉡ 음(−)극판: Pb(해면상납)

  ㉢ 전해액: $2H_2SO_4$(묽은 황산)

② 방전 시

  ㉠ 양(+)극판 및 음(−)극판: 모두 $PbSO_4$(황산납)로 변함

  ㉡ 전해액: $2H_2O$(물)만 남음

③ 충전 시

  ㉠ 황산납 및 전해액이 원래 상태로 환원됨

  ㉡ 양(+)극판에서는 산소를, 음(−)극판에서는 수소를 발생시킴

① 질그릇 또는 합성수지 등 비전도성 그릇에 증류수를 부음
② 증류수에 황산을 조금씩 넣으면서 유리 막대 등으로 잘 저어 줌
③ 이때 비중을 측정하여 1.260~1.280/20℃가 되는지 확인함

## 5. 축전지 용량

① 의미: 완전 충전된 축전지를 일정한 전류로 연속적으로 방전하였을 때 **방전 종지 전압**까지 사용할 수 있는 전기량을 말한다.

용어
- 방전 종지 전압: 배터리가 일정한 전압 이하로 방전될 경우 방전을 멈추는데, 이때 방전을 멈추는 전압을 말함
- 셀당 방전 종지 전압: 1.7~1.8V

② **용량 표시**: A(방전 전류)×h(방전 시간)＝Ah
③ 축전지 전해액의 용량이 증가하는 경우
　㉠ 전해액의 온도가 높을수록 증가함
　㉡ 극판의 크기가 클수록 증가함
　㉢ 극판이 많을수록 증가함
　㉣ 전해액의 비중이 높을수록 증가함

## 6. 축전지 자기 방전

① 의미: 축전지를 사용하지 않아도 자연적으로 방전이 되어 용량이 감소하는 현상을 말한다.
② 자기 방전의 원인
　㉠ 전해액 속의 불순물에 의한 국부 전지의 형성
　㉡ 극판 작용 물질의 탈락에 의한 단락·파손
　㉢ 음극판 작용 물질과 황산과의 화학 작용에 따른 전류 누설(구조상 부득이한 경우)
　㉣ 축전지 케이스 상단 표면의 먼지, 습기 등에 의한 국부 전지의 형성
③ 장기간 보관 시 충전 기간: 축전지를 사용하지 않고 장기간 보관할 때에는 극판이 자기 방전으로 인해 황산납으로 변하므로 15~30일마다 충전을 해야 한다.
④ 자기 방전량: 1일(24시간) 실용량의 0.3~1.5%가 자기 방전량에 해당한다.

## 7. 축전지 충전 방법

① 보 충전
　㉠ 정전류 충전: 충전 처음부터 끝까지 일정한 전류로 충전

- 최소 충전: 축전지 용량의 5%로 충전
- 표준 충전: 축전지 용량의 10%로 충전
- 최대 충전: 축전지 용량의 20%로 충전
　㉡ **정전압 충전**: 충전 처음부터 끝까지 일정한 전압으로 충전
　㉢ **단별 전류 충전**: 충전 처음에는 큰 전류로 충전하다가 단계적으로 전류를 감소시키며 충전
② 급속 충전
　㉠ 의미: 시간적 여유가 없을 때 단시간(30분 이내)에 충전
　㉡ 급속 충전 시 주의사항
- 충전전류는 용량의 50%로 함
- 건설기계에 설치된 축전지를 충전할 경우 발전기의 실리콘 다이오드 파손을 방지하기 위해 반드시 (+) 및 (−)단자를 탈거하고 충전해야 함
- 충전 중에는 수소가스가 발생하므로 통풍이 잘 되는 장소에서 충전해야 함
- 충전 중 축전지 전해액의 온도가 45℃ 이상이 되지 않도록 주의해야 함

## 8. 축전지 취급 방법

① 축전지 교환 방법
　㉠ 탈거 시: '(−)단자 → (+)단자' 순으로 탈거 진행
　㉡ 접속 시: '(+)단자 → (−)단자' 순으로 접속 진행
② 축전지 충전 시 유의사항
　㉠ 건설기계에 설치된 상태로 충전할 때에는 반드시 (+) 및 (−)단자를 탈거하고 충전해야 함
　㉡ 축전지는 완전 방전 상태로 오랫동안 방치하면 극판이 **영구황산납**이 되어 사용하지 못하게 되므로, 25% 정도 방전되었을 때 충전해야 함
　㉢ 축전지를 청소할 때에는 전해액의 묽은 황산을 중화시키기 위해 알칼리성인 소다와 물을 사용한다.
　㉣ 단자에 부식이 발생한 경우 부식물을 청소하고 단자에 소량의 그리스를 도포한다.
　㉤ MF 축전지가 아닌 축전지는 전해액이 자연 감소하므로 증류수를 보충해야 함

용어
영구황산납(Sulfation): 축전지 극판이 황산납 결정체가 되는 현상으로, 축전지를 방전된 상태로 장기간 방치하거나 전해액 부족으로 극판이 노출된 경우 등으로 발생함

## 3 시동장치의 구조와 기능

### 1. 시동장치(시동 전동기, 기동 전동기, 스타트모터)

시동장치는 건설기계기관을 시동하기 위한 전동장치로 전동기의 피니언 기어가 플라이휠 링 기어에 접속하여 기관 크랭크축을 회전시켜 기관을 시동시킨다.

### 2. 시동 전동기의 작동 원리와 종류

① 작동 원리: 시동 전동기는 '플레밍의 왼손 법칙'에 의해 작동한다.

> 용어
> 플레밍의 왼손 법칙: 자력선 내의 도체에 전류가 흐를 때 도체에 작용하는 힘의 방향을 나타내는 법칙

② 종류
- ㉠ 직권식 전동기: 전기자 코일과 계자 코일이 직렬로 접속된 형식으로, 초기 회전력이 커서 기동 전동기에 사용함
- ㉡ 분권식 전동기: 전기자 코일과 계자 코일이 병렬로 접속된 형식으로, 회전 속도가 일정해 송풍기 등에 사용함
- ㉢ 복권식 전동기: 전기자 코일과 계자 코일이 직·병렬로 접속된 형식으로, 회전 속도가 일정하고 회전력이 커서 와이퍼 모터 등에 사용함

▲ 전동기의 종류

### 3. 시동 전동기의 동력전달방식에 따른 분류

① 벤딕스 형식: 전기자의 고속 회전 시 피니언 기어의 관성을 이용한 형식이다.
② 피니언 섭동 형식: 전자석 스위치를 이용해 피니언 기어를 섭동시키는 형식이다.
③ 전기자 섭동 형식: 전기자 및 피니언 기어가 직접 동력을 전달하는 형식이다.

### 4. 피니언 섭동식 직권 전동기의 구조 및 기능

① 전기자: 회전하는 부분 전체를 말하며, 전기자 축, 전기자 코일, 전기자 철심, 정류자로 구성된다.

- ㉠ 전기자 철심: 얇은(0.3~1.0mm) 규소강판을 여러 겹으로 겹쳐 절연 설치한 것으로, 전기자 코일을 지지하고 맴돌이전류를 감소시켜 자력선이 잘 통하도록 함
- ㉡ 정류자: 동 합금의 편으로 각 전기자 코일과 접속되어 있으며, **브러시**로부터 공급된 전류를 전기자 코일에 일정한 방향으로 흐르도록 함. 편과 편 사이에 절연체가 **언더 컷**으로 설치됨

> 용어
> • 브러시: 전류를 공급하며, 3분의 1 이상 마모되면 교환해야 함
> • 언더 컷: 정류자 편 사이의 절연체(운모)를 설치할 때 정류자 편보다 0.5~0.8mm 아래에 설치하는 것

② 계철: 고정되는 부분을 말하며, 계자 코일, 계자 철심, 원통으로 구성된다.
- ㉠ 계자 코일: 브러시로부터 전류를 공급받음
- ㉡ 계자 철심: 계자 코일의 전류 흐름에 따라 자석(N극, S극)이 됨
- ㉢ 원통: 기동 전동기의 기초 구조물로, 계자 코일과 철심을 지지함

③ 전자석 스위치: 전기자 피니언 기어를 플라이휠 링 기어에 접동시키며, 전기자 및 계자 코일에 큰 전류를 전달하는 역할을 한다. 풀인 코일, 홀드인 코일, 플런저, 리턴 스프링으로 구성된다.
- ㉠ 풀인 코일: 필드 단자 및 브러시와 직렬접속을 함
- ㉡ 홀드인 코일: 몸체에 접속(접지)하는 역할을 함

④ 오버러닝 클러치: 엔진 시동 후 피니언이 링 기어와 맞물려 있으면 전기자가 파손되는데, 이를 방지하기 위해 엔진의 회전력이 전기자에 전달되지 않도록 하는 장치이다.

▲ 피니언 섭동식 직권 전동기의 구조

- **기관 시동 시 전류의 흐름**: 축전지 → 계자 코일 → 브러시 → 정류자 → 전기자 코일 → 정류자 → 브러시 → 차체 접지
- **건설기계기관 시동 시 시동 전동기가 작동되지 않는 원인**
  ① 축전지의 과방전
  ② 축전지 단자 및 접지의 접속 불량, 배선의 단선
  ③ 전동기 구성품의 작동 불량
- **기동 전동기 관련 테스트**
  ① 기동 전동기 무부하시험: 기동 전동기를 기관에서 떼어낸 상태에서 행하며, 전기자 회전 속도를 점검함
  ② 기동 전동기 부하시험: 기동 전동기를 기관에 설치한 상태에서 행하며, 전기자 정지 회전력을 점검함
  ③ 그로울러 테스터기: 기동 전동기 전기자 코일의 단선, 단락, 접지를 시험하는 테스터기

## 4 충전장치의 구조와 기능

### 1. 충전장치의 작동 원리와 종류

① **충전장치**: 건설기계에서 필요한 전기를 생산·공급하고 축전지를 충전하는 장치이며, 크랭크축과 구동벨트로 연동하여 작동한다.
② **작동 원리**: 충전장치인 발전기는 '**플레밍의 오른손 법칙**'과 '**렌츠의 법칙**'에 의해 유도기전력, 즉 교류를 발생시킨다.

- **플레밍의 오른손 법칙**: 자계 내에서 도체를 운동시키면 도체에서는 유도기전력이 발생한다는 법칙
- **렌츠의 법칙**: 유도기전력은 코일 내의 자속의 변화를 방해하려는 방향으로 발생한다는 법칙

③ **종류**
  ㉠ **직류발전기**: 자계가 고정되고 도체가 회전하는 형식으로, 초기에 잔류자기를 이용하여 유도기전력이 발생하는 자여자식 발전기
  ㉡ **교류발전기**: 도체가 고정되고 자계가 회전하는 형식으로, 외부로부터 전원을 공급받아 자계를 형성하는 타여자식 발전기

### 2. 교류발전기

① **구조 및 기능**
  ㉠ **스테이터**: 3상 코일이 철심에 고정되는 부분으로, 3상 코일인 스테이터 코일이 로터 철심의 자기장을 자르면서 전기(유도 전기=교류)가 발생함

  ㉡ **로터**: 양 철심 안쪽에 코일이 감겨 있으며 풀리에 의해 회전하는 부분으로, 슬립링을 통해 공급된 전류로 코일이 자기장을 형성하면 철심은 자석이 됨. 즉, 로터는 교류발전기에 전류가 흐를 때 **전자석**이 됨
  ㉢ **슬립링**: 로터 코일에 전류를 공급함
  ㉣ **브러시**: 슬립링에 접속하여 로터 코일에 전류를 공급함
  ㉤ **실리콘 다이오드**: 다이오드의 한쪽으로만 전류를 흐르게 하는 특성을 이용하여 스테이터 코일에서 유도된 **교류전기를 직류로 정류**시킴. 또한 기관 정지 시 축전지로부터 역류를 방지하며, (+)다이오드 3개, (-)다이오드 3개가 장착됨
  ㉥ **히트싱크**: 실리콘 다이오드가 정류할 때 발생하는 열을 냉각시키기 위한 것으로, 실리콘 다이오드가 장착되어 있음
  ㉦ **전압 조정기**: 로터 코일에 공급되는 전류를 조정하여 설정 전압이 13.5~14.5V가 되도록 함

- **전자석**: 전류가 흐르면 자기화되고 전류를 끊으면 원래의 상태로 돌아가는 자석
- **정류**: 교류전기를 직류전기로 바꾸는 것

스테이터 및 코일
전압 조정기
정류기
브러시
로터 및 코일
슬립링

▲ 교류발전기의 구조

② **특징**
  ㉠ 소형이고 경량이며 발생 출력이 큼
  ㉡ 정류기는 실리콘 다이오드를 사용해 정류하므로 정류 특성이 우수함
  ㉢ 전류 조정이 가능하여 전류 조정기가 필요 없고, 전압 조정기만 필요함
  ㉣ 정류자가 없고 슬립링을 이용하므로 크랭크축과의 회전비(풀리비)를 크게 할 수 있고, 브러시의 수명이 긺
  ㉤ 3상 결선으로 저속에서도 충전이 탁월함

③ 발전기가 충전되지 않는 원인
    ㉠ 스테이터 코일 또는 로터 코일의 단선
    ㉡ 전압 조정기의 불량
    ㉢ 다이오드의 단락

## 5 디젤기관 시동 보조장치

### 1. 시동 보조장치의 필요성

디젤기관은 자기착화방식으로 연소한다. 따라서 냉간 시동 시 흡입되는 공기 또는 연소실 내에 유입된 공기를 가열하여 시동을 용이하게 하는 장치가 필요하다. 이를 시동 보조장치라고 한다.

### 2. 종류

① 흡기 가열식: 흡기다기관에 가열장치를 설치해 흡입 공기를 가열하는 형식으로, 흡기 히터식과 히트 레인지식이 있다.
② 예열 플러그식: 연소실에 이미 유입된 공기를 직접 가열하는 형식이다.
    ㉠ 코일형: 히트 코일이 노출된 형식으로 직렬접속함
    ㉡ 실드형: 히트 코일을 보호 튜브로 감싸는 형식으로 병렬접속함

### 3. 디젤 예열 플러그

① 예열 플러그의 단선
    ㉠ 원인
        • 예열 시간이 길 때
        • 과대 전류가 흐를 때
        • 엔진 과열 상태에서 계속해서 작동시킬 때
        • 규정 형식이 아닌 것을 사용하였을 때
    ㉡ 디젤기관 예열 플러그를 병렬로 연결하면 실린더 예열 플러그 중 하나가 단선되어도 해당 예열 플러그 외에 나머지 실린더 예열 플러그는 작동됨
② 예열 플러그 오염의 원인: 불완전 연소 및 노킹

## 6 등화 및 계기장치의 구조와 기능

### 1. 등화장치

① 조명등: 전조등, 미등, 안개등, 후진등, 실내등 등
② 외부 표시등: 차폭등, 번호등 등

### 2. 전조등

① 전조등의 3요소: 렌즈, 반사경, 필라멘트
② 종류
    ㉠ 실드 빔 형식
        • 렌즈, 반사경, 필라멘트가 일체로 된 형식
        • 기후 변화에도 반사경이 흐려지지 않으나, 필라멘트가 단선되면 전조등 전체를 교환해야 함
    ㉡ 세미 실드 빔 형식
        • 렌즈, 반사경이 일체로 되어 있고 필라멘트는 전구를 사용함
        • 기후 변화에 따라 반사경이 흐려질 수 있으나, 필라멘트가 단선되어도 전구만 교환하면 됨
③ 전조등 회로: 복선식 및 병렬접속이며, 전조등 스위치와 디머 스위치(감광 스위치)로 구성되어 있다.

### 3. 방향지시등

① 전구가 점멸하도록 플래셔 유닛을 사용한다.
② 방향지시등 작동 불량
    ㉠ 현상: 점멸 횟수가 다르게 나타남
    ㉡ 원인
        • 좌우 전구의 용량이 다를 때
        • 접지가 불량할 때
        • 전구 중 하나가 단선되었을 때

### 4. 각종 계기 및 경고등

① 연료량 지시계: 현재의 연료량을 가리킨다.
② 엔진 냉각수 온도 지시계: 현재 엔진의 온도를 가리킨다.
③ 자동변속기 오일 온도 지시계: 자동변속기 내의 오일의 온도를 가리킨다.
④ 전류계: 축전지의 충전 상태뿐만 아니라 발전기에서 발전되는 상태까지 표시하는 계기이다. 엔진이 정지된 상태에서 전류를 소모하지 않으면 계기의 지침은 (+) 위치를 가리키고, 전류를 소모하면 계기의 지침은 (−) 위치를 가리킨다. 또한 엔진이 회전하고 발전기에서 발전이 되면 (+) 위치를 가리킨다.
⑤ 각종 경고등
    ㉠ 연료 잔량 경고등: 연료 부족을 나타내는 경고등
    ㉡ 충전 불량 경고등: 발전기에서 충전이 되지 않음을 나타내는 경고등
    ㉢ 엔진오일 압력 경고등: 엔진오일의 압력이 낮음을 나타내는 경고등

ⓔ 변속기 오일 온도 경고등: 변속기 오일의 온도가 높음을 나타내는 경고등

ⓜ 엔진 경고등: 엔진의 각종 센서 및 액추에이터가 고장 났음을 나타내는 경고등

ⓗ 변속기 오일 압력 경고등: 변속기 오일의 압력이 낮음을 나타내는 경고등

ⓢ 안전벨트 경고등: 안전벨트를 착용하지 않았음을 나타내는 경고등

ⓞ 전자기기 및 기계장치 이상 경고등: 전자기기 및 기계장치 등에 이상이 발생하였음을 나타내는 경고등

ⓩ 냉각수 온도 경고등: 냉각수 온도가 규정 온도 이상 상승했음을 나타내는 경고등

## 7 퓨즈

### 1. 퓨즈의 접속

퓨즈는 전기 회로에 직렬로 접속되어 있다.

### 2. 퓨즈의 특징

① 기능: **과대 전류**에 의해 배선 및 전장품이 파손되는 것을 방지한다. 따라서 가는 구리선 등으로 대용하지 않는다.

> <sub>용어</sub> **과대 전류**: 배선 및 전장품에 흐를 수 있는 허용 전류 이상을 말하며, 과대 전류가 흐르게 되면 배선 주위뿐만 아니라 전장품에 열이 발생하여 이 열에 의해 배선 및 전장품이 파손됨

② 성분: '납+주석+창연'의 합금이다.

③ 용량: 정격 용량을 사용하며, 'A'로 표시한다.

# CHAPTER 02

# 출제예상문제

## 1 기초전기

**01** 시간의 흐름과 관계없이 전압과 전류가 항상 일정한 방향으로 흐르는 전기는?

① 직류전기  ② 교류전기
③ 정전기  ④ 동전기

해설 직류전기는 시간의 흐름과 관계없이 전압과 전류가 항상 일정한 방향으로 흐르는 전기이다.
② 교류전기는 시간의 흐름에 따라 전압과 전류가 시시각각 변하는 전기이다.

★★★★
**02** 전류의 3대 작용에 해당하지 않는 것은?

① 발열 작용  ② 화학 작용
③ 자기 작용  ④ 전류 작용

해설 전류의 3대 작용에는 발열 작용, 화학 작용, 자기 작용이 있다.

**03** 도체 내에서 전류의 흐름을 방해하는 것을 무엇이라고 하는가?

① 전압  ② 저항
③ 전류  ④ 전기

해설 도체 내에서 전류의 흐름을 방해하는 요소를 저항이라고 하며, 단위로는 'Ω(옴)'을 사용한다.
① 전압은 도체 내에서 전류를 흐르게 하는 전기적 압력(힘, 세기)을 말한다.
③ 전류는 도체 내에서의 전기의 흐름(양)을 말한다.

**04** 저항의 종류 중 물질 스스로 가지고 있는 저항을 무엇이라 하는가?

① 자기저항  ② 고유저항
③ 형상저항  ④ 접촉저항

해설 모든 물질이 스스로 가지고 있는 저항을 물질의 고유저항이라고 한다.
④ 접촉저항은 두 도체 사이의 접촉 상태에 따라 발생하는 저항을 말한다.

**05** 접촉저항은 두 도체 사이의 접촉 상태에 따라 발생하는데, 건설기계 전기장치 중 주로 많이 발생하는 곳은?

① 축전지 단자  ② 발전기 단자
③ 전조등 스위치  ④ 시동 스위치

해설 접촉저항은 두 도체의 접촉이 불량할 경우 발생이 증가하며, 건설기계에서 접촉저항이 많이 발생하는 곳은 축전지 단자이다.

★★★
**06** 직렬접속과 병렬접속에 대한 설명으로 옳지 않은 것은?

① 직렬접속은 전압을 높이고자 할 때의 접속법이다.
② 병렬접속은 전압이 변화하고 전류는 일정하다.
③ 직렬접속은 전압이 변화하고 전류는 일정하다.
④ 병렬접속은 전압이 일정하고 전류는 변화한다.

해설 병렬접속은 전압이 일정하고 전류는 접속 개수의 배가 된다. 반면, 직렬접속은 전류가 일정하고 전압은 접속 개수의 배가 된다.

**07** 12V인 50A 축전지 2개를 병렬로 접속하였을 때, 이에 대한 설명으로 옳은 것은?

① 전압은 12V, 용량은 50Ah이다.
② 전압은 12V, 용량은 100Ah이다.
③ 전압은 24V, 용량은 50Ah이다.
④ 전압은 24V, 용량은 100Ah이다.

해설 병렬접속은 전압이 일정하고 전류는 접속 개수의 배가 된다. 12V인 50Ah 축전지 2개를 병렬로 접속하면 전압은 12V, 용량은 100Ah가 된다.

## 2 축전지(배터리)

**08** 축전지가 이용하는 전류의 작용은?

① 자기 작용  ② 발열 작용
③ 정류 작용  ④ 화학 작용

해설 전류의 3대 작용에는 발열 작용, 자기 작용, 화학 작용이 있다. 축전지는 이 중 전류의 화학 작용을 이용한다.

**09** 축전지에 대한 설명으로 옳은 것은?

① 화학적 에너지를 전기적 에너지로 변환하는 장치이다.

② 전기적 에너지를 화학적 에너지로 변환하는 장치이다.

③ 화학적 에너지를 자기에너지로 변환하는 장치이다.

④ 전기적 에너지를 열에너지로 변환하는 장치이다.

해설 축전지는 전류의 3대 작용 중 화학 작용을 이용하여 화학적 에너지를 전기적 에너지로 변환하는 장치이다.

★★
**10** 건설기계에서 축전지의 역할이 아닌 것은?

① 기관 시동 시 전기적 부하를 담당한다.

② 발전기 고장 시 일시적으로 전기를 공급한다.

③ 전기적 부하와 발전기에서 출력되는 전기와의 불평형을 조정한다.

④ 전조등만을 점등하기 위한 장치이다.

해설 건설기계에서 축전지의 주된 역할은 시동 시 전기적 부하를 담당하는 것으로, 전조등만을 점등하기 위한 장치는 아니다.

**11** 축전지 극판에 대한 설명으로 옳지 않은 것은?

① 양(+)극판 작용 물질은 과산화납이다.

② 양(+)극판 작용 물질은 해면상납이다.

③ 음(-)극판 작용 물질은 해면상납이다.

④ 양(+)극판 작용 물질은 화학 반응성이 풍부하다.

해설 축전지 양(+)극판 작용 물질은 화학 반응성이 풍부한 과산화납으로 되어 있으며, 해면상납은 음(-)극판 작용 물질이다.

**12** 격리판의 구비조건이 아닌 것은?

① 비전도성이어야 한다.

② 전해액이 확산되지 않아야 한다.

③ 다공성이어야 한다.

④ 내구성이 있어야 한다.

해설 축전지 격리판은 전해액 확산이 잘 되도록 다공성을 갖추어야 한다.
①③④ 이외에 극판에 유해한 물질을 내뿜지 않아야 하는 것도 축전지 격리판의 구비조건에 해당한다.

**13** 축전지 단자 기둥 식별 방법에 대한 설명으로 옳은 것을 모두 고른 것은?

---

ㄱ. 부식이 많이 발생하는 곳이 음극이다.

ㄴ. 양극은 적색, 음극은 흑색으로 표시한다.

ㄷ. 양극은 (+), 음극은 (-)로 표시한다.

ㄹ. 단자 직경은 양극이 음극보다 굵다.

---

① ㄱ, ㄷ, ㄹ      ② ㄴ, ㄷ, ㄹ

③ ㄷ, ㄹ      ④ ㄱ, ㄴ, ㄷ, ㄹ

해설 ㄱ. 축전지 단자 기둥 식별 방법 중 부식 정도로 식별하는 방법이 있다. 양극판은 과산화납으로 되어 있기 때문에 음극판보다 더 많이 부식된다.

**14** 12V 납산 축전지는 몇 개의 셀로 구성되어 있는가?

① 6개의 셀이 병렬로 접속되어 있다.

② 6개의 셀이 직렬로 접속되어 있다.

③ 12개의 셀이 병렬로 접속되어 있다.

④ 12개의 셀이 직렬로 접속되어 있다.

해설 납산 축전지는 셀당 기전력이 2.1V로, 12V 축전지는 6개의 셀이 직렬로 접속되어 있다.

**15** 납산 축전지 극판의 화학적 평형을 고려하여 설치하는 방법은?

① 양(+)극판을 1장 더 설치한다.

② 양(+)극판을 2장 더 설치한다.

③ 음(-)극판을 1장 더 설치한다.

④ 음(-)극판을 2장 더 설치한다.

해설 축전지 양(+)극판은 음(-)극판보다 활성화가 크기 때문에 화학적 평형을 고려하여 음(-)극판을 1장 더 설치한다.

★★
**16** 건설기계에 사용하는 납산 축전지에 대한 설명으로 옳은 것은?

① 셀당 기전력이 2.1V이다.

② 방전되면 충전이 되지 않는 1차 전지이다.

③ 전류의 자기 작용을 이용하여 전기를 발생시킨다.

④ 24V 축전지는 6개의 셀로 구성되어 있다.

해설 납산 축전지는 셀당 기전력이 2.1V로, 24V 축전지는 12개의 셀로 구성되어 있다.

**17** ★
납산 축전지의 전해액을 만드는 방법에 대한 설명으로 옳지 <u>않은</u> 것은?

① 비전도성 그릇을 준비한다.
② 증류수를 그릇에 담고 황산을 조금씩 부어 젓는다.
③ 황산을 그릇에 담고 증류수를 조금씩 부어 젓는다.
④ 비중은 1.260～1.280/20℃ 정도가 되도록 한다.

해설 전해액을 만들 때에는 반드시 비전도성 그릇에 물(또는 증류수)을 먼저 담고 황산을 조금씩 부으면서 저어야 한다.

**18** ★★★★
납산 축전지의 충·방전에 대한 설명으로 옳지 <u>않은</u> 것은?

① 양극판의 과산화납(PbO₂)은 방전 시 황산납(PbSO₄)으로 변한다.
② 음극판의 해면상납(Pb)은 방전 시 황산납(PbSO₄)으로 변한다.
③ 양극판의 과산화납(PbO₂)은 충전 시 황산납(PbSO₄)으로 변한다.
④ 음극판의 황산납(PbSO₄)은 충전 시 해면상납(Pb)으로 변한다.

해설 양극판의 과산화납(PbO₂)은 방전 시 황산납(PbSO₄)으로 변하며, 충전 시에는 황산납(PbSO₄)이 다시 과산화납(PbO₂)으로 변한다.

**19** ★★★
방전 종지 전압의 정의로 옳은 것은?

① 어떤 전류 이하로 방전해서는 안 되는 전류를 말한다.
② 어떤 전압 이상으로 방전해서는 안 되는 전압을 말한다.
③ 어떤 전류 이상으로 방전해서는 안 되는 전류를 말한다.
④ 어떤 전압 이하로 방전될 경우 방전을 멈추는 전압을 말한다.

해설 방전 종지 전압은 어떤 전압 이하로 방전될 경우 방전을 멈추는 전압을 말하며, 셀당 방전 종지 전압은 1.7～1.8V이다.

**20**
납산 축전지의 셀당 방전 종지 전압은 몇 V인가?

① 1.7～1.8V        ② 3.5～4.5V
③ 6.5～7.5V        ④ 9.5～10.5V

해설 납산 축전지의 셀당 방전 종지 전압은 1.7～1.8V이다.

**21** ★★★
축전지 용량에 대한 설명으로 옳지 <u>않은</u> 것은?

① 극판의 크기가 클수록 용량이 증가한다.
② 극판이 많을수록 용량이 증가한다.
③ 전해액의 비중이 높을수록 용량이 증가한다.
④ 온도가 낮을수록 용량이 증가한다.

해설 축전지 용량은 온도가 높을수록 증가한다.

**22** ★★★
12V, 100Ah의 축전지를 10A로 연속해서 방전하였을 때 몇 시간을 사용할 수 있는가?

① 5시간        ② 6시간
③ 8시간        ④ 10시간

해설 Ah는 시간당 사용할 수 있는 전류의 양을 나타낸 단위이다. 따라서 100Ah의 축전지를 10A로 연속해서 방전할 경우에는 10시간 동안 사용이 가능하다.

**23**
축전지 전해액의 온도가 상승할 때 비중의 변화는?

① 올라간다.        ② 내려간다.
③ 변화가 없다.        ④ 내려가다가 올라간다.

해설 축전지 전해액의 온도가 상승하면 활성화가 빠르게 되고 전기 발생이 많아져 황산이 극판으로 이동하므로 축전지 전해액의 비중이 내려간다.

**24**
축전지 자기 방전의 원인이 <u>아닌</u> 것은?

① 극판 작용 물질 탈락에 의한 단락·파손이 발생할 때
② 구조상 부득이할 때
③ 전해액 속에 불순물이 없을 때
④ 축전지 표면에 먼지, 습기 등이 많이 쌓여 있을 때

해설 전해액 속의 불순물, 축전지 케이스 상단 표면의 먼지, 습기 등에 의한 국부 전지의 형성이 축전지 자기 방전의 원인에 해당한다.

**25** 축전지의 1일 자기 방전량은 실용량의 몇 %인가?

① 0.1~0.3%  ② 0.3~1.5%
③ 1.5~2.0%  ④ 2.0~2.5%

해설 축전지의 1일(24시간) 자기 방전량은 실용량의 0.3~1.5% 이다.

**26** 축전지 충전 방법에 해당하지 <u>않는</u> 것은?

① 보 충전  ② 급속 충전
③ 정전류 충전  ④ 일반 충전

해설 축전지 충전 방법에는 보 충전 및 급속 충전 방법이 있으며, 보 충전 방법은 정전류 충전, 정전압 충전, 단별 전류 충전 방법으로 나뉜다.

**27** 정전류 충전 방법에 대한 설명으로 옳지 <u>않은</u> 것은?

① 처음부터 끝까지 일정한 전류로 충전하는 것이다.
② 최소 충전은 축전지 용량의 10%로 충전한다.
③ 표준 충전은 축전지 용량의 10%로 충전한다.
④ 최대 충전은 축전지 용량의 20%로 충전한다.

해설 정전류 충전 방법은 처음부터 끝까지 일정한 전류로 충전하는 것이다. 최소 충전은 축전지 용량의 5%, 표준 충전은 10%, 최대 충전은 20%로 충전한다.

**28** 축전지를 방전 상태로 장기간 방치할 경우 축전지 극판이 황산납으로 변하는 현상을 무엇이라 하는가?

① 설페이션  ② 베이퍼록
③ 페이드  ④ 캐비테이션

해설 설페이션(Sulfation, 영구황산납)이란 축전지 극판이 황산납 결정체가 되는 현상으로, 축전지를 방전된 상태로 장기간 방치하거나 전해액 부족으로 극판이 노출된 경우 등으로 발생한다.

## 3 시동장치의 구조와 기능

**29** 지게차에서 시동장치가 회전시키는 기관의 구성품은?

① 플라이휠  ② 발전기
③ 에어컨 컴프레셔  ④ 오일펌프

해설 시동장치는 전동기의 피니언 기어가 기관의 플라이휠 링 기어에 접속하여 기관 크랭크축을 회전시켜 기관을 시동시킨다.

★★★★
**30** 시동장치에 사용하는 전동기가 이용한 원리는?

① 렌츠의 법칙
② 옴의 법칙
③ 플레밍의 오른손 법칙
④ 플레밍의 왼손 법칙

해설 기동 전동기는 자력선 내의 도체에 전류가 흐를 때 도체에 작용하는 힘의 방향을 나타내는 법칙인 플레밍의 왼손 법칙에 의해 작동한다.

★★★
**31** 전동기의 종류 중 전기자 코일과 계자 코일이 직렬로 접속되어 있는 형식은?

① 3상 전동기  ② 직권식 전동기
③ 분권식 전동기  ④ 복권식 전동기

해설 전기자 코일과 계자 코일이 직렬로 접속되어 있으면 직권식이고, 병렬로 연결되어 있으면 분권식이며, 직·병렬로 연결되어 있으면 복권식이다.

★★
**32** 지게차 시동장치에 직류 직권식 전동기를 사용하는 이유로 옳은 것은?

① 회전 속도가 일정하기 때문이다.
② 회전 속도가 일정하고 회전력이 크기 때문이다.
③ 초기 회전력이 크기 때문이다.
④ 초기 회전 속도가 일정하고 부하에 따라 변화하기 때문이다.

해설 직권식 전동기는 회전 속도가 일정하지 않지만 초기 회전력이 크기 때문에 초기에 큰 회전력이 필요한 기동 전동기에 많이 사용한다.

★★
**33** 전동기의 회전력 전달방식에 따른 종류에 해당하지 **않는** 것은?

① 밴딕스식　　　　② 전기자 섭동식
③ 피니언 섭동식　　④ 전자석 섭동식

해설 전동기는 회전력을 전달하는 방식에 따라 밴딕스식, 전기자 섭동식, 피니언 섭동식으로 분류한다.

★★★★★
**34** 피니언 섭동식 전동기의 구성품 중 전기자 코일을 지지하고 맴돌이전류를 감소시켜 자력선이 잘 통하도록 하는 것은?

① 전기자 축　　　　② 전기자 철심
③ 정류자　　　　　④ 브러시

해설 전기자 철심은 전기자 코일을 지지하고 맴돌이전류를 감소시켜 자력선이 잘 통하도록 한다.

**35** 피니언 섭동식 전동기의 구성품 중 정류자에 대한 설명으로 옳지 **않은** 것은?

① 브러시와 접촉하여 전기자 코일에 전류를 공급한다.
② 정류자는 여러 개의 편으로 전기자 코일과 접속되어 있다.
③ 정류자는 계철에 고정되어 있다.
④ 정류자 편과 편 사이에는 절연체가 언더 컷으로 설치되어 있다.

해설 피니언 섭동식 전동기의 정류자는 전기자 축에 고정되어 있으며, 브러시와 접촉하여 전기자 코일에 전류를 공급한다.

★★★★
**36** 피니언 섭동식에 사용하는 전자석 스위치에는 몇 개의 코일이 설치되어 있는가?

① 1개　　　　　② 2개
③ 3개　　　　　④ 4개

해설 전자석 스위치에는 2개의 코일, 즉 풀인 코일과 홀드인 코일이 설치되어 있다.

**37** 전자석 스위치에 설치된 코일에 대한 설명으로 옳지 **않은** 것은?

① 코일은 모두 몸체에 접지되어 있다.
② 풀인 코일은 브러시와 직렬접속되어 있다.
③ 홀드인 코일은 몸체에 접지되어 있다.
④ 코일은 모두 시동 스위치 ST 단자에 접속되어 있다.

해설 스위치 내의 풀인 코일은 필드 단자 및 브러시와 직렬접속되어 있으며, 홀드인 코일은 몸체에 접속(접지)되어 있다. 또한 두 개의 코일은 모두 시동 스위치 ST 단자에 접속되어 있다.

★★★
**38** 지게차 시동 시 전동기가 작동하지 않을 때 점검해야 할 사항이 **아닌** 것은?

① 축전지　　　　② 시동 스위치
③ 분사펌프　　　④ 시동 전동기

해설 지게차 시동 시 전동기가 작동하지 않을 때에는 축전지, 시동 스위치(점화 스위치), 시동 전동기, 배선 접속 상태, 접지 상태 등을 점검하며, 시동 전동기는 작동하나 시동이 되지 않을 때에는 연료장치 등을 점검한다.

**39** 엔진의 회전력이 기동전동기에 전달되지 않도록 하는 장치는?

① 오버러닝 클러치　　② 전기자코일
③ 전자석스위치　　　④ 계자코일

해설 엔진 시동 후 피니언이 링 기어와 맞물려 있으면 전기자가 파손되는데, 오버러닝 클러치는 이를 방지하기 위해 엔진의 회전력이 전기자에 전달되지 않도록 하는 장치이다.

## 4 충전장치의 구조와 기능

★
**40** 지게차의 충전장치는 무엇에 의해 구동되는가?

① 기관 크랭크축과 구동벨트
② 기관 캠축과 구동벨트
③ 기관 플라이휠과 구동벨트
④ 기관 시동장치와 구동벨트

해설 충전장치는 기관 크랭크축 풀리와 구동벨트로 연결되어 작동된다.

★★★★★
**41** 다음 빈칸에 들어갈 내용이 순서대로 나열된 것은?

> 충전장치는 (　　　)과 (　　　)을 이용하여 유도기 전력을 발생시킨다.

① 옴의 법칙, 플레밍의 오른손 법칙
② 옴의 법칙, 플레밍의 왼손 법칙
③ 플레밍의 왼손 법칙, 플레밍의 오른손 법칙
④ 플레밍의 오른손 법칙, 렌츠의 법칙

해설 충전장치는 플레밍의 오른손 법칙과 렌츠의 법칙에 의해 유도기전력을 발생시킨다.

**42** 플레밍의 오른손 법칙에 대한 설명으로 옳은 것은?

① 자계 내에서 도체에 전류를 흐르게 하면 도체가 운동을 한다.
② 자계 내에서 도체에 전류를 흐르게 하면 도체가 자석이 된다.
③ 자계 내에서 도체를 운동시키면 도체에서는 유도기전력이 발생한다.
④ 자계 내에서 도체를 운동시키면 도체에서는 직류전기가 발생한다.

해설 플레밍의 오른손 법칙은 자계 내에서 도체를 운동시키면 도체에서는 유도기전력이 발생한다는 법칙이다.

★
**43** 충전장치에 대한 설명으로 옳지 <u>않은</u> 것은?

① 충전장치에는 직류발전기와 교류발전기가 있다.
② 직류발전기는 자여자식이다.
③ 교류발전기는 타여자식이다.
④ 직류발전기는 직류를 직접 발생시킨다.

해설 직류발전기 및 교류발전기 모두 유도기전력, 즉 교류를 발생시킨다. 직류발전기에서 발생된 교류는 정류자와 브러시를 통해 직류로 정류된다.

★★★
**44** 교류발전기의 특징으로 옳지 <u>않은</u> 것은?

① 전압 조정기가 필요하다.
② 소형이고 경량이며 발생 출력이 크다.
③ 정류자와 브러시를 이용하여 정류하므로 정류 특성이 우수하고 전류를 조정해야 한다.
④ 정류자가 없어 크랭크축과의 회전비(풀리비)를 크게 할 수 있으며 브러시의 수명이 길다.

해설 교류발전기에서는 정류기로 실리콘 다이오드를 이용하여 정류하므로 정류 특성이 우수하고 전류 조정기가 필요 없다.

**45** 교류발전기 구성품 중에서 자석이 되는 부분은?

① 스테이터　　　　② 로터
③ 슬립링　　　　　④ 스테이터 철심

해설 교류발전기는 로터가 자석이 되어 회전하게 되며, 직류발전기는 계자가 자석이 되는 부분으로 고정되어 있다.

★★★★★
**46** 교류발전기에서 유도 전기가 발생하는 구성품은?

① 스테이터 코일　　② 로터 코일
③ 계자 코일　　　　④ 전압 조정기

해설 교류발전기에서 전기가 발생하는 곳은 스테이터 코일이고, 직류발전기에서 전기가 발생하는 곳은 전기자 코일이다.

★★
**47** 교류발전기에 필요한 조정기는?

① 전류 조정기
② 컷 아웃 릴레이
③ 전압 조정기
④ 전압, 전류 조정기

해설 교류발전기는 전압 조정기만 필요하며, 직류발전기는 전압, 전류 조정기 및 컷 아웃 릴레이가 필요하다.

★★
**48** 교류발전기 정류기에 사용되는 다이오드는 몇 개인가?

① 3개
② 4개
③ 5개
④ 6개

해설 교류발전기는 3상 결선을 사용하므로 총 6개의 다이오드가 사용된다.

★★
**49** 교류발전기에서 사용하는 실리콘 다이오드의 기능으로 옳은 것은?

① 전압을 조정한다.
② 발전량을 조정한다.
③ 여자 전류를 조정한다.
④ 교류를 직류로 정류하고 역류를 방지한다.

해설 교류발전기의 정류기는 실리콘 다이오드를 사용하여 교류를 직류로 정류하며, 기관이 정지하였을 때 축전지로부터 역류를 방지한다.

**50** 지게차에 사용되는 발전기는 무엇으로 출력을 제어하는가?

① 기관 회전 속도
② 로터 코일의 공급 전류
③ 스테이터 발생 전류
④ 로터철심의 위치

해설 발전기에서 발생하는 출력을 제어하기 위해서는 로터의 전류를 조정하여 자석의 세기를 조정한다.

**51** 교류발전기의 특징에 대한 설명으로 옳지 않은 것은?

① 소형이고 경량이며 발생 출력이 크다.
② 저속에서도 충전 능력이 탁월하다.
③ 전압 조정기만 필요하다.
④ 정류자와 브러시를 통해 정류를 한다.

해설 교류발전기는 정류자와 실리콘 다이오드를 사용하여 정류를 한다. 정류자와 브러시를 통해 정류를 하는 것은 직류발전기이다.

★★★★
**52** 지게차 충전장치에서 발전이 되지 않는 원인으로 적절하지 않은 것은?

① 구동벨트 장력이 너무 강하다.
② 스테이터 코일이 단선되었다.
③ 로터 코일이 단선되었다.
④ 전압 조정기가 불량하다.

해설 충전장치는 구동벨트 장력이 느슨할 때 발전이 되지 않는다. 구동벨트 장력이 너무 강한 것은 발전기뿐만 아니라 물펌프, 에어컨 컴프레셔 등의 베어링이 쉽게 손상되는 원인이 된다.

## 5 디젤기관 시동 보조장치

### ★★★
**53** 디젤기관 예열장치 중 연소실의 공기를 직접 가열하는 방식은?

① 흡기 히터식　　　② 히트 레인지식
③ 예열 플러그식　　④ 히트 가열식

> **해설** 연소실 내의 공기를 직접 가열하는 방식은 예열 플러그식이다.
> ①② 흡기 히터식과 히트 레인지식은 흡기다기관에 유입된 공기를 가열하는 형식에 해당한다.

### **54** 기계식 디젤기관에서 예열 플러그를 사용하는 연소실이 아닌 것은?

① 예연소실식　　　② 공기실식
③ 와류실식　　　　④ 직접분사실식

> **해설** 직접분사실식 연소실은 흡기 히터식을 사용한다.

### ★★★
**55** 예열 플러그의 종류에 대한 설명으로 옳지 않은 것은?

① 실드형 예열 플러그는 히트 코일이 보호 튜브 내에 설치되어 있다.
② 코일형 예열 플러그는 히트 코일이 내부에 설치되어 있다.
③ 실드형 예열 플러그는 병렬로 접속한다.
④ 코일형 예열 플러그는 직렬로 접속한다.

> **해설** 코일형 예열 플러그는 히트 코일이 노출되어 있어 가열 시간이 짧다.

### ★★★★
**56** 예열 플러그가 자주 단선되는 원인으로 옳지 않은 것은?

① 작동 시간이 너무 길다.
② 공급 전류가 너무 크다.
③ 예열 플러그 릴레이가 불량하다.
④ 예열 플러그 설치가 불량하다.

> **해설** 예열 플러그 릴레이는 예열 플러그와 시동 전동기에 전류 공급을 제어한다. 릴레이 작동이 불량하면 예열 플러그에 전류가 공급되지 않아 작동이 되지 않는다.

### ★★★
**57** 6기통 디젤기관에 실드형 예열 플러그를 장착하여 사용하던 중 3번 실린더 예열 플러그가 단선되었을 때 나타나는 현상으로 옳은 것은?

① 3번 실린더 예열 플러그만 작동되지 않는다.
② 1번, 2번, 3번 실린더 예열 플러그가 작동되지 않는다.
③ 4번, 5번, 6번 실린더 예열 플러그가 작동되지 않는다.
④ 3번, 4번, 5번, 6번 실린더 예열 플러그가 작동되지 않는다.

> **해설** 실드형 예열 플러그는 병렬로 접속하므로 3번 실린더 예열 플러그가 단선되었을 때 해당 플러그만 작동되지 않고, 나머지 실린더 예열 플러그는 작동된다.

## 6 등화 및 계기장치의 구조와 기능

### ★★★
**58** 등화장치 중 조명등에 해당하지 않는 것은?

① 번호등　　　　　② 전조등
③ 실내등　　　　　④ 안개등

> **해설** 번호등은 외부 표시등에 해당한다.

### ★★★
**59** 전조등의 3요소가 아닌 것은?

① 렌즈　　　　　　② 반사경
③ 필라멘트　　　　④ 소켓

> **해설** 전조등의 3요소는 렌즈, 반사경, 필라멘트이다.

★★★

**60** 전조등의 형식 중 렌즈와 반사경, 필라멘트가 일체로 되어 있으며 기후 변화에도 반사경이 흐려지지 <u>않는</u> 것은?

① 실드 빔 형식　　　② 세미 실드 빔 형식
③ 비교환 형식　　　④ 교환 형식

해설 실드 빔 형식은 렌즈, 반사경, 필라멘트가 일체로 되어 내부에 불활성가스가 봉입되어 있으며, 기후 변화에도 반사경이 흐려지지 않는다.

★★

**61** 전조등의 종류 중 세미 실드 빔 형식에 대한 설명으로 옳지 <u>않은</u> 것은?

① 렌즈와 반사경이 일체로 된 형식이다.
② 렌즈와 반사경 및 전구가 일체로 된 형식이다.
③ 필라멘트 대신에 전구를 사용한다.
④ 기후 변화에 따라 반사경이 흐려질 수 있다.

해설 세미 실드 빔 형식은 렌즈와 반사경이 일체로 되어 있고, 필라멘트 대신에 전구를 사용하여 전구가 단선되더라도 전구만 교환하면 되는 형식이다. 그러나 기후 변화에 따라 반사경이 흐려지기 쉽다.

★

**62** 전조등 회로의 연결 방법으로 옳은 것은?

① 복선-직렬　　　② 단선-병렬
③ 복선-병렬　　　④ 단선-직렬

해설 전조등은 전류 소모가 커서 복선식으로 접속하며, 안전을 위해 병렬로 연결한다.

★★★

**63** 지게차의 방향지시등을 작동시켰더니 한쪽은 정상으로 작동하고 다른 한쪽은 빠르게 점멸했다면, 이때 예상되는 고장 원인은?

① 플래셔 유닛의 고장이다.
② 다기능 스위치의 불량이다.
③ 퓨즈의 단선이다.
④ 한쪽 앞뒤 전구 중 하나가 단선되었다.

해설 방향지시등 한쪽의 점멸 속도가 빠른 원인은 한쪽 앞뒤 전구 중 하나가 단선되었거나 용량이 다르기 때문이다.

★★★

**64** 계기판의 전류계 지침 움직임에 대한 설명으로 옳지 <u>않은</u> 것은?

① 기관이 작동하고 충전장치가 정상이면 지침은 (−) 방향을 가리킨다.
② 기관이 정지되고 전조등이 점등되어 있으면 지침은 (−) 방향을 가리킨다.
③ 기관이 정지되고 축전지가 완전 충전되어 있으면 지침은 (+) 방향을 가리킨다.
④ 기관이 작동하고 충전장치가 정상이면 지침은 (+) 방향을 가리킨다.

해설 전류계는 기관이 작동하고 충전장치가 정상이면 지침은 (+) 방향을 가리킨다. 충전장치 또는 축전지가 불량하거나 배선 접속이 불량하게 되면 방전 상태인 (−) 방향을 가리킨다.

**7 퓨즈**

**65** 건설기계 전기장치에 사용하는 퓨즈에 대한 설명으로 옳지 <u>않은</u> 것은?

① 전기 회로에 직렬로 접속되어 있다.
② 전기 회로에 병렬로 접속되어 있다.
③ 과대 전류가 흐르면 단선되어 배선과 전장품을 보호한다.
④ 납, 주석, 창연의 합금으로 되어 있다.

해설 퓨즈는 전기 회로에 직렬로 접속되어 과대 전류에 의해 배선 및 전장품이 손상되는 것을 방지하며, 납, 주석, 창연의 합금으로 되어 있다.

강의보기  문제보기 123p

출제예상
6문제

# CHAPTER 03 전·후진 주행장치

• 동력전달 순서 및 토크컨버터, 드라이브라인 내용이 중요합니다. 관련 내용을 꼭 공부하세요.

## 1 조향장치의 구조와 기능

### 1. 개요
① 정의: 조향장치는 건설기계가 주행 중 선회하고자 하는 방향으로 전환시키는 일련의 장치이다.
② 원리: 조향의 원리는 **애커먼장토식의 원리**(마름모꼴 원리)를 이용한다.

> 용어 애커먼장토식의 원리: 킹핀과 타이로드 엔드의 중심을 연결하는 선의 연장선이 뒤 차축 중심에서 만나게 되면, 선회 시 선회하는 바깥쪽 바퀴보다 안쪽 바퀴 조향각이 더 커지는 원리

③ 조향·구동 및 현가방식
  ㉠ 조향방식: 후륜조향방식으로 조향 실린더는 복동 실린더 더블로드 형식임
  ㉡ 구동방식: 앞바퀴를 사용하는 전륜구동방식임
  ㉢ 현가방식: 지게차는 롤링을 방지하기 위해 현가 스프링을 사용하지 않음
④ 조향 조작력 전달 순서: 조향핸들 → 조향 축 → 조향기어 → 피트먼 암 → 드래그 링크 → 타이로드 → 너클 암 → 바퀴
⑤ 조향장치의 구비조건
  ㉠ 주행 중 발생되는 충격에 조향 조작이 영향을 받지 않아야 함
  ㉡ 조작과 방향 변환이 쉽게 이루어져야 함
  ㉢ 회전 반지름이 작아 좁은 곳에서도 방향 전환이 되어야 함
  ㉣ 조향핸들 회전 각도와 바퀴의 선회 각도 차이가 작아야 함
  ㉤ 수명이 길고 정비가 편리해야 함

### 2. 조향장치 구성품
조향핸들 및 축, 조향기어 박스, 링키지(피트먼 암, 드래그 링크), 타이로드, 조향 너클 등으로 구성되어 있다.
① 조향기어 박스: 조향기어 박스 내부에는 조향기어가 설치되어 있으며, 감속비를 이용하여 조향 조작력을 증대시킨다. 조향기어의 종류에는 웜 섹터형, 볼 너트형, 래크와 피니언형 등이 있다.

② 피트먼 암: 조향기어 종류 중 볼 너트 형식에서 조향기어로부터 전달된 조향 조작력을 드래그 링크에 전달하는 역할을 한다.
③ 드래그 링크: 피트먼 암과 너클 암을 연결하는 로드이다.
④ 타이로드: 너클 암의 회전운동을 받아 좌우 바퀴 조향 너클을 움직여 바퀴가 조향하도록 한다. 또한 타이로드 길이를 조정하여 토를 조정할 수 있다.

▲ 조향장치의 구성

### 3. 조향장치의 정비
① 조향핸들 조작이 무거운 원인
  ㉠ 타이어 공기압이 낮을 때
  ㉡ 조향기어의 백래시가 작을 때
  ㉢ 조향기어 박스에 기어오일이 부족할 때
  ㉣ 바퀴 정렬이 불량할 때
  ㉤ 타이어의 마모가 심할 때
  ㉥ 오일펌프 작동이 불량할 때
② 조향핸들이 한쪽으로 쏠리는 원인
  ㉠ 한쪽 타이어의 공기압이 낮을 때
  ㉡ 바퀴 정렬이 불량할 때
  ㉢ 허브 베어링의 마모가 심할 때

### 4. 동력 조향장치
① 정의: 조향 조작력을 작게 하기 위해 유압의 힘을 이용한 장치이다.
② 유압식 동력 조향장치 설치 시 장점
  ㉠ 작은 조향 조작력으로도 조향 조작을 할 수 있음
  ㉡ 조향기어비를 조향 조작력에 관계없이 설정할 수 있음

ⓒ 굴곡진 노면으로부터 충격을 흡수하여 조향핸들에 전달되는 것을 방지할 수 있음

ⓓ 바퀴의 **시미 현상**을 일부 감소시킬 수 있음

> 용어 **시미 현상**: 주행 중 앞바퀴에 일어나는 진동 현상

③ 구성

　ⓐ **동력부(발생부)**: 유압 발생부로 엔진 팬벨트에 의해 오일펌프가 회전하여 유압을 발생시킴
　　• 오일펌프: 유압이 발생하는 곳

　ⓑ **제어부**: 유로 변경부로 유압조절 밸브, 유량제어 밸브, 스플 밸브를 사용함
　　• 유압조절 밸브(릴리프 밸브): 오일펌프에서 발생한 유압이 과도하게 상승하는 것을 방지하여 일정한 유압을 유지함
　　• 유량제어 밸브: 작동부로 공급되는 유량을 제어함
　　• 스플 밸브: 조향축과 연결되어 회전 방향에 따라 유로를 개폐시켜 작동부의 동력 실린더의 작동 방향으로 유압을 공급함

　ⓒ **작동부**: 좌우 작동부로 동력 실린더와 동력 피스톤으로 구성됨
　　• 동력 실린더: 좌우 2개의 실린더 실로 구분되고, 유압의 공급 방향에 따라 피스톤이 움직임
　　• 동력 피스톤: 실린더에 공급된 유압에 의해 좌우로 움직이며, 이때 로드를 통해 조향 링키지로 동력을 전달함

> 심화 **벨 크랭크**: 동력 실린더의 직선운동을 회전운동으로 바꾸고 타이로드에 직선운동을 시키는 장치

## 5. 조향바퀴 정렬

① **정의**: 조향바퀴 정렬(앞 또는 뒷바퀴 정렬)은 각 바퀴가 차체나 노면에 대해 일정한 각도 및 방향을 두고 설치되는 것을 말한다.

② **바퀴 정렬의 필요성**
　ⓐ 조향핸들 조작을 작은 힘(가볍게)으로도 할 수 있게 함
　ⓑ 조향핸들 조작을 확실하게 하고 안전성을 줌
　ⓒ 조향핸들 조작 후 조향바퀴에 복원성을 부여함
　ⓓ 선회 시 옆 방향 미끌림(사이드 슬립)을 방지하고 타이어의 마모를 감소시킴

③ **바퀴 정렬의 요소**
　ⓐ **캠버**: 바퀴를 앞에서 보았을 때 바퀴 중심선이 수직선에 대해 바깥쪽(정의 캠버) 혹은 안쪽(부의 캠버)으로 기울어진 것
　　• 필요성: 조향 조작 시 조향 조작력을 가볍게 하고 수직 하중에 의한 차축 휨을 방지함

▲ 캠버

　ⓑ **토**: 바퀴를 위에서 보았을 때 앞쪽이 뒤쪽보다 좁은 것(토 인) 또는 넓은 것(토 아웃)
　　• 토 인의 필요성: 바퀴를 평행하게 회전하게 하며 옆 방향 미끌림(사이드 슬립)을 방지하고, 링키지 마모나 캠버에 의한 토 아웃을 방지함
　　• 토 조정 방법: 타이로드 길이를 가감하여 조정함

토 인

토 아웃

▲ 토

　ⓒ **캐스터**: 바퀴를 옆에서 보았을 때 킹핀 중심선이 수직선에 대해 앞(부의 캐스터) 또는 뒤(정의 캐스터)로 기울어진 것
　　• 필요성: 바퀴에 방향성을 주며 킹핀 경사각과 함께 복원력을 부여함

<table>
<tr><td>정(+) 캐스터</td><td>'0' 캐스터</td><td>부(−) 캐스터</td></tr>
</table>

▲ 캐스터

ⓔ 킹핀 경사각: 바퀴를 앞에서 보았을 때 킹핀 중심
선이 수직선에 대해 안쪽으로 기울어진 것
- 필요성: 캠버와 함께 조향 조작력을 작게(가볍
게) 하며 바퀴의 시미 현상을 방지하고 캐스터
와 함께 복원력을 부여함

## ② 동력전달장치의 구조와 기능

### 1. 개요

① **동력전달장치의 구성 요소**: 클러치(수동변속기를 장
착한 경우), 변속기(또는 트랜스 액슬), 드라이브 라
인, 종감속 기어, 차동장치, 차축 및 구동 바퀴 등

② **동력전달 순서**: 기관 → 클러치 또는 토크컨버터 →
변속기 → 드라이브 라인 → 종감속 장치 및 차동장
치 → 액슬축 → 바퀴

### 2. 클러치

① 정의: 기관과 수동변속기 사이에 설치되어 기관의
동력을 변속기에 전달 또는 차단한다. 클러치 페달
을 밟으면 플라이휠과 클러치판이 떨어져 동력이 차
단되고, 클러치 페달을 떼면 동력이 전달된다.

② **필요성**
  ㉠ 기관 시동 시 무부하 상태로 두기 위해
  ㉡ 변속기의 기어 변속을 위해 일시적으로 기관의
    동력을 차단하기 위해(클러치 연결 상태에서 기
    어 변속 시 기어가 손상될 수 있음)
  ㉢ 관성 주행을 위해

③ **구비조건**
  ㉠ 회전 관성이 적어야 함
  ㉡ 회전 부분의 평형이 좋아야 함
  ㉢ 과열되지 않아야 함
  ㉣ 구조가 간단하고 고장이 적어야 함
  ㉤ 동력은 신속히 차단하고 충격 완화를 위해 서서
    히 전달해야 함
  ㉥ 접속 후에는 미끄러짐이 없어야 함
  ㉦ 고장과 진동, 소음이 적고 수명이 길어야 함

④ 종류
  ㉠ 마찰 클러치
  ㉡ 유체 클러치
  ㉢ 전자 클러치

### 3. 마찰 클러치의 주요 구조 및 기능

① 클러치판(디스크, 클러치 라이닝): 기관 플라이휠과
압력판 사이에 설치되며 기관의 동력을 변속기 입력
축을 통해 변속기에 전달한다.
  ㉠ 구비조건
    - 내마멸성, 내열성이 클 것
    - 온도에 의한 변화가 적고, 내식성이 클 것
    - 알맞은 마찰계수를 갖출 것
  ㉡ 구성
    - 허브: 스플라인으로 되어 있으며 변속기 입력
      축이 접속되는 부분
    - 비틀림 코일 스프링: 클러치판이 회전하는 플라
      이휠에 접속할 때 발생하는 회전 충격을 흡수함
    - 쿠션 스프링: 클러치판이 플라이휠에 접속할 때
      축 방향 충격에 의한 페이싱(라이닝)의 변형 또
      는 파손을 방지함
  ㉢ **클러치판의 마모로 발생하는 현상**
    - 동력전달 효율 감소로 인한 연료 소비량 증가
    - 견인력 감소 및 차체 속도 저하

② 압력판: 클러치 스프링 장력을 이용하여 클러치판을
플라이휠에 압착하는 역할을 한다.

③ 릴리스 레버: 압력판과 접속되어 있으며, 릴리스 베
어링 작동에 의해 압력판을 뒤로 밀려나게 한다.

④ 릴리스 베어링: 릴리스 포크에 장착되어 있으며, 클
러치 페달을 작동시키면 회전하는 릴리스 레버에 접
속하여 레버가 작동하게 한다.
  ㉠ 오일 주입식
  ㉡ 오일리스 형식(영구 주유식): 앵귤러 접촉형, 카본
    형, 볼 베어링형

### 4. 토크컨버터

① 정의: 기관의 동력으로 유체에너지를 발생시키고,
이를 다시 회전력으로 전환시키는 장치이다.

② 내용
  ㉠ 토크컨버터의 동력전달 효율: 오일의 미끄러짐에
    따라 97~98% 정도임

ⓒ 토크 변환율: 스테이터에 의한 터빈 러너의 회전력 증대로 인해 토크 변환율이 2~3:1로 변환됨

③ 구성

　ㄱ 펌프 임펠러: 크랭크축과 연결되어 항상 함께 회전하며, 엔진이 회전하면서 유체에너지를 발생시킴

　ㄴ 터빈 러너: 변속기 입력축과 연결되며 펌프 임펠러로부터 받은 유체에너지에 의해 회전력이 발생함

　ㄷ 스테이터: 오일의 흐름 방향을 바꾸어 터빈 러너의 회전력(토크)을 증대시킴

▲ 토크컨버터의 구성

## 5. 유체 클러치의 주요 구조

① 구성품: 펌프 임펠러, 터빈 러너, 가이드링

② 가이드링: 유체의 와류를 감소시키는 역할을 한다.

## 6. 자동변속기

① 변속기의 필요성

　ㄱ 기관 회전력의 증대를 위해

　ㄴ 기관 시동 시 무부하 상태로 두기 위해

　ㄷ 건설기계의 후진을 위해

② 자동변속기의 특징

　ㄱ 조종자가 기어 변속을 하지 않아도 자동으로 변속이 됨

　ㄴ 기어 변속 중 기관이 정지되는 일이 없으므로 안전 운전이 가능함

　ㄷ 저속에서 구동력이 큼

　ㄹ 자동변속기 오일이 충격 완화 작용을 하여 기관에 전달되는 충격이 적어 기관 수명이 길어짐

③ 구성

　ㄱ 전·후진 클러치: 방향전환 레버의 스위치 작동에 따라 유압이 클러치 피스톤에 전달되면 클러치가

접속하여 토크컨버터의 회전력을 유성 기어에 전달하거나 차단함

　ㄴ 밸브 보디: 솔레노이드 작동에 따라 유로를 형성하고 유압을 공급함

　ㄷ 유성 기어: 자동변속기는 기어변속을 위해 유성 기어를 사용하고, 선 기어, 유성 기어 및 유성 기어 캐리어, 링 기어로 구성되어 변속비를 형성함

선 기어　　　　　링 기어

유성 기어　　유성 기어 캐리어

▲ 유성 기어의 구성

심화

자동변속기 과열의 원인

① 메인 압력이 높을 때

② 오일이 규정된 양보다 적을 때

③ 오일 점도가 높을 때

④ 변속기 오일 쿨러가 막혔을 때

⑤ 과부하일 때

## 7. 수동변속기

① 수동변속기 이상소음의 원인

　ㄱ 변속기어의 백래시 과다

　ㄴ 변속기의 오일 부족

　ㄷ 변속기 베어링의 마모

② 주행 중 수동변속기 기어가 빠지는 원인

　ㄱ 기어가 덜 물렸을 때

　ㄴ 기어의 마모가 심할 때

　ㄷ 변속기 록장치(록킹볼)가 불량할 때

　ㄹ 로크 스프링의 장력이 약할 때

용어

로크 스프링: 기어가 빠지지 않게 고정시키는 록킹볼을 밀어 주는 코일 스프링의 일종

③ 클러치 페달 자유유격

　ㄱ 의미: 클러치 페달을 밟았을 때 릴리스 베어링이 릴리스 레버에 닿을 때까지 페달이 움직인 거리를 말함

ⓛ 자유유격이 큰 경우: 동력차단이 불량해짐
ⓒ 자유유격이 작은 경우: 클러치가 미끄러짐

## 8. 드라이브 라인

① 정의: 변속기에서 증대된 회전력을 종감속 장치까지 전달하기 위한 일련의 장치들로 슬립 이음, 자재 이음, 추진축 등으로 구성되어 있다.

② 구성
ⓐ **슬립 이음**: 길이 변화에 대응하기 위한 이음으로, 변속기 출력축과 추진축에 스플라인으로 구성되어 있음
ⓑ **자재 이음**: 각도 변화에 대응하기 위한 이음으로, 추진축 앞뒤에 설치됨
ⓒ **추진축**: 변속기로부터 변환된 회전력을 종감속 장치에 전달하며, 고속으로 회전하므로 속이 빈 강관으로 되어 있음. 회전 시 동적·정적 평형을 유지하기 위한 평형추가 장착되어 있음

▲ 드라이브 라인의 구성

## 9. 종감속 장치

① 정의: 바퀴의 **구동력**을 증대시키고 회전력을 직각 방향으로 전달하기 위한 장치로, 스파이럴 베벨 기어 형식의 피니언 기어와 링 기어로 구성되어 있다.

> 용어 **구동력**: 바퀴를 굴리기 위한 힘

② 종감속비: 기관 출력, 중량, 등판 능력, 가속 성능에 따라 결정되며, 종감속비는 기어의 편마모를 방지하기 위해 나누어떨어지지 않는 값으로 한다.

$$종감속비 = \frac{링 기어 잇수}{피니언 기어 잇수}$$

③ 종감속 기어
ⓐ **특징**: 링 기어 중심선 아래에 구동 피니언 기어를 설치한 형식인 하이포이드 기어를 사용한다.
ⓑ **하이포이드 기어의 특징**
• 구동 피니언 기어를 링 기어 중심 아래에 설치함으로써 추진축 높이를 낮출 수 있어 차체 중심이 낮아짐
• 구동 피니언 기어를 크게 할 수 있어 기어의 강도가 증대됨
• 기어 물림률이 커서 회전이 정숙함
• 기어가 미끄럼 접촉을 하며 회전하므로 압력이 커서 특수 기어 오일을 사용해야 함
• 제작이 어려움

▲ 하이포이드 기어의 구성

## 10. 차동장치

① 정의: 건설기계가 선회 시 조향하지 않는 바퀴가 선회하는 경우, 안쪽 바퀴와 바깥쪽 바퀴의 회전수를 다르게 하여(바깥쪽 바퀴의 회전 속도를 증대시킨다) 미끄럼 없이 원활하게 선회하도록 하는 장치이다.
② 원리: 랙과 피니언의 원리를 이용한다.
③ 구성: 차동 사이드 기어, 차동 피니언 기어, 피니언 기어축, 차동 기어 케이스 등
④ **차동장치 동력전달 순서**: 구동 피니언 기어 → 링 기어 → 차동 기어 케이스 → (차동 피니언 기어 → 차동 사이드 기어) → 차축

## 3 제동장치의 구조와 기능

### 1. 제동장치

제동장치는 주행하는 건설기계를 감속 또는 정지시키거나 주차 상태를 유지하는 장치로, 운동에너지를 열에너지로 바꾸어 제동력을 발생시킨다.

## 2. 유압식 제동장치

① 원리: 파스칼의 원리를 이용하여 유압을 발생시킨다.

② 특징
- ㉠ 모든 바퀴에 제동력이 고르게 작용함
- ㉡ 작동 시 마찰 손실이 작음
- ㉢ 제동 시 페달 조작력이 작아도 됨
- ㉣ 유압회로가 파손되면 오일이 누출되어 제동 기능이 상실됨
- ㉤ 유압회로 내에 공기가 유입되면 제동력이 감소함

③ 구비조건
- ㉠ 건설기계 중량과 속도에 대해 충분한 제동 성능을 갖추어야 함
- ㉡ 작동은 확실하고 그 효과는 커야 함
- ㉢ 제동장치에 대한 신뢰성과 내구성이 커야 함
- ㉣ 점검과 정비가 쉬워야 함

④ 주요 구성품
- ㉠ 마스터 실린더: **탠덤 마스터 실린더**를 사용함
  - 1차 피스톤 컵: 유압 발생
  - 2차 피스톤 컵: 오일 누출 방지
  - 체크 밸브: 제동이 해제되었을 때 유압 라인 내에 잔압을 유지하여 재제동성을 향상시키고 **베이퍼록 현상**과 오일의 역류를 방지함
- ㉡ 진공 부스터(하이드로 백): 진공 배력 장치로서 대기압과 진공의 압력차를 이용해 마스터 실린더 푸시로드에 힘을 배가시키며, 진공 배력 장치는 부품이 고장 나더라도 브레이크는 작동함
- ㉢ 휠 브레이크: 건식과 습식이 있음. 건식은 슈 라이닝이 회전하는 드럼을 제압하여 제동력을 발생시키며, 습식은 몇 장의 클러치가 유압 피스톤에 압착되어 회전하는 브레이크 드럼을 제동시키는 형식임

> **용어**
> - **탠덤 마스터 실린더**: 싱글 마스터 실린더 두 개를 연이어 접속시킨 형식의 장치
> - **베이퍼록 현상**: 유압 라인 내 마찰열 또는 압력 변화에 의해 오일이 비등하여 기포가 발생하면 그 기포에 의해 오일의 흐름이 방해받아 제동력이 저하되는 현상

⑤ 브레이크 작동 시 차가 한쪽으로 쏠리는 원인
- ㉠ 타이어 좌우 공기압이 다른 경우
- ㉡ 드럼슈에 그리스나 오일이 붙은 경우
- ㉢ 드럼이 변형된 경우

> **심화**
> - 브레이크 오일
>   - ① 알코올과 피마자유를 합성하여 만듦
>   - ② 브레이크 장치 수리 시 고무 재질의 부품을 세척할 때 알코올과 함께 사용됨
> - 브레이크 오일의 구비조건
>   - ① 점도지수가 높을 것(내부 마찰이 적고, 윤활성이 좋을 것)
>   - ② 응고점이 낮고 비점(비등점)이 높을 것
>   - ③ 팽창계수가 낮을 것
>   - ④ 비압축성일 것
> - 브레이크 드럼이 갖추어야 할 조건
>   - ① 내마멸성이 커야 함
>   - ② 정적·동적 평형이 좋아야 함
>   - ③ 열 발산이 잘 되어야 함
>   - ④ 재질이 단단하고 가벼워야 함

## 3. 인칭 조절장치

변속기 내부에 있는 밸브 바디에 인칭용 스풀 밸브가 설치되며, 페달을 밟으면 동력이 차단되어 브레이크 작용 및 리프트 상승 속도를 높이는 데 사용된다.

## 4. 공기브레이크

① 압축공기를 이용한 제동장치를 말한다.

② 캠은 공기브레이크의 챔버에서 브레이크슈를 직접 작동한다.

## 4 주행장치의 구조와 기능

### 1. 차축

① 액슬축 설치
- ㉠ 차축 내부에는 액슬축을 설치하여 종감속 장치 및 차동장치로부터 전달받은 회전력을 바퀴에 전달함
- ㉡ 액슬축 한쪽 끝은 차동장치의 차동 사이드 기어와 접속되고 다른 한쪽은 바퀴와 접속되어 있음

### 2. 타이어

① 기능: 노면으로부터 충격을 흡수하고 제동력, 구동력, 견인력을 확보한다.

② 구성
- ㉠ 트레드: 노면과 접촉하는 부분으로 내부의 열을 발산하고, 구동력·견인력·제동력·배수·조향성·안정성을 위해 필요함
- ㉡ 브레이커: 트레드와 카커스 사이에 설치되어 노면의 충격을 흡수하고 트레드와 카커스가 분리되는 것을 방지함

© 카커스: 직물에 고무를 피복한 것을 여러 겹의 층으로 설치하여 타이어 골격을 이루는 부분으로, 한 겹을 플라이(Ply)라고 하며 공기압에 따라 플라이 수가 다름

② 사이드 월: 타이어의 모든 정보가 표시되는 부분

© 비드: 림과 접촉하는 부분으로, 변형에 의해 공기압이 새는 것을 방지하고 림에서 이탈되는 것을 방지하기 위해 내부에 강선을 삽입함

▲ 타이어의 구성

③ 타이어의 분류

㉠ 사용 압력에 따른 분류: 초저압 타이어, 저압 타이어, 고압 타이어

㉡ 튜브 유무에 따른 분류: 튜브 타이어, 튜브리스 타이어

> **심화**
> **튜브리스 타이어의 장점**
> ① 타이어 펑크 시 수리가 편리함
> ② 못이 박혀도 공기가 쉽게 새지 않음
> ③ 고속으로 주행하여도 발열 현상이 적음

④ 타이어 호칭 치수

㉠ 저압 타이어: 타이어 폭(Inch)－타이어 내경(Inch)－플라이 수

$$11.00-20-12PR(Ply\ Rating)$$

㉡ 고압 타이어: 타이어 외경(Inch)×타이어 폭(Inch)－플라이 수

⑤ 타이어 접지압

$$\frac{\underline{공차\ 상태의\ 무게}(kgf)}{접지\ 면적(cm^2)}$$

⑥ 타이어 트레드 패턴

㉠ 종류: 리브형, 러그형, 리브러그형, 블록형 등

㉡ 기능: 배수, 열발산, 미끄럼방지 등의 역할

# 출제예상문제

## 1 조향장치의 구조와 기능

**★★★**

**01** 지게차 조향방식에 대한 설명으로 옳은 것은?

① 앞바퀴 조향, 뒷바퀴 구동방식이다.
② 앞바퀴 구동, 뒷바퀴 조향방식이다.
③ 앞바퀴 구동 및 조향방식이다.
④ 뒷바퀴 구동 및 조향방식이다.

**해설** 지게차는 일반 자동차와 달리 앞바퀴 구동, 뒷바퀴 조향방식이다.

**★★**

**02** 건설기계에 사용하는 조향장치에 적용되는 원리는?

① 애커먼장토식의 원리
② 평행사변형의 원리
③ 베르누이의 원리
④ 파스칼의 원리

**해설** 조향장치는 선회 시 바깥쪽 바퀴와 안쪽 바퀴의 조향각에 차이를 두어 원활한 선회를 하기 위해 애커먼장토식의 원리를 이용한다.

**03** 조향장치 구성품에 해당하지 않는 것은?

① 조향축
② 조향기어 박스
③ 조향바퀴
④ 링키지

**해설** 조향장치 구성품으로는 조향핸들 및 조향축, 조향기어 박스, 링키지, 타이로드, 조향 너클 등이 있다.

**04** 조향 조작력 전달 순서로 옳은 것은?

① 조향핸들 → 조향기어 → 조향축 → 피트먼 암 → 드래그 링크 → 타이로드 → 바퀴
② 조향핸들 → 조향기어 → 조향축 → 피트먼 암 → 타이로드 → 드래그 링크 → 바퀴
③ 조향핸들 → 조향축 → 조향기어 → 피트먼 암 → 드래그 링크 → 타이로드 → 바퀴
④ 조향핸들 → 조향기어 → 조향축 → 드래그 링크 → 피트먼 암 → 타이로드 → 바퀴

**해설** 조향 조작력 전달 순서는 '조향핸들 → 조향축 → 조향기어 → 피트먼 암 → 드래그 링크 → 타이로드 → 너클 암 → 바퀴' 순이다.

**05** 조향장치의 구비조건이 <u>아닌</u> 것은?

① 주행 중 노면으로부터 발생되는 충격이 조향 조작에 영향을 주지 않을 것
② 조작이 쉽고 방향 전환이 쉽게 이루어질 것
③ 회전 반지름이 작아 좁은 골목에서도 방향 전환이 쉽게 이루어질 것
④ 조향핸들 회전 각도와 바퀴 선회 각도 차이가 클 것

**해설** 조향핸들 회전 각도와 바퀴 선회 각도 차이가 작아야 한다.

**06** 조향기어의 종류에 해당하지 <u>않는</u> 것은?

① 웜 섹터형
② 볼 너트형
③ 래크와 피니언형
④ 베벨기어

**해설** 조향기어의 종류에는 웜 섹터형, 볼 너트형, 래크와 피니언형 등이 있다.

**07** 지게차의 조향핸들이 무거운 직접적인 원인이 <u>아닌</u> 것은?

① 타이어 공기압을 규정 압력 이상으로 주입하였을 때
② 바퀴 정렬이 불량할 때
③ 조향기어 백래시가 작을 때
④ 바퀴의 마모가 심할 때

해설 타이어 공기압을 규정 압력 이상으로 주입하면 타이어 공기압이 높아진다. 타이어 공기압이 낮을 때 조향핸들이 무거워진다.
②③④ 이외에도 조향기어 박스에 기어 오일이 부족할 때, 오일펌프 작동이 불량할 때 등이 조향핸들이 무거운 원인에 해당한다.

**08** 지게차의 조향핸들이 한쪽으로 쏠리는 원인에 해당하는 것을 모두 고른 것은?

> ㄱ. 타이어 공기압이 한쪽만 낮을 때
> ㄴ. 바퀴 정렬이 불량할 때
> ㄷ. 허브 베어링 마모가 심할 때
> ㄹ. 조향기어 백래시가 작을 때

① ㄱ, ㄴ, ㄷ      ② ㄱ, ㄴ, ㄹ
③ ㄱ, ㄷ, ㄹ      ④ ㄱ, ㄴ, ㄷ, ㄹ

해설 조향기어 백래시가 작은 경우는 조향핸들이 무거운 원인에 해당한다.

**09** 동력 조향장치 구성품 중 유압조절 밸브의 기능으로 옳은 것은?

① 동력 실린더에 공급되는 유압을 작게 한다.
② 오일펌프에서 발생한 유압이 과도하게 상승하는 것을 방지한다.
③ 동력 피스톤의 움직임을 빠르게 한다.
④ 오일펌프로 공급되는 유압을 조절한다.

해설 유압조절 밸브는 릴리프 밸브라고도 하며, 오일펌프에서 발생한 유압이 과도하게 상승하는 것을 방지한다.

**10** ★★ 지게차에 유압식 동력 조향장치를 설치하였을 때의 장점으로 옳지 않은 것은?

① 조향기어비를 조향 조작력에 관계없이 설정할 수 있다.
② 작은 조향 조작력으로도 조향 조작을 할 수 있다.
③ 바퀴의 시미 현상을 감소시킬 수 있다.
④ 구조가 간단하여 사용이 용이하다.

해설 유압식 동력 조향장치는 구조가 복잡하고 유압장치가 고장 나면 작동이 불량해지는 단점이 있다.

**11** ★★ 지게차에 사용하는 유압식 동력 조향장치의 주요 구조부가 <u>아닌</u> 것은?

① 동력 전달부      ② 동력 발생부
③ 제어부      ④ 작동부

해설 유압식 동력 조향장치의 주요부는 동력부(발생부), 제어부, 작동부이다.

**12** ★★★ 지게차에 사용하는 동력 조향장치의 작동부에 사용하는 유압 실린더는?

① 단로드 단동식      ② 단로드 복동식
③ 양로드 단동식      ④ 양로드 복동식

해설 지게차에 사용하는 조향장치 유압 실린더는 좌우 바퀴를 제어하기 위해 양로드 복동식을 사용한다.

**13** 지게차 조향장치 구성품 중 벨 크랭크에 대한 설명으로 옳은 것은?

① 동력 실린더의 직선운동을 회전운동으로 바꾸고 타이로드에 직선운동을 시키는 장치이다.
② 동력 실린더의 회전운동을 직선운동으로 바꾸고 타이로드에 회전운동을 시키는 장치이다.
③ 타이로드의 직선운동을 회전운동으로 바꾸고 동력 실린더에 직선운동을 시키는 장치이다.
④ 타이로드의 회전운동을 직선운동으로 바꾸고 동력 실린더에 회전운동을 시키는 장치이다.

해설 벨 크랭크는 동력 실린더의 직선운동을 회전운동으로 바꾸고 타이로드에 직선운동을 시키는 장치이다.

★★★★
**14** 지게차 동력 조향장치에서 조향 조작이 무겁게 되는 원인이 아닌 것은?

① 오일이 부족하다.
② 공급 유압이 높다.
③ 유압 라인 내 공기가 침입하였다.
④ 조향바퀴 공기압이 낮다.

**해설** 지게차 동력 조향장치는 공급 유압이 낮을 때 조향 조작이 무겁게 된다.
①③④ 이외에도 오일펌프 작동이 불량할 때 등이 조향 조작이 무거워지는 원인에 해당한다.

★
**15** 조향바퀴 정렬의 필요성으로 옳지 않은 것은?

① 조향핸들 조작을 작은 힘으로도 할 수 있게 한다.
② 조향핸들 조작을 확실하게 하고 안전성을 준다.
③ 조향핸들 조작 후 조향바퀴에 복원력이 발생하는 것을 방지한다.
④ 선회 시 옆 방향 미끄러짐을 방지하고 타이어의 마모를 감소시킨다.

**해설** 조향바퀴 정렬은 조향핸들 조작 후 조향바퀴에 복원력이 발생하게 한다.

**16** 바퀴 정렬의 요소가 아닌 것은?

① 캠버          ② 캐스터
③ 토            ④ 조향 너클각

**해설** 바퀴 정렬의 요소에는 캠버, 토, 캐스터, 킹핀 경사각 등이 있다.

★★★
**17** 조향바퀴 정렬 요소 중 캠버에 대한 설명으로 옳은 것은?

① 바퀴를 앞에서 보았을 때 위쪽이 바깥쪽으로 벌어진 것을 정의 캠버라고 한다.
② 바퀴 접지 면적을 크게 하여 조향 조작력을 작게 한다.
③ 차축에 수직 하중이 작용하면 부의 캠버가 된다.
④ 토에 의한 벌어짐을 방지한다.

**해설** 바퀴를 앞에서 보았을 때 위쪽이 바깥쪽으로 벌어진 것을 정의 캠버라고 하고, 안쪽으로 기울어진 것을 부의 캠버라고 한다.
④ 캠버는 수직 하중에 의한 차축의 휨을 방지한다.

★★★
**18** 바퀴를 위에서 보았을 때 앞쪽이 뒤쪽보다 좁은 것을 무엇이라고 하는가?

① 캠버          ② 토 인
③ 캐스터        ④ 토 아웃

**해설** 토 인은 바퀴를 위에서 보았을 때 앞쪽이 뒤쪽보다 좁은 것을 말한다. 토 인은 바퀴를 평행하게 회전시키며 캠버와 링키지 마모에 의한 토 아웃을 방지한다.

★
**19** 캐스터에 대한 설명으로 옳지 않은 것은?

① 바퀴를 옆에서 보았을 때 킹핀이 수직선에 대하여 일정한 각을 두고 설치한 것을 말한다.
② 조향 시 조향핸들에 복원력을 부여한다.
③ 바퀴에 방향성을 준다.
④ 캠버와 함께 안전성을 준다.

**해설** 캐스터는 킹핀 경사각과 함께 조향핸들에 복원력을 부여한다.

**20** 킹핀 경사각에 대한 설명으로 옳은 것은?

① 바퀴를 앞에서 보았을 때 킹핀 중심선이 수직선에 대하여 안쪽으로 기울어진 것을 말한다.
② 바퀴가 회전할 때 트램핑 현상을 방지한다.
③ 바퀴에 방향성을 준다.
④ 캐스터와 함께 안전성을 준다.

**해설** 킹핀 경사각은 바퀴를 앞에서 보았을 때 킹핀 중심선이 수직선에 대하여 안쪽으로 기울어진 것을 말한다.
④ 캐스터는 킹핀 경사각과 함께 복원력을 준다.

★★★
**21** 조향바퀴의 토가 불량일 경우 무엇으로 조정하는가?

① 타이로드 길이        ② 링키지 길이
③ 조향기어 박스        ④ 조향핸들 유격

**해설** 조향바퀴의 토가 불량일 때에는 타이로드 길이로 조정한다.

## 2 동력전달장치의 구조와 기능

**22** 동력전달장치의 구성품에 해당하지 않는 것은?

① 플라이휠       ② 변속기
③ 드라이브 라인       ④ 차동장치

> 해설 동력전달장치의 구성품에는 클러치(수동변속기를 장착한 경우), 변속기(또는 트랜스 액슬), 드라이브 라인, 종감속 기어, 차동장치, 차축 및 구동 바퀴 등이 있다.

★
**23** 기관의 동력을 바퀴까지 전달하는 순서로 옳은 것은?

① 기관 → 클러치 → 변속기 → 종감속 장치 및 차동장치 → 드라이브 라인 → 바퀴
② 기관 → 클러치 → 변속기 → 드라이브 라인 → 종감속 장치 및 차동장치 → 바퀴
③ 기관 → 클러치 → 드라이브 라인 → 변속기 → 종감속 장치 및 차동장치 → 바퀴
④ 기관 → 클러치 → 드라이브 라인 → 종감속 장치 및 차동장치 → 변속기 → 바퀴

> 해설 기관의 동력전달 순서는 '기관 → 클러치 → 변속기 → 드라이브 라인 → 종감속 장치 및 차동장치 → 바퀴' 순이다.

**24** 클러치에 대한 설명으로 옳지 않은 것은?

① 클러치는 기관의 동력을 전달 및 차단하는 역할을 한다.
② 클러치는 기관과 수동변속기 사이에 설치된다.
③ 클러치는 수동변속기에만 장착된다.
④ 클러치의 종류에는 마찰 클러치와 유체 클러치 등이 있다.

> 해설 수동변속기뿐만 아니라 자동변속기에도 유체 클러치의 개량형인 토크컨버터가 설치된다.

**25** 클러치의 필요성으로 옳지 않은 것은?

① 기관 시동 시 무부하 상태로 두기 위해
② 변속기의 기어 변속 시 일시적으로 기관 동력을 차단하기 위해
③ 기관 회전력 증대를 위해
④ 관성 주행을 위해

> 해설 기관 회전력 증대를 위해 두는 것은 지게차 자동변속기이다.

**26** 클러치판에 설치되어 있는 비틀림 코일 스프링의 기능으로 옳은 것은?

① 클러치판의 흔들림을 방지한다.
② 클러치판의 파손을 방지한다.
③ 플라이휠에 압착을 확실하게 한다.
④ 플라이휠에 접속 시 회전 충격을 흡수한다.

> 해설 클러치판에 설치되어 있는 비틀림 코일 스프링은 회전하는 플라이휠에 접속할 때 발생하는 회전 충격을 흡수하는 기능을 한다.

**27** 클러치판에 설치되어 있는 쿠션 스프링의 역할로 옳은 것은?

① 클러치판이 회전할 때 진동을 흡수한다.
② 클러치판을 플라이휠에 밀착시킨다.
③ 클러치판이 미끄러지는 것을 방지한다.
④ 플라이휠에 접속 시 축 방향 충격에 의한 페이싱의 변형이나 파손을 방지한다.

> 해설 클러치판에 설치되어 있는 쿠션 스프링은 회전하는 플라이휠에 접속할 때 발생하는 축 방향 충격에 의한 페이싱(라이닝)의 변형·파손·마모를 방지한다.

**28** 클러치에 사용하는 릴리스 베어링에 대한 설명으로 옳지 않은 것은?

① 오일 주입식만 있다.
② 오일리스 베어링도 있다.
③ 클러치 릴리스 레버와 접촉한다.
④ 클러치 페달을 작동시키면 릴리스 포크가 베어링을 움직이게 한다.

> 해설 릴리스 베어링의 종류에는 오일 주입식과 오일을 주입하지 않는 오일리스 형식(영구 주유식)이 있다. 오일리스 형식은 앵귤러 접촉형, 카본형, 볼 베어링형으로 나뉜다.

**29** 영구 주유식 릴리스 베어링의 종류에 해당하지 않는 것은?

① 니들 베어링형
② 앵귤러 접촉형
③ 카본형
④ 볼 베어링형

해설 릴리스 베어링 중 오일리스 형식(영구 주유식)에는 앵귤러 접촉형, 카본형, 볼 베어링형이 있다.

★
**30** 토크컨버터에 대한 설명으로 옳지 않은 것은?

① 펌프 임펠러, 터빈 러너, 가이드링으로 구성되어 있다.
② 토크 변환율은 2~3 : 1이다.
③ 오일을 매체로 하여 클러치 역할을 한다.
④ 펌프는 크랭크축과 연결되고 터빈은 변속기 입력축과 연결된다.

해설 토크컨버터는 펌프 임펠러, 터빈 러너, 스테이터로 구성되어 있다. 가이드링은 유체 클러치의 구성품에 해당한다.

★★★★
**31** 토크컨버터의 구성품 중 스테이터의 기능에 대한 설명으로 옳은 것은?

① 터빈을 회전시킨다.
② 펌프를 회전시킨다.
③ 오일의 흐름 방향을 바꾸어 터빈 러너의 회전력을 증대시킨다.
④ 변속기 입력축에 회전력을 전달한다.

해설 스테이터는 터빈으로부터 오는 오일의 흐름 방향을 바꾸어 터빈 러너의 회전력을 증대시킨다.
④ 터빈 러너의 기능에 대한 설명이다.

**32** 지게차에 사용하는 자동변속기의 구성품 중 유성 기어에 동력을 전달 또는 차단하는 기능을 하는 것은?

① 밸브 보디
② 전·후진 클러치
③ 압력판
④ 유성 기어

해설 ① 밸브 보디는 솔레노이드 작동에 따라 유로를 형성하고 유압을 공급하는 역할을 한다.
④ 유성 기어는 기어 변속을 위해 사용된다.

★★
**33** 유성 기어 세트의 구성에 해당하지 않는 것은?

① 링 기어
② 유성 기어
③ 캐리어
④ 피니언 기어

해설 피니언 기어는 종감속 장치의 구성품에 해당한다.
①②③ 유성 기어 세트는 선기어를 중심으로 유성 기어 및 캐리어, 링 기어로 구성되어 있다.

★★★★
**34** 자동변속기를 사용하는 지게차를 운전하는 방법으로 옳은 것은?

① 클러치 페달을 밟고 기어를 전진 위치로 하고 가속 페달을 서서히 밟는다.
② 클러치 페달을 밟고 기어를 후진 위치로 하고 가속 페달을 신속히 밟는다.
③ 전·후진 레버를 전진 위치로 하고 가속 페달을 서서히 밟는다.
④ 전·후진 레버를 후진 위치로 하고 가속 페달을 신속히 밟는다.

해설 자동변속기를 사용하는 지게차는 클러치 페달이 없으므로 브레이크 페달을 밟고 전진 또는 후진 위치로 레버를 위치시킨 후 가속 페달을 서서히 밟는다.

★★★
**35** 지게차의 동력전달 순서로 옳은 것은?

① 엔진 → 자동변속기 → 종감속 장치 및 차동장치 → 액슬축 → 바퀴
② 엔진 → 종감속 장치 및 차동장치 → 자동변속기 → 액슬축 → 바퀴
③ 엔진 → 자동변속기 → 액슬축 → 종감속 장치 및 차동장치 → 바퀴
④ 엔진 → 액슬축 → 종감속 장치 및 차동장치 → 자동변속기 → 바퀴

해설 지게차 동력전달 순서는 '엔진 → 자동변속기 → 종감속 장치 및 차동장치 → 액슬축 → 바퀴' 순이다.

**36** 드라이브 라인의 구성품에 해당하지 않는 것은?

① 종감속 장치
② 슬립 이음
③ 추진축
④ 자재 이음

해설 종감속 장치는 동력전달장치 중 일부로, 드라이브 라인의 구성품에 해당하지 않는다. 드라이브 라인의 구성품으로는 슬립 이음, 추진축, 자재 이음이 있다.

★★★★★
**37** 드라이브 라인의 구성품 중 길이 변화에 대응하기 위해 설치한 것은?

① 자재 이음　　　　② 슬립 이음
③ 훅 이음　　　　　④ 추진축

해설 ① 자재 이음은 각도 변화에 대응하기 위한 이음이다.

★★★★★
**38** 드라이브 라인의 자재 이음은 무엇에 대응하기 위해 설치하는가?

① 길이 변화　　　　② 길이 및 각도 변화
③ 각도 변화　　　　④ 선회 길이 변화

해설 자재 이음은 각도 변화에 대응하기 위해 설치한다. 자재 이음의 종류에는 훅 이음, 등속자재 이음, 트랙터 이음 등이 있다.
① 드라이브 라인의 구성품 중 길이 변화에 대응하기 위해 설치하는 것은 슬립 이음이다.

★
**39** 드라이브 라인의 추진축에 대한 설명으로 옳지 <u>않은</u> 것은?

① 속이 빈 강관으로 되어 있다.
② 앞뒤로 자재 이음이 설치된다.
③ 동적 · 정적 평형을 유지하기 위한 밸런스 웨이트가 장착되어 있다.
④ 고속으로 회전하므로 속이 꽉 찬 강재로 만들어진다.

해설 추진축은 고속으로 회전하므로 속이 빈 강관으로 되어 있다. 그리고 동적 · 정적 평형을 유지하기 위해 밸런스 웨이트(평형추)가 장착되어 있고, 동력 상쇄가 되지 않도록 앞뒤에 자재 이음이 설치된다.

★
**40** 엔진의 동력을 변속비와 관계없이 항상 일정하게 감속하여 구동력을 증대시키는 장치는?

① 변속기　　　　　② 동력 인출장치
③ 차동장치　　　　④ 종감속 장치

해설 종감속 장치는 엔진의 동력을 변속비와 관계없이 항상 일정하게 감속하여 구동력을 증대시키는 장치이다.
③ 차동장치는 건설기계가 선회할 때 안쪽 바퀴와 바깥쪽 바퀴의 회전수를 다르게 하여 미끄럼 없이 원활하게 선회하도록 하는 장치이다.

★★★★★
**41** 종감속 장치에 사용하는 기어 중 링 기어 중심 아래에 피니언 기어를 설치한 형식은?

① 하이포이드 기어　② 웜 기어
③ 헬리컬 기어　　　④ 스퍼 기어

해설 하이포이드 기어는 링 기어 중심 아래에 구동 피니언 기어를 설치한 것이다.

**42** 종감속비에 대한 설명으로 옳지 <u>않은</u> 것은?

① 기어의 편마모를 방지하기 위해 나누어떨어지지 않는 값으로 한다.
② 기어의 편마모를 방지하기 위해 나누어떨어지는 값으로 한다.
③ 피니언 기어 잇수와 링 기어 잇수로 구할 수 있다.
④ 건설기계는 감속비를 크게 둔다.

해설 종감속비는 기어의 편마모를 방지하기 위해 나누어떨어지지 않는 값으로 하며, 건설기계 등과 같이 구동력이 크게 필요한 곳에는 감속비를 크게 둔다.

★
**43** 차동장치의 작동 원리에 해당하는 것은?

① 애커먼장토식의 원리
② 마름모꼴 원리
③ 랙과 피니언의 원리
④ 기어비의 원리

해설 차동장치는 랙과 피니언의 원리를 이용한다.
①② 애커먼장토식의 원리는 마름모꼴 원리라고도 하며, 건설기계 조향장치에 사용되는 원리이다.

★★
**44** 차동장치 구성품 중 액슬축과 직접 접촉하는 것은?

① 피니언 축
② 차동 기어 케이스
③ 차동 사이드 기어
④ 차동 피니언 기어

해설 차동장치 구성품 중 액슬축과 직접 접촉하는 것은 차동 사이드 기어이다.

## ★★
**45** 조향장치의 킹핀과 추진축, 자재 이음에 주유하는 것은?

① 엔진오일　　　　② 유압유
③ 기어오일　　　　④ 그리스

해설 지게차 조향장치의 킹핀, 추진축, 자재 이음, 틸트핀, 롤러 등에는 그리스를 주유한다.
① 엔진오일은 체인에 주유한다.

## 3 제동장치의 구조와 기능

## ★★★
**46** 다음 빈칸에 들어갈 내용이 순서대로 나열된 것은?

> 제동장치의 제동 원리는 (　　　)를 (　　　)로 바꾸어 제동력을 얻는 것이다.

① 운동에너지, 열에너지
② 운동에너지, 유체에너지
③ 열에너지, 마찰에너지
④ 열에너지, 유체에너지

해설 제동장치의 제동 원리는 운동에너지를 열에너지로 바꾸어 제동력을 얻는 것이다.

## ★★★★
**47** 제동장치 중 유압식 제동장치가 이용한 원리는?

① 애커먼장토식의 원리　② 파스칼의 원리
③ 베르누이의 원리　　　④ 유체의 원리

해설 유압식 제동장치는 유체의 비압축성과 파스칼의 원리를 이용한 장치이다.
① 애커먼장토식의 원리는 마름모꼴 원리라고도 하며, 건설기계 조향장치에 사용되는 원리이다.

## ★★★
**48** 지게차에 사용되는 유압식 제동장치의 구성품 중 마스터 실린더에 대한 설명으로 옳지 <u>않은</u> 것은?

① 탠덤 마스터 실린더를 사용한다.
② 1차 피스톤 컵 및 2차 피스톤 컵으로 구성되어 있다.
③ 1차 피스톤 컵은 오일 누출을 방지하고, 2차 피스톤 컵은 유압을 발생시킨다.
④ 체크 밸브를 설치하여 잔압을 유지함으로써 베이퍼록을 방지하고 재 제동성을 향상시킨다.

해설 마스터 실린더의 1차 피스톤 컵은 유압을 발생시키고, 2차 피스톤 컵은 오일 누출을 방지한다.

## ★★★
**49** 진공 부스터에 대한 설명으로 옳은 것은?

① 마스터 실린더 푸시로드 및 피스톤에 가하는 힘을 배가시키는 장치이다.
② 진공과 공기압의 차이를 이용한다.
③ 브레이크 페달을 밟으면 공기 밸브는 닫히고 진공 밸브는 열린다.
④ 브레이크 페달을 놓으면 공기 밸브는 열리고 진공 밸브는 닫힌다.

해설 ② 진공 부스터는 대기압과 진공(부압)의 차를 이용한다.
③④ 브레이크 페달을 밟으면 공기 밸브는 열리고 진공 밸브는 닫히며, 페달을 놓으면 공기 밸브는 닫히고 진공 밸브는 열린다.

## ★★★★
**50** 지게차의 브레이크 페달을 밟았을 때 한쪽으로 쏠리는 원인이 <u>아닌</u> 것은?

① 좌우 타이어의 공기압이 다르다.
② 한쪽 드럼과 라이닝 간극이 크다.
③ 한쪽 휠 실린더에서 오일 누출이 있다.
④ 첵 밸브 작동이 불량하다.

해설 첵 밸브(체크 밸브)의 작동이 불량하면 잔압 유지가 되지 않을 뿐이며, 브레이크의 제동력과는 관련이 없다.

## ★★
**51** 브레이크를 밟았을 때 차가 한쪽 방향으로 쏠리는 원인으로 적절하지 <u>않은</u> 것은?

① 브레이크 오일 회로에 공기가 혼입되었을 때
② 타이어의 좌우 공기압이 다를 때
③ 드럼슈에 그리스나 오일이 묻었을 때
④ 드럼이 변형되었을 때

해설 브레이크 회로에 공기가 혼입되어 있으면 오일 흐름을 방해하여 브레이크 작동이 잘 되지 않는다.

## ★★★
**52** 공기 브레이크에서 브레이크슈를 직접 작동시키는 것은?

① 릴레이 밸브　　　② 브레이크 페달
③ 캠　　　　　　　④ 유압

해설 공기 브레이크에서 브레이크슈를 직접 작동시키는 것은 캠이다.

**53** 브레이크액의 구비조건으로 <u>잘못된</u> 것은?

① 비등점이 낮아야 한다.
② 열팽창계수가 낮아야 한다.
③ 내부식성이 있어야 한다.
④ 비압축성이어야 한다.

해설 브레이크액은 베이퍼록 현상을 방지하기 위해 비등점이 높아야 한다.

## 4 주행장치의 구조와 기능

★★★
**54** 타이어의 구조 중 타이어의 골격을 이루는 것은?

① 트레드          ② 브레이커
③ 카커스          ④ 사이드 월

해설 ① 트레드는 노면과 접촉하는 부분이다.
② 브레이커는 노면의 충격을 흡수하고 트레드와 카커스가 분리되는 것을 방지한다.
④ 사이드 월은 타이어의 모든 정보가 표시되는 부분이다.

★★
**55** 타이어에서 트레드의 필요성으로 옳은 것을 모두 고른 것은?

> ㄱ. 제동력, 구동력, 견인력 확보를 위해
> ㄴ. 배수를 위해
> ㄷ. 내부 열의 발산을 위해
> ㄹ. 조향성, 안정성 확보를 위해
> ㅁ. 편평률을 위해

① ㄱ, ㄹ, ㅁ          ② ㄱ, ㄴ, ㄷ, ㄹ
③ ㄱ, ㄴ, ㄷ, ㅁ          ④ ㄱ, ㄴ, ㄷ, ㄹ, ㅁ

해설 타이어 트레드는 제동력·구동력·견인력을 확보하고 배수를 하게 하며, 내부의 열을 발산하고 조향성·안정성 확보를 위해 필요하다.

★★★
**56** 타이어의 모든 정보를 기록하는 곳은?

① 트레드          ② 카커스
③ 사이드 월          ④ 브레이커

해설 ① 트레드는 노면과 접촉하는 부분이다.
② 카커스는 타이어의 골격을 이루는 부분이다.
④ 브레이커는 노면의 충격을 흡수하고 트레드와 카커스가 분리되는 것을 방지한다.

★★
**57** 카커스 코드층은 무엇으로 표시하는가?

① 브레이커          ② 플라이 수
③ 트레드          ④ 비드

해설 카커스는 직물을 고무로 감싼 코드층으로, 플라이(Ply) 수로 표시한다.

★★★
**58** 고압 타이어의 호칭치수 중 빈칸에 들어갈 내용은?

> 타이어 외경(Inch) × (          ) − 플라이 수

① 타이어 폭          ② 타이어 내경
③ 림 직경          ④ 타이어 높이

해설 고압 타이어의 호칭치수는 '타이어 외경(Inch) × 타이어 폭(Inch) − 플라이 수'로 표시한다.

**59** 타이어의 호칭치수를 다음과 같이 표시하였을 때, 타이어의 종류는?

> 11.00 − 20 − 12PR

① 고압 타이어          ② 저압 타이어
③ 초저압 타이어          ④ 레이디얼 타이어

해설 저압 타이어의 호칭치수는 '타이어 폭(Inch) − 타이어 내경(Inch) − 플라이 수'로 표시한다.

• 엔진구조와 더불어 출제비중이 높은 챕터입니다. 유압장치의 발생부, 제어부, 구동부 순으로 꼼꼼하게 학습하세요.

## 1 개요

### 1. 유압장치의 정의 및 장단점

① 정의: 유체에너지를 기계적 에너지로 바꾸는 장치이다.

② 장점

  ㉠ 속도 제어가 용이함

  ㉡ 힘의 연속적 제어가 용이함

  ㉢ 힘의 증대와 감소가 용이함

  ㉣ 운동 방향 제어가 용이하고 무단 변속이 가능함

  ㉤ 전기적 조합이 간단하고 원격 조작이 가능함

  ㉥ 응답성이 빠르고 에너지 축적이 가능함

  ㉦ 조작이 간단하고 과부하에 대한 안전장치 조합이 가능함

  ㉧ 윤활성, 내마모성, 방청성이 좋음

③ 단점

  ㉠ 배관 등 이음에서 누설이 발생하기 쉬움

  ㉡ 작동유 점도 변화에 따라 정밀한 속도 유지 및 위치 제어가 곤란하고 효율이 변함

  ㉢ 구조가 복잡함

  ㉣ 작동유에 공기가 유입되어 동작이 불량해지거나 이물질 혼입에 따른 고장이 발생함

  ㉤ 검출 점검 및 보수 관리가 어려움

### 2. 파스칼의 원리

① 유압장치는 작은 힘으로 큰 힘을 얻기 위해 파스칼의 원리를 이용한다.

② 내용

  ㉠ 유체의 압력은 면에 대해 직각으로 작용함

  ㉡ 각 점의 압력은 모든 방향으로 동일하게 작용함

  ㉢ 밀폐된 용기 속 유체의 일부에 가해진 압력은 동시에 유체의 각 부에 같은 세기로 전달됨

> 심화
> • 압력의 단위: psi, kgf/cm$^2$, kPa, mmHg, bar, atm
> • 압력: $\dfrac{\text{힘(kgf)}}{\text{단면적(cm}^2\text{)}}$

### 3. 유압장치의 구성

① 유압발생부: 유압펌프

② 유압제어부: 각종 제어 밸브

③ 유압구동부: 유압 실린더, 유압모터

## 2 유압펌프의 구조와 기능(발생부)

### 1. 유압펌프의 정의

유압펌프는 전동기 또는 내연기관에 의해 발생한 기계적 에너지를 유체에너지로 바꾸는 장치로, 유압장치의 동력원이며 엔진의 플라이휠에 의해 구동된다.

### 2. 유압펌프의 종류

유압펌프는 회전형 펌프(기어펌프, 베인펌프)와 왕복형 펌프[플런저펌프(피스톤펌프)]로 구분할 수 있다.

① 기어펌프

  ㉠ 특징

    • 구조가 간단하고 소형이며 경량임

    • 고장이 적고 가혹한 조건에 적합함

    • 고속 회전이 가능함

    • 흡입력이 큼

    • **폐입 현상**이 발생하기 쉬움

  ㉡ 종류: 외접식, 내접식, 트로코이드식 등

> 용어
> **폐입 현상(폐쇄 현상, 봉입 현상)**: 토출된 유체 일부를 흡입구 측으로 되돌려 축동력이 증가되고 기어 및 하우징의 마모를 촉진시키는 현상으로, 측판에 탈출홈을 설치하여 폐입 현상을 방지할 수 있음

토출쪽(OUT)
하우징
구동기어  종동기어
흡입쪽(IN)

▲ 기어펌프의 구조(외접식)

② 베인펌프
  ㉠ 특징
    • 구조가 간단하고 수명이 긺
    • 고속 회전이 가능함
    • 수리와 관리가 용이함
    • 맥동과 소음 및 진동이 적음
    • 많은 양의 송출에 적합함
    • 캠링, 로터, 날개로 구성되어 있음
  ㉡ 종류: 정용량형, 가변용량형

▲ 베인펌프의 구조

③ 플런저펌프(피스톤펌프)
  ㉠ 특징
    • 고압에 적합하나 흡입 능력이 낮음
    • 가변용량형에 적합함
    • 구조가 복잡하고 가격이 비쌈
    • 오염된 오일에 민감함
    • 최고 토출압력, 가장 높은 평균효율을 가져 고압 대출력에 사용됨
  ㉡ 종류
    • 액시얼 피스톤펌프: 플런저(피스톤) 운동 방향이 실린더 블록 중심선과 같은 방향인 펌프로, 사판식과 사축식이 있음
      – 사판식: 경사된 판에 피스톤 헤드가 접촉하고 피스톤의 왕복 운동으로 흡입 및 토출작용을 하며, 회전경사판의 각도로 펌프 토출 용량을 조절함
      – 사축식: 구동축 플랜지에 피스톤을 연결하여 흡입 및 토출작용을 함
    • 레이디얼 피스톤펌프: 플런저는 운동 방향 중심선에서 직각인 평면에 방사상으로 나열되어 있어 구조가 복잡하나, 고압·대용량·고속 가변형에 적합함

▲ 사판식 피스톤펌프

▲ 사축식 피스톤펌프

## 3. 유압펌프의 크기

① 주어진 압력 및 **토출량**으로 표시한다.
② GPM(Gallon Per Minute) 또는 LPM(Liter Per Minute)으로 표시하며, 분당 토출량을 의미한다.

> 용어 **토출량**: 펌프가 단위 시간당 토출하는 액체의 체적

## 4. 유압펌프의 정비

① 펌프가 오일을 토출하지 못하는 원인
  ㉠ 유압유의 점도가 높을 때
  ㉡ 펌프의 회전수가 적을 때
  ㉢ 오일 스트레이너가 막혀 오일을 흡입하지 못할 때
  ㉣ 펌프가 역회전할 때
  ㉤ 흡입관 또는 회로 내로 공기가 유입될 때
② 펌프에서 소음이 발생하는 원인
  ㉠ 유압유의 점도가 높을 때
  ㉡ 펌프의 회전 속도가 빠를 때
  ㉢ 스트레이너가 막혀 흡입 오일의 양이 적을 때
  ㉣ 펌프 베어링의 마모가 심할 때
  ㉤ 흡입관 또는 회로 내로 공기가 유입될 때
  ㉥ 펌프 회전축의 편심 오차가 심할 때

③ 토출량 부족의 원인
  ㉠ 펌프 구성품의 과다 마모 또는 파손이 있을 때
  ㉡ 캐비테이션 현상(공동 현상)이 발생할 때
  ㉢ 오일 **스트레이너**로부터 공기가 유입될 때
  ㉣ 오일의 점도가 낮을 때
  ㉤ 오일 공급량이 부족할 때

용어 **스트레이너**: 유체 속에 포함된 이물질(주로 큰 이물질)을 거르는 장치

# 3 컨트롤 밸브의 구조와 기능(제어부)

## 1. 컨트롤 밸브

① 정의: **액추에이터**가 일을 하는 조건과 목적에 맞게 오일의 압력, 방향, 유량을 제어하는 요소를 말한다.

용어 **액추에이터**: 유체에너지를 기계적 에너지로 변환하는 장치로, 직선운동을 하는 유압 실린더, 회전운동을 하는 유압모터가 있음

② 종류
  ㉠ 압력제어 밸브: 유압으로 일의 크기를 제어함
  ㉡ 유량제어 밸브: 유량으로 일의 속도를 제어함
  ㉢ 방향제어 밸브: 유압의 흐름 방향을 제어함으로써 일의 방향을 제어함

## 2. 압력제어 밸브

① **릴리프 밸브**: 회로압력을 일정하게 하거나 **최고 압력을 제한**하여 장치를 보호하는 밸브로, 릴리프 밸브의 설정압력이 높으면 고압호스가 파열된다.
  ㉠ 설치 위치: 유압펌프와 방향전환 밸브 사이
  ㉡ 크래킹압력: 릴리프 밸브를 통해 유압유가 흐르기 시작하는 압력
② **감압 밸브(리듀싱 밸브)**: 주회로 압력보다 낮은 압력으로 작동체를 작동시키고자 하는 분기 회로에 사용하는 **상시 오픈형** 밸브이다.
③ **언로드 밸브(무부하 밸브)**: 회로 내 압력이 설정값에 도달하면 펌프의 전유량을 탱크로 되돌려 펌프를 무부하 상태로 만드는 밸브이다.
④ **시퀀스 밸브(순차밸브)**: 회로 압력에 의해 2개 이상 작동체의 회로에 작동 순서를 부여하는 밸브이다.
⑤ **카운터 밸런스 밸브(배압 밸브, 푸트 밸브)**: 한쪽 방향 흐름에 배압을 발생시키기 위한 밸브로, 실린더

가 중력에 의해 자유로이 제어속도 이상으로 낙하하는 것을 방지하는 밸브이다.

심화 작동 조건에 따른 압력제어 밸브의 분류
① 일정 조건이 되면 작동하는 밸브(상시 폐쇄형)
  ㉠ 릴리프 밸브
  ㉡ 시퀀스 밸브
  ㉢ 언로드 밸브
  ㉣ 카운터 밸런스 밸브
② 일정 조건 없이 작동하는 밸브(상시 개방형)
  ㉠ 리듀싱(감압) 밸브

## 3. 방향제어 밸브

① 형식: 포핏 형식, 로터리 형식, 스풀 형식
② 종류
  ㉠ 방향전환 밸브
    • 스풀 밸브이며, 슬리브에 설치된 포트를 개폐해 흐름 방향을 변환시킴
    • 스풀에 대한 측압이 평형을 이루어 가볍게 조작할 수 있고, 고압 및 대용량 흐름 변환에 적합함
    • 주로 지게차 조향장치에 사용함
  ㉡ **체크 밸브(첵 밸브)**: 유체의 역방향 흐름을 저지하는 밸브로, 회로 내 역류 방지 및 잔압 유지 역할을 함
  ㉢ **셔틀 밸브**: 3포트 밸브로, 자신의 압력에 의해 내부 볼의 움직임에 따라 자동으로 관로를 선택하는 형식
③ 작동방식
  ㉠ 수동식
  ㉡ 전자식(솔레노이드식)
  ㉢ 유압파일럿식
  ㉣ 비례제어식

## 4. 유량제어 밸브

① **교축 밸브(스로틀 밸브)**: 관로의 직경을 변경해 유량을 제어하는 밸브로, 오리피스 형식과 쵸크 형식이 있다.
② **분류 밸브**: 유량을 제어 및 분배하는 밸브를 말한다.
③ **집류 밸브**: 2개 이상의 유압회로로부터 유량을 일정 비율로 집합하는 밸브이다.
④ **서보 밸브**: 밸브 조작방식에는 수동 조작, 기계적 조작, 솔레노이드 조작, 파일럿 조작, 솔레노이드 제어 파일럿 조작방식 등이 있다.

⑤ 감속 밸브(디셀러레이션 밸브): 일반적으로 캠(Cam)에 의해 작동되는 유압 밸브로, 액추에이터의 속도를 서서히 감속시킨다.

## 5. 유압기기의 이상 현상

① 실린더 숨돌리기 현상: 유입된 공기의 압축 및 팽창 차에 따라 동작이 불안정하고 작동이 지연되는 현상으로, 압력이 낮거나 공급량이 적을수록 많이 발생한다.

② 캐비테이션 현상(공동 현상): 유입된 공기량이 많으면 펌프 또는 밸브를 통과하는 앞과 뒤의 큰 압력 변화에 따라 기포가 과포화 상태가 되고, 이때 기포가 분리되면서 오일 속에 공동부가 생기는 현상이다. 용적 효율이 저하되고 큰 충격음과 진동이 발생한다.

③ 채터링 현상: 릴리프 밸브 스프링 장력 저하로 발생하며, 볼이 밸브 시트를 때려 소음이 발생한다.

④ 열화 촉진 현상: 유입된 공기가 압축되는 과정에서 발생하는 열에 의해 오일의 온도를 상승시키는 현상이다.

⑤ 서지압력: 과도하게 발생하는 이상 압력의 최댓값으로, 유량제어 밸브의 가변 오리피스를 급격히 닫거나 방향제어 밸브의 유로를 급격히 전환하는 경우 또는 고속 실린더를 급정지시킬 경우에 발생한다.

> **심화**
> 유압장치 밸브의 부품 세척유: 유압장치에 사용하는 밸브 부품의 세척유로는 인화점 및 발화점이 높아 취급이 용이하고, 부식 방지 효과가 높은 경유를 주로 사용함

## 4 유압 실린더 및 유압모터(구동부)

### 1. 유압 실린더

① 정의: 유압을 직선운동(직선왕복운동)으로 바꾸는 장치이다.

피스톤 실  실린더 베럴  피스톤 로드실
벤트 나사                    로드 베어링
실린더 커버  피스톤  피스톤 로드  쿠션
▲ 유압 실린더의 구조

② 종류
㉠ 단동 실린더: 피스톤 한쪽에만 유압이 걸리고 제어하는 것으로, 힘의 방향이 단방향인 형식
㉡ 복동 실린더
• 피스톤 양쪽에 유압이 걸리고 그 유압에 의해 제어되는 것으로, 힘의 방향이 교대로 바뀌는 형식
• 로드가 하나인 싱글(단)로드와 두 개인 더블(양)로드 형식으로 분류됨
• 단로드 형식은 팽창 시 속도가 약간 느리나 많은 힘을 전달하고, 수축 시에는 속도가 약간 빠르나 전달력이 적은 특징이 있음
㉢ 다단 실린더(텔레스코픽 실린더): 실린더 내부에 또 다른 실린더가 내장되어 있고, 압력 유체가 유입되면 차례로 실린더가 나오도록 만들어진 구조의 실린더 형식

단동형

복동형

▲ 유압 실린더의 종류

③ 지지 방식에 따른 분류
㉠ 푸트형: 양단에 브라킷으로 장착하는 형식
㉡ 플랜지형: 실린더 방향과 직각인 면에 플랜지로 장착하는 형식
㉢ 클레비스형: 실린더가 자유롭게 회전하도록 핀으로 장착하는 형식

④ 유압 실린더의 안전장치: 피스톤 행정 끝부분에서 속도를 낮추고 충격에 의한 손상을 방지하기 위한 장치로 실린더 완충장치(쿠션장치)를 둠

⑤ 유압 실린더 정비
㉠ 과도한 자연 하강(Cylinder drift) 현상의 원인
• 실린더 내의 피스톤 실에 마모가 있을 때
• 컨트롤 밸브 스풀에 마모가 있을 때
• 릴리프 밸브 조정이 불량할 때
• 작동압력이 낮을 때
• 실린더 내부에 마모가 있을 때
㉡ 유압 실린더 작동 속도가 느리거나 불규칙한 원인
• 회로 내에 유량이 부족할 때
• 피스톤 링의 마모가 클 때
• 유압유의 점도가 높을 때

- 회로 내에 공기가 유입되었을 때
ⓒ 피스톤 로드에서 누유가 발생하는 원인
  - 패킹에 이물질이 끼었을 때
  - 피스톤 로드에 흠집이 있을 때
  - **더스트 실**의 과다한 비틀림이 있을 때
  - 피스톤 로드의 크롬 도금이 벗겨졌을 때
ⓔ 실린더 나사산에 누유가 발생하는 원인
  - O링이 파손되었을 때
ⓜ 피스톤 로드가 자연적으로 수축하는 원인
  - 튜브 안쪽 표면에 흠집이 있을 때
  - 피스톤 실에 이물질이 있을 때
ⓗ 틸팅 동작 시 비정상적인 소음이 발생하는 원인
  - 앵커 핀의 윤활이 불충분하거나 부싱과 핀에 과다 마모가 있을 때
  - 틸트 실린더 로드가 휘었을 때
ⓢ 유압 실린더 교환 후 조치사항
  - 공기빼기 작업
  - 누유 여부 점검
  - 시운전하며 작동 상태 점검

> 용어 **더스트 실**: 피스톤 로드는 실린더 튜브의 안과 밖을 이동하기 때문에 오염물이 튜브 안으로 유입되는 것을 방지하기 위해 피스톤 로드에 더스트 실(와이퍼 실)을 설치함

> 심화 **실린더 숨돌리기 현상**: 유압라인 내 공기 혼입으로 액추에이터의 작동이 순간적으로 멈칫하는 현상. 실린더 숨돌리기 현상이 발생할 경우 피스톤 작동이 불안정해지고 작동 지연 현상 및 서지압이 발생함

## 2. 유압모터

① 정의: 회전운동을 하는 유압장치로, 유압모터의 회전력은 유압작동유의 압력에 의해 결정된다.
② 장점
  ㉠ 시동, 정비, 역회전, 변속, 가속 등을 간단하게 수행함
  ㉡ 토크에 대한 관성 모멘트가 작아 고속 추종성이 좋음
  ㉢ 동일 출력일 경우 다른 형식에 비해 소형, 경량임
  ㉣ 비교적 광범위한 무단 변속을 얻을 수 있음
③ 단점
  ㉠ 먼지나 공기가 유입되지 않게 유지 보수를 해야 함
  ㉡ 작동유의 점도 변화에 영향을 받음
④ 종류

㉠ 기어모터
  - 토크가 일정함
  - 베인 및 피스톤 형식에 비해 구조가 간단함
  - 소형이고 경량임
  - 효율은 약 70% 정도임
㉡ 베인모터
  - 출력 토크가 일정함
  - 역전 및 무단 변속기 등 가혹한 조건에서 사용하기에 적합함
㉢ 피스톤(플런저)모터
  - 고속이고 고압을 요구하는 장치에 사용함
  - 다른 형식에 비해 구조가 복잡하고 대형임
  - 축 방향, 반지름 방향 모터로 분류가 가능함
⑤ 유압모터 작동 시 소음 및 진동이 발생하는 원인
  ㉠ 회로 내에 공기가 유입되었을 때
  ㉡ 모터 내부 부품의 마모가 심할 때
  ㉢ 모터 체결이 불량할 때
⑥ 유압모터 주행감속기 오일 교환 시 주의사항
  ㉠ 오일 배출 시: 배출(드레인) 플러그를 6시 방향으로 위치시킴
  ㉡ 오일 주입 시: 배출(드레인) 플러그를 9시 방향으로 위치시킴

## 5 유압탱크의 기능과 구조

### 1. 기능

① 유압장치 회로 내의 유압유를 저장한다.
② 각 장치에서 발생한 열을 흡수하며, 높아진 유압유 온도를 탱크 벽을 통해 냉각시킨다.
③ 탱크 내부에 설치된 배플(격리판)에 의하여 기포를 제거·방지한다.
④ 유압유를 사용하는 과정에서 생성되는 이물질을 탱크 바닥면을 경사지게 하여 침전(분리)시킨다.
⑤ 탱크 내부와 외부의 온도 차로 발생하여 바닥에 고이는 수분(응축수 등)은 드레인 탭을 통해 제거한다.
⑥ 펌프, 모터, 밸브를 설치하기 위해 견고한 구조여야 하고, 소음을 감소시키는 역할도 한다.

## 2. 유압탱크의 크기

① 전체 유압유 체적보다 10~15% 크게 하여 공기 완충 장치를 제공하도록 해야 한다.

② 종류

 ㉠ 고정식: 매분 펌프 토출량의 3~5배 크기

 ㉡ 이동식: 매분 펌프 토출량의 1배 크기

## 3. 유압탱크의 구조

▲ 유압탱크의 구조

① **흡입관 및 복귀관**: 유압유의 효과적인 순환을 위해 서로 멀리 떨어지게 설치하며, 두 관로 사이에 배플(격리판)을 설치한다. 흡입관 한쪽 끝단에는 1차 여과기인 스트레이너가 설치된다.

② **배플 및 기포 제거기**: 배플은 복귀되는 유압유와 공급되는 유압유를 분리시키고 유압유가 배플 벽을 타고 흐르도록 함으로써 냉각 및 기포 분리, 이물질 제거를 돕는다. 기포 제거기는 매쉬 스크린으로 되어 있다.

③ **드레인 플러그**: 탱크 내 고인 침전물 제거 및 오일 교환을 위한 배출구이다.

④ **유면계**: 외부에서 유량을 확인하기 위한 장치이다.

⑤ **공기 여과기**: 탱크 유면에 항상 대기압이 작용하도록 통기 구멍을 설치하는데, 이곳에 설치하는 여과기가 공기 여과기이다.

## 6 유압유

### 1. 유압유의 기능

① 유압장치 내의 열을 흡수한다.

② 유체에너지인 동력을 전달한다.

③ 필요 요소 사이를 밀봉한다.

④ 움직이는 기계 요소의 마모를 방지한다.

### 2. 유압유의 선정 기준

유압유는 펌프의 형식, 사용 압력, 사용 온도의 범위, 회로의 저항, 내화성의 필요 여부 등에 따라 선정해야 한다.

### 3. 유압유의 구비조건

① 강인한 유막을 형성할 것

② 적당한 점도와 유동성이 있을 것

③ 비압축성이고 비중이 적당할 것

④ 인화점 및 발화점이 높을 것

⑤ 온도에 의한 점도 변화가 작을 것(점도지수가 큼)

⑥ 내부식성(방청성)이 크고 윤활성이 있을 것

⑦ 기포 발생이 적고 실 재료와 적합성이 있을 것

⑧ 물, 공기, 먼지와 신속하게 분리되는 성질이 있을 것

⑨ **체적탄성계수**가 크고 밀도가 작을 것

⑩ 불활성이며 무취 및 비독성, 비휘발성일 것

> **체적탄성계수**: 물질이 압축에 저항하는 정도를 나타내는 값을 말하며, 체적탄성계수의 값이 크면 압력을 가해 물체의 부피를 변화시키기가 어려움

> **유압유 점도에 따른 영향**
> ① 유압유 점도가 높을 때
>  ㉠ 유압회로 내 마찰 증가
>  ㉡ 유압유의 온도 상승
>  ㉢ 유압장치의 작동 불량
>  ㉣ 유압회로 내 압력 손실 증대
>  ㉤ 동력 소비량의 증가
>  ㉥ 유압의 압력 상승
> ② 유압유 점도가 낮을 때
>  ㉠ 유압회로 내부 및 외부의 오일 누출 증대
>  ㉡ 펌프의 작동 소음 증대
>  ㉢ 공동 현상 발생
>  ㉣ 윤활부의 마모 증대
>  ㉤ 펌프 효율 및 응답 속도의 저하

## 4. 유압유의 적정 온도와 열화

① 작동유 사용의 적정 온도와 위험 온도
- ㉠ 난기운전 시 온도: 30℃ 이상
- ㉡ 적정 온도: 40~60℃
- ㉢ 최고 사용 온도: 80℃ 이하
- ㉣ 위험 온도: 100℃ 이상

② 유압유 온도 상승의 원인
- ㉠ 유압유가 부족하거나 노화되었을 때
- ㉡ 유압유 점도가 부적당할 때
- ㉢ 릴리프 밸브 작동이 과도할 때
- ㉣ 유압펌프 효율이 불량할 때
- ㉤ 오일 냉각기의 냉각핀 오손 또는 냉각팬 작동이 불량일 때
- ㉥ 유압펌프 내 누설이 증가할 때
- ㉦ 밸브 누유가 많고 무부하 시간이 짧을 때
- ㉧ 유압회로 내 공동 현상이 발생했을 때
- ㉨ 유압모터 내 내부 마찰이 발생했을 때

③ 유압유 온도 상승 시 발생하는 현상
- ㉠ 유압유 점도가 낮아짐
- ㉡ 릴리프 밸브 작동이 불량해짐
- ㉢ 기계적인 마모가 촉진됨
- ㉣ 유압유의 산화가 촉진됨
- ㉤ 유압기기의 작동이 불량해짐
- ㉥ 펌프의 효율이 저하됨
- ㉦ 유압유의 누유가 증가함

④ 유압유 열화 점검 방법
- ㉠ 색깔 변화 및 수분 함유 여부 확인
- ㉡ 침전물 유무 및 점도 상태 확인
- ㉢ 흔들었을 때 거품 발생 여부, 냄새 확인 등

> **심화** 유압장치 내 이물질 발생의 원인
> ① 산화생성물에 의한 침전물(슬러지) 생성
> ② 조립 및 수리 과정에서 이물질 혼입

## 5. 유압장치의 정비

① 유량이 부족한 원인
- ㉠ 펌프의 토출량이 부족한 때
- ㉡ 릴리프 밸브가 고장 난 때
- ㉢ 밸브, 실린더 등 내부에서 누유가 발생한 때
- ㉣ 유압회로 내에서 누유가 발생한 때
- ㉤ 오일탱크 내에 오일이 부족한 때
- ㉥ 유량조절 밸브의 조정 또는 작동이 불량한 때
- ㉦ 어큐뮬레이터 내의 봉입가스가 누설된 때

② 유압이 상승하지 않는 원인
- ㉠ 유압펌프가 마모된 때
- ㉡ 오일이 부족하거나 누출된 때
- ㉢ 릴리프 밸브 작동이 불량한 때
- ㉣ 오일의 점도가 낮을 때

③ 유압장치의 작동이 느린 원인
- ㉠ 유압유 온도가 낮을 때
- ㉡ 유압유 점도가 너무 클 때
- ㉢ 오일 공급이 불충분할 때
- ㉣ 유압장치 내에 공기가 유입되었을 때
- ㉤ 펌프의 마모가 심할 때
- ㉥ 유압유 흡입 통로 또는 여과기가 막혔을 때
- ㉦ 오일의 누출이 있는 등 유량 조절이 불량할 때

④ 유압유에 수분이 발생하는 원인과 영향
- ㉠ 수분 발생 원인: 공기의 유입 및 혼입
- ㉡ 수분 발생 시 영향
  - 윤활성의 저하
  - 방청성의 저하
  - 산화와 열화의 촉진
  - 내마모성의 저하
- ㉢ 현장에서 수분 함유 여부 판정 방법: 가열한 철판 위에 유압유를 떨어뜨려 유압유가 사방으로 튀면 수분이 함유되어 있음을 알 수 있음

⑤ 유압유 기포 발생의 원인과 영향
- ㉠ 기포 발생의 원인
  - 오일탱크와 펌프 사이로 공기가 유입되었을 때
  - 오일이 부족할 때
  - 펌프 흡입 측 오일 실 파손 등
- ㉡ 기포 발생 시 영향
  - 체적효율이 감소함
  - 저압부의 기포가 과포화 상태가 됨
  - 최고 압력이 발생하여 급격한 압력파가 발생함

- 장치 내 국부적인 고압이 발생해 소음과 진동이 발생함
- 공동 현상(캐비테이션 현상), 실린더 숨돌리기 현상, 유압유의 열화 촉진 현상 등이 발생함
- 오일탱크에서 오버플로가 발생함

⑥ 유압유 첨가제

 ㉠ 유성 향상제: 금속 간 마찰을 방지하기 위해 마찰계수를 저하시키고자 첨가함

 ㉡ 산화 방지제: 금속 표면이 부식되는 것을 방지하기 위해 첨가함

 ㉢ 그 외도 유압유 첨가제로 소포제, 유동점 강하제, 점도지수 향상제 등을 사용함

## 7 기타 부속장치

### 1. 어큐뮬레이터(축압기)

① **기능**

 ㉠ 유압유의 압력에너지를 저장함

 ㉡ 펌프의 맥동압력(충격압력)을 흡수하여 일정하게 유지시킴

 ㉢ 비상시 보조 유압원으로 사용함

 ㉣ 압력을 보상함(압력이 점진적으로 증대함)

② 종류

 ㉠ 스프링형

 ㉡ 기체 압축형: 기체 압축형 어큐뮬레이터에는 질소를 사용함

 ㉢ 기체와 기름 분리형: 피스톤, 블래더, 다이어프램으로 구분함

가스봉 입구
질소가스
본체
고무대
오일
오일 접속구

앤드캡
스프링
피스톤 실
오일
앤드캡
오일 접속구

▲ 어큐뮬레이터의 구성

### 2. 오일 여과기(필터)

① 기능: 작동유의 불순물을 여과한다.

② 여과 방식에 따른 분류

 ㉠ 분류식: 오일 일부는 여과하지 않고 작동부로 공급하고, 일부는 여과 후 탱크로 유입시키는 형식

 ㉡ 전류식: 오일 전부를 여과한 후 작동부로 공급하는 형식으로, 릴리프 밸브가 설치되어 있음

### 3. 배관

① 기능: 펌프와 밸브 및 실린더를 연결해 동력(유압)을 전달한다.

② 종류

 ㉠ 금속관: 움직이지 않는 부분에 사용하며, 가스관, 강관, 구리관, 알루미늄관, 스테인리스관 등이 있음

 ㉡ 비금속관(고무호스): 움직이는 부분에 사용하며, 직물 브레이드, 단일 와이어 브레이드, 이중 와이어 브레이드, 나선 와이어 브레이드 등이 있음. 이 중 고압용으로는 나선 와이어 브레이드가 사용됨

③ 배관 이음: 관을 연결하는 부분으로, 조립 후 진동, 충격 등에 의한 오일 누출에 주의해야 한다. 플레어 이음과 슬리브 이음이 있다.

> 심화 유니온 이음(Union Joint): 배관을 회전시킬 수 없을 때 육각너트를 회전시키는 것만으로 접속 또는 분리가 가능한 이음으로, 유압호스 연결 시 가장 많이 사용하는 이음

### 4. 오일 실(오일 시일)

① 기능: 기기의 오일 누출을 방지한다.

② 기능에 따른 분류

 ㉠ 운동용 실: 축 또는 로드 실, 패킹 등이 사용됨

 ㉡ 고정용 실: 개스킷이 사용됨

③ 패킹(실)

 ㉠ 구비조건

  - 마찰계수가 적을 것
  - 내마모성이 클 것
  - 체결력이 있을 것

 ㉡ 종류

  - 성형 패킹: V형, U형, L형, J형
  - O링: 천연고무·합성고무 또는 합성수지로 만든 원형단면 둥근고리로, 밀봉부의 홈에 끼워서 기밀성, 수밀성을 유지함

## 5. 오일 냉각기(오일 쿨러)

① 기능: 유압유 작동 시 발생하는 마찰열을 냉각시켜 점도의 저하, 윤활제의 분해 등을 방지하고, 유압유의 온도를 항상 정상 작동온도인 80℃로 유지한다.

② 설치 위치: 릴리프 밸브의 복귀 측 또는 회로의 복귀 측에 설치한다.

③ 구비조건
   ㉠ 촉매 작용이 없을 것
   ㉡ 오일 흐름에 저항이 작을 것
   ㉢ 온도 조정이 작을 것

④ 유압유의 온도가 과도하게 상승할 때 나타나는 현상
   ㉠ 작동유의 점도가 낮아져 유압기기의 작동이 불량해짐
   ㉡ 유압유의 열화 및 산화가 촉진됨
   ㉢ 점도 저하로 인해 누유가 발생하기 쉬우며, 펌프 효율이 저하됨
   ㉣ 기계적 마찰이 증가함

## 8 유압기호 및 유압회로

### 1. 유압기호

| | | |
|---|---|---|
| 정용량형 유압펌프 | 가변용량형 유압펌프 | 가변용량형 유압모터 |
| 단동 실린더 | 복동 실린더 | 복동 실린더 양 로드형 |
| 공기유압 변환기 | 릴리프 밸브 | 무부하 밸브 |
| 체크 밸브 | 고압 우선형 셔틀 밸브 | 유압유 탱크 (개방형) |
| 유압유 탱크 (가압형) | 정용량형 펌프 | 회전형 전기모터 액추에이터 |
| 오일필터 (오일 여과기) | 드레인 배출기 | 유압동력원 |
| 압력스위치 | 압력계 | 어큐뮬레이터 |
| 압력원 | 솔레노이드 조작방식 | 직접 파일럿 조작방식 |
| 레버 조작방식 | 기계 조작방식 | |

## 2. 유압회로

① 종류
   - ㉠ 그림 회로도: 구성기기 외관을 그림으로 표시함
   - ㉡ 단면 회로도: 기기 내부와 동작의 단면을 표시함
   - ㉢ 조합 회로도: 그림 회로도와 단면 회로도를 활용하여 복합적으로 표시함
   - ㉣ 기호 회로도: 구성기기를 기호로 표시함
② 속도제어 회로: 유압 실린더의 속도를 제어하는 회로
   - ㉠ 미터인 회로: 유압 실린더에 유입되는 유압유를 조절하며, 유량제어 밸브와 실린더에 직렬연결함
   - ㉡ 미터아웃 회로: 유압 실린더에서 나오는 유압유를 조절함
   - ㉢ 블리드오프 회로: 유량 조절 밸브 바이패스 회로에 설치되며 유압 실린더에 공급되는 유압유 외의 유압유를 탱크로 복귀시키는 회로로, 유량제어 밸브와 실린더가 병렬로 연결되어 있음

## 1 개요

★★
**01** 유압장치에 대한 설명으로 옳은 것은?

① 유압장치는 유체에너지를 유압에너지로 바꾸는 장치이다.
② 유압장치는 유체에너지를 기계적 에너지로 바꾸는 장치이다.
③ 유압장치는 수차를 이용한 장치이다.
④ 유압장치는 직선왕복운동을 하는 장치이다.

해설 유압장치는 유체에너지를 기계적 에너지로 바꾸는 장치이다.

★★
**02** 유압장치의 특징에 대한 설명으로 옳지 않은 것은?

① 속도 제어가 어렵다.
② 힘의 연속적 제어가 용이하다.
③ 힘을 증대할 뿐만 아니라 감소할 수도 있다.
④ 운동 방향 제어가 용이하다.

해설 유압장치는 속도 제어가 용이하다.

**03** 유압장치의 장점으로 옳지 않은 것은?

① 무단 변속이 가능하다.
② 응답성이 빠르고 에너지 저장이 가능하다.
③ 직선운동 시 충격과 진동이 적다.
④ 윤활성, 내마모성, 방청성이 좋다.

해설 유압장치는 직선운동을 하는 유압 실린더 끝단에서 충격 및 진동이 있어 쿠션기구 등을 사용한다.

★★
**04** 유압장치에 이용하는 유체 일반에 대한 설명으로 옳지 않은 것은?

① 유체는 비압축성이 있다.
② 유체는 동력을 전달한다.
③ 유체는 힘을 전달한다.
④ 유체는 압축성이 있다.

해설 유체는 비압축성이 있으며 힘(동력)을 전달한다.

★★★★★
**05** 유압장치의 원리로 옳은 것은?

① 파스칼의 원리
② 베르누이의 원리
③ 보일 샬의 원리
④ 패러데이의 원리

해설 유압장치는 작은 힘으로 큰 힘을 얻기 위해 파스칼의 원리를 이용한다.

★★★★
**06** 파스칼의 원리에 대한 설명으로 옳지 않은 것은?

① 유체의 압력은 면에 대하여 직각으로 작용한다.
② 각 점의 압력은 모든 방향으로 동일하게 작용한다.
③ 밀폐된 용기 속 유체 일부에 가해진 압력은 동시에 유체 각 부에 같은 세기로 전달된다.
④ 힘은 증대되기만 한다.

해설 힘은 증대될 뿐만 아니라 감소될 수도 있다.

★
**07** 유압장치의 구성품에 해당하지 않는 것은?

① 오일탱크
② 유압펌프
③ 기관
④ 액추에이터

해설 유압장치의 구성품에는 오일탱크, 유압펌프, 압력제어 밸브, 유량제어 밸브, 액추에이터, 파이프 및 호스가 있다.

## 2 유압펌프의 구조와 기능(발생부)

**08** 유압펌프에 대한 설명으로 옳지 않은 것은?

① 기관 또는 전동기의 동력을 유압에너지로 전환하는 장치이다.
② 유압에너지를 회전운동으로 바꾸는 장치이다.
③ 유압유에 힘을 가하는 장치이다.
④ 유압펌프의 종류에는 기어식, 베인식, 피스톤식 등이 있다.

해설 유압에너지를 회전운동으로 바꾸는 장치는 유압모터이다.

**★★★★**

**09** 유압펌프의 종류에 해당하지 <u>않는</u> 것은?

① 기어식　　　　② 액시얼식

③ 진공 펌프식　　④ 베인식

**해설** 유압펌프의 종류에는 기어식, 베인식, 플런저식(피스톤식) 등이 있으며, 플런저식은 액시얼식, 레이디얼식으로 구분된다.

**★**

**10** 기어식 유압펌프에 대한 설명으로 옳은 것은?

① 정용량형 펌프이다.

② 고속 회전에 부적합하다.

③ 폐입 현상이 잘 일어나지 않는다.

④ 고장이 적으나 가혹한 조건에 맞지 않는다.

**해설** 기어식 유압펌프는 가변용량형이 없으므로 정용량형 펌프라고도 한다.
② 고속 회전이 가능하다.
③ 흡입력이 크고 폐입 현상이 일어나기 쉽다.
④ 고장이 적고 가혹한 조건에 적합하다.

**★**

**11** 기어펌프에 대한 설명으로 옳지 <u>않은</u> 것은?

① 소형이며 구조가 간단하다.

② 초고압에는 사용이 어렵다.

③ 대용량 펌프로 적당하다.

④ 가혹한 조건에 잘 견딘다.

**해설** 기어펌프는 소형이며 구조가 간단하지만, 대용량 펌프로는 사용이 곤란한 단점이 있다.

**★★★**

**12** 폐입 현상에 대한 설명으로 옳지 <u>않은</u> 것은?

① 토출된 유체 일부를 흡입구 측으로 되돌리는 현상이다.

② 폐입 현상이 발생하면 기어의 마모가 심해진다.

③ 측판에 탈출홈을 설치하여 방지한다.

④ 폐입 현상이 발생하면 축동력이 감소한다.

**해설** 폐입 현상은 토출된 유체 일부를 흡입구 측으로 되돌리는 현상을 말한다. 폐입 현상이 발생하면 축동력이 증가한다.

**13** 유압펌프 중 폐입 현상이 잘 일어나는 것은?

① 기어식　　　　② 로터리식

③ 베인식　　　　④ 플런저식

**해설** 폐입 현상은 기어식 유압펌프에서 가장 많이 발생한다.

**14** 캠링, 로터, 날개로 구성되어 있으며 구조가 간단하고 수명이 길며 고속 회전에 적합한 유압펌프는?

① 기어식　　　　② 베인식

③ 플런저식　　　④ 사판식

**해설** 베인식 유압펌프는 캠링, 로터, 날개로 구성되어 있으며, 구조가 간단하고 수명이 길며 고속 회전이 가능한 유압펌프이다. 그리고 맥동과 소음, 진동이 적은 특징이 있다.

**★**

**15** 날개로 펌핑 동작을 하며 소음과 진동이 적은 유압펌프는?

① 기어식　　　　② 베인식

③ 플런저식　　　④ 사판식

**해설** 날개로 펌핑 동작을 하며 소음과 진동이 적은 유압펌프는 베인식(날개식)이다.
① 기어식은 고속 회전이 가능하고 흡입력이 큰 유압펌프이다.
③ 플런저식은 고압에 적합하지만 흡입 능력이 낮은 유압펌프이다.
④ 사판식은 플런저식 펌프에 해당한다.

**★★**

**16** 액시얼 피스톤펌프에 대한 설명으로 옳지 <u>않은</u> 것은?

① 구조가 복잡하다.

② 사판식과 사축식이 있다.

③ 플런저 운동 방향이 실린더 블록 중심선과 같은 방향으로 되어 있는 형식이다.

④ 플런저가 운동 방향 중심선에서 직각인 평면에 방사상으로 나열되어 있다.

**해설** 플런저가 운동 방향 중심선에서 직각인 평면에 방사상으로 나열되어 있는 형식은 레이디얼 피스톤펌프이다.

**17** 액시얼 피스톤펌프 중 사판식의 사판이 하는 역할로 옳은 것은?

① 유압을 토출시킨다.
② 유압을 흡입한다.
③ 피스톤 헤드와 접촉하여 피스톤이 왕복운동을 하게 한다.
④ 구동축을 운동시킨다.

해설 사판식의 사판은 피스톤을 왕복운동시킬 뿐만 아니라 유량을 조절하는 역할을 한다.
①② 사판식의 피스톤이 하는 역할이다.
④ 유압펌프 입력축이 하는 역할이다.

**18** 유압기기의 용어 중 GPM 또는 LPM이 의미하는 것은?

① 분당 토출량
② 시간당 토출량
③ 유체 흐름 저항
④ 유체 압력 단위

해설 GPM(Gallon Per Minute) 또는 LPM(Liter Per Minute)은 유압펌프의 분당 토출량을 의미한다.

**19** 유압펌프의 크기를 나타내는 방법으로 옳은 것은?

① 유압펌프의 회전 속도로 표시한다.
② 유압펌프에 주어진 압력 및 토출량으로 표시한다.
③ 유압펌프에서 토출되는 압력으로 표시한다.
④ 유압펌프에서 흡입하는 오일의 양으로 표시한다.

해설 유압펌프의 크기는 주어진 압력 및 토출량으로 표시한다. 이때 토출량이란 펌프가 단위 시간당 토출하는 액체의 체적을 말한다.

**20** 토출량에 대한 설명으로 옳은 것은?

① 초당 토출하는 액체의 압력을 말한다.
② 분당 토출하는 액체의 압력을 말한다.
③ 단위 시간당 토출하는 액체의 체적을 말한다.
④ 단위 시간당 토출하는 액체의 압력을 말한다.

해설 토출량은 펌프에서 단위 시간당 토출하는 액체의 체적을 말한다.

**21** 유압펌프에서 회전수가 일정할 때 토출량을 변화시킬 수 있는 형식은?

① 정용량형
② 정압력형
③ 가변압력형
④ 가변용량형

해설 유압펌프에서 회전수가 일정할 때 토출량을 변화시킬 수 있는 형식은 가변용량형이다.
① 정용량형은 유압펌프에서 회전수가 일정할 때 토출량이 일정한 형식이다.

**22** 지게차에 사용하는 유압펌프가 오일을 토출하지 못하는 원인으로 옳은 것을 모두 고른 것은?

ㄱ. 유압유의 점도가 낮다.
ㄴ. 펌프의 회전수가 적다.
ㄷ. 오일 스트레이너가 막혀 오일을 흡입하지 못한다.
ㄹ. 펌프가 역회전한다.
ㅁ. 흡입관 또는 회로 내에 공기가 유입되었다.

① ㄱ, ㄴ, ㄷ
② ㄱ, ㄴ, ㄹ, ㅁ
③ ㄱ, ㄷ, ㄹ, ㅁ
④ ㄴ, ㄷ, ㄹ, ㅁ

해설 ㄱ. 유압유의 점도가 높을 때 유압펌프가 오일을 토출하지 못한다.

**23** 유압펌프에서 소음이 발생하는 원인이 <u>아닌</u> 것은?

① 유압유의 점도가 높을 때
② 펌프의 회전 속도가 느릴 때
③ 흡입 오일의 양이 적을 때
④ 흡입관 또는 회로 내로 공기가 유입될 때

해설 펌프의 회전 속도가 빠를 때 유압펌프에서 소음이 발생한다.
①③④ 이외에도 펌프 베어링의 마모가 심할 때, 펌프 회전축 편심 오차가 심할 때 등의 경우에 유압펌프에서 소음이 발생한다.

**24** 유압펌프의 유압이 낮아지는 원인으로 옳은 것은?

① 유압탱크 내 오일의 양이 과다할 때
② 펌프의 회전 속도가 빠를 때
③ 펌프의 마모가 심할 때
④ 펌프 흡입관이 클 때

해설 유압펌프에서 토출 유압이 낮아지는 원인에는 유압탱크 내 오일의 양이 적을 때, 펌프의 마모가 심할 때, 펌프의 회전 속도가 느릴 때, 펌프 흡입관이 막혔을 때 등이 있다.

---

**3 컨트롤 밸브의 구조와 기능(제어부)**
★★★
**25** 유압장치에서 사용하는 컨트롤 밸브와 그 기능의 연결이 옳지 <u>않은</u> 것은?

① 압력제어 밸브 – 일의 크기를 제어한다.
② 유량제어 밸브 – 일의 속도를 제어한다.
③ 속도제어 밸브 – 일의 속도를 제어한다.
④ 방향제어 밸브 – 일의 방향을 제어한다.

해설 일의 속도를 제어하는 것은 컨트롤 밸브 중 유량제어 밸브의 기능이다.

★★★
**26** 압력제어 밸브의 종류에 해당하지 <u>않는</u> 것은?

① 릴리프 밸브          ② 감압 밸브
③ 언로드 밸브          ④ 교축 밸브

해설 압력제어 밸브의 종류에는 릴리프 밸브, 감압 밸브, 언로드 밸브, 시퀀스 밸브, 카운터 밸런스 밸브 등이 있다.

★★★
**27** 유압회로 내 압력이 과도하게 상승하는 것을 방지하는 밸브는?

① 카운터 밸런스 밸브     ② 릴리프 밸브
③ 시퀀스 밸브          ④ 감압 밸브

해설 ① 카운터 밸런스 밸브는 제어속도 이상으로 낙하하는 것을 방지하는 밸브이다.
③ 시퀀스 밸브는 각 회로에 작동 순서를 부여하는 밸브이다.
④ 감압 밸브는 주회로보다 낮은 압력으로 작동체를 작동시키고자 하는 분기 회로에 사용하는 밸브이다.

---

★
**28** 릴리프 밸브를 설치하는 위치는?

① 유압펌프와 방향전환 밸브 사이
② 유압탱크와 유압펌프 사이
③ 방향전환 밸브와 유압 실린더 사이
④ 유압탱크와 유압 실린더 사이

해설 릴리프 밸브의 설치 위치는 유압펌프와 방향전환 밸브 사이이다.

★
**29** 릴리프 밸브에서 발생하는 이상 현상 중 채터링 현상에 대한 설명으로 옳은 것은?

① 압력차에 따라 유압이 고이는 것
② 릴리프 밸브 스프링이 유압을 제어하는 것
③ 압력차에 의해 볼이 밸브 시트를 때리는 것
④ 릴리프 밸브 내 유압이 저하되는 것

해설 채터링 현상은 릴리프 밸브 내 압력차에 의해 볼이 밸브 시트를 때려 소음이 발생하는 현상을 말한다.

★
**30** 크래킹압력에 대한 설명으로 옳은 것은?

① 밸브를 통하지 않고 직접 유압유가 흐르는 압력이다.
② 밸브가 완전히 열려 오일이 자유롭게 흐르는 압력이다.
③ 밸브를 통해 유압유가 흐르기 시작하는 압력이다.
④ 오일이 자유롭게 흐르는 압력과 흐르기 시작하는 압력의 차이이다.

해설 ② 전개압력, ④ 오버라이드압력에 대한 설명이다.

★
**31** 감압 밸브를 사용하는 곳은?

① 주회로에서 높은 압력을 유지하는 곳
② 분기 회로에서 높은 압력을 유지하는 곳
③ 주회로에서 낮은 압력을 유지하는 곳
④ 분기 회로에서 2차 측 압력을 낮게 유지하는 곳

해설 감압 밸브는 분기 회로에서 2차 측 압력을 낮게 유지하는 곳에 사용한다.

**★★**
**32** 유압회로에서 입구 압력을 작동체 출구 압력으로 유지하는 밸브는?

① 리듀싱 밸브　　　　② 릴리프 밸브
③ 언로드 밸브　　　　④ 시퀀스 밸브

해설 리듀싱 밸브에 대한 설명이다. 리듀싱 밸브는 감압 밸브라고도 하며, 주회로 압력보다 작동체 출구 압력을 낮게 유지하는 밸브이다.

**★**
**33** 리듀싱 밸브(감압 밸브)에 대한 설명으로 옳지 않은 것은?

① 상시 폐쇄 상태로 되어 있다.
② 유압장치에서 회로 일부의 압력을 릴리프 밸브의 설정압력 이하로 하고 싶을 때 사용한다.
③ 출구의 압력이 감압 밸브의 설정압력보다 높아지면 밸브가 작동하여 유로를 닫는다.
④ 입구의 주회로에서 출구의 감압 회로로 유압유가 흐른다.

해설 리듀싱 밸브(감압 밸브)는 회로 일부의 압력을 릴리프 밸브 설정압력 이하로 제어할 때 사용하며, 입구의 주회로에서 출구의 감압 회로로 유압유가 흐른다. 또한 상시 개방 상태로 되어 있으며, 출구의 압력이 감압 밸브 설정 압력보다 높아지면 밸브가 작동하여 유로를 닫는다.

**★★★**
**34** 유압회로 내 압력이 설정값에 도달하면 펌프의 전유량을 탱크로 되돌려 펌프를 무부하 상태로 만드는 밸브는?

① 언로드 밸브　　　　② 릴리프 밸브
③ 리듀싱 밸브　　　　④ 시퀀스 밸브

해설 언로드 밸브는 무부하 밸브라고도 하며, 유압회로 내 압력이 설정값에 도달하면 펌프의 전유량을 탱크로 되돌려 펌프를 무부하 상태로 만드는 밸브이다.

**★★**
**35** 유압 실린더와 유압모터 등 2개 이상의 작동체를 사용하는 분기 회로에서 순차적으로 작동시키는 밸브는?

① 교축 밸브　　　　② 시퀀스 밸브
③ 체크 밸브　　　　④ 릴리프 밸브

해설 ① 교축 밸브는 관로의 직경을 변경하여 유량을 제어하는 밸브이다.
③ 체크 밸브는 유체의 역방향 흐름을 저지하는 밸브이다.
④ 릴리프 밸브는 회로 압력을 일정하게 하거나 최고 압력을 제한하여 장치를 보호하는 밸브이다.

**36** 일정 조건이 되면 작동하는 밸브가 아닌 것은?

① 리듀싱 밸브　　　　② 시퀀스 밸브
③ 언로드 밸브　　　　④ 릴리프 밸브

해설 리듀싱 밸브는 조건 없이 작동체의 작동을 위해 압력을 낮추는 밸브이다.
②③④ 시퀀스 밸브, 언로드 밸브, 릴리프 밸브 등은 일정 조건이 되면 작동하는 상시 폐쇄형 밸브이다.

**★★**
**37** 카운터 밸런스 밸브에 대한 설명으로 옳지 않은 것은?

① 배압 밸브 또는 푸트 밸브라고도 한다.
② 한쪽 방향 흐름에 배압을 발생시키는 밸브이다.
③ 일의 순서를 결정하는 밸브이다.
④ 유압 실린더가 중력에 의해 자유낙하하는 것을 방지하는 밸브이다.

해설 카운터 밸런스 밸브는 배압 밸브 또는 푸트 밸브라고도 하며, 한쪽 방향 흐름에 배압을 발생시키기 위한 밸브로, 실린더가 중력에 의해 자유로이 제어속도 이상으로 낙하하는 것을 방지한다.

**38** 지게차 운전 중 유압유는 정상이나 포크의 상승 속도가 현저히 저하되었을 때 점검해야 하는 밸브는?

① 압력제어 밸브　　　　② 방향제어 밸브
③ 릴리프 밸브　　　　④ 유량제어 밸브

해설 ① 압력제어 밸브는 일의 크기를 제어하는 밸브이다.
② 방향제어 밸브는 일의 방향을 제어하는 밸브이다.
③ 릴리프 밸브는 회로 압력을 일정하게 하거나 최고 압력을 제한하여 장치를 보호하는 밸브이다.

**39** 유압회로에서 방향제어 밸브의 기능으로 옳지 않은 것은?

① 유압 실린더 및 유압모터의 작동 방향을 바꾸는 데 사용한다.
② 유체의 흐름 방향을 변화시킨다.
③ 액추에이터의 작동 속도를 제어한다.
④ 유체가 한쪽으로만 흐르도록 한다.

해설 액추에이터의 작동 속도를 제어하는 것은 유량제어 밸브의 기능에 해당한다.

★
**40** 스풀 밸브에 대한 설명으로 옳은 것은?

① 슬리브에 설치된 포트에 의해 유체 흐름 방향을 변환하는 밸브이다.
② 자체 압력에 의해 내부 볼 움직임에 따라 자동으로 관로를 선택하는 밸브이다.
③ 유량을 제어 및 배분하는 밸브이다.
④ 2개 이상 회로로부터 유량을 일정 비율로 집합하는 밸브이다.

해설 스풀 밸브는 원통형 슬리브로 면에 내접하여 축 방향으로 이동함으로써 포트를 개폐하여 오일의 흐름 방향을 바꾸는 밸브이다.
② 셔틀 밸브, ③ 분류 밸브, ④ 집류 밸브에 대한 설명이다.

★
**41** 유체를 한쪽으로만 흐르게 하고 역방향 흐름을 저지하는 밸브는?

① 체크 밸브         ② 서지 밸브
③ 서보 밸브         ④ 파일럿 밸브

해설 유체의 역방향 흐름을 저지하는 밸브는 체크 밸브이다.
③ 서보 밸브는 유량제어 밸브에 해당한다. 조작방식에는 수동 조작, 기계적 조작, 솔레노이드 조작 등이 있다.

★
**42** 교축 밸브에 대한 설명으로 옳지 않은 것은?

① 스로틀 밸브이다.
② 관로의 직경을 변경하여 유량을 제어한다.
③ 오리피스형과 쵸크형이 있다.
④ 2개 이상의 회로에서 관로를 교차하여 제어한다.

해설 2개 이상의 회로에서 관로를 교차하여 제어하는 것은 포핏형 프레필 밸브이다.

★
**43** 다음 설명에 해당하는 유압 밸브는?

기계장치(캠)에 의해 스풀을 작동시켜 액추에이터의 작동 속도를 서서히 감속시킨다.

① 스풀 밸브         ② 디셀레이션 밸브
③ 카운터 밸런스 밸브    ④ 프레필 밸브

해설 디셀레이션 밸브(감속 밸브)는 기계장치(캠)에 의해 스풀을 작동시켜 유로를 서서히 개폐함으로써 액추에이터의 발진, 정지, 감속 변환 등에 따른 충격을 감소하기 위해 작동 속도를 서서히 감속시킬 때 사용된다.

★
**44** 유압장치에서 발생하는 서지압력에 대한 설명으로 옳지 않은 것은?

① 과도적으로 발생하는 이상 압력의 최댓값이다.
② 국부적인 압력을 말한다.
③ 유량제어 밸브 및 방향제어 밸브에서 발생한다.
④ 고속 실린더를 급정지시킬 때 발생한다.

해설 유압장치의 서지압력은 과도적으로 발생하는 이상 압력의 최댓값으로, 유량제어 밸브의 가변 오리피스를 급격히 닫거나 방향제어 밸브의 유로를 급격히 전환하는 경우 또는 고속 실린더를 급정지시킬 경우 발생한다.

★★★
**45** 다음 설명에 해당하는 유압기기의 이상 현상은?

공동 현상이라고도 하며, 유입된 공기량이 많으면 펌프 또는 밸브를 통과하는 앞과 뒤의 큰 압력 변화에 따라 기포가 과포화 상태가 되고, 이때 기포가 분리되면서 오일 속에 공동부가 생기는 현상이다. 용적 효율이 저하되고 큰 충격음과 진동이 발생한다.

① 실린더 숨돌리기 현상    ② 서지압력
③ 캐비테이션 현상       ④ 채터링 현상

해설 ① 실린더 숨돌리기 현상은 유입된 공기의 압축 및 팽창 차에 따라 동작이 불안정하고 작동이 지연되는 현상이다.
② 서지압력은 과도적으로 발생하는 이상 압력의 최댓값으로, 유량제어 밸브의 가변 오피리스를 급격히 닫거나 방향제어 밸브의 유로를 급격히 전환할 경우 또는 고속 실린더를 급정지할 경우 발생하는 현상이다.
④ 채터링 현상은 릴리프 밸브 스프링 장력 저하로 인해 발생하며, 볼이 시트를 때려 소음이 발생한다.

★
**46** 유압장치에서 실린더 숨돌리기 현상이란 무엇인가?

① 유입된 공기의 압축과 팽창 차이에 따라 동작이 불안정하고 작동이 지연되는 것
② 공급되는 유압이 일시적으로 멈추는 것
③ 제어 밸브 작동이 지연되는 것
④ 액추에이터에 유입되는 유압이 일시적으로 낮아지는 것

해설 실린더 숨돌리기 현상은 유입된 공기의 압축과 팽창 차이에 따라 동작이 불안정하고 작동이 지연되는 것으로, 유압유의 부족, 유압온도의 급격한 상승, 제어 밸브의 작동 불량으로 발생한다.

★
**47** 지게차의 리프트 실린더 회로에 설치되어 있는 플로 레귤레이터(슬로 리턴) 밸브의 기능으로 옳은 것은?

① 포크가 상승할 때 공급되는 유압을 높여준다.
② 포크의 하강 속도를 조절하여 서서히 하강하도록 한다.
③ 포크가 상승하다가 유압이 누유되면 적재물이 급강하하는 것을 방지한다.
④ 적재물이 급강하하도록 한다.

해설 플로 레귤레이터 밸브는 포크의 하강 속도를 조절하여 서서히 하강하도록 한다.

---

### 4 유압 실린더 및 유압모터(구동부)

**48** 유압 실린더에서 피스톤 로드에 있는 먼지 또는 오염 물질 등이 실린더로 혼입되는 것을 방지하는 것은?

① 실린더 커버          ② 더스트 실
③ 밸브                  ④ 필터

해설 피스톤 로드는 실린더 튜브의 안과 밖을 이동하기 때문에 오염물이 튜브 안으로 유입되는 것을 방지하기 위해 피스톤 로드에 더스트 실(와이퍼 실)을 설치한다.

★★★★★
**49** 유압 실린더와 유압모터의 특징이 바르게 연결된 것은?

① 유압 실린더 – 회전운동
② 유압 실린더 – 직선운동, 회전운동
③ 유압모터 – 직선운동
④ 유압모터 – 회전운동

해설 유압 실린더는 유압을 직선운동으로 바꾸는 장치이고, 유압모터는 유압을 회전운동으로 바꾸는 장치이다.

**50** 유압 액추에이터에 대한 설명으로 옳은 것은?

① 유체에너지를 기계적 에너지로 변환하는 장치이다.
② 유체에너지를 축적하는 장치이다.
③ 유체에너지를 생성하는 장치이다.
④ 기계적 에너지를 유체에너지로 변환하는 장치이다.

해설 유압 액추에이터는 작동기로 유압 실린더와 유압모터가 있으며, 펌프에서 발생한 유압에너지(유체에너지)를 기계적 에너지(직선 또는 회전운동)로 변환하는 장치이다.

**51** 유압 실린더의 종류에 해당하지 않는 것은?

① 단동식              ② 복동식
③ 단동 더블로드식    ④ 복동 더블로드식

해설 유압 실린더의 종류에는 단동식과 복동식이 있으며, 복동식에는 싱글로드 형식과 더블로드 형식이 있다.

★★★★★
**52** 지게차 조향장치에 사용하는 유압 실린더의 종류는?

① 단동 싱글로드 형식
② 복동 더블로드 형식
③ 단동 더블로드 형식
④ 복동 싱글로드 형식

해설 지게차 조향장치는 바퀴가 좌우로 회전해야 하므로 복동식 더블로드 형식의 유압 실린더를 사용한다.
①③ 싱글로드와 더블로드 형식으로 분류되는 것은 복동 실린더이다.

**53** 유압 실린더의 숨돌리기 현상이 발생했을 때 나타날 수 있는 현상이 아닌 것은?

① 작동지연 현상이 나타난다.
② 서지압이 발생한다.
③ 오일의 공급이 과대해진다.
④ 피스톤 작동이 불안정해진다.

해설 실린더 숨돌리기 현상은 유압라인 내 공기의 혼입으로 인한 공기의 압축 및 팽창 차에 따라 액추에이터의 작동이 불안정하고 지연되는 현상을 말한다. 오일의 공급이 과대해지는 것과는 관련이 없다.

★★
**54** 유압 실린더 지지방식에 따른 분류가 아닌 것은?

① 지렛대형          ② 푸트형
③ 플랜지형          ④ 클레비스형

해설 유압 실린더는 지지방식에 따라 푸트형, 플랜지형, 클레비스형으로 분류된다.

**55** ★ 양단에 브라킷으로 장착하는 형식의 유압 실린더는?

① 클레비스형　　② 플랜지형
③ 푸트형　　　　④ 브라킷형

해설 ① 클레비스형은 실린더가 자유롭게 회전하도록 핀으로 장착하는 형식의 유압 실린더이다.
② 플랜지형은 실린더 방향과 직각인 면에 플랜지로 장착하는 형식의 유압 실린더이다.

**56** ★ 유압 실린더의 안전장치로, 피스톤 행정 끝부분에서 속도를 낮추고 충격에 의한 손상을 방지하는 것은?

① 피스톤 실　　　② 피스톤 로드실
③ 쿠션장치　　　　④ 더스트실

해설 유압 실린더 내에 설치되어 있는 쿠션장치는 피스톤 행정 끝부분에서 속도를 낮추고 충격에 의한 손상을 방지하는 유압 실린더의 안전장치이다.

**57** ★★ 유압모터의 종류에 해당하지 않는 것은?

① 기어식　　　　② 베인식
③ 피스톤식　　　④ 원심식

해설 유압모터의 종류에는 기어식, 베인식, 플런저식(피스톤식)이 있다.

**58** 유압모터의 장점으로 옳지 않은 것은?

① 변속이 용이하다.
② 역회전이 불가능하다.
③ 제동이 용이하다.
④ 고속 회전이 좋다.

해설 유압모터는 변속·가속·제동이 용이하고, 역회전이 가능하며, 고속 회전이 좋다.

**59** 유압모터의 단점으로 옳지 않은 것은?

① 작동 시 작동유 점도 변화에 영향을 받는다.
② 제어 밸브를 장착할 수 없다.
③ 먼지나 공기가 유입되지 않게 유지 보수해야 한다.
④ 작동유가 인화하기 쉽다.

해설 ①③④ 유압모터는 작동 시 작동유 점도 변화에 영향을 받으며, 먼지나 공기가 유입되지 않게 유지 보수해야 하고, 작동유가 인화하기 쉽다는 점이 단점이다.

**60** 유압모터의 특징으로 옳지 않은 것은?

① 관성력이 크다.
② 자동 원격 조작이 가능하다.
③ 무단 변속이 가능하다.
④ 구조가 간단하다.

해설 유압모터는 관성력이 작아 전동모터에 비해 급속 정지가 쉽다.

**61** ★★ 유압모터 작동 시 소음과 진동이 발생하는 원인이 아닌 것은?

① 유압유 점도가 낮을 때
② 회로 내에 공기가 유입되었을 때
③ 모터 내부의 부품 마모가 심할 때
④ 모터 고정볼트의 체결이 느슨할 때

해설 ②③④ 유압모터 작동 시 소음과 진동이 발생하는 원인에는 회로 내에 공기가 유입되었을 때, 모터 내부의 부품 마모가 심할 때, 모터 고정볼트의 체결이 느슨할 때 등이 있다.

## 5 유압탱크의 기능과 구조

**62** 유압탱크의 기능이 <u>아닌</u> 것은?

① 냉각 작용　　　　② 응축수 제거
③ 기포 제거　　　　④ 이물질 용해

**해설** 유압탱크의 기능에는 저장, 냉각, 기포 제거, 이물질 침전, 응축수 제거, 펌프, 모터, 밸브의 설치 장소 제공 등이 있다.

**63** 유압탱크의 구성품에 해당하지 <u>않는</u> 것은?

① 흡입관 및 복귀관　　② 배플
③ 드레인 플러그　　　④ 오일 여과기

**해설** 유압탱크의 구성품에는 흡입관 및 복귀관, 배플, 드레인 플러그, 유면계, 공기 여과기 등이 있다.

**64** 유압탱크의 구비조건에 해당하지 <u>않는</u> 것은?

① 적당한 크기의 주유구 및 스트레이너를 설치해야 한다.
② 오일 냉각을 위한 쿨러를 설치해야 한다.
③ 오일에 이물질이 혼입되지 않도록 밀폐되어야 한다.
④ 플러그 및 유면계를 설치해야 한다.

**해설** 오일 쿨러는 유압탱크와 별개인 구성품이다.

**65** 유압장치에서 불순물을 제거하기 위해 사용하는 부품은?

① 여과기, 어큐뮬레이터
② 배플, 필터
③ 드레인 플러그, 필터
④ 오일 여과기, 스트레이너

**해설** 유압장치에서 유압유의 불순물을 제거하기 위한 장치에는 오일 스트레이너의 여과망, 오일 여과기(필터) 등이 있다.

## 6 유압유

**66** 유압유의 기능으로 옳은 것을 모두 고른 것은?

ㄱ. 열을 흡수한다.
ㄴ. 동력을 전달한다.
ㄷ. 열화를 방지한다.
ㄹ. 밀봉 작용을 한다.
ㅁ. 마모를 방지한다.

① ㄱ, ㄷ, ㅁ　　　　② ㄱ, ㄴ, ㄹ, ㅁ
③ ㄴ, ㄷ, ㄹ　　　　④ ㄴ, ㄷ, ㄹ, ㅁ

**해설** 유압유의 기능에는 열 흡수, 동력 전달, 밀봉 작용, 마모 방지 등이 있다.

**67** 유압유의 구비조건에 해당하지 <u>않는</u> 것은?

① 강인한 유막을 형성해야 한다.
② 비압축성이어야 한다.
③ 점도지수가 커야 한다.
④ 인화점 및 발화점이 낮아야 한다.

**해설** 유압유는 인화점 및 발화점이 높아야 한다.
①②③ 이외에도 유압유는 적당한 점도를 가지고 내부식성이 있어야 하며, 불활성이어야 한다.

**68** 유압유 열화 점검 방법으로 옳지 <u>않은</u> 것은?

① 불이 붙는 정도
② 색깔 변화 및 수분 함유 여부
③ 침전물 유무 및 점도 정도
④ 흔들었을 때 거품 발생 여부

**해설** ②③④ 이외에도 냄새 등으로 유압유 열화 점검을 실시한다.

**69** 유압이 상승하지 않는 원인에 해당하지 <u>않는</u> 것은?

① 오일 부족
② 유압펌프의 과다 마모
③ 릴리프 밸브 스프링 장력이 클 때
④ 릴리프 밸브 스프링 장력이 작을 때

**해설** 유압펌프의 과다 마모, 오일 부족, 릴리프 밸브 스프링 장력이 작을 때, 오일이 누출될 때 유압이 상승하지 않는다.

**★**
**70** 서로 다른 두 종류의 유압유를 혼합하였을 때 나타나는 현상으로 옳은 것은?

① 열화 현상이 촉진된다.
② 유압유의 성능이 월등히 좋아진다.
③ 서로 보완 가능한 유압유의 혼합은 권장한다.
④ 점도가 달라지나 사용에는 지장이 없다.

**해설** 유압유에 점도가 다른 오일을 혼합하여 사용하면 열화 현상이 촉진된다. 이외에도 작동유에 수분과 공기가 침입했을 때, 고형 물질과 혼합되었을 때, 작동유가 과열되었을 때 유압유 열화 현상이 촉진된다.

**★**
**71** 유압유의 온도가 상승하는 원인으로 옳은 것은?

① 유압유가 과다하거나 노화되었을 때
② 유압펌프 효율이 과다할 때
③ 무부하 시간이 길 때
④ 릴리프 밸브 작동이 과도할 때

**해설** 유압유가 부족하거나 노화되었을 때, 유압펌프 효율이 불량할 때, 밸브 누유가 많고 무부하 시간이 짧을 때 유압유 온도가 상승한다.

**★**
**72** 유압유의 점도가 낮을 때 나타나는 현상을 모두 고른 것은?

> ㄱ. 펌프의 효율이 저하된다.
> ㄴ. 오일의 누설이 증가한다.
> ㄷ. 유압회로 내의 압력이 저하된다.
> ㄹ. 시동 시 저항이 증가한다.

① ㄱ, ㄴ, ㄷ      ② ㄱ, ㄴ, ㄹ
③ ㄱ, ㄷ, ㄹ      ④ ㄴ, ㄷ, ㄹ

**해설** ㄹ. 유압유 점도가 낮은 경우 시동 시 저항은 감소한다.
ㄱㄴㄷ. 이외에도 유압유의 점도가 낮을 경우 공동 현상, 응답 속도 저하, 윤활부 마모 증대 등의 현상이 발생한다.

**★**
**73** 유압장치 중 펌프의 내부 누설은 무엇에 반비례하여 증가하는가?

① 유압유의 오염도      ② 유압유의 압력
③ 유압유의 온도      ④ 유압유의 점도

**해설** 유압펌프 내부의 오일 누설은 토출량 부족이 원인이며, 유압유의 점도가 낮을수록 증가한다.

**★★**
**74** 유압의 첨가제 중 금속 간 마찰을 방지하기 위해 마찰계수를 저하시키기 위한 것은?

① 유성 향상제      ② 산화 방지제
③ 유동점 강하제      ④ 점도지수 향상제

**해설** 유성 향상제는 유압유 첨가제의 일종으로, 금속 간 마찰을 방지하고자 마찰계수를 저하시키기 위해 첨가한다.
② 산화 방지제는 금속 표면이 부식되는 것을 방지하기 위해 첨가한다.
③④ 유압유 첨가제의 일종이며, 이외에도 소포제 등을 첨가한다.

**75** 작동유 사용의 적정 온도로 옳지 않은 것은?

① 난기운전 시 온도: 30℃ 이상
② 적정 온도: 40~60℃
③ 냉간운전 시 온도: 0℃
④ 최고 사용 온도: 80℃ 이하

**해설** 작동유 사용의 적정 온도
• 난기운전 시 온도: 30℃ 이상
• 적정 온도: 40~60℃
• 최고 사용 온도: 80℃ 이하

## 7 기타 부속장치

**★**
**76** 유압회로에서 유압유 온도를 알맞게 유지하기 위해 오일을 냉각하는 부품은?

① 오일 쿨러      ② 방향제어 밸브
③ 어큐뮬레이터      ④ 유압 밸브

**해설** 오일 쿨러(오일 냉각기)는 유압유의 온도를 항상 정상 작동 온도인 80℃로 유지하기 위한 장치이다.
② 방향제어 밸브는 유압의 흐름 방향을 제어하여 일의 방향을 제어하는 장치이다.
③ 어큐뮬레이터는 축압기라고도 하며, 유압유의 압력에너지를 저장하는 장치로, 비상시 보조 유압원으로도 사용한다.

**★**
**77** 유압유의 양은 정상이지만 오일이 과열될 경우 가장 먼저 점검해야 하는 곳은?

① 오일 필터　　　　　② 오일 쿨러
③ 유압 호스　　　　　④ 컨트롤 밸브

해설 유압유의 양은 정상이지만 오일이 과열될 경우 오일을 냉각시키는 쿨러부터 점검해야 한다.

**★**
**78** 유압장치의 어큐뮬레이터의 기능으로 옳은 것은?

① 유압유의 압력에너지를 저장한다.
② 불순물을 여과한다.
③ 유량을 확보한다.
④ 유압유를 탱크로 복귀시킨다.

해설 유압장치의 어큐뮬레이터의 기능
• 유압유의 압력에너지를 저장한다.
• 펌프의 맥동압력을 흡수하여 일정하게 유지시킨다.
• 비상시 보조 유압원으로 사용한다.
• 압력을 보상한다.

**★**
**79** 유압장치의 어큐뮬레이터의 종류에 해당하지 않는 것은?

① 스프링형　　　　　② 기체 팽창형
③ 블래더형　　　　　④ 다이어프램형

해설 유압장치의 어큐뮬레이터의 종류에는 스프링, 기체 압축형, 기체와 기름 분리형(피스톤, 블래더, 다이어프램)이 있다.

**★**
**80** 유압장치의 어큐뮬레이터의 종류 중 기체형에 사용하는 가스는?

① 산소　　　　　　　② 아르곤
③ 질소　　　　　　　④ 이산화탄소

해설 유압장치 어큐뮬레이터의 기체형(기체 압축형)에 사용하는 가스는 불활성가스인 질소이다.

**★**
**81** 유압장치에 사용하는 오일 실의 종류 중 움직이는 부분에 사용하는 것은?

① 석면 개스킷　　　　② 커플링
③ 금속 개스킷　　　　④ 패킹

해설 유압장치의 오일 실에는 운동용 실(패킹), 고정용 실(개스킷)이 있다. 움직이는 부분에는 패킹을 사용한다.

**82** 유압장치에 사용하는 오일 실의 종류 중 O링이 갖추어야 하는 조건으로 옳은 것은?

① 체결력이 작을 것
② 압축 변형이 적을 것
③ 작동 시 마모가 클 것
④ 오일의 유입·유출이 가능할 것

해설 O링의 구비조건
• 내압성과 내열성이 클 것
• 탄성이 양호하고 압축 변형이 적을 것
• 피로 강도가 크고 비중이 적을 것
• 설치하기 쉬울 것
• 정밀가공면을 손상시키지 않을 것

**★**
**83** 유압장치의 일상점검사항에 해당하지 않는 것은?

① 소음 및 호스의 누유 여부 점검
② 오일 누설 여부 점검
③ 오일탱크의 유량 점검
④ 릴리프 밸브의 작동 점검

해설 릴리프 밸브의 작동 점검은 운전 중 점검사항에 해당한다.

**8** 유압기호 및 유압회로

**★★★**
**84** 유압장치에 사용하는 유압회로의 종류에 해당하지 않는 것은?

① 실제 회로도　　　　② 그림 회로도
③ 단면 회로도　　　　④ 조합 회로도

해설 유압장치에 사용하는 회로도의 종류에는 그림, 단면, 조합, 기호 회로도가 있다.

CH 04

★
**85** 유압장치의 기호 회로도에 사용하는 유압기호의 표시 방법으로 옳지 <u>않은</u> 것은?

① 기호에는 각 기기의 구조나 작용 압력을 표시하지 않는다.
② 각 기기의 기호는 정상 상태 또는 중립 상태를 표시한다.
③ 기호는 어떠한 경우에도 회전하여 표시하지 않는다.
④ 각 기호에는 흐름의 방향을 표시한다.

**해설** 유압장치에 사용하는 기호 회로도의 유압기호는 오해의 위험이 없는 경우 기호를 회전하거나 뒤집어 사용해도 된다.

★
**86** 유압장치에서 사용하는 속도제어 회로의 종류에 해당하지 <u>않는</u> 것은?

① 미터인 회로
② 미터아웃 회로
③ 시퀀스 회로
④ 감속 회로

**해설** 시퀀스 회로는 압력제어 회로에 해당한다.
①②④ 속도제어 회로의 종류에는 미터인, 미터아웃, 블리드오프, 감속, 차동, 동기 회로 등이 있다.

★★★
**87** 속도제어 회로 중 미터인 회로에 대한 설명으로 옳은 것은?

① 많은 유압 실린더 또는 모터를 동시에 같은 속도로 작동시킬 때 사용하는(교축방식) 회로이다.
② 유압 실린더 좌우 양 포트로 동시에 유압유를 공급하여 피스톤 양쪽이 받는 힘의 차이를 이용하는 회로이다.
③ 고속으로 작동되거나 관성력이 큰 피스톤을 작동할 때 충격적인 변환 동작을 완화하여 원활히 정지시키는 회로이다.
④ 유압 실린더에 유입되는 유압유를 조절하며 유량제어 밸브와 실린더에 직렬 연결한다.

**해설** ① 동기 회로, ② 차동 회로, ③ 감속 회로에 대한 설명이다.

★★★
**88** 유량제어 밸브와 실린더가 병렬로 연결되어 있고 유압 실린더에 공급되는 유압유 외의 유압유를 탱크로 복귀시키는 회로는?

① 미터인 회로
② 블리드오프 회로
③ 미터아웃 회로
④ 차동 회로

**해설** ① 미터인 회로는 유압 실린더에 유입되는 유압유를 조절하며, 유량제어 밸브와 실린더에 직렬 연결한다.
③ 미터아웃 회로는 유압 실린더에서 나오는 유압유를 조절한다.
④ 차동 회로는 유압 실린더 좌우 양 포트로 동시에 유압유를 공급하여 피스톤 양쪽이 받는 힘의 차이를 이용하는 회로이다.

★★★
**89** 다음 유압기호가 나타내는 것은?

① 컨트롤 밸브
② 유압유 탱크
③ 유압 실린더
④ 유압모터

**해설** 유압유 탱크 중 개방형의 유압기호이다.

★★★
**90** 체크 밸브를 나타내는 유압기호는?

**해설** ② 유압동력원, ③ 압력원, ④ 드레인 배출기이다.

★
**91** 유압장치에 사용하는 가변용량형 유압펌프의 기호는?

해설 ① 가변용량형 유압모터의 기호이다.
②③ 정용량형 유압펌프를 나타낸다. 다만, ③은 토출 포트가 두 곳인 경우이다.

★
**92** 오일 여과기를 나타내는 유압기호는?

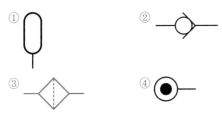

해설 ① 어큐뮬레이터, ② 체크 밸브, ④ 압력원이다.

★★
**93** 다음 유압기호가 나타내는 것은?

① 유압유 탱크
② 단동 실린더
③ 유압원
④ 어큐뮬레이터

해설 어큐뮬레이터의 유압기호이다.

★★
**94** 다음 유압기호가 나타내는 것은?

① 무부하 밸브
② 부하 밸브
③ 릴리프 밸브
④ 체크 밸브

해설 릴리프 밸브의 유압기호이다.

★★
**95** 다음 유압기호가 나타내는 것은?

① 무부하 밸브
② 시퀀스 밸브
③ 안전 밸브
④ 압력조절 밸브

해설 무부하 밸브의 유압기호이다.

★★
**96** 복동식 양 로드 실린더를 표시하는 유압기호는?

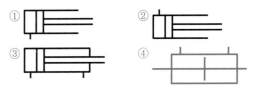

해설 ①② 단동식 실린더, ③ 복동식 단로드 실린더이다.

# CHAPTER 05 작업장치

강의보기　문제보기 159p

**출제예상 5문제**

• 지게차의 각 부 명칭 및 역할, 지게차의 종류, 제원 및 관련 용어가 두루 출제됩니다.

## 1 지게차의 구조 및 작업장치

### 1. 개요

지게차는 100m 이내의 공간에서 비교적 가벼운 화물을 적재 및 하역하고 운반하는 건설기계이다.

### 2. 지게차의 구조

① **마스트**: 백레스트가 가이드 롤러를 통해 상하 미끄럼 운동을 할 수 있도록 설치된 레일로, 이너레일과 아웃레일로 구성되어 있다.

② **백레스트**: 포크의 화물 뒤쪽을 받쳐 주어 낙하를 방지하는 부분이다.

③ **핑거보드**: 포크가 설치되는 부분이며 백레스트에 지지되어 리프트 체인의 한쪽 끝이 부착된다.

④ **리프트 체인**
　㉠ 포크의 좌우 수평 높이 조정 및 리프트 실린더와 함께 포크의 상하 작용을 도와줌
　㉡ 양쪽 포크의 높이 조정은 체인의 길이로 조절하고, 윤활을 위해 그리스가 아닌 엔진오일을 도포함
　㉢ 체인의 최소 파단 하중비
　　• 최소 파단 하중비: (체인의 최소 파단 하중 × 체인 수) ÷ (지게차의 최대 하중 + 체인에 의해 움직이는 리프트 작업장치의 중량)
　　• 지게차의 마스트용 체인의 최소 파단 하중비는 5 이상이어야 함

⑤ **포크(쇠스랑)**
　㉠ L자형으로 된 2개의 구조물로 되어 있으며, 핑거보드에 체결되어 화물을 받쳐드는 부분을 말함
　㉡ 화물의 크기에 따라 포크의 간극을 조정할 수 있는 구조로 되어 있으며, 포크(쇠스랑)의 폭은 팔레트 폭의 1/2~3/4 정도가 적당함

　참고 「건설기계 안전기준에 관한 규칙」의 개정으로 포크가 쇠스랑으로 명칭이 변경되었으나 현재까지 시험에는 포크로 대부분 출제되고 있음

⑥ **틸트 실린더**: 마스트를 전경 또는 후경시키는 작용을 하며, 복동 실린더로 되어 있다.

⑦ **리프트 실린더**: 포크를 상승 및 하강시키는 작용을 하며, 포크를 상승시킬 때에만 유압이 가해진다.

포크 및 적재물의 자체중량에 의해 하강하는 단동 실린더이다.

⑧ **카운터 웨이트**: 평형추 또는 밸런스 웨이트라고도 하며, 지게차 맨 뒤쪽에 설치되어 지게차 앞쪽에 화물을 실었을 때 균형을 잡아주는 역할을 한다.

⑨ **오버헤드가드**: 운전자 위쪽에서 적재물이 떨어져 운전자가 다치는 위험을 막기 위해 머리 위에 설치하는 덮개를 말한다.

▲ 지게차의 구조

### 3. 지게차 작업장치의 기능

① **전·후진 레버**: 지게차의 전·후진을 선택한다. 전·후진 레버를 앞으로 밀면 전진, 가운데 위치는 중립, 뒤로 당기면 후진한다.

② **주차 브레이크**: 사이드 브레이크라고도 하며, 주차를 위해 사용한다.

③ **작업 브레이크(인칭 페달)**
　㉠ 페달을 밟으면 엔진 동력이 차단되고 브레이크가 동시에 작동함
　㉡ 가속 페달과 함께 리프트를 빠르게 상승시키기 위해 사용함
　㉢ 인칭조절장치는 트랜스미션 내부에 있음

④ **브레이크 페달**: 장비를 정지하기 위해 사용한다.

⑤ **가속 페달(엑셀레이터)**: 엔진을 가속하기 위해 사용한다.

⑥ **리프트 레버**
　㉠ 포크를 상승 및 하강하기 위해 사용함
　㉡ 레버를 당기면 포크가 상승하고, 레버를 밀면 포크가 하강함

⑦ 틸트 레버

   ㉠ 마스트를 앞뒤로 기울이기 위해 사용함

   ㉡ 레버를 당기면 틸트 실린더 로드가 수축하고, 마스트가 뒤로 10~12° 기움. 반면, 레버를 밀면 틸트 실린더 로드가 팽창하고, 마스트가 앞으로 5~6° 기움

> **심화** 지게차 조종 레버가 3개 이상인 경우 설치 순서: 리프트 레버 → 틸트 레버 → 부수장치 레버

▲ 지게차 조작 레버

전·후진 레버
작업 브레이크(인칭 페달)
브레이크 페달
가속 페달 (엑셀레이터)
주차 브레이크
리프트 레버
틸트 레버

## 4. 지게차 동력전달 순서

① **전동 지게차**: 축전지(배터리) → 제어기구 → 구동모터 → 변속기 → 종감속 장치 및 차동기어장치 → 앞구동축(액슬축) → 앞바퀴

② **클러치식 지게차**: 엔진 → 클러치 → 변속기 → 종감속 장치 및 차동기어장치 → 앞구동축(액슬축) → 앞바퀴

③ **토크컨버터식 지게차**: 엔진 → 토크컨버터 → 변속기 → 종감속 장치 및 차동기어장치 → 앞구동축(액슬축) → 앞바퀴

## 5. 조향·구동 및 현가방식

① **조향방식**: 지게차는 **후륜조향방식**이며, 조향 실린더는 복동 실린더 더블로드 형식이다.

② **구동방식**: 지게차는 **전륜구동방식**이다.

③ **현가방식**: 지게차는 **롤링**을 방지하기 위해 현가스프링을 사용하지 않는다.

> **용어** **롤링**: 차체가 좌우로 흔들리는 현상

## 2 지게차의 종류

### 1. 하이 마스트

① 포크의 상승이 빠르며 능률이 높은 표준형의 마스트이다.

② 높은 장소에서의 작업에 적당하며, 작업 공간을 최대한 활용할 수 있는 특징이 있다.

▲ 하이 마스트

### 2. 3단 마스트

마스트가 3단으로 되어 있어 높은 장소에서의 적재·적하 작업과 출입구가 제한되어 있는 장소에서의 작업에 유리하다.

▲ 3단 마스트

### 3. 사이드 시프트 마스트

지게차의 방향을 바꾸지 않고도 백레스트와 포크를 좌우로 움직여 지게차 중심에서 벗어난 팔레트의 화물을 용이하게 적재·적하할 수 있다.

▲ 사이드 시프트 마스트

## 4. 로드스태빌라이저

고르지 못한 노면이나 경사지 등에서 깨지기 쉬운 화물이나 불안전한 화물의 낙하를 방지하기 위해 포크 상단에 상하로 작동할 수 있는 압력판을 부착한 것이다.

▲ 로드스태빌라이저

## 5. 클램프형 마스트

① 집게 작용을 할 수 있는 마스트를 가지고 있다.

② 회전하는 로테이팅 클램프, 드럼과 같은 원기둥 물체를 운반할 수 있는 드럼 클램프 및 베일 클램프, 카톤 클램프 등이 있다.

## 6. 힌지드 포크와 힌지드 버킷

① 힌지드 포크: 원목, 파이프 등 긴 원기둥 형태의 화물의 운반 및 적재용으로 사용된다.

▲ 힌지드 포크

② 힌지드 버킷: 석탄, 소금, 비료, 모래 등 흘러내리기 쉬운 화물을 운반하는 용도로 적합하다.

▲ 힌지드 버킷

## 7. 램형 지게차

긴 환봉이 부착된 구조물을 지게차의 캐리지에 포크 대신 장착하여 속이 비어 있는 코일, 전선롤, 카페트롤 등의 화물을 들어 옮기는 데 사용한다.

▲ 램형 지게차

## 8. 포크 포지셔너

① 운전석에서 레버를 작동시켜 지게차 포크의 간격을 조절함으로써 작업의 효율성이 증대되며 작업 시간도 단축할 수 있다.

② 규격이 다양한 팔레트의 작업이나 기계를 옮기는 작업에 효과적이다.

▲ 포크 포지셔너

## 9. 푸시 풀

① 백레스트 하부에 있는 장치를 이용하여 화물을 폭이 넓은 포크 위로 끌어들이거나 밀어내는 작업장치이다.

② 식품, 기계, 전자부품의 상자 또는 포대로 포장된 제품 등의 작업에 사용된다.

▲ 푸시 풀

## 10. 리치형(입식) 지게차

① 차체 전방으로 튀어나온 스트라들 암(Straddle Arm)에 의해 차체의 안정을 유지하기 때문에 스트라들 암 사이에서 마스트가 전·후방으로 움직이며 작업하도록 되어 있다.
② 주로 좁은 공간 작업에 유리하다.

── 스트라들 암
▲ 리치형(입식) 지게차

## 11. 잉고트 클램프

① 클램프형 마스트의 일종이다.
② 가열된 단조 구조물을 회전과 클램프를 이용하여 용해로에서 빼거나 투입할 때 사용하는 작업장치이다.

▲ 잉고트 클램프

## 3 지게차의 제원 및 관련 용어, 안전장치

### 1. 지게차 제원

① 최대인상높이(양고, 최대올림높이): 마스트가 수직인 상태에서 최대의 높이로 포크를 올렸을 때 지면으로부터 포크의 윗면까지의 높이를 말한다.

② 자유인상높이: 포크를 들어 올릴 때 내측 마스트가 돌출되는 시점에서 지면으로부터 포크 윗면까지의 높이를 말한다.
③ 전장(길이): 포크의 앞부분 끝단에서부터 지게차 후부의 제일 끝부분까지의 길이를 말한다.
④ 전고(높이): 마스트를 수직으로 하고 타이어의 공기압이 규정치인 상태에서 포크를 지면에 내려 놓았을 때 지면으로부터 마스트 상단까지의 높이를 말한다. 오버헤드가드의 높이가 마스트보다 높을 때에는 오버헤드가드까지의 높이가 지게차의 전고가 된다.
⑤ 전폭(너비): 지게차를 전면이나 후면에서 보았을 때 양쪽에 돌출된 액슬, 포크 캐리지, 펜더, 타이어 등의 폭 중 제일 긴 것을 기준으로 한 거리를 말한다.
⑥ 축간거리(축거)
  ㉠ 전륜 구동축의 중심에서 후륜 구동축의 중심까지의 거리를 말함
  ㉡ 축간거리가 커지면 지게차의 안정도가 향상되지만, 회전 반경이 커질 수 있으므로 지장이 없는 한도에서 최소 길이로 축간거리를 지정
⑦ 최저지상고: 지면에서부터 포크와 타이어를 제외한 지게차의 가장 낮은 부위까지의 높이를 말한다.
⑧ 윤간거리(윤거): 지게차를 전면에서 보았을 때 지게차의 양쪽 바퀴의 중심과 중심 사이의 거리를 말한다.
⑨ 장비중량(자체중량)
  ㉠ 연료, 냉각수 및 윤활유 등을 가득 채우고 휴대 공구, 작업 용구를 싣거나 부착하고 즉시 작업할 수 있는 상태에 있는 지게차의 중량을 말함
  ㉡ 운전자와 예비타이어는 장비중량에 포함하지 않음
⑩ 등판능력: 지게차가 경사지를 오를 수 있는 최대각도로, %(백분율), °(도)로 표기한다.

양고(최대올림높이) / 전고 / 축간거리 / 전장 / 윤거 / 전폭
▲ 지게차의 제원

참고 「건설기계 안전기준에 관한 규칙」 제2조의 개정으로 3 의 용어가 일부 변경되었으나, 시험에는 개정된 내용으로 출제되지 않아 개정된 내용과 시험에 출제되는 용어를 함께 표기하였습니다.

## 2. 지게차 관련 용어

① **최소회전반경**: 무부하 상태에서 지게차가 회전할 때 바깥쪽 뒷바퀴의 중심이 그리는 원의 반지름을 말한다.

② **최소직각교차 통로폭**: 지게차가 직각 통로에서 직각 회전을 할 수 있는 통로의 최소폭을 말하며, 지게차의 전폭이 작을수록 통로폭도 작아진다.

③ **마스트 경사각**

　ㄱ 의미: 지게차의 기준 무부하 상태에서 지게차의 마스트를 앞뒤로 기울였을 때 마스트가 수직면에 대하여 이루는 기울기를 말함

　ㄴ 전경각과 후경각

　　• 마스트 전경각: 지게차의 마스트를 포크 쪽으로 가장 기울인 경우에 마스트가 수직면에 대해 이루는 기울기로, 통상적으로 5~6° 범위임

　　• 마스트 후경각: 지게차의 마스트를 조종실 쪽으로 가장 기울인 경우에 마스트가 수직면에 대해 이루는 기울기로, 통상적으로 10~12° 범위임

④ **포크의 인상 및 하강 속도**: 포크가 상승 및 하강하는 속도를 말하며, 부하 시와 무부하 시로 나누어 표기하고, 단위는 mm/s로 표시한다.

## 3. 지게차 안전장치

① **틸트록 장치**: 지게차의 마스트를 기울일 때 갑자기 시동이 정지되면 틸트록 밸브가 작동하여 상태를 유지시킨다.

② **플로 레귤레이터(슬로 리턴)**: 포크가 천천히 하강하도록 작용한다.

③ **플로 프로텍터(벨로시티 퓨즈)**: 컨트롤 밸브와 리프트 실린더 사이에서 배관 파손 시 적재물 급강하를 방지한다.

# 출제예상문제

## 1 지게차의 구조 및 작업장치

★★★
**01** 다음 설명에 해당하는 지게차의 구조는?

> • 작업장치의 기둥으로 백레스트가 가이드 롤러를 통해 상하 미끄럼 운동을 할 수 있도록 설치된 레일이다.
> • 틸트 실린더에 의해 전경 또는 후경된다.

① 오버헤드가드　　　② 마스트
③ 핑거보드　　　　　④ 포크

**해설** ① 오버헤드가드는 적재물이 떨어져 운전자가 다치는 것을 막기 위해 머리 위에 설치하는 덮개를 말한다.
③ 핑거보드는 포크가 설치되는 부분으로, 백레스트에 지지되어 리프트 체인의 한쪽 끝이 부착된다.
④ 포크는 핑거보드에 체결되어 화물을 받쳐드는 부분이다.

★★
**02** 지게차 마스트용 체인의 최소 파단 하중비는?

① 1 이상　　　　　② 2 이상
③ 4 이상　　　　　④ 5 이상

**해설** 지게차의 마스트용 체인의 최소 파단 하중비는 5 이상이어야 한다.

**03** 지게차에서 리프트 실린더의 상승력이 부족한 원인으로 옳지 <u>않은</u> 것은?

① 오일 필터의 막힘
② 유압펌프의 불량
③ 리프트 실린더에서 유압유 누출
④ 틸트록 밸브의 밀착 불량

**해설** 틸트록 밸브는 지게차의 마스트를 기울일 때 갑자기 시동이 정지되면 작동하여 상태를 유지시키는 역할을 한다. 실린더의 상승력과는 관련이 없다.

**04** 클러치식 지게차의 동력전달 순서로 옳은 것은?

① 엔진 → 변속기 → 클러치 → 앞구동축 → 종감속 장치 및 차동기어장치 → 차륜
② 엔진 → 변속기 → 클러치 → 종감속 장치 및 차동기어장치 → 앞구동축 → 차륜
③ 엔진 → 클러치 → 종감속 장치 및 차동기어장치 → 변속기 → 앞구동축 → 차륜
④ 엔진 → 클러치 → 변속기 → 종감속 장치 및 차동기어장치 → 앞구동축 → 차륜

**해설** 클러치식 지게차의 동력전달 순서는 '엔진 → 클러치 → 변속기 → 종감속 장치 및 차동기어장치 → 앞구동축 → 차륜'이다.

**05** 전동 지게차의 동력전달 순서로 옳은 것은?

① 축전지 → 제어기구 → 구동모터 → 변속기 → 종감속 장치 및 차동기어장치 → 앞바퀴
② 축전지 → 제어기구 → 구동모터 → 변속기 → 종감속 장치 및 차동기어장치 → 뒷바퀴
③ 축전지 → 구동모터 → 제어기구 → 변속기 → 종감속 장치 및 차동기어장치 → 앞바퀴
④ 축전지 → 구동모터 → 제어기구 → 변속기 → 종감속 장치 및 차동기어장치 → 뒷바퀴

**해설** 전동 지게차의 동력전달 순서는 '축전지 → 제어기구 → 구동모터 → 변속기 → 종감속 장치 및 차동기어장치 → 앞바퀴'이다.

★★★
**06** 대형 지게차의 마스트를 기울일 때 갑자기 시동이 정지되면 어떤 밸브가 작동하여 상태를 유지하는가?

① 틸트록 밸브　　　② 스로틀 밸브
③ 리프트 밸브　　　④ 틸트 밸브

**해설** 지게차의 마스트를 기울일 때 갑자기 시동이 정지되면 틸트록 밸브가 작동하여 상태를 유지한다.

★★
**07** 지게차가 전·후 주행이 되지 않을 때 점검해야 할 곳으로 옳지 않은 것은?

① 타이로드 엔드를 점검한다.
② 변속 장치를 점검한다.
③ 유니버설 조인트를 점검한다.
④ 주차 브레이크 잠김 여부를 점검한다.

해설 타이로드 엔드는 주행이 아니라 앞바퀴 정렬 및 조향과 관련된 장치이다.

★★★★
**08** 지게차 틸트 실린더에 사용하는 유압 실린더 형식은?

① 단동 실린더 플런저형
② 복동 실린더 싱글로드형
③ 복동 실린더 더블로드형
④ 다단 실린더 텔리스코픽형

해설 지게차 틸트 실린더는 복동 실린더 싱글로드형, 조향 실린더는 복동 실린더 더블로드형, 리프트 실린더는 단동 실린더 램형을 사용한다.

**09** 지게차 틸트 실린더의 역할로 옳은 것은?

① 마스트를 좌우로 기울인다.
② 마스트를 앞뒤로 기울인다.
③ 포크를 상하로 이동시킨다.
④ 포크를 좌우로 이동시킨다.

해설 틸트 실린더는 마스트를 전경 또는 후경시킨다.
③ 포크를 상승·하강시키는 것은 리프트 실린더의 역할이다.

★★★★
**10** 지게차 리프트 실린더에 사용하는 유압 실린더 형식은?

① 단동 실린더 램형
② 복동 실린더 싱글로드형
③ 복동 실린더 더블로드형
④ 다단 실린더 텔리스코픽형

해설 리프트 실린더는 단동 실린더 램형을 사용한다.
② 틸트 실린더에 사용하는 유압 실린더 형식이다.
③ 지게차 조향 실린더에 사용하는 유압 실린더 형식이다.

**11** 지게차 작업장치의 동력전달 기구가 아닌 것은?

① 리프트 체인　　② 틸트 실린더
③ 리프트 실린더　④ 트랜치호

해설 트랜치호는 굴착기계이다.

**12** 지게차의 포크 양쪽 중 한쪽이 낮아진 원인에 해당하는 것은?

① 체인의 늘어짐
② 사이드 롤러의 과다 마모
③ 실린더의 마모
④ 윤활유 불충분

해설 지게차의 한쪽 체인이 늘어지면 포크의 높이가 달라지게 된다. 체인의 길이를 조절해 포크의 높이를 조정한다.

★★
**13** 지게차의 체인장력 조정 방법으로 옳지 않은 것은?

① 좌우 체인이 동시에 평행한지 확인한다.
② 포크를 지상에서 10~15cm 올린 후 확인한다.
③ 조정 후 록 너트를 록시키지 않는다.
④ 손으로 체인을 눌러보았을 때 양쪽이 다르면 조정 너트로 조정한다.

해설 지게차 체인장력을 조정하기 위해서는 록 너트를 풀고 조정너트로 조정한 후 록 너트를 록시켜야 한다.

**14** 지게차 레버의 종류에 해당하지 않는 것은?

① 리프트 레버　　② 틸트 레버
③ 리닝 레버　　　④ 전·후진 레버

해설 ①②④ 이외에도 지게차 레버의 종류에는 부속장치 레버 및 변속 레버가 있다.

★★
**15** 지게차의 리프트 체인의 윤활유로 적절한 것은?

① 그리스 　　　　　　② 유압작동유
③ 엔진오일 　　　　　　④ 변속기오일

해설 리프트 체인에는 윤활을 위해 엔진오일을 도포한다.

★★★★
**16** 지게차를 전·후진 방향으로 서서히 화물에 접근시키거나 빠른 유압작동으로 신속히 화물을 상승 또는 적재시킬 때 사용하는 것은?

① 인칭조절 페달 　　　② 엑셀러레이터 페달
③ 디셀레이터 페달 　　④ 브레이크 페달

해설 인칭조절 페달은 주브레이크로 제동을 완료한 뒤 페달을 밟고 리프트 레버를 당김과 동시에 가속 페달을 밟아 리프트 상승 속도를 조절한다.

**17** 지게차 리프트 실린더의 역할로 옳은 것은?

① 마스트를 앞뒤로 기울인다.
② 마스트를 좌우로 기울인다.
③ 포크를 상하로 이동시킨다.
④ 포크를 좌우로 이동시킨다.

해설 리프트 실린더는 포크를 상승 및 하강시키는 역할을 한다.
① 마스트를 전경 또는 후경시키는 것은 틸트 실린더의 역할에 해당한다.

**18** 지게차의 동력 조향장치에 사용되는 유압 실린더 형식은?

① 단동 실린더 플런저형
② 복동 실린더 싱글로드형
③ 복동 실린더 더블로드형
④ 다단 실린더 텔리스코픽형

해설 지게차는 후륜조향방식이며, 조향 실린더는 복동 실린더 더블로드 형식이다.

**19** 지게차 작업 시 안전성 및 균형을 잡아주기 위해 지게차 뒤쪽에 설치하는 것은?

① 핑거보드 　　　　　② 카운터 웨이트
③ 백레스트 　　　　　④ 오버헤드가드

해설 ① 핑거보드는 포크가 설치되는 부분으로, 백레스트에 지지되어 리프트 체인의 한쪽 끝이 부착된다.
③ 백레스트는 포크의 화물 뒤쪽을 받쳐 주어 낙하를 방지하는 부분이다.
④ 오버헤드가드는 운전자 위쪽에서 적재물이 떨어져 운전자가 다치는 위험을 막기 위해 머리 위에 설치하는 덮개를 말한다.

**20** 지게차의 전경각과 후경각을 조정하는 레버는?

① 전·후진 레버 　　　② 리프트 레버
③ 틸트 레버 　　　　　④ 변속 레버

해설 ① 전·후진 레버는 지게차의 전·후진을 선택하며, 레버를 앞으로 밀면 전진, 가운데 위치는 중립, 뒤로 당기면 후진한다.
② 리프트 레버는 포크를 상승 및 하강하기 위해 사용하며, 레버를 당기면 포크가 상승하고, 밀면 포크가 하강한다.
④ 변속 레버는 수동변속기가 장착된 지게차에서 변속을 위한 레버이다.

**21** 지게차 틸트 레버를 운전자 몸쪽으로 당기면 마스트는 어떻게 되는가?

① 운전자 좌측으로 기운다.
② 운전자 우측으로 기운다.
③ 운전자 몸쪽으로 기운다.
④ 운전자 몸 바깥쪽으로 기운다.

해설 틸트 레버를 당기면 마스트는 운전자 몸쪽으로 기울고, 틸트 레버를 밀면 마스트는 운전자 몸 바깥쪽으로 기운다.

**22** 지게차의 레버 중 포크의 상승 및 하강을 하게 하는 것은?

① 리프트 레버      ② 고저속 레버
③ 틸트 레버      ④ 전·후진 레버

해설 리프트 레버는 포크의 상승 및 하강을 위해 사용하며, 레버를 당기면 포크가 상승하고, 밀면 포크가 하강한다.

**23** 지게차의 조종 레버 명칭으로 옳지 <u>않은</u> 것은?

① 리프트 레버      ② 밸브 레버
③ 변속 레버      ④ 틸트 레버

해설 ①③④ 이외에도 지게차 레버의 종류에는 전·후진 레버 및 부속장치 레버가 있다.

**24** 지게차 조종 레버 동작에 해당하지 <u>않는</u> 것은?

① 리프팅(Lifting)      ② 틸팅(Tilting)
③ 덤핑(Dumping)      ④ 로어링(Lowering)

해설 덤핑은 굴착기 또는 덤프트럭 등이 흙을 버리는 동작으로, 지게차 조종 레버 동작과 관련이 없다.

**25** 지게차의 스프링 장치에 대한 설명으로 옳은 것은?

① 텐덤 드라이브 장치이다.
② 코일 스프링 장치이다.
③ 판 스프링 장치이다.
④ 현가 스프링 장치가 없다.

해설 지게차는 롤링을 방지하기 위해 현가 스프링을 설치하지 않는다.

★★★★
**26** 지게차 주행 중 핸들이 떨리는 원인으로 옳지 <u>않은</u> 것은?

① 노면에 요철이 있을 때
② 포크가 휘었을 때
③ 휠이 휘었을 때
④ 타이어 밸런스가 맞지 않을 때

해설 ①③④ 이외에도 지게차 주행 중 핸들이 떨리는 원인에는 좌우 공기압이 다른 경우, 앞바퀴 정렬이 불량한 경우 등이 있다.

★★★★
**27** 지게차의 인칭조절장치에 대한 설명으로 옳은 것은?

① 트랜스미션 내부에 있다.
② 브레이크 드럼 내부에 있다.
③ 디셀레이터 페달이다.
④ 작업장치의 유압 상승을 억제한다.

해설 인칭조절장치는 트랜스미션 내부에 있고, 페달을 밟으면 엔진의 동력이 차단되는 동시에 브레이크가 작동하며, 가속 페달과 함께 리프트를 빠르게 상승시키기 위해 사용한다.

★★★★
**28** 지게차 포크를 하강시키는 방법으로 가장 적절한 것은?

① 가속 페달을 밟고 리프트 레버를 앞으로 민다.
② 가속 페달을 밟고 리프트 레버를 뒤로 당긴다.
③ 가속 페달을 밟지 않고 리프트 레버를 앞으로 민다.
④ 가속 페달을 밟지 않고 리프트 레버를 뒤로 당긴다.

해설 리프트 실린더는 하강 시 포크 및 화물의 자중에 의해 하강하는 단동형 실린더이므로 가속 페달을 밟지 않고 리프트 레버만 앞으로 밀면 된다.

## 2 지게차의 종류

★★★
**29** 힌지드 버킷 지게차로 운반하기에 가장 적절한 것은?

① 원목, 파이프 등 긴 원기둥 형태의 화물
② 코일, 전선롤 등 도넛 모양의 화물
③ 석탄, 소금, 비료 등 흘러내리기 쉬운 화물
④ 팔레트에 적재된 화물

해설 ① 힌지드 포크가 적합하다.
② 램형 지게차가 적합하다.


**30** 코일이나 전선롤, 카페트롤 등 도넛 모양의 화물을 옮기는 데 적절한 지게차는?

① 램형 지게차
② 하이 마스트
③ 로드스태빌라이저
④ 잉고트 클램프

해설 ② 하이 마스트는 높은 위치의 작업에 적당하며, 작업 공간을 최대한 활용할 수 있다.
③ 로드스태빌라이저는 고르지 못한 노면이나 경사지 등에서 깨지기 쉬운 화물이나 불안전한 화물의 낙하를 방지하기 위해 사용된다.
④ 잉고트 클램프는 가열된 단조 구조물을 회전과 클램프를 이용하여 용해로에서 빼거나 투입할 때 사용하는 작업장치이다.


**31** 지게차의 방향을 바꾸지 않고 백레스트와 포크를 좌우로 움직여 지게차 중심에서 벗어난 팔레트의 화물을 적재할 수 있는 지게차는?

① 힌지드 버킷
② 포크 포지셔너
③ 사이드 시프트 마스트
④ 하이 마스트

해설 ① 힌지드 버킷은 모래 등 흘러내리기 쉬운 화물을 운반할 때 사용한다.
② 포크 포지셔너는 지게차 포크의 간격을 운전석에서 레버를 작동시켜 조절함으로써 작업의 효율성이 증대되며, 작업 시간을 단축할 수 있다.
④ 하이 마스트는 높은 위치의 작업에 적당하며, 작업 공간을 최대한 활용할 수 있다.


**32** 다음 설명에 해당하는 지게차의 종류는?

> • 고르지 못한 노면이나 경사지 등에서 깨지기 쉬운 화물을 운반한다.
> • 화물의 낙하를 방지하기 위해 포크 상단에 상하 작동을 하는 압력판을 부착하였다.

① 3단 마스트
② 힌지드 포크
③ 드럼 클램프
④ 로드스태빌라이저

해설 ① 3단 마스트는 마스트가 3단으로 되어 있어 높은 장소에서의 적재·적하 작업에 유리하다.
② 힌지드 포크는 원목, 파이프 등 긴 원기둥 형태의 화물을 운반하거나 적재용으로 사용한다.
③ 드럼 클램프는 드럼 취급에 적합한 암으로 드럼 외부를 압착하여 적재 및 하역하는 작업장치이다.


**33** 원목이나 파이프 등 긴 원기둥 형태의 화물을 운반하는 데 적절한 지게차는?

① 힌지드 포크
② 힌지드 버킷
③ 베일 클램프
④ 푸시 풀

해설 ② 힌지드 버킷은 석탄, 소금, 비료, 모래 등 흘러내리기 쉬운 화물을 운반한다.
③ 베일 클램프는 평면의 암으로 화물을 좌우에서 압착하여 팔레트 없이 운반·하역 작업을 하는 작업장치이다.
④ 푸시 풀은 백레스트 하부에 있는 장치를 이용해 화물을 폭이 넓은 포크 위로 끌어들이거나 밀어내는 작업장치이다.


**34** 롤 형태로 된 종이나 비닐 등을 잡아 상승·하강하고 회전시킬 수 있는 지게차의 종류는?

① 3단 마스트
② 포크 포지셔너
③ 사이드 시프트 마스트
④ 롤 클램프

해설 ① 3단 마스트는 마스트가 3단으로 되어 있어 높은 장소에서의 적재·적하 작업에 유리하다.
② 포크 포지셔너는 지게차 포크의 간격을 운전석에서 레버를 작동시켜 조절함으로써 작업의 효율성이 증대되며, 작업 시간을 단축할 수 있다.
③ 사이드 시프트 마스트는 지게차의 방향을 바꾸지 않고도 백레스트와 포크를 좌우로 움직여 지게차 중심에서 벗어난 팔레트의 화물을 용이하게 적재·적하할 수 있다.

**35** 간단한 레버 동작으로 지게차의 포크 간격을 자유롭게 조절할 수 있는 것은?

① 포크 포지셔너
② 푸시 풀
③ 로드스태빌라이저
④ 사이드 시프트 마스트

해설 ② 푸시 풀은 백레스트 하부에 있는 장치를 이용해 화물을 폭이 넓은 포크 위로 끌어들이거나 밀어내는 작업장치이다.
③ 로드스태빌라이저는 고르지 못한 노면이나 경사지 등에서 깨지기 쉬운 화물이나 불안전한 화물의 낙하를 방지하기 위해 사용된다.
④ 사이드 시프트 마스트는 지게차의 방향을 바꾸지 않고도 백레스트와 포크를 좌우로 움직여 지게차의 중심에서 벗어난 팔레트의 화물을 용이하게 적재·적하할 수 있다.

**36** 지게차의 분류 중 카운터 웨이트가 없고 마스트가 앞·뒤로 움직여 화물을 적재할 수 있는 형식은?

① 마스트형          ② 리치형
③ 밸런스웨이트형     ④ 카운트형

해설 리치형 지게차는 입식형 지게차라고도 하며 차체 전방으로 튀어나온 스트라들 암(Straddle Arm)에 의해 차체의 안정을 유지하고, 그 스트라들 암 사이에서 마스트가 전·후방으로 움직이며 작업을 하도록 되어 있다.

**3 지게차의 제원 및 관련 용어, 안전장치**

**37** 마스트가 수직인 상태에서 최대의 높이로 포크를 올렸을 때 지면으로부터 포크의 윗면까지의 높이를 무엇이라고 하는가?

① 전폭              ② 최저지상고
③ 최대인상높이      ④ 축간거리

해설 ① 전폭은 지게차를 전면이나 후면에서 보았을 때 양쪽에 돌출된 액슬, 포크 캐리지, 펜더, 타이어 등의 폭 중 제일 긴 것을 기준으로 한 거리를 말한다.
② 최저지상고는 지면에서부터 포크와 타이어를 제외한 지게차의 가장 낮은 부위까지의 높이를 말한다.
④ 축간거리는 전륜 구동축의 중심에서 후륜 구동축의 중심까지의 거리를 말한다.

★★★
**38** 최소직각교차 통로폭에 대한 설명으로 옳은 것은?

① 전폭이 작을수록 통로폭이 작아진다.
② 전폭이 작을수록 통로폭이 커진다.
③ 전고가 낮을수록 통로폭이 작아진다.
④ 전고가 낮을수록 통로폭이 커진다.

해설 최소직각교차 통로폭은 지게차의 전폭과 관련되며, 전폭이 작을수록 통로폭이 작아진다.

★★★★
**39** 다음 그림에서 지게차의 전장에 해당하는 것은?

① ㉠          ② ㉡          ③ ㉢          ④ ㉣

해설 ㉠ 포크길이, ㉡ 전방오버행(LMC), ㉢ 축간거리이다.

**40** 지게차의 방호장치의 종류에 해당하지 <u>않는</u> 것은?

① 안전벨트          ② 오버헤드가드
③ 백레스트          ④ 핑거보드

해설 핑거보드는 지게차의 방호장치가 아니라 지게차 포크가 설치되는 부분이다.

**41** 전륜 구동축의 중심에서 후륜 구동축의 중심까지의 거리를 무엇이라고 하는가?

① 윤간거리      ② 축간거리
③ 전장      ④ 전폭

**해설** ① 윤간거리는 지게차를 전면에서 보았을 때 지게차의 양쪽 바퀴의 중심과 중심 사이의 거리를 말한다.
③ 전장은 포크의 앞부분 끝단에서부터 지게차의 후부의 제일 끝부분까지의 길이를 말한다.
④ 전폭은 지게차를 전면이나 후면에서 보았을 때 양쪽에 돌출된 폭 중 제일 긴 것을 기준으로 한 거리를 말한다.

**42** 전면이나 후면에서 보았을 때 양쪽에 돌출된 부분의 폭 중 제일 긴 거리를 기준으로 한 것은?

① 전고      ② 전장
③ 전폭      ④ 윤간거리

**해설** ① 전고는 포크를 지면에 내려놓았을 때 지면으로부터 마스트 상단까지의 높이를 말한다.
② 전장은 포크의 앞부분 끝단에서부터 지게차 후부의 제일 끝부분까지의 길이를 말한다.
④ 윤간거리는 지게차를 전면에서 보았을 때 지게차의 양쪽 바퀴의 중심과 중심 사이의 거리를 말한다.

★★★★
**43** 포크의 앞부분 끝단에서부터 지게차 후부의 제일 끝부분까지의 길이를 무엇이라고 하는가?

① 전장      ② 전고
③ 전폭      ④ 축간거리

**해설** ② 전고는 마스트를 수직으로 하고 타이어의 공기압이 규정치인 상태에서 포크를 지면에 내려놓았을 때 지면으로부터 마스트 상단까지의 높이를 말한다.
③ 전폭은 지게차를 전면이나 후면에서 보았을 때 양쪽에 돌출된 폭 중 제일 긴 것을 기준으로 한 거리를 말한다.
④ 축간거리는 전륜 구동축의 중심에서 후륜 구동축의 중심까지의 거리를 말한다.

**44** 지게차 장비중량에 포함되지 <u>않는</u> 것은?

① 연료      ② 냉각수
③ 그리스      ④ 운전자

**해설** 지게차의 장비중량(자체중량)에 운전자와 예비타이어는 포함되지 않는다.

★★★
**45** 지게차의 리프트 실린더(Lift Cylinder) 작동 회로에서 플로 프로텍터(벨로시티 퓨즈)를 사용하는 주된 목적은?

① 컨트롤 밸브와 리프트 실린더 사이에서 배관 파손 시 적재물 급강하를 방지한다.
② 포크의 정상 하강 시 천천히 내려올 수 있게 한다.
③ 짐을 하강할 때 신속하게 내려올 수 있게 한다.
④ 리프트 실린더 회로에서 포크 상승 중 중간 정지 시 내부 누유를 방지한다.

**해설** 플로 프로텍터는 컨트롤 밸브와 리프트 실린더 사이에서 배관 파손 시 적재물 급강하를 방지하기 위해 사용된다.

**46** 지게차의 리프트 실린더(Lift Cylinder) 작동 회로에서 플로 레귤레이터(슬로 리턴)를 사용하는 주된 목적은?

① 포크 상승 시 압력을 높이는 작용을 한다.
② 리프트 실린더에서 포크 상승 중 중간 정지 시 내부 누유를 방지한다.
③ 포크를 천천히 하강하도록 작용한다.
④ 짐을 하강할 때 신속하게 내려오도록 작용한다.

**해설** 지게차의 플로 레귤레이터는 리프트의 빠른 하강으로 인한 재해를 예방하기 위해 포크가 천천히 하강하도록 하는 장치이다.

# 특별제공 10회분 CBT 모의고사 서비스

CBT 시험 화면을 재현하였습니다. CBT 문제 풀이 서비스로
시험 실전 감각을 길러 보세요.

**STEP 1** QR코드 스캔 또는 URL 입력

**STEP 2** 로그인 & 회원가입

**STEP 3** 문제풀이 & 채점 & 분석

\* 교재에 수록된 기출복원문제를 문제은행식으로 재구성하였습니다.

## 문제 풀이를 완료하면, 채점에서 성적 분석까지 한번에 쫙!

### QR코드는 무엇으로 스캔할까?

❶ 네이버앱 → 그린닷 → 렌즈
❷ 카카오톡 → 더보기 → 코드스캔
❸ 기타 스마트폰 내장 카메라 또는 Google play 또는 APP store에서 QR코드 스캔 앱 검색하여 설치

| | | | | |
|---|---|---|---|---|
| **01회**<br><br>eduwill.kr/eAEj | **02회**<br><br>eduwill.kr/3AEj | **03회**<br><br>eduwill.kr/GAEj | **04회**<br><br>eduwill.kr/7AEj | **05회**<br><br>eduwill.kr/sAEj |
| **06회**<br><br>eduwill.kr/EAEj | **07회**<br><br>eduwill.kr/2AEj | **08회**<br><br>eduwill.kr/hAEj | **09회**<br><br>eduwill.kr/1AEj | **10회**<br><br>eduwill.kr/RAEj |

PART

# 04

## 10회분

# 기출복원문제

---

# 제1회 기출복원문제

01 추락 위험이 있는 장소에서 작업할 경우 안전관리상 어떻게 하는 것이 가장 적절한가?

① 안전띠 또는 로프를 사용한다.
② 고정식 사다리를 사용한다.
③ 일반 공구를 사용한다.
④ 이동식 사다리를 사용한다.

02 작업 시 일반적인 안전에 대한 설명으로 옳지 않은 것은?

① 장비는 사용 전에 점검한다.
② 장비 사용법은 사전에 숙지한다.
③ 장비는 취급자가 아니어도 사용한다.
④ 회전하는 물체에 손을 대지 않는다.

03 중량물을 들어 올리는 방법 중 안전상 가장 올바른 것은?

① 지렛대를 이용한다.
② 체인블록을 이용하여 들어 올린다.
③ 로프로 묶고 잡아당긴다.
④ 최대한 힘을 모아 들어 올린다.

04 토크렌치의 사용법으로 가장 올바른 것은?

① 렌치 끝을 한 손으로 잡고 돌리면서 눈은 게이지 눈금을 확인한다.
② 렌치 끝을 양손으로 잡고 돌리면서 눈은 게이지 눈금을 확인한다.
③ 왼손은 렌치 끝을 잡고 돌리고 오른손은 지지점을 누르고 게이지 눈금을 확인한다.
④ 오른손은 렌치 끝을 잡고 돌리고 왼손은 지지점을 누르고 게이지 눈금을 확인한다.

05 다음 안전보건표지가 나타내는 것은?

① 보안경착용                ② 안전모착용
③ 마스크착용                ④ 귀마개착용

해설

**01 작업안전 ▶ 안전관리**
추락 위험이 있는 장소에서는 안전띠, 로프 등의 안전대를 착용하여 추락을 예방하는 것이 가장 적절하다.

**02 작업안전 ▶ 안전관리**
작업 시 장비는 안전상 취급 가능한 자만 사용해야 한다.

**03 작업안전 ▶ 안전관리**
짐을 감아 올리는 도르레인 체인블록을 이용하여 중량물을 들어 올리는 것이 가장 안전하다.

**04 작업안전 ▶ 안전관리**
토크렌치는 볼트나 너트를 규정 토크로 조일 때 사용하며, 몸쪽으로 당기면서 작업해야 하므로 오른손으로 렌치를 잡고 돌리고 왼손은 지지점을 누르고 작업한다.

**05 작업안전 ▶ 안전관리**
지시표지의 일종으로, 안전모착용을 의미한다.

| 정답 | 01 ① | 02 ③ | 03 ②
| | 04 ④ | 05 ②

**06** 무거운 짐을 옮길 때에 대한 설명으로 옳지 <u>않은</u> 것은?

① 인력으로 어려울 경우 장비를 활용한다.
② 무거운 짐을 들고 놓을 때에는 척추를 올리는 자세가 안전하다.
③ 체인블록을 이용한다.
④ 협동 작업을 할 때에는 타인과의 균형에 신경을 써야 한다.

**07** 다음 중 금속 화재에 해당하는 것은?

① A급 화재                    ② B급 화재
③ C급 화재                    ④ D급 화재

**08** 인력으로 운반 작업을 하는 경우에 대한 설명으로 옳지 <u>않은</u> 것은?

① 공동운반 시에는 서로 협조를 하여 작업한다.
② LPG 봄베는 굴려서 운반한다.
③ 긴 물건은 앞쪽을 위로 올려 운반한다.
④ 무리한 몸가짐으로 물건을 들지 않는다.

**09** 지게차 조종석 계기판에 <u>없는</u> 것은?

① 진공계                      ② 연료계
③ 냉각수 온도계               ④ 오일압력계

**10** 지게차에서 10시간마다 또는 매일 점검해야 하는 사항이 <u>아닌</u> 것은?

① 연료탱크 연료의 양
② 엔진 오일의 양
③ 종감속 기어 오일의 양
④ 자동변속기 오일의 양

**06 작업안전 ▶ 안전관리**
무거운 짐을 옮길 때에는 척추를 바로 세우고 낮은 자세로 옮기는 것이 안전하다.

**07 작업안전 ▶ 안전관리**
① A급 화재: 일반 가연물 화재
② B급 화재: 유류 화재
③ C급 화재: 전기 화재

**08 작업안전 ▶ 안전관리**
LPG 봄베는 폭발의 위험이 있기 때문에 굴려서 운반하지 않는다.

**09 작업안전 ▶ 작업 전·후 점검**
지게차 조종석 계기판에는 연료량 경고등, 연료계, 냉각수 온도계, 오일압력계 등이 표시되어 있다. 진공계는 표시되어 있지 않다.

**10 작업안전 ▶ 작업 전·후 점검**
종감속 기어 오일의 양은 250시간마다 점검한다.

| 정답 |  06 ②   07 ④   08 ②
              09 ①   10 ③

**11** 기관에 장착된 상태의 팬벨트 장력 점검 방법으로 적절한 것은?

① 벨트 길이 측정 게이지로 측정
② 벨트의 중심을 엄지손가락으로 눌러서 점검
③ 엔진을 가동하여 점검
④ 발전기의 고정 볼트를 느슨하게 하여 점검

**12** 지게차 주차 시 취해야 할 안전조치로 옳지 않은 것은?

① 포크를 지면에서 20cm 정도 높이에 고정시킨다.
② 엔진을 정지시키고 주차 브레이크를 잡아당겨 주차 상태를 유지한다.
③ 포크의 선단이 지면에 닿도록 마스트의 전방을 약간 경사시킨다.
④ 시동 스위치의 키를 빼내어 보관한다.

**13** 지게차 운전 시 유의사항으로 옳지 않은 것은?

① 지게차 주행 시 포크 높이를 20~30cm로 조절한다.
② 포크의 간격은 화물에 맞게 수시로 조정한다.
③ 시야 확보를 위해 뒤에 사람을 탑승시킨다.
④ 적재물의 높이가 높아 전방 시야가 가릴 때에는 후진하여 주행한다.

**14** 지게차 운행 전 작업안전을 위한 점검사항으로 옳지 않은 것은?

① 시동 전에 전·후진 레버를 중립에 놓는다.
② 화물 이동을 위해 마스트를 앞으로 기울인다.
③ 방향지시등과 같은 신호장치의 작동 상태를 점검한다.
④ 작업장의 노면 상태를 확인한다.

**15** 지게차 작업 시 안전사항으로 옳지 않은 것은?

① 화물의 바로 앞에 도달하면 안전한 속도로 감속한다.
② 포크의 간격은 팔레트 폭의 1/2 이상 3/4 이하 정도로 유지하여 적재한다.
③ 포크 삽입 시에는 작업 속도를 높이기 위해 가속페달을 밟는다.
④ 화물이 불안정할 경우 슬링와이어나 로프 등을 사용하여 지게차와 결착한다.

**11** 작업안전 ▶ 작업 전·후 점검
팬벨트 장력은 기관이 정지된 상태에서 엄지손가락으로 눌러 점검하며, 점검 시 팬벨트 중앙을 약 10kgf 힘으로 눌렀을 때 처지는 양이 13~20mm이면 정상이다.

**12** 작업안전 ▶ 작업 전·후 점검
지게차 주차 시 포크는 지면에 완전히 닿도록 내린다.

**13** 작업안전 ▶ 화물 적재, 하역 및 운반 작업
지게차 작업 시에는 작업자 1인 외 사람을 탑승시키지 않으며, 자격이 없는 자의 조종을 금지한다.

**14** 작업안전 ▶ 화물 적재, 하역 및 운반 작업
화물 이동을 위해서는 틸트 레버를 당겨 마스트를 뒤로 기울이고(4~6°) 주행한다.

**15** 작업안전 ▶ 화물 적재, 하역 및 운반 작업
포크 삽입 시에는 삽입할 위치를 확인한 후 정면으로 향하여 천천히 삽입해야 한다.

| 정답 | 11 ② 12 ① 13 ③
14 ② 15 ③

**16** 도로교통법상 정의된 긴급자동차가 <u>아닌</u> 것은?

① 응급 전신·전화 수리공사에 사용되는 자동차
② 긴급한 경찰업무수행에 사용되는 자동차
③ 위독환자의 수혈을 위한 혈액운송차량
④ 학생 운송 전용버스

**17** 교통사고 사상자가 발생하였을 경우 도로교통법상 운전자가 즉시 취해야 하는 조치로 옳은 것은?

① 증인 확보 – 정차 – 사상자 구호
② 즉시 정차 – 증인 확보 – 사상자 구호
③ 즉시 정차 – 사상자 구호 – 신고
④ 즉시 정차 – 위해 방지 – 신고

**18** 술에 취한 상태의 기준은 혈중 알코올 농도가 최소 몇 % 이상인 경우인가?

① 0.03
② 0.05
③ 0.25
④ 1.00

**19** 승차 또는 적재의 방법과 제한에서 운행상의 안전기준을 넘어서 승차 및 적재가 가능한 경우는?

① 도착지를 관할하는 경찰서장의 허가를 받은 때
② 출발지를 관할하는 경찰서장의 허가를 받은 때
③ 관할 시·군수의 허가를 받은 때
④ 동·읍·면장의 허가를 받은 때

**20** 밤에 도로에서 차를 운행하는 경우 등화 종류를 모두 기재한 것으로 옳지 <u>않은</u> 것은?

① 견인되는 차: 미등·차폭등 및 번호등
② 원동기장치자전거: 전조등 및 미등
③ 자동차: 자동차안전기준에서 정하는 전조등, 차폭등, 미등
④ 자동차등 외의 모든 차: 시·도경찰청장이 정하여 고시하는 등화

**21** 건설기계 등록사항에 변경이 있을 때, 소유자는 건설기계 등록사항변경 신고서를 누구에게 제출해야 하는가?

① 관할 검사소장
② 고용노동부장관
③ 행정안전부장관
④ 시·도지사

**21 도로주행 ▶ 건설기계관리법**

건설기계 등록에 관한 신청 및 변경은 시·도지사에게 한다.

**22** 건설기계관리법상 소형 건설기계에 포함되지 <u>않는</u> 것은?

① 3톤 미만 지게차
② 3톤 미만 굴착기
③ 5톤 미만 불도저
④ 덤프트럭

**22 도로주행 ▶ 건설기계관리법**

덤프트럭은 일반 건설기계이다.
①②③ 이외에도 소형 건설기계에는 3톤 미만 로더, 5톤 미만 천공기, 3톤 미만 타워크레인 등이 있다.

**23** 시·도지사의 직권 또는 소유자의 신청에 의한 등록 말소 사유에 해당하지 <u>않는</u> 것은?

① 건설기계를 교육, 연구 목적으로 사용하는 경우
② 건설기계를 폐기하는 경우
③ 거짓 그 밖의 부정한 방법으로 등록을 한 경우
④ 건설기계를 장기간 사용하지 않는 경우

**23 도로주행 ▶ 건설기계관리법**

건설기계를 장기간 사용하지 않는 경우는 등록 말소 사유에 해당하지 않는다.
①②③ 이외에도 등록 말소 사유에는 건설기계를 수출하는 경우, 건설기계를 도난당한 경우 등이 있다.

**24** 정기검사 신청을 받은 경우 검사 대행자는 며칠 이내에 신청인에게 검사일시와 장소를 통지하여야 하는가?

① 5일
② 7일
③ 10일
④ 20일

**24 도로주행 ▶ 건설기계관리법**

정기검사의 신청을 받은 검사 대행자는 5일 이내에 검사일시와 장소를 신청인에게 통지해야 한다.

**25** 건설기계조종사 면허가 취소 또는 정지된 상태에서 건설기계를 조종한 자에 대한 벌칙은?

① 100만 원 이하의 벌금
② 300만 원 이하의 벌금
③ 1년 이하의 징역 또는 1,000만 원 이하의 벌금
④ 2년 이하의 징역 또는 2,000만 원 이하의 벌금

**25 도로주행 ▶ 건설기계관리법**

건설기계 무면허 운전에 대한 처벌은 1년 이하의 징역 또는 1,000만 원 이하의 벌금이다.

| 정답 |  21 ④  22 ④  23 ④
　　　　24 ①  25 ③

**26** 에어클리너가 막혔을 경우 발생하는 현상으로 옳은 것은?

① 배기색은 검은색이며, 출력은 저하된다.
② 배기색은 흰색이며, 출력은 저하된다.
③ 배기색은 흰색이며, 출력은 커진다.
④ 배기색은 무색이며, 출력은 커진다.

**27** 배기터빈 과급기의 윤활은 무엇으로 하는가?

① 그리스
② 엔진오일
③ 오일리스 베어링
④ 기어오일

**28** 피스톤 링의 3대 작용이 <u>아닌</u> 것은?

① 열전도
② 기밀 유지
③ 오일제어
④ 응력 분산

**29** 엔진오일 여과기가 막히는 것을 대비해서 설치하는 것은?

① 체크 밸브
② 릴리프 밸브
③ 바이패스 밸브
④ 오일팬

**30** 다음 중 커먼레일 디젤기관의 연료장치 구성품이 <u>아닌</u> 것은?

① 분사펌프
② 커먼레일
③ 고압펌프
④ 인젝터

**26 장비구조 ▶ 엔진구조**

기관의 에어클리너(공기청정기)가 막히면 산소 공급 불량으로 인한 불완전 연소로 인해 배기색은 검은색이 되고, 출력은 저하된다.

**27 장비구조 ▶ 엔진구조**

배기터빈(터보차저)의 윤활을 위해 엔진오일이 공급된다.
① 그리스는 지게차 작업장치 연결부의 윤활을 위해 공급된다.

**28 장비구조 ▶ 엔진구조**

응력 분산 작용은 엔진오일의 역할이다.
①②③ 피스톤 링의 3대 작용은 열전도(냉각) 작용, 밀봉(기밀 유지) 작용, 오일제어 작용이다.

**29 장비구조 ▶ 엔진구조**

엔진오일 여과기가 막혔을 때 여과기를 거치지 않고 각 윤활부로 엔진오일이 공급될 수 있도록 바이패스 밸브를 설치한다.

**30 장비구조 ▶ 엔진구조**

분사펌프는 기계식 디젤기관의 연료장치 구성품이다.

| 정답 | 26 ①　27 ②　28 ④
29 ③　30 ①

**31** 엔진오일이 많이 소비되는 원인이 <u>아닌</u> 것은?

① 실린더의 마모가 심할 때
② 피스톤 링의 마모가 심할 때
③ 기관의 압축압력이 높을 때
④ 밸브가이드의 마모가 심할 때

**32** 발전기는 어떤 축에 의해 구동되는가?

① 크랭크축                    ② 캠축
③ 추진축                      ④ 변속기 입력축

**33** 커먼레일 디젤기관의 연료장치 시스템에서 컴퓨터(ECU) 출력 요소는?

① 공기 유량 센서              ② 인젝터
③ 엔진 ECU                   ④ 브레이크 스위치

**34** 건식 공기청정기의 세척 방법으로 옳은 것은?

① 압축오일로 안에서 밖으로 불어낸다.
② 압축오일로 밖에서 안으로 불어낸다.
③ 압축공기로 안에서 밖으로 불어낸다.
④ 압축공기로 밖에서 안으로 불어낸다.

**35** 축전지를 탈거 및 설치할 때의 순서로 옳은 것은?

① 축전지를 연결할 때에는 (+), (−)선을 함께 연결한다.
② 축전지를 연결할 때에는 절연선을 나중에 연결한다.
③ 축전지를 연결할 때에는 접지선을 나중에 연결한다.
④ 축전지를 탈거할 때에는 (+)선을 먼저 분리한다.

---

**31 장비구조 ▶ 엔진구조**

엔진오일이 많이 소비되는 원인은 연료의 연소와 누설 때문이다. 피스톤 링, 실린더, 밸브가이드가 마모되면 엔진오일이 연소실로 유입되어 연소가 발생하고 배기색은 흰색이 된다.

**32 장비구조 ▶ 엔진구조**

발전기는 크랭크축에서 나오는 동력에 의해 구동되며, 벨트를 이용해 구동시킨다.

**33 장비구조 ▶ 엔진구조**

커먼레일 디젤기관의 연료장치 시스템에서 컴퓨터(ECU)는 각종 센서(공기 유량 센서, 가속페달 위치 센서, 크랭크 각 센서 등)들의 신호를 입력받아 인젝터 등으로 출력신호를 내보낸다.

**34 장비구조 ▶ 엔진구조**

건식 공기청정기는 압축공기(에어건)를 이용하여 안에서 밖으로 불어내는 방법으로 세척한다.

**35 장비구조 ▶ 전기장치**

축전지를 탈거할 때에는 (−)선(접지선)을 먼저 분리하고 (+)선을 나중에 분리하며, 연결은 역순으로 진행한다.

| 정답 |  31 ③   32 ①   33 ②
         34 ③   35 ③

**36** 교류(AC)발전기 실리콘 다이오드의 냉각은 무엇으로 하는가?

① 히트싱크
② 냉각 튜브
③ 냉각팬
④ 엔드 프레임에 설치된 오일장

**36** 장비구조 ▶ 전기장치
교류발전기에서 실리콘 다이오드가 교류를 직류로 정류할 때 발생하는 열을 식히기 위해 히트싱크를 사용한다.

**37** 축전지의 전해액으로 적절한 것은?

① 순수한 물
② 과산화납
③ 해면상납
④ 묽은 황산

**37** 장비구조 ▶ 전기장치
축전지의 전해액으로는 증류수(순수한 물)와 황산을 섞어 만든 묽은 황산을 사용한다.

**38** 12V 납산 축전지 셀의 구성으로 옳은 것은?

① 2V의 셀이 6개 있다.
② 3V의 셀이 4개 있다.
③ 4V의 셀이 3개 있다.
④ 6V의 셀이 2개 있다.

**38** 장비구조 ▶ 전기장치
12V 납산 축전지는 2V의 셀 6개가 직렬로 연결되어 있다(셀당 기전력은 2.1V이나, 시험에서는 2V로 출제되는 경우도 있다).

**39** 기동 전동기의 구성품이 <u>아닌</u> 것은?

① 오버러닝 클러치
② 전기자 코일
③ 전자석 스위치
④ 과급기

**39** 장비구조 ▶ 전기장치
과급기는 일종의 공기압축기로, 기동 전동기의 구성품에 해당하지 않는다.
①②③ 이외에도 기동 전동기는 정류자, 브러시, 계자 코일 등으로 이루어져 있다.

**40** 장비구조 ▶ 전기장치
건설기계에 주로 사용하는 발전기는 3개의 스테이터 코일이 감겨 있는 3상 교류발전기이다.

**40** 건설기계장비에서 주로 사용하는 발전기로 옳은 것은?

① 와전류발전기
② 2상 교류발전기
③ 직류발전기
④ 3상 교류발전기

| 정답 | **36** ① **37** ④ **38** ①
**39** ④ **40** ④

**41** 변속기의 필요성과 관계가 <u>없는</u> 것은?

① 시동 시 장비를 무부하 상태로 한다.
② 기관의 회전력을 증대시킨다.
③ 장비의 후진 시 필요하다.
④ 환향을 빠르게 한다.

**42** 수동식 변속기가 장착된 건설기계에서 기어에 이상 음이 발생하는 이유가 <u>아닌</u> 것은?

① 기어 백래시의 과다
② 변속기의 오일 부족
③ 변속기 베어링의 마모
④ 웜과 웜기어의 마모

**43** 타이어식 건설기계의 휠 얼라인먼트에서 토 인의 필요성이 <u>아닌</u> 것은?

① 조향바퀴에 방향성을 준다.
② 타이어의 이상 마멸을 방지한다.
③ 조향바퀴를 평행하게 회전시킨다.
④ 바퀴가 옆방향으로 미끄러지는 것을 방지한다.

**44** 지게차 동력전달 계통에서 최종적으로 구동력을 증가시키는 것은?

① 트랙 모터
② 종감속 기어
③ 스프로킷
④ 변속기

**45** 타이어식 건설기계에서 전·후 주행이 되지 않을 때 점검해야 할 곳으로 옳지 <u>않은</u> 것은?

① 타이로드 엔드를 점검한다.
② 변속 장치를 점검한다.
③ 유니버설 조인트를 점검한다.
④ 주차 브레이크 잠김 여부를 점검한다.

**46** 마찰 클러치의 구성품이 <u>아닌</u> 것은?

① 오버러닝 클러치  ② 압력판
③ 릴리스 베어링  ④ 클러치판

**46** 장비구조 ▶ 전·후진 주행장치
오버러닝 클러치는 기동 전동기의 구성품에 해당한다.
②③④ 이외에도 마찰 클러치의 구성품에는 릴리스 레버, 릴리스 포크 등이 있다.

**47** 일반적으로 건설기계의 유압펌프는 무엇에 의해 구동되는가?

① 엔진의 플라이휠에 의해 구동된다.
② 변속기 P.T.O. 장치에 의해 구동된다.
③ 에어컨 컴프레셔에 의해 구동된다.
④ 캠축에 의해 구동된다.

**47** 장비구조 ▶ 유압장치
건설기계의 유압펌프는 엔진의 플라이휠과 직결되어 있어 플라이휠에 의해 구동된다.

**48** 유압장치에서 방향제어 밸브에 대한 설명으로 옳지 <u>않은</u> 것은?

① 유체의 흐름 방향을 변환한다.
② 액추에이터의 속도를 제어한다.
③ 유체의 흐름 방향을 한쪽으로만 허용한다.
④ 유압 실린더나 유압모터의 작동 방향을 바꾸는 데 사용된다.

**48** 장비구조 ▶ 유압장치
액추에이터의 속도 제어는 유량제어 밸브가 한다.

**49** 유압작동유의 구비조건에 해당하지 <u>않는</u> 것은?

① 점도가 적당해야 한다.
② 응고점이 낮아야 한다.
③ 내열성이 높아야 한다.
④ 압축성이 높아야 한다.

**49** 장비구조 ▶ 유압장치
유압작동유는 비압축성이어야 한다.

**50** 다음 유압기호가 나타내는 것은?

① 가변유압모터  ② 유압펌프
③ 가변토출 밸브  ④ 가변흡입 밸브

**50** 장비구조 ▶ 유압장치
원 안의 화살표가 안쪽 방향이면 유압모터이고, 원을 가로지르는 화살표는 가변용량형을 의미한다. 따라서 제시된 유압기호는 가변유압모터이다.

| 정답 | **46** ① **47** ① **48** ②
**49** ④ **50** ①

**51** 유압모터의 종류가 <u>아닌</u> 것은?

① 베인모터

② 나사모터

③ 플런저모터

④ 기어모터

**52** 유압회로 내의 유압이 상승하지 않을 때 점검사항으로 옳지 <u>않은</u> 것은?

① 오일탱크의 오일량 점검

② 펌프로부터 정상 유압이 발생하는지 점검

③ 자기 탐상법에 의한 작업장치의 균열 점검

④ 오일이 누출되는지 점검

**53** 직선왕복운동을 하는 유압기기는?

① 유압모터

② 유압펌프

③ 유압 실린더

④ 축압기

**54** 어큐뮬레이터(축압기)의 용도로 적합하지 <u>않은</u> 것은?

① 압력 보상

② 유압에너지 축적

③ 충격 흡수

④ 릴리프 밸브 제어

**55** 유압회로 내의 유압유 점도가 너무 낮을 때 생기는 현상이 <u>아닌</u> 것은?

① 시동 저항이 커진다.

② 오일 누설에 영향이 크다.

③ 회로 압력이 떨어진다.

④ 펌프 효율이 떨어진다.

**51** 장비구조 ▶ 유압장치

유압모터의 종류에는 베인모터, 플런저모터(피스톤모터), 기어모터가 있다.

**52** 장비구조 ▶ 유압장치

자기 탐상법은 철강 제품의 겉이나 속에 생긴 미세한 균열을 자기력선 속의 변화를 이용하여 찾아내는 비파괴 검사법이다.

**53** 장비구조 ▶ 유압장치

유압모터는 회전운동을 하고, 유압 실린더는 직선왕복운동을 한다. 이 두 개를 통칭하여 유압 액추에이터(작동기)라고 한다.

**54** 장비구조 ▶ 유압장치

축압기(어큐뮬레이터)는 주로 질소 가스를 사용하는 기체 압축형을 사용하며, 유압 회로 내의 압력 보상, 유압에너지 축적, 맥동압력(충격압력) 흡수를 위해 사용한다.

**55** 장비구조 ▶ 유압장치

유압유의 점도가 낮을 경우 오일 누설이 많아지고, 회로 압력 및 펌프 효율이 떨어진다.

| 정답 | **51** ② **52** ③ **53** ③ **54** ④ **55** ①

**56** 포크 가이드에 대한 설명으로 옳은 것은?

① 포크를 보호하는 장치이다.

② 포크를 좌우로 이동시키기 위해 필요하다.

③ 포크를 상하로 이동시키기 위해 필요하다.

④ 포크를 이용하여 다른 짐을 이동할 목적으로 사용하기 위해 필요하다.

**57** 지게차에 사용되는 리프트 실린더 및 틸트 실린더의 형식은?

① 틸트 실린더는 복동 방식이고, 리프트 실린더는 단동 방식이다.

② 틸트 실린더는 단동 방식이고, 리프트 실린더는 복동 방식이다.

③ 틸트 실린더와 리프트 실린더 모두 복동 방식이다.

④ 틸트 실린더와 리프트 실린더 모두 단동 방식이다.

**58** 지게차에 대한 설명 중 옳지 <u>않은</u> 것은?

① 지게차의 등판 능력은 경사지를 오를 수 있는 최대 각도로, %(백분율)와 °(도)로 표시한다.

② 최대 인상 높이는 마스트가 수직인 상태에서의 최대 높이로, 지면으로부터 포크 윗면까지의 높이를 말한다.

③ 지게차의 전폭이 짧을수록 최소 직각 통로의 폭이 넓어진다.

④ 포크 인상 속도의 단위는 mm/s이며, 부하 시와 무부하 시로 나누어 표시한다.

**59** 다음 그림에서 지게차의 축간거리를 표시한 것은?

① ㉠         ② ㉡         ③ ㉢         ④ ㉣

**60** 차량이 남쪽에서 북쪽으로 진행 중일 때, 그림에 대한 설명으로 옳지 <u>않은</u> 것은?

① 차량을 좌회전하는 경우 불광역 쪽 '통일로'의 건물번호가 커진다.

② 차량을 좌회전하는 경우 불광역 쪽 '통일로'의 건물번호가 작아진다.

③ 차량을 좌회전하는 경우 불광역 쪽 '통일로'로 진입할 수 있다.

④ 차량을 우회전하는 경우 서울역 쪽 '통일로'로 진입할 수 있다.

---

**56 장비구조 ▶ 작업장치**

포크 가이드는 포크를 이용하여 다른 짐을 이동할 목적으로 사용한다.

지게차 포크 가이드

**57 장비구조 ▶ 작업장치**

지게차의 틸트 실린더는 복동 싱글 로드 형식이고, 리프트 실린더는 단동 램형이다.

**58 장비구조 ▶ 작업장치**

지게차의 전폭이 짧을수록 최소 직각 통로의 폭이 좁아진다.

**59 장비구조 ▶ 작업장치**

㉠ 포크의 길이, ㉡ 전방오버행(LMC), ㉣ 전장을 나타낸다.

**60 도로주행 ▶ 도로명주소**

차량이 남쪽에서 북쪽으로 진행 중이므로 불광역 쪽이 서쪽이 되고, 서울역 쪽이 동쪽이 된다. 도로 구간의 시작지점과 끝지점은 '서쪽에서 동쪽, 남쪽에서 북쪽 방향'으로 설정되므로 불광역 쪽에서 서울역 쪽으로 가면서 건물번호는 커지게 된다. 이에 차량을 좌회전하는 경우 불광역 쪽 '통일로'의 건물번호가 점차적으로 작아진다.

| 정답 | 56 ④  57 ①  58 ③

59 ③  60 ①

| 합격개수 | 맞힌개수 |
|---|---|
| 36개 | |

해설

**01** 기계의 회전 부분(기어, 벨트, 체인)에 덮개를 설치하는 이유는?

① 회전 부분과 신체의 접촉을 방지하기 위해
② 좋은 품질의 제품을 얻기 위해
③ 회전 부분의 속도를 높이기 위해
④ 제품의 제작 과정을 숨기기 위해

**01 작업안전 ▶ 안전관리**

기계의 회전 부분에 덮개를 설치하는 것은 작업 과정에서 신체가 접촉하여 기계에 말려 들어가는 것을 방지하기 위해서이다.

**02** 동력전달장치의 안전수칙으로 옳지 않은 것은?

① 기어가 회전하고 있는 곳을 커버로 잘 덮어 위험을 방지한다.
② 회전하고 있는 벨트나 기어에 불필요한 점검을 하지 않는다.
③ 동력전달을 빨리 하기 위해서 벨트를 회전하는 풀리에 걸어 작동시킨다.
④ 동력압축기나 절단기를 운전할 때 위험을 방지하기 위한 안전장치를 한다.

**02 작업안전 ▶ 안전관리**

벨트를 풀리에 걸 때에는 작업안전을 위해 반드시 회전이 정지된 상태에서 해야 한다.

**03** 운반 작업을 하는 작업장의 통로에서 통과 우선순위로 옳은 것은?

① 짐차 – 빈차 – 사람
② 빈차 – 짐차 – 사람
③ 사람 – 짐차 – 빈차
④ 사람 – 빈차 – 짐차

**03 작업안전 ▶ 안전관리**

일반도로가 아닌 작업장의 통로이므로 통과 순위는 차량이 우선이 된다. 운반 작업을 하는 작업장의 통로에서 통과 우선순위는 '짐차 – 빈차 – 사람' 순이다.

**04** 반드시 보호 안경을 끼고 작업해야 하는 때가 아닌 것은?

① 차체에서 변속기를 뗄 때
② 산소 용접을 할 때
③ 그라인더를 사용할 때
④ 정밀한 조종 작업을 할 때

**04 작업안전 ▶ 안전관리**

①③ 변속기 작업 및 그라인더 작업 시에는 일반 보안경을 착용해야 한다.
② 산소 용접 시에는 차광용 보안경을 착용해야 한다.

**05** 차체에 드릴 작업 시 주의사항으로 옳지 않은 것은?

① 작업 시 내부의 파이프는 관통한다.
② 작업 시 내부에 배선이 없는지 확인한다.
③ 작업 후에는 내부에서 드릴 날 끝으로 인해 손상된 부품이 없는지 확인한다.
④ 작업 후에는 반드시 녹의 발생을 방지하기 위해 드릴 구멍에 페인트칠을 해 둔다.

**05 작업안전 ▶ 안전관리**

차체 드릴 작업 시 내부의 파이프를 관통하면 안 된다.

| 정답 | 01 ① | 02 ③ | 03 ① |
|---|---|---|---|
| | 04 ④ | 05 ① | |

**06** 일반 공구의 안전한 사용법으로 적절하지 <u>않은</u> 것은?

① 언제나 깨끗한 상태로 보관한다.
② 엔진의 헤드 볼트 작업에는 소켓 렌치를 사용한다.
③ 렌치의 조정조에 잡아당기는 힘이 가해져야 한다.
④ 파이프렌치에는 연장대를 끼워서 사용하지 않는다.

**06 작업안전 ▶ 안전관리**
렌치 작업 시 조정렌치를 사용하는 경우 파손 방지를 위해 고정조(윗턱)에 힘이 가해지도록 작업을 해야 한다.

**07** 해머 작업에 대한 설명으로 옳지 <u>않은</u> 것은?

① 타격 범위에 장애물이 없도록 한다.
② 작업자가 서로 마주 보고 두드린다.
③ 녹이 슨 재료 사용 시 보안경을 착용한다.
④ 작게 시작하여 차차 큰 행정으로 작업하는 것이 좋다.

**07 작업안전 ▶ 안전관리**
공동으로 해머 작업 시 호흡을 맞춰야 하지만, 서로 마주 보고 두드리는 것은 옳지 않다.
①③④ 이외에도 해머 작업 시 주의사항으로는 장갑을 끼고 작업하지 않아야 하고, 작업에 알맞은 무게의 해머를 사용해야 한다.

**08** 아크 용접 작업의 안전수칙으로 옳지 <u>않은</u> 것은?

① 차광 유리는 아크 전류의 크기에 적합한 번호를 선택한다.
② 아연 도금 강판 용접 시 발생하는 가스는 유해하지 않으므로 환기할 필요가 없다.
③ 타기 쉬운 물건인 기름, 나무 조각, 도료, 헝겊 등은 작업장 주위에 놓지 않는다.
④ 용접기의 리드 단자와 케이블의 접속은 반드시 절연체로 보호한다.

**08 작업안전 ▶ 안전관리**
아연 도금 강판 용접 시 발생하는 가스는 인체에 치명적이지는 않지만 해롭기 때문에 환기를 해주어야 한다.

**09** 유압장치의 일일점검사항이 <u>아닌</u> 것은?

① 필터의 오염 여부 점검      ② 탱크의 오일량 점검
③ 호스의 손상 여부 점검      ④ 이음 부분의 누유 점검

**09 작업안전 ▶ 작업 전·후 점검**
유압장치 필터의 오염 여부 점검 및 교환은 보통 매 500시간마다 실시하는 주기적인 교환 항목이다.

**10 작업안전 ▶ 작업 전·후 점검**
솔리드 타이어는 통고무로 만든 타이어로 큰 하중을 견딜 수 있으나, 비포장 실외에서는 잘 사용하지 않는다.

**10** 통고무로 만든 타이어로, 주로 전동 지게차에 사용되며 포장이 잘 된 실내에서 사용하는 것은?

① 튜브리스 타이어      ② 슬립 타이어
③ 솔리드 타이어      ④ 레이디얼 타이어

| 정답 | 06 ③   07 ②   08 ②
        09 ①   10 ③

**11** 지게차의 운전을 종료했을 때 취해야 할 안전사항이 <u>아닌</u> 것은?

① 각종 레버를 중립에 둔다.
② 연료를 빼낸다.
③ 주차 브레이크를 작동한다.
④ 전원 스위치를 차단한다.

**12** MF(Maintenance Free) 축전지에 대한 설명으로 옳지 <u>않은</u> 것은?

① 격자의 재질은 납과 칼슘합금이다.
② 무보수용 배터리이다.
③ 밀봉 촉매 마개를 사용한다.
④ 증류수는 매 15일마다 보충한다.

**13** 지게차에 허용 하중 이상의 짐을 실을 경우 나타나는 현상이 <u>아닌</u> 것은?

① 조향이 어려워진다.
② 뒷바퀴가 들린다.
③ 지게차 부품 등이 손상될 수 있다.
④ 작업 속도를 높일 수 있다.

**14** 지게차의 작업안전에 대한 설명으로 옳지 <u>않은</u> 것은?

① 고소 작업을 위해 포크에 사람을 태운다.
② 포크 끝단으로 물건을 적재하지 않는다.
③ 작업 전 점검을 실시한다.
④ 주차 시 포크는 지면에 완전히 닿도록 한다.

**15** 운전 중 좁은 장소에서 지게차 방향을 전환할 때 주의할 점으로 옳은 것은?

① 뒷바퀴 회전에 주의하여 방향을 전환한다.
② 포크 높이를 높게 하여 방향을 전환한다.
③ 앞바퀴 회전에 주의하여 방향을 전환한다.
④ 포크를 땅에 닿게 내리고 방향을 전환한다.

**11** 작업안전 ▶ 작업 전·후 점검

지게차 운행 종료 시에는 다음 날 작업을 위해 연료를 보충해야 한다. ①③④ 이외에도 운전 종료 시 취해야 할 안전사항으로는 포크를 지면에 완전히 밀착시키기, 시동키 수거 후 열쇠함에 보관하기 등이 있다.

**12** 작업안전 ▶ 작업 전·후 점검

MF 축전지는 정비나 보수가 필요 없는 배터리이므로 증류수 보충을 하지 않는다.

**13** 작업안전 ▶ 화물 적재, 하역 및 운반 작업

지게차에 허용 하중 이상의 짐을 실을 경우 뒷바퀴가 들려 조향이 어려워지고 장비가 손상될 수 있다.

**14** 작업안전 ▶ 화물 적재, 하역 및 운반 작업

지게차는 고소 작업용이 아니며, 포크를 포함한 지게차에 작업자 1인 외 다른 사람을 탑승시키지 않는다.

**15** 작업안전 ▶ 화물 적재, 하역 및 운반 작업

지게차는 뒷바퀴 조향 방식이므로 뒷바퀴 회전에 주의하여 방향전환을 해야 한다.

| 정답 | 11 ② 12 ④ 13 ④
14 ① 15 ①

**16** 경찰청장이 원활한 소통을 위해 특히 필요하다고 지정한 곳 이외의 고속도로에서 건설기계의 최고 속도는?

① 매시 70km   ② 매시 80km
③ 매시 90km   ④ 매시 100km

**16 도로주행 ▶ 도로교통법**

고속도로에서 건설기계의 최고 속도는 매시 80km이며, 경찰청장이 원활한 소통을 위해 특히 필요하다고 지정한 곳은 매시 90km이다.

**17** 긴급자동차의 종류에 해당하지 <u>않는</u> 것은?

① 어린이 통학 전용버스
② 혈액공급차량
③ 수사기관의 자동차 중 범죄 수사를 위하여 사용되는 자동차
④ 국군 및 주한 국제연합군용의 긴급자동차에 의하여 유도되는 국군 및 주한 국제연합군의 자동차

**17 도로주행 ▶ 도로교통법**

「도로교통법 시행령」 제2조(긴급자동차의 종류)에 근거하여 긴급자동차의 종류에는 소방차, 구급차, 혈액공급차량, 그 밖에 대통령령으로 정하는 자동차 등이 있다. 어린이 통학 전용버스는 긴급자동차에 해당하지 않는다.

**18** 다음 (      )에 들어갈 내용으로 옳은 것은?

> 신호등이 (      )일 경우 차마는 정지선이나 횡단보도가 있을 때에는 그 직전이나 교차로의 직전에 일시정지한 후 다른 교통에 주의하면서 진행할 수 있다.

① 녹색등화   ② 황색등화의 점멸
③ 황색등화   ④ 적색등화의 점멸

**18 도로주행 ▶ 도로교통법**

신호등이 적색등화의 점멸일 경우 차마는 정지선이나 횡단보도가 있을 때에는 그 직전이나 교차로의 직전에 일시정지한 후 다른 교통에 주의하면서 진행할 수 있다.

**19** 도로교통법상 반드시 서행해야 할 장소는?

① 안전지대 우측
② 교통정리가 행해지고 있는 교차로
③ 교통정리가 행해지고 있는 횡단보도
④ 비탈길의 고갯마루 부근

**19 도로주행 ▶ 도로교통법**

서행해야 하는 장소
• 교통정리를 하고 있지 아니하는 교차로
• 도로가 구부러진 부근
• 비탈길의 고갯마루 부근
• 가파른 비탈길의 내리막

**20** 혈중 알코올 농도가 0.1%일 때의 처벌 기준은?

① 면허취소
② 면허효력정지 60일
③ 면허효력정지 90일
④ 면허효력정지 100일

**20 도로주행 ▶ 도로교통법**

혈중 알코올 농도 0.08% 이상이면 면허가 취소된다.

| 정답 |  16 ②  17 ①  18 ④
19 ④   20 ①

**21** 건설기계관리법상 등록 말소 사유에 해당하지 <u>않는</u> 것은?

① 건설기계를 수출하는 경우
② 건설기계조종사 면허가 취소된 경우
③ 거짓 그 밖의 부정한 방법으로 등록한 경우
④ 건설기계의 차대가 등록 시 차대와 다른 경우

**21 도로주행 ▶ 건설기계관리법**

건설기계조종사 면허가 취소된 경우는 등록 말소 사유에 해당하지 않는다.
①③④ 이외에도 건설기계를 교육·연구 목적으로 사용하는 경우, 건설기계를 폐기하는 경우, 건설기계를 도난당한 경우 등이 「건설기계관리법」상 등록 말소 사유에 해당한다.

**22** 건설기계조종사 면허를 받은 자는 면허가 취소되거나 면허의 효력이 정지된 경우 그 사유가 발생한 날로부터 며칠 이내에 주소지를 관할하는 시장·군수 또는 구청장에게 면허증을 반납해야 하는가?

① 7일                    ② 10일
③ 20일                   ④ 30일

**22 도로주행 ▶ 건설기계관리법**

건설기계조종사 면허증은 사유가 발생한 날부터 10일 이내에 주소지를 관할하는 시장·군수 또는 구청장에게 반납해야 하고, 등록번호판은 10일 이내에 등록지를 관할하는 시·도지사에게 반납해야 한다.

**23** 소형 또는 대형건설기계조종사 면허증 발급 신청 시 구비서류가 <u>아닌</u> 것은?

① 소형건설기계조종 교육이수증(소형면허 신청 시)
② 국가기술자격증 정보(대형면허 신청 시)
③ 주민등록등본
④ 신체검사서

**23 도로주행 ▶ 건설기계관리법**

건설기계조종사 면허증을 발급받으려는 경우 신청서와 함께 구비서류인 ①②④를 포함하여 6개월 이내에 촬영한 탈모상반신 사진 2매, 건설기계조종사 면허증(건설기계조종사면허를 받은 자가 면허의 종류를 추가하고자 하는 경우)을 제출해야 한다.

**24** 건설기계의 적재중량을 측정할 때 측정 인원은 1인당 몇 kg을 기준으로 하는가?

① 50kg                   ② 55kg
③ 60kg                   ④ 65kg

**24 도로주행 ▶ 건설기계관리법**

건설기계의 적재중량을 측정할 때 측정 인원은 1인당 65kg을 기준으로 한다.

**25** 건설기계의 좌석안전띠는 속도가 최소 몇 km/h 이상일 때 설치해야 하는가?

① 10km/h                 ② 30km/h
③ 40km/h                 ④ 50km/h

**25 도로주행 ▶ 건설기계관리법**

건설기계의 좌석안전띠는 속도가 30km/h 이상일 때 설치해야 한다.

| 정답 | **21** ②  **22** ②  **23** ③
          **24** ④  **25** ②

**26** 기관에 사용되는 오일 여과기의 점검사항으로 옳지 <u>않은</u> 것은?

① 여과기가 막히면 유압이 높아진다.
② 엘리먼트 청소는 압축 공기를 사용한다.
③ 여과 능력이 불량하면 부품의 마모가 빠르다.
④ 작업 조건이 나쁘면 교환 시기를 빨리 한다.

**27** 정기적으로 교환해야 할 소모 부품에 해당하지 <u>않는</u> 것은?

① 리프트 실린더　　　　　② 작동유 필터
③ 에어클리너　　　　　　④ 연료필터

**28** 디젤엔진이 진동하는 경우가 <u>아닌</u> 것은?

① 분사 압력이 실린더별로 차이가 있을 때
② 인젝터의 불균율이 있을 때
③ 하이텐션코드가 불량할 때
④ 4기통 엔진에서 한 개의 분사노즐이 막혔을 때

**29** 엔진오일의 교환 방법으로 옳지 <u>않은</u> 것은?

① 오일 레벨 게이지의 'F'에 가깝게 오일을 주입한다.
② 엔진오일은 순정품으로 교환한다.
③ 가혹한 조건에서 지속적으로 운전하였을 경우 교환 주기를 조금 앞당긴다.
④ 규정된 엔진오일보다는 플러싱 오일로 교체하여 사용한다.

**30** 냉각장치의 라디에이터 압력식 캡에 설치되어 있는 밸브는?

① 진공 밸브와 체크 밸브
② 압력 밸브와 진공 밸브
③ 압력 밸브와 스로틀 밸브
④ 릴리프 밸브와 감압 밸브

**26** 장비구조 ▶ 엔진구조
압축 공기를 이용하여 엘리먼트 청소를 하는 것은 흡기 장치이다. 오일 여과기의 경우에는 기관에 사용되는 엘리먼트가 오염되면 교환해야 한다.

**27** 장비구조 ▶ 엔진구조
②③④ 이외에도 정기적으로 교환해야 할 소모품에는 엔진오일, 부동액, 유압작동유 등이 있다.

**28** 장비구조 ▶ 엔진구조
하이텐션코드는 가솔린기관의 고압케이블로, 디젤엔진의 진동과는 무관하다.

**29** 장비구조 ▶ 엔진구조
플러싱 오일은 잔유 제거용 오일이므로 잔유 제거 과정 후 플러싱 오일을 배출한 뒤, 규정된 엔진오일로 교체해야 한다.

**30** 장비구조 ▶ 엔진구조
라디에이터 압력식 캡은 냉각수의 비등점을 높여주는 역할을 하는 것으로, 압력 밸브와 진공 밸브가 설치되어 있다.

| 정답 |　26 ②　27 ①　28 ③
　　　　29 ④　30 ②

**31** 라디에이터 압력식 캡에 대한 설명으로 옳지 <u>않은</u> 것은?

① 냉각수 주입구 뚜껑이다.
② 냉각수의 비등점을 높여준다.
③ 진공 밸브가 내장되어 있다.
④ 냉각수를 순환시켜 준다.

**32** 엔진의 윤활유에 대한 설명으로 옳지 <u>않은</u> 것은?

① 점도지수가 높은 것이 좋다.
② 인화점 및 발화점이 높아야 한다.
③ 응고점이 높은 것이 좋다.
④ 적당한 점도가 있어야 한다.

**33** 디젤기관에 과급기를 장착하는 이유는?

① 기관의 출력을 향상시키기 위해
② 기관의 냉각 효율을 높이기 위해
③ 배기 소음을 줄이기 위해
④ 기관의 압축압력을 낮추기 위해

**34** 4행정 사이클 디젤기관의 크랭크축이 4,000rpm으로 회전할 때 분사펌프 캠축의 회전수는?

① 2,000rpm        ② 4,000rpm
③ 6,000rpm        ④ 8,000rpm

**35** 퓨즈에 대한 설명으로 옳지 <u>않은</u> 것은?

① 퓨즈는 정격 용량을 사용한다.
② 퓨즈 용량은 A로 표시한다.
③ 퓨즈는 가는 구리선으로 대용할 수 있다.
④ 퓨즈는 표면이 산화되면 끊어지기 쉽다.

**31 장비구조 ▶ 엔진구조**
냉각수 순환은 물펌프의 역할이다.

**32 장비구조 ▶ 엔진구조**
엔진의 윤활유는 응고점이 낮아야 한다.

**33 장비구조 ▶ 엔진구조**
과급기(터보장치)는 외기를 실린더에 밀어 넣는 압축기로, 기관의 출력을 향상시키기 위해 사용한다.

**34 장비구조 ▶ 엔진구조**
크랭크축과 캠축의 회전비는 2:1이다. 크랭크축이 4,000rpm으로 회전할 때 분사펌프 캠축의 회전수는 2,000rpm이다.

**35 장비구조 ▶ 전기장치**
구리선이나 정격 용량 이상의 퓨즈를 사용하면 과전류로 인해 회로가 단선되거나 화재가 발생할 위험이 높다. 즉, 퓨즈는 가는 구리선으로 대용하면 안 된다.

| 정답 |    31 ④    32 ③    33 ①
          34 ①    35 ③

**36** 건설기계에 주로 사용되는 기동 전동기의 종류는?

① 직류분권 전동기  ② 직류직권 전동기
③ 직류복권 전동기  ④ 교류 전동기

**37** 축전지 내부의 충·방전 작용으로 옳은 것은?

① 화학 작용  ② 탄성 작용
③ 물리 작용  ④ 기계 작용

**38** 축전지의 구비조건과 거리가 먼 것은?

① 축전지의 용량이 클 것
② 전기적 절연이 완전할 것
③ 가급적 크고 다루기 쉬울 것
④ 전해액의 누설 방지가 완전할 것

**39** 전압(Voltage)에 대한 설명으로 옳은 것은?

① 자유전자가 도선을 통하여 흐르는 것을 말한다.
② 전기적인 높이, 즉 전기적인 압력을 말한다.
③ 물질에 전류가 흐를 수 있는 정도를 나타낸다.
④ 도체의 저항에 의해 발생하는 열을 나타낸다.

**40** 기관에 사용되는 시동모터가 회전이 안 되거나 회전력이 약한 원인이 아닌 것은?

① 시동 스위치의 접촉이 불량하다.
② 배터리 단자와 터미널의 접촉이 나쁘다.
③ 브러시가 정류자에 잘 밀착되어 있다.
④ 축전지 전압이 낮다.

**36** 장비구조 ▶ 전기장치
건설기계에 사용하는 기동 전동기는 전기자 코일과 계자 코일이 직렬로 연결되어 있는 직류직권 전동기이다.

**37** 장비구조 ▶ 전기장치
축전지는 전류의 3대 작용(발열, 화학, 자기) 중 화학 작용을 이용한다.

**38** 장비구조 ▶ 전기장치
축전지는 크기가 가급적 작고 다루기 쉬워야 한다.

**39** 장비구조 ▶ 전기장치
전압은 전기적인 압력을 말하며, 단위는 볼트(V)이다.
① 전류에 대한 설명이다.

**40** 장비구조 ▶ 전기장치
기동 전동기가 회전이 되지 않거나 회전력이 약한 원인 중 하나는 브러시가 1/3 이상 마모되어 정류자에 잘 밀착되지 않기 때문이다.

| 정답 | **36** ②  **37** ①  **38** ③
**39** ②  **40** ③

**41** 타이어에서 고무로 피복된 코드를 여러 겹으로 겹친 층에 해당하며, 타이어 골격을 이루는 부분은?

① 카커스(Carcass)
② 트레드(Tread)
③ 숄더(Should)
④ 비드(Bead)

**42** 토크컨버터의 구성품 중 오일의 흐름 방향을 바꾸어 터빈 러너의 회전력을 증대시키는 것은?

① 펌프 임펠러
② 터빈 러너
③ 스테이터
④ 가이드링

**43** 동력전달장치에서 슬립 이음의 역할은?

① 길이 변화가 가능하다.
② 각도 변화가 가능하다.
③ 각도 및 길이 변화가 가능하다.
④ 구동력을 증가시킨다.

**44** 차동기어장치에서 피니언 기어와 링 기어의 틈새를 무엇이라고 하는가?

① 런아웃
② 백래시
③ 베이퍼록
④ 스프레드

**45** 브레이크 드럼이 갖추어야 하는 조건으로 옳지 <u>않은</u> 것은?

① 내마멸성이 커야 한다.
② 정적·동적 평형이 좋아야 한다.
③ 재질이 단단하고 무거워야 한다.
④ 열의 발산이 잘 되어야 한다.

---

**41 장비구조 ▶ 전·후진 주행장치**
카커스는 고무로 피복된 코드를 여러 겹으로 겹친 층으로, 타이어의 골격을 이루는 부분이다.

**42 장비구조 ▶ 전·후진 주행장치**
스테이터는 오일의 흐름 방향을 바꾸어 터빈 러너의 회전력(토크)을 증대시킨다.

**43 장비구조 ▶ 전·후진 주행장치**
슬립 이음은 길이 변화에 대응하기 위한 이음으로, 변속기 출력축과 추진축에 스플라인으로 구성되어 있다.
② 각도 변화에 대응하기 위한 이음은 자재 이음으로, 추진축 앞뒤에 설치된다.

**44 장비구조 ▶ 전·후진 주행장치**
백래시란 한 쌍의 기어를 맞물렸을 때 치면(맞물리는 면) 사이에 생기는 틈새이다. 백래시가 너무 작으면 윤활이 불충분해지기 쉬워 치면끼리의 마찰이 커지고, 백래시가 너무 크면 기어의 맞물림이 나빠져 기어가 파손되기 쉽다.

**45 장비구조 ▶ 전·후진 주행장치**
브레이크 드럼은 재질이 단단하고 가벼워야 한다.

| 정답 | 41 ① 42 ③ 43 ①
44 ② 45 ③

**46** 클러치에 대한 설명으로 옳지 <u>않은</u> 것은?

① 클러치 페달을 밟으면 동력이 차단된다.
② 클러치 페달을 떼면 동력이 전달된다.
③ 클러치 페달을 밟으면 플라이휠과 클러치판이 붙는다.
④ 클러치 페달을 떼면 압력판과 클러치판이 붙는다.

**46** 장비구조 ▶ 전·후진 주행장치
클러치 페달을 밟으면 플라이휠과 클러치판이 떨어져 동력이 차단된다.

**47** 다음은 유압기기 점검 중 이상 발견 시 조치사항이다. (    ) 안에 들어갈 내용이 순서대로 옳은 것은?

> 작동유가 누출되는 상태라면 이음부를 더 조여 주거나, 부품을 (          )하는 등 응급조치를 하는 것이 당연하지만, 그 원인을 조사하여 재발을 방지하고 고장이 더 확대되지 않도록 유압기기 전체를 (          )하는 일도 필요하다.

① 플러싱, 교환              ② 교환, 재점검
③ 열화, 재점검              ④ 재점검, 교환

**47** 장비구조 ▶ 유압장치
작동유가 누출되는 상태라면 누출되는 부위를 조여 주거나 부품을 교환하는 일도 중요하지만, 응급조치를 하였다고 하더라도 예방정비차원에서 유압기기 전체를 재점검하는 일도 필요하다.

**48** 건설기계에서 작동유 탱크의 역할로 옳지 <u>않은</u> 것은?

① 작동유를 저장한다.
② 유온을 적정하게 유지하는 역할을 한다.
③ 오일 내 이물질의 침전 작용을 한다.
④ 유압 게이지가 설치되어 작업 중 유압 점검을 할 수 있다.

**48** 장비구조 ▶ 유압장치
①②③ 이외에도, 작동유 탱크는 안에 격리판이 설치되어 있어 기포를 분리시켜 주는 역할을 한다.

**49** 공동 현상이라고도 하며, 소음과 진동이 발생하고 양정과 효율이 저하되는 현상은?

① 캐비테이션              ② 스트로크
③ 제로랩                  ④ 오버랩

**49** 장비구조 ▶ 유압장치
공동 현상이란 캐비테이션이라고도 하며, 유체의 압력이 급격하게 변화하여 상대적으로 압력이 낮은 곳에 공동이 생기는 현상을 말한다. 이때 공동이 높은 압력을 받아 무너지면서 강한 충격이 발생한다.

**50** 유압작동유의 온도가 상승하는 원인이 <u>아닌</u> 것은?

① 유압회로 내에 공동 현상이 발생했을 때
② 유압작동유의 점도가 높을 때
③ 유압모터 내에 내부 마찰이 발생했을 때
④ 유압회로 내의 작동 압력이 너무 낮을 때

**50** 장비구조 ▶ 유압장치
①②③ 이외에 오일 쿨러의 작동이 불량할 때에도 유압작동유의 온도가 상승한다.

| 정답 |  46 ③   47 ②   48 ④
          49 ①   50 ④

**51** 유압펌프의 토출량을 나타내는 단위는?

① psi
② LPM
③ kPa
④ W

**52** 유압회로에서 호스의 노화 현상이 <u>아닌</u> 것은?

① 호스의 탄성이 거의 없는 상태로 굳어 있는 경우
② 표면에 크랙(Crack)이 발생한 경우
③ 정상적인 압력 상태에서 호스가 파손된 경우
④ 액추에이터(작업장치)의 작동이 원활하지 않은 경우

**53** 유압회로 내에 기포가 발생할 때 일어날 수 있는 현상과 거리가 <u>먼</u> 것은?

① 작동유의 누설 저하
② 소음 증가
③ 공동 현상
④ 오일탱크의 오버플로

**54** 유압펌프의 기능으로 옳은 것은?

① 엔진 또는 모터의 기계적 에너지를 유체에너지로 전환한다.
② 유체에너지를 동력으로 전환한다.
③ 유압회로 내의 압력을 측정한다.
④ 축압기와 동일한 역할을 한다.

**55** 건설기계의 유압계 지침이 정상적으로 압력 상승이 되지 않았다면 그 원인으로 <u>옳지 않은</u> 것은?

① 오일 파이프 파손
② 오일펌프 고장
③ 유압계의 고장
④ 연료 파이프 파손

---

**51** 장비구조 ▶ 유압장치

유압펌프 토출량의 단위
• LPM(Liter Per Minute)
• GPM(Gallon Per Minute)

**52** 장비구조 ▶ 유압장치

고무로 만들어진 유압호스가 노화되면 고무가 경화되어 크랙이 발생하고 정상 압력 상태에서도 호스가 파손될 수 있다. 호스의 노화 현상은 액추에이터의 작동과 관련이 없다.

**53** 장비구조 ▶ 유압장치

②③④ 이외에도 유압회로 내에 기포가 발생하면 유압유의 열화 촉진 현상 및 실린더 숨돌리기 현상 등이 발생한다.

**54** 장비구조 ▶ 유압장치

유압펌프는 유압 발생 장치로서, 엔진 또는 전동모터에서 발생한 기계적 에너지를 유체에너지로 전환하는 장치이다.

**55** 장비구조 ▶ 유압장치

연료 파이프의 파손은 유압장치와 관련이 없다.

| 정답 | 51 ②　52 ④　53 ①
54 ①　55 ④

**56** L자형으로 된 2개의 구조물로 되어 있으며, 핑거보드에 체결되어 화물을 받쳐 드는 부분은?

① 포크
② 백레스트
③ 마스트
④ 카운터 웨이트

**56 장비구조 ▶ 작업장치**

지게차의 포크는 L자형으로 된 2개의 구조물로 되어 있으며, 핑거보드에 체결되어 화물을 받쳐 드는 부분이다.

**57** 지게차의 포크에 버킷을 장착하여 흘러 내리기 쉬운 물건이나 흐트러진 물건을 운반하거나 트럭에 상차하는 데 쓰는 작업장치는?

① 힌지드 포크
② 로드스태빌라이저
③ 힌지드 버킷
④ 드럼 클램프

**57 장비구조 ▶ 작업장치**

① 원목 등 긴 원기둥 형태의 화물을 운반 및 적재하는 용도로 사용된다.
② 고르지 못한 노면 등에서 깨지기 쉬운 화물의 낙하를 방지하기 위해 포크 상단에 상하 작동할 수 있는 압력판을 부착한 것이다.
④ 클램프형 마스트의 일종이다.

**58** 전동식 지게차의 동력전달 순서 중 (    ) 안에 들어갈 내용으로 옳은 것은?

> 축전지(배터리) → 제어기구 → (        ) → 변속기 → 종감속 및 차동기어장치 → 앞바퀴

① 액슬축
② 구동모터
③ 추진축
④ 클러치

**58 장비구조 ▶ 작업장치**

전동식 지게차의 동력전달 순서는 '축전지(배터리) → 제어기구 → 구동모터 → 변속기 → 종감속 장치 및 차동기어장치 → 앞바퀴' 순이다.

**59** 지게차 장비중량에 포함되지 <u>않는</u> 것은?

① 연료
② 냉각수
③ 윤활유
④ 예비타이어

**59 장비구조 ▶ 작업장치**

지게차 장비중량(자체중량)은 연료, 냉각수, 윤활유를 가득 채우고 운행에 필요한 장비를 갖춘 상태의 중량을 말한다. 예비타이어와 운전자는 포함되지 않는다.

**60** 차량이 남쪽에서 북쪽으로 진행 중일 때 그림에 대한 설명으로 옳지 <u>않은</u> 것은?

① 차량을 좌회전하면 '양화로' 또는 '신촌로' 시작지점과 만날 수 있다.
② 차량을 좌회전하면 '양화로' 또는 '신촌로'로 진입할 수 있다.
③ 차량을 직진하면 '연세로' 방향으로 갈 수 있다.
④ 차량을 우회전하면 '서강대교' 방향으로 갈 수 있다.

**60 도로주행 ▶ 도로명주소**

차량을 우회전하면 '시청' 방향으로 갈 수 있다.

| 정답 | 56 ① 57 ③ 58 ②
59 ④ 60 ④

| 합격개수 | 맞힌개수 |
|---|---|
| 36개 | |

## 01 귀마개가 갖추어야 할 조건으로 옳지 않은 것은?

① 내습·내유성을 가질 것
② 적당한 세척 및 소독에 견딜 수 있을 것
③ 가벼운 귓병이 있어도 착용할 수 있을 것
④ 안경이나 안전모와 함께 착용하지 못하게 할 것

## 02 해머 사용 시 주의해야 할 사항으로 옳지 않은 것은?

① 해머 사용 전 주위를 살펴본다.
② 담금질한 것은 무리하게 두들기지 않는다.
③ 해머를 사용하여 작업할 때에는 처음부터 강한 힘을 준다.
④ 대형 해머를 사용할 때에는 자기의 힘에 적합한 것으로 한다.

## 03 드릴 작업 시 유의사항으로 옳지 않은 것은?

① 작업 중 칩 제거를 금한다.
② 작업 중 면장갑 착용을 금한다.
③ 작업 중 보안경 착용을 금한다.
④ 균열이 있는 드릴은 사용을 금한다.

## 04 운반 작업 시 안전수칙으로 옳지 않은 것은?

① 무리한 자세로 장시간 운반하지 않는다.
② 화물은 될 수 있는 대로 중심을 높게 한다.
③ 정격 하중을 초과하여 권상하지 않는다.
④ 무거운 물건을 이동할 때 호이스트 등을 활용한다.

## 05 작업장에서의 옷차림에 대한 설명으로 옳지 않은 것은?

① 작업복은 단정하게 착용한다.
② 작업복은 몸에 맞는 것을 입는다.
③ 수건은 허리춤에 끼거나 목에 감는다.
④ 기름이 묻은 작업복은 가급적 입지 않는다.

### 해설

**01 작업안전 ▶ 안전관리**
귀마개는 안경이나 안전모와 함께 착용할 수 있어야 한다.

**02 작업안전 ▶ 안전관리**
해머 사용 시에는 작업안전을 위해 처음부터 강한 힘을 주지 않는다. 약하게 타격을 시작하여 점차적으로 강한 힘을 주다가 마지막에는 약한 힘으로 작업을 마무리한다.

**03 작업안전 ▶ 안전관리**
드릴 작업 시에는 칩이 날릴 수 있으므로 반드시 보안경을 착용해야 한다.

**04 작업안전 ▶ 안전관리**
운반 작업 시에는 안정감 있는 작업을 위해 화물은 될 수 있는 대로 무게 중심을 낮게 하는 것이 좋다.
③ 운반 작업 시에는 정격 하중을 초과하여 권상(捲上), 즉 들어 올리지 않는다.

**05 작업안전 ▶ 안전관리**
작업 시 복장이 기계에 끼이는 사고가 발생할 수 있으므로 수건 등은 허리춤에 끼거나 목에 감지 말고 단정한 복장을 유지한다.

| 정답 | 01 ④ 02 ③ 03 ③
04 ② 05 ③

**06** 안전사항으로 옳지 않은 것은?

① 전선의 연결부는 되도록 저항을 작게 해야 한다.
② 전기장치는 반드시 접지하여야 한다.
③ 퓨즈 교체 시에는 기존보다 용량이 큰 것을 사용한다.
④ 계측기는 최대 측정 범위를 초과하지 않도록 해야 한다.

**06 작업안전 ▶ 안전관리**
퓨즈는 규정된 용량보다 큰 것을 사용하면 과전류로 인해 회로가 단선되거나 화재의 위험이 높으므로 규정된 용량의 퓨즈만 사용한다.

**07** 차광용 보안경의 종류에 해당하지 않는 것은?

① 자외선용
② 적외선용
③ 용접용
④ 비산 방지용

**07 작업안전 ▶ 안전관리**
비산물로부터 눈을 보호하기 위해 사용하는 보안경은 일반 보안경이다.
①②③ 차광용 보안경은 자외선, 적외선, 가시광선으로부터 눈을 보호하며 주로 용접 작업에 사용된다.

**08** 다음 안전표지가 의미하는 것은?

① 보안경착용
② 안전모착용
③ 귀마개착용
④ 안전복착용

**08 작업안전 ▶ 안전관리**
지시표지의 일종으로, 보안경착용을 의미한다.

**09** 엔진의 공기청정기가 막혔을 경우 발생하는 현상은?

① 배기색은 흰색이며, 출력은 증가한다.
② 배기색은 흰색이며, 출력은 저하된다.
③ 배기색은 무색이며, 출력은 증가한다.
④ 배기색은 검은색이며, 출력은 저하된다.

**09 작업안전 ▶ 작업 전·후 점검**
엔진의 공기청정기가 막혔을 경우에는 연소의 3요소 중 산소의 공급이 부족하게 된다. 이때 불완전 연소로 인해 출력이 저하되고 배기색은 검게 변한다.

**10** 지게차 조종석 계기판에 없는 것은?

① 아워 미터
② 연료계
③ 냉각수 온도계
④ 차량 속도계

**10 작업안전 ▶ 작업 전·후 점검**
지게차와 같이 속도가 느린 건설기계는 일반적으로 조종석 계기판에 차량 속도계를 장착하지 않는다.

| 정답 | 06 ③  07 ④  08 ①
09 ④  10 ④

**11** 지게차 작업장치 점검사항 중 작업 전 점검사항에 해당하지 <u>않는</u> 것은?

① 포크의 균열 상태
② 체인의 장력 및 주유 상태
③ 마스트의 전경, 후경 및 상하 작동 상태
④ 크랭크 샤프트의 균열 상태

**11** 작업안전 ▶ 작업 전·후 점검

크랭크 샤프트의 균열 상태는 분해 점검사항으로 작업 전 점검사항에 해당하지 않는다.

**12** 지게차 주차에 대한 설명으로 옳지 <u>않은</u> 것은?

① 주차 시 포크는 지면에 완전히 내려 놓는다.
② 경사지에 주차할 경우 고임대를 사용한다.
③ 주차 후 시동키는 다음 운전을 위하여 그대로 둔다.
④ 주차 시 전·후진 레버는 중립에 놓고 주차 브레이크를 체결해야 한다.

**12** 작업안전 ▶ 작업 전·후 점검

지게차 주차 후 시동키는 수거하여 열쇠함에 안전하게 보관해야 한다.

**13** 지게차의 작업 방법에 대한 설명으로 옳은 것은?

① 화물을 싣고 평지에서 주행할 때에는 브레이크를 급격히 밟아도 된다.
② 비탈길을 오르내릴 때에는 마스트를 전면으로 기울인 상태에서 전진 운행한다.
③ 유체식 클러치는 전진 진행 중 브레이크를 밟지 않고 후진을 시켜도 된다.
④ 짐을 싣고 비탈길을 내려올 때에는 후진하며 천천히 내려온다.

**13** 작업안전 ▶ 화물 적재, 하역 및 운반 작업

지게차에 짐을 싣고 비탈길을 내려올 때에는 짐이 비탈길 위쪽으로 향하게 한 뒤 후진 서행하며 내려온다.

**14** 지게차에서 지켜야 할 안전수칙으로 옳지 <u>않은</u> 것은?

① 후진 시에는 반드시 뒤를 살필 것
② 전진에서 후진 변속 시에는 장비가 정지된 상태에서 행할 것
③ 주정차 시에는 반드시 주차 브레이크를 작동시킬 것
④ 이동 시 포크를 반드시 지상에서 최대한 높이 들고 이동할 것

**14** 작업안전 ▶ 화물 적재, 하역 및 운반 작업

지게차는 이동 시 포크를 지면으로부터 약 20~30cm 정도 높이로 유지하고 목적하는 장소로 이동한다.

**15** 지게차 운행 경로에 대한 설명으로 옳지 <u>않은</u> 것은?

① 운행 경로에 장애물 등을 그대로 두고 주행한다.
② 주행도로는 지정된 곳만 주행하여야 한다.
③ 지게차 하중과 화물의 하중을 견딜 수 있는 견고한 구조이어야 한다.
④ 지게차 1대가 다니는 통로는 지게차 최대 폭에 60cm 이상의 여유를 확보한다.

**15** 작업안전 ▶ 화물 적재, 하역 및 운반 작업

지게차 운행 시에는 작업안전을 위해 항상 장애물을 확인해야 하며, 운행 경로에 장애물 등을 방치하여서는 안 된다.

| 정답 | 11 ④　12 ③　13 ④
14 ④　15 ①

**16** 도로교통법상 모든 차의 운전자가 서행해야 하는 장소에 해당하지 <u>않는</u> 것은?

① 도로가 구부러진 부근
② 비탈길의 고갯마루 부근
③ 편도 2차로 이상의 다리 위
④ 가파른 비탈길의 내리막

**16** 도로주행 ▶ 도로교통법
편도 2차로 이상의 다리 위는 서행해야 하는 장소가 아니다.
①②④ 이외에도 서행해야 하는 장소에는 교통정리를 하고 있지 아니하는 교차로 및 시·도경찰청장이 도로에서의 위험을 방지하고 교통의 안전과 원활한 소통을 확보하기 위해 필요하다고 인정하여 안전표지로 지정한 곳 등이 있다.

**17** 다음 중 무면허 운전에 해당하는 것은?

① 1종 보통면허로 적재중량 12톤 화물자동차를 운전한 경우
② 1종 대형면허로 승용자동차를 운전한 경우
③ 2종 보통면허로 원동기장치자전거를 운전한 경우
④ 면허증을 휴대하지 않고 자동차를 운전한 경우

**17** 도로주행 ▶ 도로교통법
1종 보통면허로 운전할 수 있는 차종은 승용자동차, 적재중량 12톤 미만 화물자동차, 승차정원 15명 이하의 승합자동차 등이다.

**18** 최고 속도의 100분의 20을 감속하여 운행해야 하는 경우는?

① 노면이 얼어 붙은 때
② 폭우, 폭설, 안개 등으로 가시거리가 100m 이내인 때
③ 눈이 20mm 이상 쌓인 때
④ 비가 내려 노면이 젖어 있는 때

**18** 도로주행 ▶ 도로교통법
최고 속도의 100분의 20을 감속하여 운행해야 하는 경우는 비가 내려 노면이 젖어 있는 경우 및 눈이 20mm 미만 쌓인 경우 등이다.
①②③ 최고 속도의 100분의 50을 감속하여 운행해야 하는 경우이다.

**19** 출발지의 관할 경찰서장이 안전기준을 초과하여 운행할 수 있도록 허가하는 사항에 해당하지 <u>않는</u> 것은?

① 승차 인원
② 운행 속도
③ 적재중량
④ 적재용량

**19** 도로주행 ▶ 도로교통법
「도로교통법」 제39조(승차 또는 적재의 방법과 제한)에 근거하여 출발지를 관할하는 경찰서장의 허가를 받은 경우에는 승차 인원, 적재중량 및 적재용량을 초과하여 운행할 수 있다. 단, 운행 속도는 해당되지 않는다.

**20** 노면표지 중 진로 변경 제한선에 대한 설명으로 옳은 것은?

① 황색 점선은 진로 변경을 할 수 없다.
② 황색 실선은 진로 변경을 할 수 있다.
③ 백색 점선은 진로 변경을 할 수 없다.
④ 백색 실선은 진로 변경을 할 수 없다.

**20** 도로주행 ▶ 도로교통법
노면표지가 황색 실선 및 백색 실선인 경우에는 진로 변경을 할 수 없으며, 황색 점선 및 백색 점선인 경우에는 진로 변경을 할 수 있다.

| 정답 | 16 ③  17 ①  18 ④
19 ②  20 ④

**21** 건설기계관리법상 건설기계의 등록말소 사유에 해당하지 <u>않는</u> 것은?

① 건설기계의 구조를 변경한 경우
② 건설기계의 차대가 등록 시의 차대와 다른 경우
③ 건설기계를 교육 및 연구 목적으로 사용하는 경우
④ 건설기계를 수출하는 경우

**21** 도로주행 ▶ 건설기계관리법
건설기계의 구조를 변경한 경우는 구조 변경 검사를 받아야 하는 경우이다.
②③④ 소유자의 신청이나 시·도지사의 직권으로 등록을 말소할 수 있는 경우에 해당한다.

**22** 건설기계관리법상 건설기계정비업의 범위에 포함되는 것은?

① 엔진오일 보충
② 배터리 점검
③ 전구 교환
④ 브레이크류의 부품 교환

**22** 도로주행 ▶ 건설기계관리법
브레이크류의 부품 교환은 건설기계정비업자가 수행해야 하는 작업으로, 건설기계정비업에 포함된다.

**23** 건설기계관리법령상 특별표지판을 부착해야 하는 건설기계가 <u>아닌</u> 것은?

① 높이가 4m를 초과하는 건설기계
② 길이가 10m를 초과하는 건설기계
③ 최소 회전 반경이 12m를 초과하는 건설기계
④ 총중량이 40톤을 초과하는 건설기계

**23** 도로주행 ▶ 건설기계관리법
길이 16.7m를 초과하는 건설기계에 특별표지판을 부착해야 한다.
①③④ 이외에도 총중량 상태에서 축하중(축중)이 10톤을 초과하는 건설기계 등은 특별표지판을 부착해야 한다.

**24** 건설기계사업을 영위하고자 하는 자는 누구에게 등록해야 하는가?

① 시·도지사
② 시장·군수 또는 구청장(자치구청장)
③ 국토교통부장관
④ 건설기계 폐기업자

**24** 도로주행 ▶ 건설기계관리법
건설기계사업을 하려는 자는 대통령령으로 정하는 바에 따라 사업의 종류별로 시장·군수 또는 구청장(자치구청장)에게 등록해야 한다.

**25** 건설기계관리법상 건설기계가 위치한 장소에서 정기검사를 받을 수 있는 경우가 <u>아닌</u> 것은?

① 자체중량이 20톤인 경우
② 도서지역에 있는 경우
③ 너비가 3.5m인 경우
④ 최고 속도가 20km/h인 경우

**25** 도로주행 ▶ 건설기계관리법
자체중량이 40톤을 초과하거나 축중이 10톤을 초과하는 경우 해당 건설기계가 위치한 장소에서 검사(출장 검사)를 받을 수 있다.

| 정답 |  21 ①  22 ④  23 ②
          24 ②  25 ①

**26** 실린더와 피스톤 사이에 유막을 형성하여 압축 및 연소가스가 누설되지 않도록 기밀을 유지하는 작용에 해당하는 것은?

① 밀봉 작용                 ② 감마 작용
③ 냉각 작용                 ④ 방청 작용

26 장비구조 ▶ 엔진구조

윤활유의 기능 중 밀봉 작용(기밀 유지 작용)은 실린더와 피스톤 사이에 유막을 형성하여 압축 및 연소가스가 누설되지 않도록 기밀을 유지하는 작용이다.

**27** 기관에 사용되는 여과장치가 <u>아닌</u> 것은?

① 공기청정기              ② 오일 필터
③ 오일 스트레이너        ④ 인젝션 타이머

27 장비구조 ▶ 엔진구조

① 공기청정기는 실린더로 흡입되는 공기를 여과한다.
②③ 오일 스트레이너는 여과망이 설치되어 윤활장치에서 비교적 큰 이물질을 여과하고, 오일 필터는 여과기 엘리먼트를 통해 작은 이물질을 여과한다.

**28** 가압식 라디에이터의 장점으로 옳지 <u>않은</u> 것은?

① 방열기를 작게 할 수 있다.
② 냉각수의 비등점을 높일 수 있다.
③ 냉각수의 순환 속도가 빠르다.
④ 냉각장치의 효율을 높일 수 있다.

28 장비구조 ▶ 엔진구조

가압식 라디에이터는 압력식 캡의 스프링 장력을 이용하여 냉각계통의 압력을 $0.4 \sim 1.1 \text{kgf/cm}^2$로 유지하여 냉각수의 비등점을 112℃로 상승시켜 냉각 효율을 높일 수 있으며, 방열기를 작게 할 수 있다.

**29** 엔진오일이 연소실로 올라오는 주된 이유는?

① 피스톤 링 마모        ② 피스톤 핀 마모
③ 커넥팅로드 마모       ④ 크랭크축 마모

29 장비구조 ▶ 엔진구조

피스톤 링이 마모되면 피스톤 링의 3대 작용 중 오일 제어 작용이 불량해져 엔진오일이 연소실로 올라와 연소가 일어난다.

30 장비구조 ▶ 엔진구조

예열 플러그가 심하게 오염되는 이유는 불완전 연소 및 노킹으로 인해 발생한 카본이 예열 플러그에 축적되기 때문이다.

**30** 예열 플러그를 빼서 보았더니 심하게 오염되어 있었다면, 그 원인으로 옳은 것은?

① 불완전 연소 또는 노킹    ② 기관의 과열
③ 플러그의 용량 과다      ④ 냉각수 부족

| 정답 | **26** ①   **27** ④   **28** ③
       **29** ①   **30** ①

**31** 디젤엔진의 연소실에 연료가 공급되는 방법으로 옳은 것은?

① 분사노즐로 연료를 안개와 같이 분사한다.
② 기화기와 같은 기구를 사용하여 연료를 공급한다.
③ 가솔린 엔진과 동일한 연료공급펌프로 연료를 공급한다.
④ 액체 상태로 연료를 공급한다.

**32** 디젤기관의 연소 방법으로 옳은 것은?

① 전기점화　　　　　　　　② 자기착화
③ 마그넷점화　　　　　　　④ 전기착화

**33** 공회전 상태의 기관에서 크랭크축의 회전과 관계 없이 작동하는 기구는?

① 발전기　　　　　　　　　② 캠 샤프트
③ 플라이휠　　　　　　　　④ 스타트모터

**34** 엔진의 회전수를 나타낼 때 RPM이 의미하는 것은?

① 시간당 엔진 회전수　　　② 분당 엔진 회전수
③ 초당 엔진 회전수　　　　④ 10분간 엔진 회전수

**35** 납산 축전지(배터리)의 전해액을 보충하기 위해 사용되는 것은?

① 빗물　　　　　　　　　　② 수돗물
③ 소금물　　　　　　　　　④ 증류수

**31 장비구조 ▶ 엔진구조**
분사펌프에서 고압으로 압송된 연료는 분사노즐을 통해 안개처럼 (무화) 분사된다.

**32 장비구조 ▶ 엔진구조**
디젤기관은 순수한 공기만을 연소실 및 실린더 내로 흡입하여 고압으로 압축한 후, 450~600℃ 고열에 연료를 안개처럼(무화) 분사하여 뜨거워진 공기 표면에 착화시키는 자기착화(압축착화) 방식으로 연소한다.

**33 장비구조 ▶ 엔진구조**
스타트모터(시동 전동기)는 건설기계 기관을 시동하기 위한 장치로서, 전동기의 피니언 기어가 플라이휠 링 기어에 접속하여 기관 크랭크축을 회전시켜 기관을 시동하며, 시동 후 작동이 멈춘다.

**34 장비구조 ▶ 엔진구조**
RPM(Revolution Per Minute)은 분당 엔진 회전수를 의미한다.

**35 장비구조 ▶ 전기장치**
납산 축전지의 전해액이 부족한 경우에는 순수한 물인 증류수를 보충해야 한다.

| 정답 | 31 ①　32 ②　33 ④
34 ②　35 ④

**36** 교류(AC)발전기의 구성품이 <u>아닌</u> 것은?

① 스테이터 코일  ② 슬립링
③ 전류 조정기  ④ 실리콘 다이오드

**36** 장비구조 ▶ 전기장치

교류발전기에는 전류 조정기가 없고, 전압 조정기가 있다.

**37** 일반적인 축전지 터미널의 식별법으로 옳지 <u>않은</u> 것은?

① (+), (−)의 표시로 구분한다.
② 터미널의 요철로 구분한다.
③ 굵고 가는 것으로 구분한다.
④ 적색과 흑색 등 색으로 구분한다.

**37** 장비구조 ▶ 전기장치

축전지 터미널 식별법에서 (+)는 적색, 굵은 선, 문자 P(포지티브)로 구분하고, (−)는 흑색, 가는 선, 문자 N(네가티브)으로 구분한다.

**38** 납산 축전지의 전해액을 만드는 방법으로 옳은 것은?

① 황산에 물을 조금씩 부으면서 유리막대로 젓는다.
② 황산과 물을 1 : 1의 비율로 동시에 붓고 잘 젓는다.
③ 증류수에 황산을 조금씩 부으면서 잘 젓는다.
④ 축전지에 필요한 양의 황산을 직접 붓는다.

**38** 장비구조 ▶ 전기장치

납산 축전지 전해액을 만들기 위해서는 질그릇 또는 합성수지 등 비전도성 그릇에 증류수를 담고 황산을 조금씩 부으면서 유리 막대 등으로 잘 저어 비중이 1,260~1,280/20℃가 되도록 한다.

**39** 기관 시동 시 전류의 흐름으로 옳은 것은?

① 축전지 → 계자 코일 → 브러시 → 정류자 → 전기자 코일
② 축전지 → 계자 코일 → 정류자 → 브러시 → 전기자 코일
③ 축전지 → 전기자 코일 → 브러시 → 정류자 → 계자 코일
④ 축전지 → 전기자 코일 → 정류자 → 브러시 → 계자 코일

**39** 장비구조 ▶ 전기장치

기관 시동 시 전류의 흐름은 '축전지 → 계자 코일 → 브러시 → 정류자 → 전기자 코일 → 정류자 → 브러시 → 계자 코일 → 차체 접지' 순이다.

**40** 장비구조 ▶ 전기장치

전조등 회로는 복선식 및 병렬 접속하며, 전조등 스위치와 딤머 스위치로 구성되어 있다.

**40** 좌우측 전조등 회로의 연결 방법으로 옳은 것은?

① 직렬 연결  ② 단식 배선
③ 병렬 연결  ④ 직 · 병렬 연결

| 정답 |  **36** ③  **37** ②  **38** ③
**39** ①  **40** ③

**41** 드라이브 라인의 구성 중 각도 변화에 대응하기 위한 것은?

① 슬립 이음  ② 자재 이음
③ 추진축  ④ 종감속 기어

**42** 조향핸들이 무거운 원인에 해당하지 <u>않는</u> 것은?

① 타이어 공기압이 부족한 경우
② 조향기어 박스의 오일 양이 부족한 경우
③ 조향기어의 백래시가 작은 경우
④ 바퀴 정렬이 잘 되어 있는 경우

**43** 토크컨버터에서 엔진 크랭크축과 연결되어 유체 에너지를 발생시키는 것은?

① 펌프 임펠러  ② 터빈 러너
③ 스테이터  ④ 가이드링

**44** 자동변속기의 과열 원인이 <u>아닌</u> 것은?

① 메인 압력이 높다.
② 과부하 운전을 계속하였다.
③ 오일이 규정량보다 많다.
④ 변속기 오일 쿨러가 막혔다.

**45** 타이어식 건설기계의 액슬 허브에 오일을 교환하고자 한다. 오일을 배출시킬 때와 주입할 때의 플러그 위치로 옳은 것은?

① 배출시킬 때 1시 방향, 주입할 때 9시 방향
② 배출시킬 때 3시 방향, 주입할 때 9시 방향
③ 배출시킬 때 6시 방향, 주입할 때 9시 방향
④ 배출시킬 때 2시 방향, 주입할 때 12시 방향

**41 장비구조 ▶ 전·후진 주행장치**

자재 이음은 각도 변화에 대응하기 위한 이음이며, 추진축 앞뒤에 설치된다.
① 슬립 이음은 길이 변화에 대응하기 위한 이음이며, 변속기 출력축과 추진축에 스플라인으로 구성되어 있다.

**42 장비구조 ▶ 전·후진 주행장치**

바퀴 정렬이 잘 되어 있는 경우에는 조향핸들 조작이 가벼워진다.

**43 장비구조 ▶ 전·후진 주행장치**

펌프 임펠러는 크랭크축과 연결되어 항상 함께 회전하며 유체 에너지를 발생시키는 장치이다.

**44 장비구조 ▶ 전·후진 주행장치**

오일이 규정보다 적은 경우가 자동변속기의 과열 원인에 해당한다.
①②④ 이외에도 자동변속기가 과열되는 원인에는 변속기 오일의 점도가 높은 경우 등이 있다.

**45 장비구조 ▶ 전·후진 주행장치**

타이어식 건설기계의 액슬 허브(종감속 기어 및 차동기어장치)는 6시 방향으로 오일을 배출하고, 9시 방향으로 오일을 주입한다.

| 정답 |  41 ②  42 ④  43 ①
44 ③  45 ③

**46** 엔진과 직결되어 같은 회전수로 회전하는 토크컨버터의 구성품은?

① 터빈            ② 펌프

③ 스테이터       ④ 변속기 출력축

**46** 장비구조 ▶ 전·후진 주행장치

토크컨버터의 펌프(임펠러)는 케이스에 고정되어 있고 또한 이 케이스는 플라이휠에 기계적으로 고정되어 있어 엔진의 크랭크축과 항상 함께 회전한다.

**47** 릴리프 밸브에서 포핏 밸브를 밀어 올려 기름이 흐르기 시작할 때의 압력은?

① 설정 압력       ② 허용 압력

③ 크래킹 압력     ④ 전개 압력

**47** 장비구조 ▶ 유압장치

크래킹 압력이란 릴리프 밸브에서 포핏 밸브를 밀어 올려 기름이 흐르기 시작할 때의 압력을 말한다.
④ 전개 압력이란 밸브가 완전히 열려 오일이 자유롭게 흐를 때의 압력을 말한다.

**48** 체크 밸브가 내장되어 있는 밸브로서, 유압회로의 한 방향의 흐름에 대해서는 설정된 배압을 생기게 하고 다른 방향의 흐름은 자유롭게 흐르도록 한 밸브는?

① 셔틀 밸브       ② 언로드 밸브

③ 슬로우 리턴 밸브   ④ 카운터 밸런스 밸브

**48** 장비구조 ▶ 유압장치

카운터 밸런스 밸브는 배압 밸브 또는 푸트 밸브라고도 하며, 한쪽 방향 흐름에 배압을 발생시키기 위한 밸브이다. 실린더가 중력에 의해 자유로이 제어 속도 이상으로 낙하하는 것을 방지한다.

**49** 압력의 단위가 <u>아닌</u> 것은?

① bar           ② atm

③ Pa            ④ J

**49** 장비구조 ▶ 유압장치

①②③ 이외에도 압력의 단위에는 $kgf/cm^2$, psi, mmHg 등이 있다.

**50** 유압 건설기계의 고압 호스가 자주 파열되는 원인으로 옳은 것은?

① 유압펌프의 고속 회전

② 오일의 점도 저하

③ 릴리프 밸브의 설정 압력 불량

④ 유압모터의 고속 회전

**50** 장비구조 ▶ 유압장치

유압 라인 내에 최대 압력을 제어하는 릴리프 밸브의 설정 압력이 높으면 고압 호스가 자주 파열된다.

| 정답 |   46 ②   47 ③   48 ④
        49 ④   50 ③

**51** 방향 전환 밸브의 조작방식에서 솔레노이드 조작 기호는?

① ⊏⊐

② ⋯⊏⊐

③ ⊏⊐

④ ⊏⊐

**51** 장비구조 ▶ 유압장치

② 파일럿 조작방식, ③ 인력 조작 방식(레버 조작방식), ④ 기계 조작 방식을 나타내는 유압기호이다.

**52** 유압장치의 제어 밸브에 해당하지 않는 것은?

① 유량제어 밸브

② 속도제어 밸브

③ 압력제어 밸브

④ 방향제어 밸브

**52** 장비구조 ▶ 유압장치

유압장치에는 일의 크기를 제어하는 압력제어 밸브, 일의 방향을 제어하는 방향제어 밸브, 일의 속도를 제어하는 유량제어 밸브가 있다.

**53** 유압식 작업장치의 속도가 느릴 때의 원인으로 옳은 것은?

① 오일 쿨러의 막힘이 있다.

② 유압펌프의 토출 압력이 높다.

③ 유압 조정이 불량하다.

④ 유량 조정이 불량하다.

**53** 장비구조 ▶ 유압장치

유압장치의 속도는 유량으로 조정한다. 유량 조정이 불량하면 유압식 작업장치의 속도가 느려진다.

**54** 유압 실린더의 종류에 해당하지 않는 것은?

① 단동 실린더

② 다단 실린더

③ 복동 실린더

④ 레이디얼 실린더

**54** 장비구조 ▶ 유압장치

유압 실린더의 종류에는 단동 실린더, 다단 실린더(텔레스코픽 실린더), 복동 실린더가 있다.

**55** 유압유의 점도가 지나치게 높을 때 나타나는 현상으로 옳지 않은 것은?

① 오일 누설이 증가한다.

② 유동 저항이 커져 압력 손실이 증가한다.

③ 동력 손실이 증가하여 기계 효율이 감소한다.

④ 내부 마찰이 증가하고 압력이 상승한다.

**55** 장비구조 ▶ 유압장치

오일 누설이 증가하는 것은 유압유 점도가 낮을 때 나타나는 현상이다.

| 정답 |  51 ①  52 ②  53 ④
         54 ④  55 ①

**56** 지게차 마스트의 구성품이 <u>아닌</u> 것은?

① 이너레일        ② 아웃레일

③ 가이드 롤러      ④ 오버헤드가드

**56** 장비구조 ▶ 작업장치

지게차 마스트는 핑거보드 및 가이드 롤러, 그리고 백레스트가 가이드 롤러에 의해 상하로 섭동하는 레일인 이너레일과 아웃레일로 구성된다.

**57** 지게차를 작업 용도에 따라 분류할 때 원추형 화물을 조이거나 회전시켜 운반 또는 적재하는 데 적합한 것은?

① 힌지드 버킷      ② 힌지드 포크

③ 로테이팅 클램프   ④ 로드스태빌라이저

**57** 장비구조 ▶ 작업장치

① 소금, 모래 등 흘러내리기 쉬운 화물을 운반하는 용도로 적합하다.

② 원목 등 긴 원기둥 형태의 화물을 운반·적재하는 용도로 사용된다.

④ 고르지 못한 노면 등에서 깨지기 쉬운 화물의 낙하를 방지하기 위해 포크에 압력판을 부착한 것이다.

**58** 지게차 틸트 장치에 대한 설명으로 옳은 것은?

① 틸트 레버를 당기면 틸트 실린더 로드가 수축하고 마스트는 앞으로 기운다.

② 틸트 레버를 당기면 틸트 실린더 로드가 팽창하고 마스트는 앞으로 기운다.

③ 틸트 레버를 밀면 틸트 실린더 로드가 수축하고 마스트는 앞으로 기운다.

④ 틸트 레버를 밀면 틸트 실린더 로드가 팽창하고 마스트는 앞으로 기운다.

**58** 장비구조 ▶ 작업장치

틸트 레버를 밀면 틸트 실린더 로드가 팽창하고 마스트는 앞으로 기운다. 반면, 틸트 레버를 당기면 틸트 실린더 로드가 수축하고 마스트는 뒤로 기운다.

**59** 지게차의 구성품이 <u>아닌</u> 것은?

① 아웃트리거       ② 포크

③ 백레스트         ④ 핑거보드

**59** 장비구조 ▶ 작업장치

아웃트리거는 크레인 안전장치의 일종으로, 차량으로부터 빔을 수평으로 돌출시키고, 그 선단에 장착한 잭으로 지지하는 것을 말한다. 주로 기중기 및 고소 작업용 차량에 사용된다.

**60** 차량이 서쪽에서 동쪽으로 진행 중일 때, 그림에 대한 설명으로 옳지 <u>않은</u> 것은?

① 300m 전방에서 좌회전하면 '관평로'의 끝지점과 만날 수 있다.

② 300m 전방에서 우회전하면 '관평로'의 시작지점과 만날 수 있다.

③ 300m 전방에서 직진하면 '평촌역' 방향으로 갈 수 있다.

④ 300m 전방에서 좌회전하면 '시청' 방향으로 갈 수 있다.

**60** 도로주행 ▶ 도로명주소

300m 전방에서 직진하면 '만안구청역' 방향으로 갈 수 있다.

| 정답 | 56 ④   57 ③   58 ④   59 ①   60 ③

**01** 추락물의 위험이 있는 작업장에서 갖추어야 할 보호구는?

① 안전모
② 귀마개
③ 보안경
④ 안전장갑

**02** 보안경의 유지관리 방법으로 옳지 <u>않은</u> 것은?

① 렌즈는 매일 깨끗이 닦아야 한다.
② 흠집이 있는 보호구는 교환해야 한다.
③ 성능이 떨어진 헤드밴드는 교환해야 한다.
④ 교환렌즈는 안전상 뒷면으로 빠지도록 해야 한다.

**03** 소화(消火)하기 힘들 정도로 화재가 진행된 현장에서 제일 먼저 취하여야 할 조치사항으로 옳은 것은?

① 소화기 사용
② 화재 신고
③ 인명 구조
④ 경찰서에 신고

**04** 다음 중 안전보호구가 <u>아닌</u> 것은?

① 안전모
② 안전화
③ 안전가드레일
④ 안전장갑

**05** 해머 작업의 안전수칙과 거리가 <u>먼</u> 것은?

① 면장갑을 끼고 작업하지 않을 것
② 해머를 사용할 때 자루 부분을 확인할 것
③ 강한 타격력이 요구될 때에는 연결대를 끼워서 작업할 것
④ 공동으로 해머 작업 시 호흡을 맞출 것

**해설**

**01 작업안전 ▶ 안전관리**
안전모는 물체가 떨어지거나 날아올 위험 또는 근로자가 추락할 위험이 있는 작업을 할 때 착용한다.

**02 작업안전 ▶ 안전관리**
보안경의 교환렌즈는 안전상 앞면으로 빠지도록 해야 한다.

**03 작업안전 ▶ 안전관리**
화재가 진행된 현장에서는 인명 구조가 최우선이다.

**04 작업안전 ▶ 안전관리**
안전보호구는 인체 방호를 위한 보호 피복류나 용구를 말하는 것으로, 안전가드레일은 포함되지 않는다.

**05 작업안전 ▶ 안전관리**
강한 타격력이 요구될 때에는 크기가 큰 해머를 사용한다.

| 정답 | 01 ① 　02 ④ 　03 ③
　　　　 　04 ③ 　05 ③

**06** 안전모를 착용하는 이유로 옳은 것은?

① 물체의 낙하 또는 감전 등의 위험으로부터 머리를 보호한다.
② 유해 광선으로부터 눈을 보호한다.
③ 소음으로부터 귀를 보호한다.
④ 높은 곳에서의 낙하를 방지한다.

**07** 전장품을 안전하게 보호하는 퓨즈의 사용법으로 옳지 <u>않은</u> 것은?

① 퓨즈가 없으면 임시로 철사를 감아서 사용한다.
② 회로에 맞는 전류 용량의 퓨즈를 사용한다.
③ 오래되어 산화된 퓨즈는 미리 교환한다.
④ 과열되어 끊어진 퓨즈는 과열된 원인을 먼저 수리한다.

**08** 다음 안전표지가 나타내는 것은?

① 독극물경고      ② 폭발물경고
③ 낙하물경고      ④ 고압전기경고

**09** 리프트 체인의 점검 요소에 해당하지 <u>않는</u> 것은?

① 균열(크랙)      ② 마모
③ 힌지 균열      ④ 부식

**10** 엔진오일을 점검하는 방법으로 옳지 <u>않은</u> 것은?

① 유면표시기를 사용한다.
② 끈적끈적하지 않아야 한다.
③ 오일의 색과 점도를 확인한다.
④ 오일이 검은색이면 교환 시기가 경과한 것이다.

**06 작업안전 ▶ 안전관리**

안전모는 물체의 낙하 또는 감전 등의 위험으로부터 머리를 보호하기 위해 착용한다.
② 보안경, ③ 귀마개, ④ 안전대를 착용하는 이유에 해당한다.

**07 작업안전 ▶ 안전관리**

퓨즈 대용으로 철사를 사용하면 과전류로 인해 배선 및 전장품이 파손될 수 있다.

**08 작업안전 ▶ 안전관리**

경고표지의 일종으로, 고압전기경고를 나타낸다.

**09 작업안전 ▶ 작업 전·후 점검**

리프트 체인의 점검 요소에는 균열(크랙), 마모, 부식, 장력 점검 등이 있다.

**10 작업안전 ▶ 작업 전·후 점검**

엔진오일은 적당히 점도가 있어야 한다.

| 정답 | 06 ①   07 ①   08 ④
         09 ③   10 ②

**11** 엔진 시동 전에 해야 할 가장 중요한 일반적인 점검사항은?

① 실린더의 오염도 점검
② 충전 상태 점검
③ 유압계의 지침 점검
④ 엔진 오일량과 냉각수량 점검

**12** 기관이 작동되는 상태에서 점검 가능한 사항이 <u>아닌</u> 것은?

① 냉각수의 온도
② 충전 상태
③ 엔진 오일량
④ 기관 오일의 압력

**13** 지게차에 물건을 실을 경우 물건의 무게중심은 어디에 두는 것이 안전한가?

① 상부
② 하부
③ 우측
④ 좌측

**14** 지게차 주행 시 안전에 대한 설명으로 옳지 <u>않은</u> 것은?

① 지게차 주행 속도는 10km/h를 초과할 수 없다.
② 후진 시에는 경광등과 후진경고음 경적 등을 사용한다.
③ 선회 시에는 감속하고, 수송물의 안전에 유의한다.
④ 화물이 불안정할 경우 사람이 탑승하여 잡아준다.

**15** 지게차 야간 작업 시 주의사항으로 옳지 <u>않은</u> 것은?

① 작업장에는 충분한 조명 시설을 한다.
② 작업장에 조명 시설이 충분하다면 전조등을 끄고 작업해도 된다.
③ 야간에는 원근감이나 지면의 고저가 불명확하므로 안전 속도로 작업한다.
④ 주변 작업원이나 장애물에 주의해야 한다.

**11 작업안전 ▶ 작업 전·후 점검**
엔진 시동 전 가장 중요한 일상점검사항은 엔진 오일량과 냉각수량 점검이다.

**12 작업안전 ▶ 작업 전·후 점검**
엔진 오일량은 기관을 정지하고 약 5분 정도 지난 후 딥스틱(오일 레벨 게이지)을 이용하여 점검한다.

**13 작업안전 ▶ 화물 적재, 하역 및 운반 작업**
지게차에 물건을 실을 경우 물건의 무게중심은 하부에 두는 것이 안전하다.

**14 작업안전 ▶ 화물 적재, 하역 및 운반 작업**
화물이 불안정할 경우 슬링와이어 또는 로프 등으로 지게차와 결착시킨다. 지게차에는 작업자 1인 외에 다른 사람은 탑승하지 않는다.

**15 작업안전 ▶ 화물 적재, 하역 및 운반 작업**
지게차 야간 작업 시에는 작업안전을 위해 작업장에 조명 시설이 충분하더라도 전조등을 켜고 작업해야 한다.

| 정답 | 11 ④  12 ③  13 ②
14 ④  15 ②

**16** 도로교통법상 도로에 해당하지 <u>않는</u> 것은?

① 해상도로법에 의한 항로
② 차마의 통행을 위한 도로
③ 유료도로법에 의한 유료도로
④ 도로법에 의한 도로

**17** 차마가 도로 이외의 장소에 출입하기 위하여 보도를 횡단하려고 할 때 통행 방법으로 옳은 것은?

① 보행자 유무에 구애받지 않는다.
② 보행자가 없으면 서행한다.
③ 보행자가 있어도 차마가 우선 출입한다.
④ 보도 직전에서 일시정지하여 보행자의 통행을 방해하지 않아야 한다.

**18** 보호자 없이 아동이나 유아가 자동차의 진행 전방에서 놀고 있을 때, 사고 방지를 위해 지켜야 할 안전한 통행 방법은?

① 일시정지한다.
② 안전을 확인하면서 빠른 속도로 통과한다.
③ 비상등을 켜고 서행한다.
④ 경음기를 울리면서 서행한다.

**19** 주행 중 앞지르기 금지 장소가 <u>아닌</u> 것은?

① 교차로                    ② 터널 안
③ 버스정류장 부근            ④ 다리 위

**20** 교통 정리가 행해지고 있지 않은 교차로에서 차량이 동시에 교차로에 진입한 때의 우선순위로 옳은 것은?

① 소형 차량이 우선한다.
② 우측도로의 차가 우선한다.
③ 좌측도로의 차가 우선한다.
④ 중량이 큰 차량이 우선한다.

**16 도로주행 ▶ 도로교통법**
②③④ 이외에도 「농어촌도로 정비법」에 따른 농어촌도로, 현실적으로 불특정 다수의 사람 또는 차마(車馬)가 통행할 수 있도록 공개된 장소로서 안전하고 원활한 교통을 확보할 필요가 있는 장소 등이 「도로교통법」상 도로에 해당한다.

**17 도로주행 ▶ 도로교통법**
차마가 보도를 횡단하려고 할 때에는 보도 직전에서 일시정지하여 보도를 횡단하는 보행자의 통행을 방해하지 않으며 통행해야 한다.

**18 도로주행 ▶ 도로교통법**
보호자 없이 아동이나 유아가 자동차의 진행 전방에서 놀고 있을 때에는 일시정지하고 아동이나 유아의 안전을 위한 필요한 조치를 취한 뒤 통행해야 한다.

**19 도로주행 ▶ 도로교통법**
앞지르기 금지 장소로는 교차로, 터널 안, 다리 위, 도로의 구부러진 곳, 비탈길의 고갯마루 부근, 가파른 비탈길의 내리막 등이 있다.

**20 도로주행 ▶ 도로교통법**
교통 정리가 행해지고 있지 않은 교차로에서 차량의 우선순위는 우측도로의 차, 이미 교차로에 들어가 있는 다른 차, 폭이 넓은 도로로부터 교차로에 들어가려는 차 등이다.

| 정답 |  16 ①   17 ④   18 ①
            19 ③   20 ②

제4회 기출복원문제 **207**

세4회

**21** 건설기계의 정기검사 유효기간이 1년이 되는 것은 건설기계의 운행기간이 신규 등록일로부터 몇 년 이상 경과되었을 때인가?

① 5년        ② 10년

③ 15년       ④ 20년

**22** 건설기계 조종 중 과실로 5천만 원의 재산피해를 입힌 때의 처분 기준은?

① 면허효력정지 50일      ② 면허효력정지 90일

③ 면허효력정지 100일     ④ 면허취소

**23** 건설기계관리법령상 건설기계를 도로에 계속하여 방치하거나 정당한 사유 없이 타인의 토지에 방치한 자에 대한 벌칙은?

① 100만 원 이하의 벌금

② 200만 원 이하의 벌금

③ 1년 이하의 징역 또는 1천만 원 이하의 벌금

④ 2년 이하의 징역 또는 1천만 원 이하의 벌금

**24** 건설기계의 등록 전 임시운행 사유에 해당하지 <u>않는</u> 것은?

① 장비 구입 전 이상 유무 확인을 위해 1일간 예비 운행을 하는 경우

② 등록 신청을 하기 위하여 건설기계를 등록지로 운행하는 경우

③ 수출을 하기 위하여 건설기계를 선적지로 운행하는 경우

④ 신개발 건설기계를 시험·연구의 목적으로 운행하는 경우

**25** 건설기계등록 신청 시 첨부하지 않아도 되는 서류는?

① 호적 등본

② 건설기계의 소유자임을 증명하는 서류

③ 건설기계제작증

④ 건설기계제원표

---

**21 도로주행 ▶ 건설기계관리법**

건설기계의 운행기간이 신규등록일로부터 20년 이상 경과된 경우 정기검사 유효기간은 1년이 된다.

**22 도로주행 ▶ 건설기계관리법**

재산피해 금액 50만 원마다 면허효력정지 1일이며, 그 기간은 90일을 넘지 못한다. 따라서 5천만 원÷50만 원=100일이지만, 면허효력정지 기간은 90일을 넘지 못하므로 면허효력정지 90일에 처한다.

**23 도로주행 ▶ 건설기계관리법**

건설기계를 도로에 계속하여 방치하거나 정당한 사유 없이 타인의 토지에 방치한 자에 대한 벌칙은 건설기계 무면허 운전에 대한 벌칙과 동일하게 1년 이하의 징역 또는 1천만 원 이하의 벌금에 처한다.

**24 도로주행 ▶ 건설기계관리법**

②③④ 이외에도 판매 또는 전시를 위해 건설기계를 일시적으로 운행하는 경우, 신규등록검사 및 확인검사를 받기 위해 건설기계를 검사장소로 운행하는 경우 등이 임시운행 사유에 해당한다.

**25 도로주행 ▶ 건설기계관리법**

②③④ 이외에도 덤프트럭이나 타이어식 굴착기 등의 경우에는 건설기계등록 신청 시「자동차손해배상 보장법」에 따른 보험 또는 공제의 가입을 증명하는 서류를 첨부해야 한다.

| 정답 | **21** ④   **22** ②   **23** ③   **24** ①   **25** ①

**26** 라디에이터(Radiator)에 대한 설명으로 옳지 <u>않은</u> 것은?

① 라디에이터의 재료 대부분에는 알루미늄 합금이 사용된다.
② 단위 면적당 방열량이 커야 한다.
③ 냉각 효율을 높이기 위해 방열핀이 설치된다.
④ 공기 흐름 저항이 커야 냉각 효율이 높다.

**26** 장비구조 ▶ 엔진구조
라디에이터는 방열을 위해 공기의 흐름 저항이 작아야 한다.

**27** 부동액에 대한 설명으로 옳은 것은?

① 에틸렌 글리콜과 글리세린은 쓴맛이 있다.
② 부동액은 계절에 따라 냉각수와 혼합 비율을 다르게 한다.
③ 온도가 낮아지면 화학적 변화를 일으킨다.
④ 부동액은 냉각계통에 부식을 일으키는 특징이 있다.

**27** 장비구조 ▶ 엔진구조
부동액은 여름에는 '냉각수 : 부동액 =7 : 3', 겨울에는 '냉각수 : 부동액 =5 : 5'로, 계절에 따라 냉각수와 혼합 비율을 다르게 하여 사용한다.

**28** 프라이밍펌프를 이용하여 디젤기관 연료장치 내에 있는 공기를 배출하기 <u>어려운</u> 것은?

① 공급펌프                  ② 연료필터
③ 분사펌프                  ④ 분사노즐

**28** 장비구조 ▶ 엔진구조
분사노즐은 고압라인으로 공기를 크래킹(엔진이 기동 전동기에 의해 회전하는 상태)시키며 배출해야 하므로 배출이 어렵다.

**29** 디젤기관 인젝션펌프에서 딜리버리 밸브의 기능으로 옳지 <u>않은</u> 것은?

① 역류 방지                  ② 후적 방지
③ 잔압 유지                  ④ 유량 조정

**29** 장비구조 ▶ 엔진구조
디젤기관 인젝션펌프에서 딜리버리 밸브는 연료를 한쪽으로 흐르게 하는 체크 밸브의 일종이며, 연료의 역류 방지, 후적 방지, 잔압 유지의 기능이 있다.

**30** 기관에서 공기청정기의 설치 목적으로 옳은 것은?

① 연료의 여과와 가압 작용
② 공기의 가압 작용
③ 공기의 여과와 소음 방지
④ 연료의 여과와 소음 방지

**30** 장비구조 ▶ 엔진구조
기관에서 공기청정기를 설치하는 이유는 공기의 여과와 소음 방지를 위해서이다.

| 정답 |   26 ④   27 ②   28 ④
　　　　29 ④   30 ③

**31** 엔진오일의 점도지수가 낮은 경우 온도 변화에 따른 점도 변화는?

① 온도에 따른 점도 변화가 작다.
② 온도에 따른 점도 변화가 크다.
③ 점도가 수시로 변화한다.
④ 온도와 점도는 무관하다.

**32** 과급기를 부착하였을 때의 장점으로 옳지 <u>않은</u> 것은?

① 고지대에서도 출력의 감소가 적다.
② 회전력이 증가한다.
③ 기관 출력이 향상된다.
④ 압축 온도의 상승으로 착화 지연 시간이 길어진다.

**33** 기관에서 열효율이 높은 것의 의미는?

① 일정한 연료 소비로 큰 출력을 얻는 것이다.
② 연료가 완전 연소하지 않는 것이다.
③ 기관의 온도가 표준보다 높은 것이다.
④ 부조가 없고 진동이 적은 것이다.

**34** 디젤엔진에서 오일을 가압하여 윤활부에 공급하는 역할을 하는 것은?

① 냉각수펌프                    ② 진공펌프
③ 공기압축펌프                  ④ 오일펌프

**35** 6기통 디젤기관에 병렬로 연결된 예열 플러그가 있다. 이 중 3번 기통의 예열 플러그가 단선되면 어떤 현상이 발생하는가?

① 예열 플러그 전체가 작동이 안 된다.
② 3번 예열 플러그만 작동이 안 된다.
③ 2번과 4번의 예열 플러그가 작동이 안 된다.
④ 축전지 용량의 배가 방전된다.

---

**31 장비구조 ▶ 엔진구조**

점도지수란 온도 변화에 따른 점도의 변화를 나타내는 것이다. 점도지수가 높으면 온도에 따른 점도의 변화가 작고, 점도지수가 낮으면 온도에 따른 점도의 변화가 크다.

**32 장비구조 ▶ 엔진구조**

과급기를 부착하면 압축 온도의 상승으로 착화 지연 시간이 짧아진다.

**33 장비구조 ▶ 엔진구조**

열효율이란 열기관이 하는 유효한 일과 공급한 열량 또는 연료의 발열량과의 비를 말한다. 열효율이 높다는 것은 일정한 연료 소비로 큰 출력을 얻을 수 있음을 의미한다.

**34 장비구조 ▶ 엔진구조**

기관의 오일펌프는 크랭크축에 의해 회전하며 오일을 가압하여 각 윤활부에 오일을 공급하는 역할을 한다.

**35 장비구조 ▶ 전기장치**

디젤기관의 예열 플러그를 병렬로 연결하면 어느 한 실린더의 예열 플러그가 단선되더라도 단선된 해당 실린더의 예열 플러그만 작동되지 않고, 나머지 실린더의 예열 플러그는 작동된다.

| 정답 |  31 ②   32 ④   33 ①
　　　　 34 ④   35 ②

**36** 이동하지 않고 물질에 정지하고 있는 전기를 가리키는 말은?

① 동전기  ② 정전기
③ 직류전기  ④ 교류전기

**36 장비구조 ▶ 전기장치**

정전기란 전하가 정지 상태에 있어 흐르지 않고 머물러 있는 전기를 말한다.

**37** 기동 전동기의 전기자 코일을 시험하는 데 사용되는 시험기는?

① 전류계 시험기  ② 전압계 시험기
③ 그로울러 시험기  ④ 저항 시험기

**37 장비구조 ▶ 전기장치**

기동 전동기의 전기자 코일을 시험하는 데 사용되는 시험기는 그로울러 시험기로, 기동 전동기 전기자 코일의 단선·단락·접지 여부를 시험할 수 있다.

**38** 축전지의 용량을 결정짓는 인자가 <u>아닌</u> 것은?

① 셀당 극판의 수  ② 극판의 크기
③ 단자의 크기  ④ 전해액의 양

**38 장비구조 ▶ 전기장치**

축전지 용량이란 완전 충전된 축전지를 일정한 전류로 연속적으로 방전하였을 때 방전 종지 전압까지 사용할 수 있는 전기량을 뜻한다. 축전지 용량을 결정짓는 인자는 극판의 크기, 셀당 극판의 수, 전해액의 양이다.

**39** 디젤기관의 전기장치에 <u>없는</u> 것은?

① 스파크 플러그  ② 글로 플러그
③ 축전지  ④ 솔레노이드 스위치

**39 장비구조 ▶ 전기장치**

스파크 플러그는 가솔린기관의 점화장치이다. 디젤기관은 압축 착화 방식이기 때문에 스파크 플러그가 필요 없다.

**40** 건설기계용 납산 축전지에 대한 설명으로 옳지 <u>않은</u> 것은?

① 화학 에너지를 전기에너지로 변환한다.
② 완전 방전 시에만 재충전한다.
③ 전압은 셀의 수에 의해 결정된다.
④ 전해액 면이 낮아지면 증류수를 보충해야 한다.

**40 장비구조 ▶ 전기장치**

축전지는 완전 방전 상태로 오랫동안 방치하면 극판이 영구 황산납이 되어 사용하지 못하게 되므로 25% 정도 방전되었을 때 충전한다.

| 정답 | **36** ② **37** ③ **38** ③
**39** ① **40** ②

**41** 브레이크 파이프 내에 베이퍼록이 생기는 원인과 관련이 <u>없는</u> 것은?

① 드럼의 과열
② 지나친 브레이크 조작
③ 잔압의 저하
④ 라이닝과 드럼의 간극 과대

**42** 수동변속기가 장착된 건설기계장비에서 주행 중 기어가 빠지는 원인이 <u>아닌</u> 것은?

① 기어가 덜 물렸을 때
② 기어의 마모가 심할 때
③ 클러치의 마모가 심할 때
④ 변속기의 록 장치가 불량할 때

**43** 운전 중 클러치가 미끄러질 때의 영향이 <u>아닌</u> 것은?

① 속도 감소
② 견인력 감소
③ 연료 소비량 증가
④ 엔진의 과냉

**44** 파워 스티어링에서 핸들이 매우 무거워 조작하기 힘든 상태일 때의 원인으로 옳은 것은?

① 바퀴가 습지에 있다.
② 조향펌프에 오일이 부족하다.
③ 볼 조인트를 교환할 시기가 되었다.
④ 핸들의 유격이 크다.

**45** 자동변속기가 장착된 건설기계의 모든 변속단에서 출력이 떨어질 경우 점검해야 할 항목과 거리가 <u>먼</u> 것은?

① 오일의 부족
② 토크컨버터 고장
③ 엔진 고장으로 인한 출력 부족
④ 추진축 휨

**41 장비구조 ▶ 전·후진 주행장치**

베이퍼록은 과도한 풋 브레이크 사용으로 인한 열로 브레이크액이 비등하여 발생하는 기포로 인해 브레이크가 제대로 작동하지 않는 현상을 말한다. 라이닝과 드럼의 간극이 과대하면 마찰력이 전달되지 않아 브레이크 작동이 되지 않는다.

**42 장비구조 ▶ 전·후진 주행장치**

클러치의 마모가 심하면 동력이 잘 전달되지 않는다.

**43 장비구조 ▶ 전·후진 주행장치**

클러치판(디스크)의 과도한 마모로 클러치가 미끄러지면 동력전달 효율이 떨어져 연료 소비량이 증가하고 견인력이 감소하며 속도가 저하되는 등의 현상이 발생한다.

**44 장비구조 ▶ 전·후진 주행장치**

파워 스티어링에서 핸들이 매우 무거워 조작하기 힘든 상태일 때의 원인으로는 조향펌프의 오일 부족, 펌프의 작동 불량, 유압라인 누유 등이 있다.

**45 장비구조 ▶ 전·후진 주행장치**

추진축은 변속기 이후에 종감속 기어까지 동력을 전달하는 장치로, 모든 변속단에서 출력이 떨어질 경우 점검해야 할 사항과 거리가 멀다.

| 정답 | 41 ④  42 ③  43 ④
44 ②  45 ④

**46** 기계식 변속기가 부착된 건설기계의 작업장 이동을 위한 주행 방법으로 옳지 <u>않은</u> 것은?

① 주차 브레이크를 해제한다.
② 브레이크를 서서히 밟고 변속 레버를 4단에 넣는다.
③ 클러치 페달을 밟고 변속 레버를 1단에 넣는다.
④ 클러치 페달에서 발을 천천히 떼면서 가속 페달을 밟는다.

**46 장비구조 ▶ 전·후진 주행장치**
기계식 변속기가 부착된 건설기계의 출발 방법은 클러치 페달을 밟고 변속 레버를 저단(1단)에 넣은 다음 클러치 페달에서 발을 천천히 떼면서 가속 페달을 밟는 것이다.

**47** 건설기계에서 유압 작동기(액추에이터)의 방향 전환 밸브로서, 원통형 슬리브 면에 내접하여 축 방향으로 이동하여 유로를 개폐하는 형식의 밸브는?

① 스풀 형식
② 포핏 형식
③ 베인 형식
④ 카운터 밸런스 형식

**47 장비구조 ▶ 유압장치**
스풀 형식은 원통형 슬리브 면에 내접하여 축 방향으로 이동하여 유로를 개폐하는 형식의 밸브이다.

**48** 유압작동유의 오염은 유압기기를 손상시킬 수 있기 때문에 기기 속에 혼입되는 불순물을 제거하기 위해 사용되는 것은?

① 스트레이너
② 패킹
③ 배수기
④ 릴리프 밸브

**48 장비구조 ▶ 유압장치**
유압장치에 혼입된 불순물을 제거하는 장치에는 흡입필터(스트레이너), 리턴필터, 라인필터 등이 있다.
② 패킹은 기기의 오일 누출 방지를 위해 사용된다.
④ 릴리프 밸브는 압력제어 밸브로서, 회로의 압력을 일정하게 하거나 최고 압력을 제한하여 장치를 보호하는 밸브이다.

**49** 유압장치의 기본 구성 요소가 <u>아닌</u> 것은?

① 유압펌프
② 유압 실린더
③ 유압제어 밸브
④ 종감속 기어

**49 장비구조 ▶ 유압장치**
종감속 기어는 동력전달장치에서 최종적으로 구동력을 증가시켜 주는 장치이다.

**50** 유압작동유의 점도가 높을 때 발생하는 현상으로 옳지 <u>않은</u> 것은?

① 동력 손실이 커진다.
② 열 발생의 원인이 될 수 있다.
③ 유압이 낮아진다.
④ 유동저항이 커진다.

**50 장비구조 ▶ 유압장치**
유압작동유의 점도가 높을 경우 작동유의 압력은 높아진다.

| 정답 | 46 ② 47 ① 48 ①
49 ④ 50 ③

**51** 유압장치에서 피스톤펌프의 특징이 <u>아닌</u> 것은?

① 효율이 기어펌프보다 나쁘다.
② 구조가 복잡하고 가변용량 제어가 가능하다.
③ 가격이 고가이며 용량이 크다.
④ 고압, 초고압에 사용된다.

**52** 유압장치에서 캐비테이션(공동 현상)이 미치는 영향으로 옳지 <u>않은</u> 것은?

① 소음과 진동이 발생한다.
② 펌프의 손상을 촉진한다.
③ 동력전달 효율이 증가한다.
④ 펌프 효율이 저하된다.

**53** 유압유의 구비조건이 <u>아닌</u> 것은?

① 부피가 클 것
② 내열성이 클 것
③ 화학적 안정성이 클 것
④ 적정한 유동성과 점성을 가지고 있을 것

**54** 유압유의 점검사항과 관련이 <u>없는</u> 것은?

① 점도                    ② 마멸성
③ 소포성                  ④ 윤활성

**55** 유압장치에서 오일 쿨러(Cooler)의 구비조건으로 옳지 <u>않은</u> 것은?

① 촉매 작용이 없을 것
② 오일 흐름에 저항이 클 것
③ 온도 조절이 잘 될 것
④ 정비 및 청소하기 편리할 것

**56** 리프트 체인의 일상점검사항으로 옳지 <u>않은</u> 것은?

① 좌우 리프트 체인의 유격
② 리프트 체인 연결부의 균열
③ 리프트 체인의 급유 상태
④ 리프트 체인의 강도

**56 장비구조 ▶ 작업장치**
리프트 체인의 일상점검사항에는 체인의 유격, 균열, 부식, 급유 상태 점검 등이 있다. 리프트 체인의 강도는 일상점검사항이 아니다.

**57** 지게차 작업 시 화물이 마스트 또는 조종석 쪽으로 쏟아지는 것을 방지하기 위한 안전장치는?

① 백레스트
② 오버헤드가드
③ 핑거보드
④ 리프트

**57 장비구조 ▶ 작업장치**
백레스트는 포크의 화물 뒤쪽을 받쳐 주어 화물의 낙하를 방지하는 안전장치이다.

**58** 지게차의 자유인상 높이에 대한 설명으로 옳은 것은?

① 지게차가 화물을 들고 낮은 공장 문을 출입할 수 있는지에 대한 척도이다.
② 화물을 높이 들 때 전도를 방지하는 척도이다.
③ 화물을 자체중량보다 더 많이 실을 때 필요한 척도이다.
④ 화물을 어느 정도의 높이까지 적재할 수 있는지에 대한 척도이다.

**58 장비구조 ▶ 작업장치**
지게차의 자유인상 높이란 포크를 들어 올릴 때 내측 마스트가 돌출되는 시점에 있어 지면으로부터 포크 윗면까지의 높이로, 지게차가 화물을 들고 낮은 공장 문의 출입이 가능한지에 대한 척도가 된다.

**59** 지게차에서 리프트 실린더의 주된 역할은?

① 마스트를 틸트시킨다.
② 마스트를 이동시킨다.
③ 포크를 상승, 하강시킨다.
④ 포크를 앞뒤로 기울게 한다.

**59 장비구조 ▶ 작업장치**
지게차 리프트 실린더는 포크를 상승·하강시키는 역할을 하는데, 레버를 당기면 포크가 상승하고, 밀면 포크가 하강한다.

**60** 다음 중 관공서용 건물번호판에 해당하는 것은?

① 중앙로 **35** Jungang-ro
② 세종대로 Sejong-daero **209**
③
④

**60 도로주행 ▶ 도로명주소**
①② 일반건물용 건물번호판이다.
③ 문화재·관광지용 건물번호판이다.

| 정답 | 56 ④  57 ①  58 ①
         59 ③  60 ④

| 합격개수 | 맞힌개수 |
|---|---|
| 36개 | |

**01** 보안경을 착용하는 이유에 해당하지 <u>않는</u> 것은?

① 유해 약물의 침입을 막기 위하여
② 떨어지는 중량물을 피하기 위하여
③ 비산되는 칩에 의한 부상을 막기 위하여
④ 유해 광선으로부터 눈을 보호하기 위하여

**02** 현장에서 작업자가 작업안전상 꼭 알아 두어야 할 사항은?

① 장비의 가격
② 종업원의 작업 환경
③ 종업원의 기술 정도
④ 안전규칙 및 안전수칙

**03** 수공구 사용 시 주의사항이 <u>아닌</u> 것은?

① 작업에 알맞은 공구를 선택하여 사용한다.
② 공구는 사용 전에 기름 등을 닦은 후 사용한다.
③ 공구를 취급할 때에는 올바른 방법으로 사용한다.
④ 개인이 만든 공구는 일반적인 작업에 사용한다.

**04** 작업장 안전사항으로 옳지 <u>않은</u> 것은?

① 기름 묻은 걸레는 한쪽에 쌓아 둔다.
② 작업 후 사용했던 공구는 정리정돈한다.
③ 작업장 내 안전수칙을 부착하여 사고를 예방한다.
④ 무거운 구조물은 인력으로 무리하게 이동하지 않는다.

**05** 드라이버 사용 시 주의할 점으로 옳지 <u>않은</u> 것은?

① 규격에 맞는 드라이버를 사용한다.
② 드라이버를 지렛대 대신으로 사용하지 않는다.
③ 드라이버를 정 대신으로 사용하지 않는다.
④ 잘 풀리지 않는 나사는 플라이어를 이용하여 강제로 뺀다.

---

**해설**

**01 작업안전 ▶ 안전관리**
물체의 낙하 위험이 있는 작업 시에는 안전모, 안전화 등의 안전보호구를 착용해야 한다.
①③④ 보안경은 물체가 흩날릴 위험이 있거나, 분진 발생이 많은 작업 및 유해 광선으로부터 눈을 보호할 목적으로 착용한다.

**02 작업안전 ▶ 안전관리**
현장에서 작업자가 작업안전을 위해 사전에 반드시 알아 두어야 할 사항은 안전규칙 및 안전수칙이다. 안전수칙이란 위험이 생기거나 사고가 나지 않게 행동이나 절차에서 지켜야 할 사항을 정한 규칙이다.

**03 작업안전 ▶ 안전관리**
공학적 설계 값에 의하지 아니하고 개인이 만든 공구는 파손될 위험이 높으므로 사용하지 않는다.

**04 작업안전 ▶ 안전관리**
작업장에서 기름이 묻은 걸레는 철제상자에 보관 후 폐기처분한다.

**05 작업안전 ▶ 안전관리**
잘 풀리지 않는 나사는 윤활 방청제 등을 도포하여 작업한다.

| 정답 | 01 ② | 02 ④ | 03 ④ |
| | | 04 ① | 05 ④ |

**06** 노동 과정에서 작업 환경 또는 작업 행동 등 업무상의 사유로 발생하는 노동자의 신체적·정신적 피해를 가리키는 말은?

① 안전사고        ② 산업재해

③ 교통사고        ④ 안전제일

**06 작업안전 ▶ 안전관리**

산업재해란 노동 과정에서 작업 환경 또는 작업 행동 등 업무상의 사유로 발생하는 노동자의 신체적·정신적 피해를 말한다.

**07** 선풍기 날개로 인한 재해를 방지하기 위한 조치로 옳은 것은?

① 망 또는 울 설치

② 역회전 방지장치 부착

③ 과부하 방지장치 부착

④ 반발 방지장치 설치

**07 작업안전 ▶ 안전관리**

선풍기 사용 시에는 선풍기 날개와의 접촉으로 인한 사고를 방지하기 위해 망 또는 울을 설치한다.

**08** 다음 안전표지판이 나타내는 것은?

① 녹십자표지        ② 응급구호표지

③ 비상구표지        ④ 인화성물질경고표지

**08 작업안전 ▶ 안전관리**

안내표지의 일종인 녹십자표지로, 안전 의식을 북돋우기 위해 필요한 장소에 사용한다.

**09** 장비 가동 시에 충전 계기의 확인 점검은 언제 하는가?

① 기관 가동 중

② 주간 및 월간 점검 시

③ 현장관리자 입회 시

④ 램프에 경고등이 착등되었을 때

**09 작업안전 ▶ 작업 전·후 점검**

충전 계기의 확인 점검은 발전기가 회전할 때 해야 하므로 기관 가동 중에 점검한다.

**10** 건설기계의 운전 전 점검사항으로 옳지 <u>않은</u> 것은?

① 라디에이터의 냉각수량 확인 및 부족 시 보충

② 엔진 오일량 확인 및 부족 시 보충

③ 팬벨트 상태 확인 및 장력 부족 시 조정

④ 배출가스의 상태 확인 및 조정

**10 작업안전 ▶ 작업 전·후 점검**

배출가스의 상태 확인 및 조정은 기관 시동 중에 해야 한다.

| 정답 |   06 ②    07 ①    08 ①

         09 ①    10 ④

**11** 다음 중 팬벨트와 연결되지 <u>않는</u> 것은?

① 발전기 풀리  ② 기관 오일펌프 풀리
③ 워터펌프 풀리  ④ 크랭크축 풀리

11 작업안전 ▶ 작업 전·후 점검
기관 오일펌프는 크랭크축에 의해 직접 구동되는 것으로, 팬벨트에 연결되지 않는다.

**12** 건식 공기청정기의 효율 저하를 방지하는 방법으로 옳은 것은?

① 기름으로 닦는다.
② 마른걸레로 닦는다.
③ 압축공기로 먼지 등을 털어낸다.
④ 물로 깨끗이 세척한다.

12 작업안전 ▶ 작업 전·후 점검
건식 공기청정기가 오염되었을 경우에는 압축공기(에어건)를 이용하여 안에서 밖으로 불어 내어 청소한다.

**13** 지게차의 작업안전에 대한 설명으로 옳은 것은?

① 화물로 인해 시야 확보가 어려울 경우 신호수를 배치한다.
② 포크는 지면에서 60cm 이상 들고 운반한다.
③ 적재가 불안정할 경우 빠르게 작업한다.
④ 뒷바퀴가 뜬 경우 카운터 웨이트에 사람을 탑승시킨다.

13 작업안전 ▶ 화물 적재, 하역 및 운반 작업
② 화물 운반 시 포크는 지면과 20~30cm 정도의 높이를 유지한다.
③ 적재가 불안정할 때에는 슬링와이어 또는 로프로 묶어 운반해야 한다.
④ 지게차 작업 시에는 작업안전을 위해 운전자 1인 외 다른 사람을 탑승시키지 않는다.

**14** 지게차로 경사지를 내려갈 때의 안전사항으로 옳은 것은?

① 변속기어를 고단에 넣고 내려간다.
② 변속기어를 중립에 넣고 내려간다.
③ 변속기어를 저단에 넣고 내려간다.
④ 엔진시동을 끄고 내려간다.

14 작업안전 ▶ 화물 적재, 하역 및 운반 작업
지게차로 경사지를 내려갈 때에는 변속기어를 저단에 넣고 엔진 브레이크와 풋 브레이크를 같이 사용하여 내려간다.

**15** 지게차로 창고나 공장을 출입할 때 주의할 점으로 옳지 <u>않은</u> 것은?

① 창고 출입 시 차폭 및 장애물을 확인할 필요가 없다.
② 출입문 통과 시 손이나 얼굴 등을 지게차 밖으로 내밀지 않는다.
③ 주위의 안전 상태를 확인하고 출입한다.
④ 부득이하게 포크를 올려서 출입하는 경우 출입구 높이에 주의한다.

15 작업안전 ▶ 화물 적재, 하역 및 운반 작업
창고 출입 시 차폭 및 장애물을 확인하고 서행하여 출입해야 한다.

| 정답 | 11 ②  12 ③  13 ①
14 ③  15 ①

**16** 다른 교통 또는 안전표지의 표시에 주의하면서 진행할 수 있는 신호는?

① 황색등화의 점멸      ② 적색등화

③ 녹색화살표시의 등화      ④ 적색 ×표 표시의 등화

**16 도로주행 ▶ 도로교통법**

황색등화의 점멸 신호에서 차마는 다른 교통 또는 안전표지의 표시에 주의하면서 진행할 수 있다.
② 적색등화 시에는 정지해야 한다.
③ 녹색화살표시의 등화에는 화살표시의 방향대로 진행할 수 있다.
④ 차마는 적색 ×표 표시의 등화가 있는 차로로 진행할 수 없다.

**17** 교차로 직전 정지선에 정지해야 하는 신호는?

① 녹색 및 황색등화      ② 황색등화의 점멸

③ 녹색 및 적색등화      ④ 황색 및 적색등화

**17 도로주행 ▶ 도로교통법**

차마는 교차로 진입 전 황색 및 적색등화에서 정지선에 정지해야 한다.

**18** 차도와 인도가 구분되어 있는 도로에서 정차할 때 옳은 것은?

① 차체의 전단부가 도로 중앙을 향하도록 비스듬히 정차한다.

② 중앙선 가까이 정차한다.

③ 도로의 우측 가장자리에 정차한다.

④ 인도로부터 50cm 이상 거리를 두고 정차한다.

**18 도로주행 ▶ 도로교통법**

모든 차의 운전자는 도로에 정차할 때 차도의 오른쪽 가장자리에 정차한다.

**19** 관련 법상 교차로의 가장자리 또는 도로의 모퉁이로부터 몇 m 이내의 장소에 정차 및 주차를 해서는 안 되는가?

① 4m      ② 5m

③ 6m      ④ 7m

**19 도로주행 ▶ 도로교통법**

교차로의 가장자리나 도로의 모퉁이로부터 5m 이내인 곳에는 정차 및 주차를 할 수 없다.

**20** 교통사고로 인하여 사람을 사상하거나 물건을 손괴했을 때 우선 조치사항으로 옳은 것은?

① 사고차를 견인 조치한 후 승무원을 구호하는 등 필요한 조치를 취해야 한다.

② 사고차를 운전한 운전자는 물적 피해 정도를 파악하여 즉시 경찰서로 가서 사고 현황을 신고한다.

③ 사고차의 운전자는 즉시 경찰서로 가서 사고와 관련된 현황에 대해 신고 조치하여야 한다.

④ 사고차의 운전자나 그 밖의 승무원은 즉시 정차하여 사상자를 구호하는 등 필요한 조치를 취해야 한다.

**20 도로주행 ▶ 도로교통법**

교통사고 시 운전자의 조치사항은 '즉시 정차 → 사상자 구호 → 신고' 순으로 이루어져야 한다.

| 정답 | 16 ①   17 ④   18 ③
19 ②   20 ④

**21** 1종 대형 운전면허로 운전할 수 없는 건설기계는?

① 덤프트럭　　　　　　　② 노상안정기

③ 트럭적재식 천공기　　　④ 트레일러

**22** 건설기계의 구조 변경 검사 신청서에 첨부할 서류가 아닌 것은?

① 변경 전·후의 주요 제원 대비표
② 변경한 부분의 도면
③ 변경한 부분의 사진
④ 변경 전·후의 건설기계의 외관도(외관의 변경이 있는 경우에 한한다)

**23** 시·도지사가 지정한 교육기관에서 해당 건설기계의 조종에 관한 교육과정의 이수로 기술자격의 취득을 대신할 수 있는 건설기계는?

① 3톤 미만의 지게차　　　② 5톤 미만의 지게차

③ 5톤 미만의 굴착기　　　④ 5톤 미만의 타워크레인

**24** 다음 중 반드시 건설기계정비업체에서 정비해야 하는 것은?

① 오일의 보충
② 배터리의 교환
③ 창 유리의 교환
④ 엔진 탈부착 및 정비

**25** 건설기계의 제동장치에 대한 정기검사를 면제받기 위한 건설기계제동장치 정비 확인서를 발행받을 수 있는 곳은?

① 건설기계 대여회사
② 건설기계 정비업자
③ 건설기계 부품업자
④ 건설기계 매매업자

**21** 도로주행 ▶ 건설기계관리법

트레일러는 1종 특수면허가 있어야 한다.
①②③ 이외에도 1종 대형면허로 조종할 수 있는 건설기계에는 아스팔트 살포기, 콘크리트 믹서 트럭, 콘크리트 펌프, 천공기(트럭 적재식), 특수건설기계 중 국토교통부장관이 지정하는 건설기계 등이 있다.

**22** 도로주행 ▶ 건설기계관리법

건설기계의 구조 변경 시에는 건설기계의 주요 구조를 변경 또는 개조한 날로부터 20일 이내에 ①②④의 서류를 첨부하여 구조 변경 검사를 신청해야 한다.

**23** 도로주행 ▶ 건설기계관리법

시·도지사가 지정한 교육기관에서 해당 건설기계의 조종에 관한 교육과정의 이수로 기술자격의 취득을 대신할 수 있는 건설기계는 소형 건설기계이다. 소형 건설기계에는 3톤 미만 지게차, 3톤 미만 굴착기, 3톤 미만 타워크레인, 5톤 미만 로더 등이 있다.

**24** 도로주행 ▶ 건설기계관리법

엔진 탈부착 및 정비 등 건설기계나 그 부분품을 분해·조립·교체하는 등의 행위는 반드시 건설기계정비업체에서 정비해야 한다.

**25** 도로주행 ▶ 건설기계관리법

건설기계 정비업자로부터 제동장치 정비 확인서를 발급받으면 제동장치에 대한 정기검사를 면제받을 수 있다.

| 정답 | 21 ④　22 ③　23 ①
24 ④　25 ②

**26** 기관에서 작동 중인 엔진오일에 가장 많이 포함되는 이물질은?

① 유입먼지
② 금속분말
③ 산화물
④ 카본(Carbon)

**26 장비구조 ▶ 엔진구조**

기관 엔진오일에 가장 많이 포함되는 이물질은 불완전 연소로 인한 탄소 물질인 카본이다.

**27** 실린더의 내경이 행정보다 작은 기관을 무엇이라고 하는가?

① 스퀘어 기관
② 단행정 기관
③ 장행정 기관
④ 정방형 기관

**27 장비구조 ▶ 엔진구조**

실린더의 기관은 장행정 기관(행정 > 내경), 단행정 기관(행정 < 내경), 정방형 기관(행정 = 내경)으로 구분한다.

**28** 디젤기관 시동 보조장치에 사용되는 디콤프(De-Comp)의 기능으로 옳지 <u>않은</u> 것은?

① 기관의 출력을 증대시키는 장치이다.
② 한랭 시 시동할 때 원활한 회전으로 시동이 잘 될 수 있도록 한다.
③ 기관의 시동을 정지할 때 사용할 수 있다.
④ 기동 전동기에 무리가 가는 것을 예방한다.

**28 장비구조 ▶ 엔진구조**

디콤프는 시동을 원활하게 하기 위한 감압장치로, 흡기 또는 배기 밸브를 열어 실린더의 압축압력을 낮추는 장치이다. 기관의 출력증대와는 관련이 없다.

**29** 방열기에 물이 가득 차 있는데도 기관이 과열될 때의 원인으로 옳은 것은?

① 팬벨트의 장력이 세기 때문에
② 사계절용 부동액을 사용했기 때문에
③ 정온기가 열린 상태로 고장 났기 때문에
④ 라디에이터의 팬이 고장 났기 때문에

**29 장비구조 ▶ 엔진구조**

방열기(라디에이터)에 물이 가득 차 있는데도 기관이 과열되는 원인에는 라디에이터 팬의 고장, 정온기가 닫힌 상태로 고착된 경우, 팬벨트 장력이 약해 물펌프 회전이 불량한 경우 등이 있다.

**30** 유압식 밸브 리프터의 장점이 <u>아닌</u> 것은?

① 밸브 간극이 자동으로 조절된다.
② 밸브 개폐 시기가 정확하다.
③ 밸브 구조가 간단하다.
④ 밸브 기구의 내구성이 좋다.

**30 장비구조 ▶ 엔진구조**

유압식 밸브 리프터는 밸브 구조가 복잡한 단점이 있다.

| 정답 | 26 ④ 27 ③ 28 ①
29 ④ 30 ③

**31** 터보식 과급기의 작동 상태에 대한 설명으로 옳지 <u>않은</u> 것은?

① 디퓨저에서는 공기의 압력 에너지가 속도 에너지로 바뀐다.
② 배기가스가 임펠러를 회전시키면 공기가 흡입되어 디퓨저에 들어간다.
③ 디퓨저에서는 공기의 속도 에너지가 압력 에너지로 바뀐다.
④ 각 실린더의 밸브가 열릴 때마다 압축공기가 들어가 충전 효율이 증대된다.

**32** 다음 중 디젤기관에만 있는 구성품은?

① 워터펌프　　　　　　　② 오일펌프
③ 발전기　　　　　　　　④ 분사펌프

**33** 기관이 과열되는 원인이 <u>아닌</u> 것은?

① 물 재킷 내의 물때 형성
② 팬벨트의 장력 과다
③ 냉각수 부족
④ 무리한 부하 운전

**34** 디젤기관에서 사용하는 공기청정기에 대한 설명으로 옳지 <u>않은</u> 것은?

① 공기청정기는 실린더 마멸과는 관계 없다.
② 공기청정기가 막히면 배기색은 검은색이 된다.
③ 공기청정기가 막히면 출력이 감소한다.
④ 공기청정기가 막히면 연소가 나빠진다.

**35** 축전지의 케이스와 커버를 청소할 때 사용하는 용액으로 옳은 것은?

① 비누와 물　　　　　　　② 소금과 물
③ 소다와 물　　　　　　　④ 오일과 가솔린

**36** AC발전기에서 전류가 흐를 때 전자석이 되는 것은?

① 계자 철심　　　　　　　② 로터
③ 스테이터 철심　　　　　④ 아마추어

**36 장비구조 ▶ 전기장치**

AC발전기(교류발전기)의 로터는 양 철심 안쪽에 코일이 감겨 있으며 풀리에 의해 회전하는 부분으로 슬립링을 통해 공급된 전류로 코일이 자기장을 형성하면서 철심이 자석이 된다. 즉, 전류가 흐를 때 로터가 전자석이 된다.

**37** 축전지 전해액 내의 황산에 대한 설명으로 옳지 <u>않은</u> 것은?

① 피부에 닿으면 화상을 입을 수도 있다.
② 의복에 묻으면 구멍이 뚫릴 수도 있다.
③ 라이터를 사용하여 점검할 수도 있다.
④ 눈에 들어가면 실명될 수도 있다.

**37 장비구조 ▶ 전기장치**

전해액의 황산은 부식성이 강하기 때문에 피부, 의복 등에 접촉되지 않게 해야 한다. 그리고 화학 작용을 하기 때문에 불에 가까이 해서는 안 된다.

**38** 예열 플러그의 사용 시기로 옳은 것은?

① 냉각수의 양이 많을 때
② 기온이 영하로 떨어졌을 때
③ 축전지가 방전되었을 때
④ 축전지가 과충전되었을 때

**38 장비구조 ▶ 전기장치**

예열 플러그는 시동 보조장치로, 시동 보조장치는 냉간 시동 시 흡입되는 공기 또는 연소실 내에 유입된 공기를 가열하여 시동을 용이하게 하는 장치이다. 따라서 기온이 낮을 때 사용하는 것이 적절하다.

**39** 기동 전동기의 전기자 축으로부터 피니언 기어로는 동력이 전달되나, 피니언 기어로부터 전기자 축으로는 동력이 전달되지 않도록 해 주는 장치는?

① 오버헤드가드　　　　　② 솔레노이드 스위치
③ 시프트 칼라　　　　　　④ 오버러닝 클러치

**39 장비구조 ▶ 전기장치**

오버러닝 클러치는 동력전달기구에 있어 피동축 회전이 빨라지면 구동축에 관계없이 자유회전하는 장치이다. 즉, 엔진의 회전력이 전기자 축에 전달되지 않도록 해 주는 장치이다.

**40** 납산 축전지의 충·방전 상태에 대한 설명으로 옳지 <u>않은</u> 것은?

① 축전지가 방전되면 양극판은 과산화납이 황산납으로 된다.
② 축전지가 방전되면 전해액은 묽은 황산이 물로 변하여 비중이 낮아진다.
③ 축전지가 충전되면 음극판은 황산납이 해면상납으로 된다.
④ 축전지가 충전되면 양극판에서 수소를, 음극판에서 산소를 발생시킨다.

**40 장비구조 ▶ 전기장치**

축전지가 충전되면 양극판에서는 산소를, 음극판에서는 수소를 발생시킨다.

| 정답 | 36 ②　37 ③　38 ②
　　　　39 ④　40 ④

**41** 지게차를 길고 급한 경사길에서 운전할 때 엔진 브레이크 사용 없이 풋 브레이크만 사용하면 어떤 현상이 생기는가?

① 라이닝은 페이드, 파이프는 스팀록 현상 발생
② 라이닝은 페이드, 파이프는 베이퍼록 현상 발생
③ 파이프는 스팀록, 라이닝은 베이퍼록 현상 발생
④ 파이프는 증기 패쇄, 라이닝은 스팀록 현상 발생

41 장비구조 ▶ 전·후진 주행장치

엔진 브레이크를 사용하지 않고, 풋 브레이크를 과도하게 사용할 경우 라이닝은 페이드, 파이프는 베이퍼록 현상이 발생한다.

**42** 록킹볼이 불량하면 어떻게 되는가?

① 변속할 때 소리가 난다.
② 변속 레버의 유격이 커진다.
③ 기어가 빠지기 쉽다.
④ 기어가 이중으로 물린다.

42 장비구조 ▶ 전·후진 주행장치

록킹볼은 수동변속기의 기어가 결합 후 빠지는 것을 방지하기 위해 변속 레일의 고정 홈을 스프링 힘에 의해 눌러 고정하는 부품이다. 이에 록킹볼이 불량할 경우 기어가 손쉽게 빠진다.

**43** 진공식 제동 배력 장치에 대한 설명으로 옳은 것은?

① 진공 밸브가 새면 브레이크가 전혀 작동되지 않는다.
② 릴레이 밸브의 다이어프램이 파손되면 브레이크가 작동되지 않는다.
③ 릴레이 밸브의 피스톤 컵이 파손되어도 브레이크가 작동된다.
④ 하이드로 백, 피스톤의 체크 볼이 밀착 불량이면 브레이크가 작동되지 않는다.

43 장비구조 ▶ 전·후진 주행장치

진공식 제동 배력 장치(진공부스터)는 대기압과 진공의 압력차를 이용하여 마스터 실린더 푸시로드에 힘을 배가시키는 장치이다. 진공식 배력 장치의 부품이 고장 나더라도 브레이크는 작동하지만 제동력이 약해진다.

**44** 기계식 변속기의 클러치에서 릴리스 베어링과 릴리스 레버가 분리되어 있는 경우로 옳은 것은?

① 클러치가 연결되어 있을 때
② 접촉하면 안 되는 물체로 분리되어 있을 때
③ 클러치가 분리되어 있을 때
④ 클러치가 연결되었다가 분리될 때

44 장비구조 ▶ 전·후진 주행장치

클러치 페달에서 발을 떼면(클러치가 연결된다) 릴리스 베어링과 릴리스 레버가 분리되고, 압력판이 클러치 디스크를 플라이휠에 압착함으로써 동력이 전달된다.

**45** 타이어식 건설기계장비에서 토 인에 대한 설명으로 옳지 **않은** 것은?

① 토 인은 좌우 앞바퀴의 간격이 앞보다 뒤가 좁은 것이다.
② 토 인은 직진성을 좋게 하고 조향을 가볍게 한다.
③ 토 인은 반드시 직진 상태에서 측정해야 한다.
④ 토 인의 조정이 잘못되면 타이어가 편마모된다.

45 장비구조 ▶ 전·후진 주행장치

토 인은 바퀴를 위에서 보았을 때 앞쪽이 뒤쪽보다 좁다.

| 정답 | **41** ② **42** ③ **43** ③
**44** ① **45** ①

**46** 동력전달장치에 사용되는 차동기어장치에 대한 설명으로 옳지 <u>않은</u> 것은?

① 선회할 때 좌우 구동 바퀴의 회전 속도를 다르게 한다.
② 선회할 때 바깥쪽 바퀴의 회전 속도를 증대시킨다.
③ 보통 차동 기어장치는 노면의 저항을 작게 받는 구동 바퀴의 회전 속도가 빠르게 될 수 있다.
④ 기관의 회전력을 크게 하여 구동 바퀴에 전달한다.

**47** 유압펌프 작동 중 소음이 발생할 때의 원인으로 옳지 <u>않은</u> 것은?

① 펌프 축의 편심 오차가 크다.
② 릴리프 밸브 출구에서 오일이 배출되고 있다.
③ 펌프흡입관 접합부로부터 공기가 유입된다.
④ 스트레이너가 막혀 흡입 용량이 너무 작아졌다.

**48** 피스톤식 유압펌프에서 회전경사판의 기능으로 옳은 것은?

① 펌프 압력 조정          ② 펌프 출구의 개폐
③ 펌프 용량 조정          ④ 펌프 회전 속도 조정

**49** 유압계통의 수명 연장을 위해 가장 중요한 요소는?

① 오일탱크의 세척
② 오일 냉각기의 점검 및 세척
③ 오일 액추에이터의 점검 및 교환
④ 오일과 오일필터의 정기점검 및 교환

**50** 방향제어 밸브를 동작시키는 방식이 <u>아닌</u> 것은?

① 수동식          ② 전자식
③ 스프링식          ④ 유압 파일럿식

**46** 장비구조 ▶ 전·후진 주행장치
기관의 회전력을 크게 하여 구동 바퀴에 전달하는 장치는 종감속 기어이다.

**47** 장비구조 ▶ 유압장치
릴리프 밸브는 유압펌프와 제어 밸브 사이에 설치되어 회로 내의 최대 압력을 제어하는 기능을 한다. 릴리프 밸브는 유압펌프의 작동 소음과 무관하다.

**48** 장비구조 ▶ 유압장치
피스톤식 유압펌프(플런저 펌프)에서 회전경사판은 펌프의 용량을 조정하는 역할을 한다. 대표적으로 사판식 엑시얼 플런저 펌프는 회전경사판의 각도를 변화시켜 펌프 토출 용량을 변화시키는 가변용량형 펌프이다.

**49** 작업안전 ▶ 작업 전·후 점검
유압계통의 수명 연장을 위해서는 오일과 오일필터의 정기점검 및 교환을 해야 한다.

**50** 장비구조 ▶ 유압장치
방향제어 밸브를 동작시키는 방식에는 수동식, 전자식, 유압 파일럿식, 비례제어식이 있다.

| 정답 | 46 ④  47 ②  48 ③
49 ④  50 ③

**51** 유압장치의 방향변환 밸브가 중립 상태에서 실린더가 외력에 의해 충격을 받았을 때 발생하는 고압을 릴리프시키는 밸브는?

① 반전 방지 밸브
② 메인 릴리프 밸브
③ 과부하(포트) 릴리프 밸브
④ 유량 감지 밸브

**52** 유압회로의 최고 압력을 제한하는 밸브로서, 회로의 압력을 일정하게 유지시키는 것은?

① 체크 밸브      ② 감압 밸브
③ 릴리프 밸브      ④ 카운터 밸런스 밸브

**53** 유압장치에서 회전축 둘레의 누유를 방지하기 위하여 사용하는 밀봉장치(Seal)는?

① 오링(O-Ring)      ② 개스킷(Gasket)
③ 더스트 실(Dust seal)      ④ 기계적 실(Mechanical seal)

**54** 유압작동유의 점도가 지나치게 낮을 때 나타날 수 있는 현상은?

① 출력이 증가한다.
② 압력이 상승한다.
③ 유동 저항이 증가한다.
④ 유압 실린더의 속도가 느려진다.

**55** 유압오일에서 온도에 따른 점도 변화 정도를 표시하는 것은?

① 점도      ② 점도지수
③ 점도 분포      ④ 윤활성

**51 장비구조 ▶ 유압장치**
과부하(포트) 릴리프 밸브는 제어 밸브와 유압 액추에이터 사이에 설치되어 방향변환 밸브가 중립 상태에서 실린더가 외력에 의해 충격을 받았을 때 발생하는 고압을 릴리프시킨다.

**52 장비구조 ▶ 유압장치**
① 체크 밸브(첵 밸브): 유체의 역방향 흐름을 저지하는 밸브이다.
② 감압 밸브(리듀싱 밸브): 주회로 압력보다 낮은 압력으로 작동체를 작동시키고자 하는 분기회로에 사용하는 밸브이다.
④ 카운터 밸런스 밸브: 실린더가 중력에 의해 자유로이 제어 속도 이상으로 낙하하는 것을 방지하는 밸브이다.

**53 장비구조 ▶ 유압장치**
① 오링(O-Ring): 패킹의 종류로, 원형 단면 둥근고리라고도 한다.
② 개스킷(Gasket): 기기의 오일 누출을 방지하는 고정용 실에 사용되기도 한다.
③ 더스트 실(Dust seal): 오염물이 실린더 내부에 유입되는 것을 방지하기 위해 설치한다.

**54 장비구조 ▶ 유압장치**
유압작동유의 점도가 지나치게 낮으면 유압펌프의 효율 저하, 회로 내 압력 저하, 실린더 및 제어 밸브의 누유 발생, 유압 실린더의 속도 저하 현상이 발생한다.

**55 장비구조 ▶ 유압장치**
점도지수란 온도 변화에 따른 점도의 변화를 나타내며, 점도지수가 높으면 온도 변화에 따른 점도의 변화가 작은 것을 의미한다.

| 정답 |   **51** ③   **52** ③   **53** ④
         **54** ④   **55** ②

**56** 지게차가 무부하 상태에서 최대 조향각으로 운행 시 가장 바깥쪽 바퀴의 접지자국 중심점이 그리는 원의 반경을 무엇이라고 하는가?

① 최대선회반지름
② 최소직각교차 통로폭
③ 최소회전반경
④ 윤간거리

**56 장비구조 ▶ 작업장치**

무부하 상태에서 지게차가 회전할 때 바깥쪽 뒷바퀴의 중심이 그리는 원의 반지름은 최소회전반경이다.

**57** 지게차 마스트 작업 시 조종 레버가 3개 이상일 경우 왼쪽부터 그 설치 순서로 옳은 것은?

① 리프트 레버 → 틸트 레버 → 부수장치 레버
② 리프트 레버 → 부수장치 레버 → 틸트 레버
③ 부수장치 레버 → 리프트 레버 → 틸트 레버
④ 틸트 레버 → 부수장치 레버 → 리프트 레버

**57 장비구조 ▶ 작업장치**

지게차 마스트 작업 시 조종 레버가 3개 이상일 경우 그 설치 순서는 왼쪽부터 '리프트 레버 → 틸트 레버 → 부수장치 레버' 순이다.

**58** 지게차에서 틸트 실린더의 역할은?

① 포크의 상하 이동
② 차체의 수평 유지
③ 차체의 좌우 회전
④ 마스트의 앞뒤 경사각 유지

**58 장비구조 ▶ 작업장치**

틸트 실린더는 마스트의 경사각을 앞뒤로 유지시키는 역할을 한다.
① 포크를 상승 및 하강시키는 것은 리프트 실린더이다.

**59** 지게차에서 마스트가 2단으로 확장되어 높은 곳에 물건을 옮길 수 있는 장치는?

① 하이 마스트
② 잉고트 클램프
③ 프리 마스트
④ 힌지드 포크

**59 장비구조 ▶ 작업장치**

하이 마스트는 마스트가 2단으로 확장되어 높은 위치의 작업에 적당하며, 작업 공간을 최대한 활용할 수 있다. 포크의 상승이 빠르며 높은 능률을 발휘할 수 있는 표준형의 마스트이다.

**60** 다음 중 문화재·관광지용 건물번호판에 해당하는 것은?

**60 도로주행 ▶ 도로명주소**

①② 일반건물용 건물번호판이다.
④ 관공서용 건물번호판이다.

| 정답 | 56 ③  57 ①  58 ④
         59 ①  60 ③

| 합격개수 | 맞힌개수 |
|---|---|
| 36개 | |

## 01 체인블록을 이용하여 무거운 물체를 이동시키고자 할 때 가장 안전한 방법은?

① 체인이 느슨한 상태에서 급격히 잡아당기면 재해가 발생할 수 있으므로 시간 적 여유를 가지고 작업한다.
② 작업의 효율을 위해 가는 체인을 사용한다.
③ 물체를 내릴 때에는 하중 부담을 줄이기 위해 최대한 빠른 속도로 실시한다.
④ 이동 시에는 무조건 최단거리 코스로 빠른 시간 내에 이동해야 한다.

## 02 수공구 사용 시 안전사고 발생 원인으로 옳지 않은 것은?

① 힘에 맞지 않는 공구를 사용하였다.
② 수공구의 성능을 알고 선택하였다.
③ 사용 방법이 미숙하였다.
④ 사용 공구의 점검 및 정비를 소홀히 하였다.

## 03 6각 볼트·너트를 조이고 풀 때 가장 적합한 공구는?

① 바이스
② 플라이어
③ 드라이버
④ 복스렌치

## 04 운반 작업 시 지켜야 할 사항으로 옳은 것은?

① 인력으로 운반 시 무리한 자세로 장시간 취급하지 않도록 한다.
② 운반 작업은 장비를 사용하기보다는 가능한 한 많은 인력을 동원하는 것이 좋다.
③ 인력으로 운반 시 보조구를 사용하되 몸에서 멀리 떨어지게 하고, 가슴 위치에 서 하중이 걸리게 한다.
④ 통로 및 인도에서 가까운 곳은 빠른 속도로 벗어나는 것이 좋다.

## 05 안전장치 선정 시 고려사항에 해당하지 않는 것은?

① 작업하기에 불편하지 않은 구조일 것
② 위험 부분에는 안전 방호장치가 설치되어 있을 것
③ 강도나 기능 면에서 신뢰가 높을 것
④ 안전장치 기능 제거가 용이할 것

---

### 해설

**01 작업안전 ▶ 안전관리**
체인블록은 체인이 느슨한 상태에 서 급격히 잡아당기지 않는다.

**02 작업안전 ▶ 안전관리**
안전사고를 방지하기 위해서는 수 공구 사용 시 수공구의 성능을 알 고 선택해야 한다.

**03 작업안전 ▶ 안전관리**
복스렌치는 볼트나 너트의 주위를 감싸는 형태로 되어 있어 힘의 균 형 때문에 미끄러지지 않게 사용할 수 있으며, 6각 볼트·너트 작업 시 가장 적합한 공구이다.

**04 작업안전 ▶ 안전관리**
인력으로 운반 작업을 할 경우 작업 자의 안전을 위해 무리한 자세로 장시간 취급하지 않아야 한다.

**05 작업안전 ▶ 안전관리**
사용자의 안전을 위해 안전장치의 기능 제거가 용이해서는 안 된다.

| 정답 | 01 ① 02 ② 03 ④
04 ① 05 ④

## 06 다음 안전표지가 의미하는 것은?

① 탑승금지  ② 보행금지
③ 차량통행금지  ④ 출입금지

**06 작업안전 ▶ 안전관리**

금지표지의 일종으로, 차량통행금지를 나타낸다.

## 07 작업안전을 위한 복장 상태로 옳지 <u>않은</u> 것은?

① 땀을 닦기 위한 수건이나 손수건을 허리나 목에 걸고 작업해서는 안 된다.
② 옷소매 폭이 너무 넓지 않은 것이 좋고, 단추가 달린 것은 되도록 피한다.
③ 물체가 추락할 우려가 있는 작업장에서는 작업모를 착용해야 한다.
④ 복장을 단정하게 하기 위해 넥타이를 꼭 매야 한다.

**07 작업안전 ▶ 안전관리**

넥타이를 매고 작업을 할 경우 넥타이 끝이 기계 장치에 말려 들어갈 위험이 높기 때문에 착용하지 않는다.

## 08 유류 화재 발생 시 가장 적합한 소화 방법은?

① 물 호스를 사용한다.
② 불의 확산을 막기 위해 덮개를 사용한다.
③ 탄산가스 소화기를 사용한다.
④ 소다 소화기를 사용한다.

**08 작업안전 ▶ 안전관리**

탄산가스($CO_2$) 소화기는 유류 화재 및 전기 화재에 사용하며, 공기 중 산소 농도를 낮추어 연소 반응을 억제하는 질식 소화 방식이다.

## 09 지게차의 일일점검사항이 <u>아닌</u> 것은?

① 엔진오일 점검  ② 배터리 전해액 점검
③ 연료량 점검  ④ 냉각수 점검

**09 작업안전 ▶ 작업 전·후 점검**

배터리 전해액 점검은 배터리 충전시에 실시하는 것으로, 일일점검사항이 아니다.

**10 작업안전 ▶ 작업 전·후 점검**

오일 실(오일 시일)은 기기의 오일 누출 방지 역할을 한다. 이에 유압작동부에서 오일이 누유되고 있을 경우 먼저 오일 실을 점검해야 한다.

## 10 유압작동부에서 오일이 누유되고 있을 때 가장 먼저 점검해야 할 곳은?

① 피스톤  ② 오일 실(seal)
③ 기어  ④ 펌프

| 정답 |  06 ③  07 ④  08 ③
       09 ②  10 ②

**11** 지게차 작업 시 화물이 불안정할 경우 대처 방법으로 옳은 것은?

① 사람이 포크에 탑승하여 화물을 잡고 운반한다.
② 슬링와이어, 로프 등으로 결착하여 운반한다.
③ 불안정한 상태를 벗어나기 위해 빠르게 작업한다.
④ 포크를 지면에 최대한 낮춘 상태에서 운반한다.

**12** 지게차의 적재물이 너무 커 전방 시야를 방해할 경우 대처법으로 옳지 <u>않은</u> 것은?

① 포크를 높이 들어 시야를 확보하고 운반한다.
② 신호수의 유도하에 운반한다.
③ 후진으로 운반한다.
④ 장애물에 주의하며 서행하여 운반한다.

**13** 지게차 작업 시 안전수칙으로 옳지 <u>않은</u> 것은?

① 화물의 무게가 가벼운 것은 밑에, 무거운 것은 위에 적재한다.
② 용량을 초과하여 적재하지 않는다.
③ 작업 시에는 항상 사람의 접근에 주의하여야 한다.
④ 무거운 물건을 상승시킨 채 오랫동안 방치하지 않는다.

**14** 실린더 헤드와 블록 사이에 삽입하여 압축과 폭발가스의 기밀을 유지하고 냉각수와 엔진오일이 누출되는 것을 방지하는 역할을 하는 것은?

① 헤드 워터 재킷                    ② 헤드 오일 통로
③ 헤드 개스킷                      ④ 헤드 볼트

**15** 기관 시동이 잘 안 될 경우에 점검할 사항으로 옳지 <u>않은</u> 것은?

① 기관의 공회전 수                  ② 배터리 충전 상태
③ 연료량                          ④ 시동모터

---

**11 작업안전 ▶ 화물 적재, 하역 및 운반 작업**

① 지게차에는 작업안전을 위해 운전자 1인 외에 다른 사람이 동승하지 않는다.
③ 화물 적재 후 불안정한 상태에서 빠른 속도로 작업하는 것은 화물 추락의 위험이 있기 때문에 적절하지 않다.
④ 화물 운반 시에는 포크와 지면의 거리를 20~30cm 정도 높이로 유지하고 주행해야 한다.

**12 작업안전 ▶ 화물 적재, 하역 및 운반 작업**

지게차의 적재물이 너무 커 전방 시야를 방해할 경우 신호수의 유도하에 장애물에 주의하며 서행하거나 후진으로 운반해야 한다. 화물 운반 시에는 포크를 적정 높이로 유지하고 주행해야 하기 때문에 포크를 높이 들어 운반하는 것은 적절하지 않다.

**13 작업안전 ▶ 화물 적재, 하역 및 운반 작업**

지게차에 화물 적재 시에는 작업안전을 위해 무게가 무거운 것은 밑에, 가벼운 것은 위에 적재한다.

**14 작업안전 ▶ 작업 전·후 점검**

실린더 헤드 개스킷은 실린더 헤드와 블록 사이에 삽입되며 압축과 폭발가스의 기밀을 유지하고 냉각수와 엔진오일이 누출되는 것을 방지하는 역할을 한다.

**15 작업안전 ▶ 작업 전·후 점검**

기관의 공회전 수는 시동 후 점검할 수 있는 사항으로, 시동이 안 될 경우에 점검할 사항이 아니다.

| 정답 |  **11** ②   **12** ①   **13** ①
          **14** ③   **15** ①

**16** 도로교통법상 안전표지의 종류가 <u>아닌</u> 것은?

① 주의표지             ② 규제표지

③ 안심표지             ④ 보조표지

**16** 도로주행 ▶ 도로교통법

안전표지는 교통안전에 필요한 주의·규제·지시·보조·노면표지로 되어 있다.

**17** 교차로에서 직진하고자 신호대기 중에 있는 차가 진행 신호를 받고 안전하게 통행하는 방법은?

① 진행 권리가 부여되었으므로 좌우의 진행 차량에는 구애받지 않는다.

② 직진이 최우선이므로 진행 신호에 무조건 따른다.

③ 신호와 동시에 출발하면 된다.

④ 좌우를 살피며 계속 보행 중인 보행자와 진행하는 교통의 흐름에 유의하여 진행한다.

**17** 도로주행 ▶ 도로교통법

교차로에서 직진하고자 신호대기 중에 있는 차가 진행 신호를 받으면 좌우를 살피며 계속 보행 중인 보행자와 진행하는 교통의 흐름에 유의하여 진행해야 한다.

**18** 보도와 차도가 구분된 도로에서 중앙선이 설치되어 있는 경우, 차마의 통행 방법으로 옳은 것은?

① 중앙선 좌측으로 통행한다.

② 중앙선 우측으로 통행한다.

③ 좌우측 모두로 통행한다.

④ 보도의 좌측으로 통행한다.

**18** 도로주행 ▶ 도로교통법

보도와 차도가 구분된 도로에서 중앙선이 설치되어 있는 경우, 차마는 중앙선 우측으로 통행해야 한다.

**19** 1종 보통면허로 운전할 수 <u>없는</u> 것은?

① 승차정원 15인승의 승합자동차

② 적재중량 11톤급의 화물자동차

③ 특수자동차(대형견인차, 소형견인차 및 구난차 제외)

④ 원동기장치자전거

**19** 도로주행 ▶ 도로교통법

1종 보통면허로 운전할 수 있는 차량에는 승차정원 15인승 이하의 승합자동차, 적재중량 12톤 미만의 화물자동차, 원동기장치자전거, 승용자동차 등이 있다.

**20** 차마의 통행을 구분하기 위한 중앙선에 대한 설명으로 옳은 것은?

① 백색 및 회색 실선 및 점선으로 되어 있다.

② 백색 실선 및 점선으로 되어 있다.

③ 황색 실선 또는 황색 점선으로 되어 있다.

④ 황색 및 백색 실선 및 점선으로 되어 있다.

**20** 도로주행 ▶ 도로교통법

도로의 중앙선은 황색 실선 또는 황색 점선으로 되어 있다. 황색 실선은 앞지르기를 할 수 없으나, 황색 점선은 앞지르기를 할 수 있다.

| 정답 |    16 ③    17 ④    18 ②

19 ③    20 ③

**21** 건설기계정비업의 등록 구분이 <u>아닌</u> 것은?

① 부분건설기계정비업　　　　② 특수건설기계정비업
③ 전문건설기계정비업　　　　④ 종합건설기계정비업

21 도로주행 ▶ 건설기계관리법
건설기계정비업은 종합건설기계 정비업, 부분건설기계정비업, 전문 건설기계정비업으로 구분된다.

**22** 대형건설기계에 관한 설명으로 옳지 <u>않은</u> 것은?

① 해당 건설기계의 식별이 쉽도록 전·후 범퍼에 특별도색을 해야 한다.
② 최고 속도가 35km/h 이상인 경우에는 특별표지판을 부착하지 않아도 된다.
③ 운전석 내부의 보기 쉬운 곳에 경고 표지판을 부착하여야 한다.
④ 총중량 30톤, 축중 10톤 미만인 건설기계는 특별표지판 부착 대상이다.

22 도로주행 ▶ 건설기계관리법
높이 4m를 초과하는 건설기계, 총 중량 40톤 초과, 총중량 상태에서 축하중(축중)이 10톤을 초과하는 건설기계가 특별표지판 부착 대상 인 대형건설기계이다.

**23** 건설기계소유자의 정비 작업 범위를 위반하여 건설기계를 정비한 자에 대한 벌칙 으로 옳은 것은?

① 100만 원 이하의 벌금
② 200만 원 이하의 벌금
③ 50만 원 이하의 과태료
④ 100만 원 이하의 과태료

23 도로주행 ▶ 건설기계관리법
「건설기계관리법」 제16조의2(건설 기계의 정비)에 근거하여 건설기계 의 소유자 또는 점유자가 자신의 정비시설을 갖추어 건설기계를 정 비하려는 경우에는 정비시설의 종 류 및 규모에 따라 국토교통부령으 로 정하는 범위에서 정비를 해야 한다. 이를 위반하여 건설기계를 정 비한 자에게는 50만 원 이하의 과 태료를 부과한다.

**24** 건설기계관리법령상 자가용 건설기계 등록번호표의 도색으로 옳은 것은?

① 주황색 바탕에 검은색 문자　　② 녹색 바탕에 황색 문자
③ 흰색 바탕에 황색 문자　　　　④ 흰색 바탕에 검은색 문자

24 도로주행 ▶ 건설기계관리법

| 구분 | | 색상 | 등록번호 |
|---|---|---|---|
| 비사 업용 | 관용 | 흰색 바탕에 | 0001~0999 |
| | 자가용 | 검은색 문자 | 1000~5999 |
| 대여사업용 | | 주황색 바탕에 검은색 문자 | 6000~9999 |

**25** 건설기계관리법령상 다음 설명에 해당하는 건설기계사업은?

> 건설기계를 분해·조립 또는 수리하고 그 부분품을 가공 제작·교체하는 등 건설기 계를 원활하게 사용하기 위한 모든 행위를 업으로 하는 것

① 건설기계정비업　　　　　　② 건설기계제작업
③ 건설기계매매업　　　　　　④ 건설기계폐기업

25 도로주행 ▶ 건설기계관리법
건설기계정비업은 건설기계를 분 해·조립 또는 수리하고 그 부분품 을 가공 제작·교체하는 등 건설기 계를 원활하게 사용하기 위한 모든 행위를 업으로 하는 것을 말한다.

| 정답 |　21 ②　22 ④　23 ③
24 ④　25 ①

**26** 디젤기관 운전 중 흑색의 배기가스가 배출되는 원인으로 옳지 <u>않은</u> 것은?

① 공기청정기 막힘　　　　　② 노즐 불량
③ 압축 불량　　　　　　　　④ 오일팬 내 유량 과다

26 장비구조 ▶ 엔진구조
디젤기관에서 공기청정기 막힘, 노즐 및 압축 불량 등의 현상이 발생하면 불완전 연소로 인해 배기가스 색이 흑색이 되고 출력이 떨어진다.

**27** 커먼레일 디젤기관의 센서에 대한 설명으로 옳지 <u>않은</u> 것은?

① 연료온도센서는 연료 온도에 따른 연료량 보정 신호로 사용된다.
② 수온센서는 기관의 온도에 따른 냉각팬 제어 신호로 사용된다.
③ 크랭크 포지션 센서는 밸브 개폐 시기를 감지한다.
④ 수온센서는 기관의 온도에 따른 연료량을 증감하는 보정 신호로 사용된다.

27 장비구조 ▶ 엔진구조
크랭크 포지션 센서(크랭크 각 센서)는 엔진의 크랭크축 회전 각도 또는 위치를 감지하는 센서이다.

**28** 기관의 온도가 과도하게 낮은 상태에서 운전할 경우 나타나는 현상으로 옳은 것은?

① 연료 소비량 증가　　　　　② 연료 소비량 감소
③ 엔진오일 변질　　　　　　　④ 재료의 강도 저하

28 장비구조 ▶ 엔진구조
기관 과냉 상태에서 운전을 지속할 경우에는 열효율이 떨어져 연료 소비량이 증가한다.

**29** 엔진오일의 압력이 낮은 원인이 <u>아닌</u> 것은?

① 오일파이프의 파손
② 오일펌프의 고장
③ 오일에 다량의 연료 혼입
④ 프라이밍펌프의 파손

29 장비구조 ▶ 엔진구조
프라이밍펌프는 디젤기관 연료라인 내의 공기를 수동으로 빼는 장치로, 엔진오일의 압력과 관련이 없다.

30 장비구조 ▶ 엔진구조
디젤기관 연료장치는 연료탱크, 연료공급펌프, 연료 여과기(연료필터), 분사펌프, 분사노즐로 구성되어 있다. 예열 플러그는 시동 보조장치이다.

**30** 디젤기관의 연료장치 구성품이 <u>아닌</u> 것은?

① 예열 플러그　　　　　　　② 분사노즐
③ 연료공급펌프　　　　　　　④ 연료 여과기

| 정답 | 26 ④　27 ③　28 ①
　　　　29 ④　30 ①

**31** 유압유의 점도가 너무 높은 것을 사용했을 때의 설명으로 옳은 것은?

① 좁은 공간에 잘 침투하므로 충분히 주유가 된다.
② 엔진 시동을 할 때 필요 이상의 동력이 소모된다.
③ 점차 묽어지기 때문에 경제적이다.
④ 겨울철에 특히 사용하기 좋다.

**32** 디젤기관의 윤활장치에서 오일여과기의 역할은?

① 오일의 역순환 방지 작용
② 오일에 필요한 방청 작용
③ 오일에 포함된 불순물 제거 작용
④ 오일 계통에 압력 증대 작용

**33** 디젤기관 연료계통에 응축수가 생기면 시동이 어렵게 되는데, 이 응축수는 주로 어느 계절에 가장 많이 생기는가?

① 봄
② 여름
③ 가을
④ 겨울

**34** 디젤기관 연소 과정 중 연소 4단계에 해당하지 <u>않는</u> 것은?

① 전기 연소 기간(전 연소 기간)
② 화염 전파 기간(폭발 연소 기간)
③ 직접 연소 기간(제어 연소 기간)
④ 후기 연소 기간(후 연소 기간)

**35** 납산 축전지 터미널에 녹이 발생했을 때의 조치 방법으로 옳은 것은?

① 물걸레로 닦아내고 더 조인다.
② 녹을 닦은 후 고정시키고 소량의 그리스를 상부에 도포한다.
③ (+)와 (−) 터미널을 서로 교환한다.
④ 녹슬지 않게 엔진오일을 도포하고 확실히 더 조인다.

**31 장비구조 ▶ 엔진구조**

유압유의 점도가 너무 높으면 시동 저항이 커지고 압력 상승, 내부 마찰 및 저항 증가로 인해 동력 소비량이 증가한다.

**32 장비구조 ▶ 엔진구조**

윤활장치에서 오일여과기는 여과기 엘리먼트를 통해 오일에 포함된 불순물을 제거하는 역할을 한다.

**33 장비구조 ▶ 엔진구조**

응축수는 연료탱크 안과 대기의 온도차가 가장 큰 겨울에 가장 많이 생긴다.

**34 장비구조 ▶ 엔진구조**

디젤기관의 연소 과정은 착화 지연 기간, 화염 전파 기간, 직접 연소 기간, 후기 연소 기간으로 구분할 수 있다.

**35 장비구조 ▶ 전기장치**

배터리 단자에 녹이 발생했을 때에는 녹을 닦은 후 고정시키고 산화를 방지하기 위해 소량의 그리스를 상부에 도포한다.

| 정답 | 31 ② 32 ③ 33 ④
34 ① 35 ②

**36** 기동 전동기는 회전되나 엔진은 크랭킹이 되지 않는 원인으로 옳은 것은?

① 축전지 방전
② 기동 전동기의 전기자 코일 단선
③ 플라이휠 링 기어의 소손
④ 발전기 브러시 장력 과다

**37** 전류의 크기를 나타내는 단위로 옳은 것은?

① V               ② A
③ R               ④ K

**38** 축전지 충전 방법에 해당하지 않는 것은?

① 정전류 충전법      ② 정전압 충전법
③ 단별전류 충전법     ④ 정저항 충전법

**39** 기관 시동장치에서 링 기어를 회전시키는 구동 피니언은 어느 곳에 부착되어 있는가?

① 클러치           ② 변속기
③ 기동 전동기       ④ 뒷차축

**40** 축전지(Battery)에 대한 설명으로 옳지 않은 것은?

① 방전 종지 전압은 셀당 2.1볼트(V)이다.
② 전기적 에너지를 화학적 에너지로 바꾸어 저장한다.
③ 원동기를 시동할 때 전력을 공급한다.
④ 전기가 필요할 때에는 전기적 에너지로 바꾸어 공급한다.

**36 장비구조 ▶ 전기장치**

기동 전동기는 회전되지만 엔진은 크랭킹이 되지 않는 것은 플라이휠 링 기어 또는 기동 전동기 피니언 기어가 소손되었기 때문이다.

**37 장비구조 ▶ 전기장치**

전류의 크기를 나타내는 단위는 A (암페어)이다.
① 전류가 물질 속을 흐를 때 흐름을 방해하는 물질을 말하는 저항의 단위는 Ω(옴)이며, 전류를 흐르게 하는 전기적 압력인 전압의 단위는 V(볼트)이다.

**38 장비구조 ▶ 전기장치**

① 정전류 충전법: 충전 처음부터 끝까지 일정한 전류로 충전한다.
② 정전압 충전법: 충전 처음부터 끝까지 일정한 전압으로 충전한다.
③ 단별전류 충전법: 충전 처음에는 큰 전류로 충전하고 단계적으로 전류를 감소시키며 충전한다.

**39 장비구조 ▶ 전기장치**

시동장치에서 플라이휠의 링 기어를 회전시키는 구동 피니언은 기동 전동기에 부착되어 있다.

**40 장비구조 ▶ 전기장치**

12V 배터리는 셀당 기전력이 2.1V이며, 방전 종지 전압은 셀당 1.7~1.8V이다.

| 정답 | 36 ③   37 ②   38 ④
        39 ③   40 ①

**41** 수동변속기가 장착된 건설기계의 동력전달장치에서 클러치판은 어떤 축의 스플라인에 끼워져 있는가?

① 추진축
② 차동기어장치
③ 크랭크축
④ 변속기 입력축

**41 장비구조 ▶ 전·후진 주행장치**
수동변속기가 장착된 건설기계의 동력전달장치의 클러치판은 기관 동력을 변속기 입력축을 통해 변속기에 전달하는 역할을 하는 것으로, 변속기 입력축 스플라인에 끼워져 있다.

**42** 동력 조향장치의 장점과 거리가 먼 것은?

① 작은 조작력으로 조향 조작이 가능하다.
② 조향핸들의 시미 현상을 줄일 수 있다.
③ 설계·제작 시 조향기어비를 조작력에 관계없이 선정할 수 있다.
④ 조향핸들의 유격 조정이 자동으로 되어 볼 조인트 수명이 반영구적이다.

**42 장비구조 ▶ 전·후진 주행장치**
①②③ 이외에도 동력 조향장치는 굴곡진 노면으로부터 충격을 흡수하여 조향핸들에 충격이 전달되는 것을 방지할 수 있다는 장점이 있다.

**43** 차동장치에서 차축(액슬축)은 어느 기어와 맞물려 회전하는가?

① 차동 피니언 기어
② 종감속 링 기어
③ 차동 사이드 기어
④ 종감속 피니언 기어

**43 장비구조 ▶ 전·후진 주행장치**
차축(액슬축)은 차동 사이드 기어와 맞물려 회전한다.

**44** 타이어식 건설기계장비에서 동력전달장치에 해당하지 않는 것은?

① 과급기
② 클러치
③ 타이어
④ 종감속 장치

**44 장비구조 ▶ 전·후진 주행장치**
과급기는 동력전달장치가 아니라 내연기관의 출력을 증가시키기 위해 외기를 압축하여 실린더에 공급하는 일종의 압축기이다.

**45** 수동식 변속기 건설기계를 운행 중 급가속시켰더니 기관의 회전은 상승하는데 차속이 증속되지 않았다. 그 원인에 해당하는 것은?

① 클러치 파일럿 베어링의 파손
② 릴리스 포크의 마모
③ 클러치 페달의 유격 과대
④ 클러치 디스크 과대 마모

**45 장비구조 ▶ 전·후진 주행장치**
클러치 디스크가 마모되면 급가속 시 미끄러져 동력 전달 효율이 떨어진다. 이는 차속이 증속되지 않는 원인이 된다.

| 정답 |  41 ④  42 ④  43 ③
 44 ①  45 ④

**46** 클러치 라이닝의 구비조건에 해당하지 <u>않는</u> 것은?

① 내마멸성, 내열성이 적을 것
② 알맞은 마찰계수를 갖출 것
③ 온도에 의한 변화가 적을 것
④ 내식성이 클 것

**47** 다음 유압펌프 중 고압·고효율이며 가변용량이 가능한 것은?

① 기어 펌프　　　　　② 플런저 펌프
③ 베인 펌프　　　　　④ 로터리 펌프

**48** 유압장치의 장점이 <u>아닌</u> 것은?

① 작은 동력원으로 큰 힘을 낼 수 있다.
② 과부하 방지가 용이하다.
③ 운동 방향을 쉽게 변경할 수 있다.
④ 고장 원인의 발견이 쉽고 구조가 간단하다.

**49** 유압 실린더의 피스톤이 고속으로 왕복운동할 때 행정의 끝에서 피스톤이 커버에 충돌하여 발생하는 충격을 흡수하고, 그 충격력에 의해서 발생하는 유압회로의 악영향이나 유압기기의 손상을 방지하는 것은?

① 쿠션기구　　　　　② 밸브기구
③ 유량제어기구　　　④ 셔틀기구

**50** 내경이 작은 파이프에서 미세한 유량을 조정하는 밸브는?

① 압력보상 밸브　　　② 니들 밸브
③ 바이패스 밸브　　　④ 스로틀 밸브

**46 장비구조 ▶ 전·후진 주행장치**
클러치 라이닝(클러치 디스크)이 마모되면 동력전달 효율 감소 등의 현상이 발생하기 때문에 내마멸성 및 내열성이 커야 한다.

**47 장비구조 ▶ 유압장치**
플런저 펌프의 특징
• 흡입 능력이 가장 낮으나, 펌핑 시 누설이 적어 펌프 효율이 높다.
• 가변용량형에 적합하다.
• 구조가 복잡하며 가격이 비싸다.
• 오염된 오일에 민감하다.

**48 장비구조 ▶ 유압장치**
유압장치는 고장 원인의 발견이 어렵고 구조가 복잡하다.

**49 장비구조 ▶ 유압장치**
쿠션기구(실린더 완충 장치)는 유압 실린더의 행정 끝단에서 피스톤이 커버에 충돌하여 발생하는 충격을 흡수한다.

**50 장비구조 ▶ 유압장치**
니들 밸브는 내경이 작은 파이프에서 미세한 유량을 조정하는 밸브이다. 분사 개시 시 니들 밸브는 상승한다.

| 정답 | 46 ①　47 ②　48 ④
49 ①　50 ②

**51** 유압장치의 일상점검사항이 <u>아닌</u> 것은?

① 유압탱크의 유량 점검

② 오일 누설 여부 점검

③ 소음 및 호스 누유 여부 점검

④ 릴리프 밸브 작동 시험 점검

**52** 유압 실린더의 종류가 <u>아닌</u> 것은?

① 단동형　　　　　　② 복동형

③ 레이디얼형　　　　④ 다단형

**53** 다음 중 상시 폐쇄형 밸브가 <u>아닌</u> 것은?

① 리듀싱 밸브　　　　② 릴리프 밸브

③ 시퀀스 밸브　　　　④ 무부하 밸브

**54** 압력, 힘, 면적의 관계식으로 옳은 것은?

① 압력 = 부피/면적　　② 압력 = 면적 × 힘

③ 압력 = 힘/면적　　　④ 압력 = 부피 × 힘

**55** 유압펌프 중 토출량을 변화시킬 수 있는 것은?

① 가변토출량형　　　　② 고정토출량형

③ 회전토출량형　　　　④ 수평토출량형

---

**51** 장비구조 ▶ 유압장치

유압장치의 일상점검사항으로는 유압탱크의 유량, 소음 및 오일 누설 여부 점검 등이 있다.

**52** 장비구조 ▶ 유압장치

유압 실린더에는 단동형, 복동형, 다단형(텔레스코픽형) 등이 있다.

**53** 장비구조 ▶ 유압장치

리듀싱 밸브는 일정 조건 없이 작동하는 상시 개방형 밸브이다.

**54** 장비구조 ▶ 유압장치

압력은 단위 면적당 작용하는 힘이다. 즉, '압력 = 힘/면적'으로, 단위로는 $kgf/cm^2$, psi, atm, bar 등을 사용한다.

**55** 장비구조 ▶ 유압장치

유압펌프 중 가변용량형 펌프는 펌프의 회전 속도를 변화시키지 않아도 토출량을 변화시킬 수 있다.

| 정답 | **51** ④　**52** ③　**53** ①

**54** ③　**55** ①

**56** 지게차 작업 시 화물의 낙하 및 날아오는 물건에 대해 운전자를 보호하기 위한 안전 장치는?

① 백레스트
② 오버헤드가드
③ 핑거보드
④ 리프트 체인

**56** 장비구조 ▶ 작업장치
① 백레스트: 포크의 화물 뒤쪽을 받쳐 주어 낙하를 방지한다.
③ 핑거보드: 포크가 설치되는 부분이다.
④ 리프트 체인: 포크의 좌우 수평 높이 조절 및 리프트 실린더와 포크의 상하 작용을 도와준다.

**57** 타이어식 건설기계장비에서 조향핸들의 조작을 가볍고 원활하게 하는 방법과 가장 거리가 먼 것은?

① 동력 조향장치를 사용한다.
② 바퀴의 정렬을 정확히 한다.
③ 타이어의 공기압을 적정 압으로 한다.
④ 종감속 장치를 사용한다.

**57** 장비구조 ▶ 작업장치
종감속 장치는 최종적으로 구동력을 증가시키는 장치로, 조향핸들의 조작을 원활하게 하는 것과 관련이 없다.

**58** 지게차의 전경각과 후경각은 조종사가 적절하게 선정하여 작업해야 하는데, 이를 조정하는 레버는?

① 전·후진 레버
② 리프트 레버
③ 틸트 레버
④ 변속 레버

**58** 장비구조 ▶ 작업장치
① 전·후진 레버: 지게차의 전·후진을 선택하는 레버이다.
② 리프트 레버: 포크를 상승 및 하강하기 위해 사용하는 레버이다.
④ 변속 레버: 수동변속기가 장착된 지게차의 변속을 위한 레버이다.

**59** 지게차를 작업 용도에 따라 분류할 때 원추형 화물을 조이거나 회전시켜 운반 또는 적재하는 데 적합한 것은?

① 힌지드 버킷
② 힌지드 포크
③ 로테이팅 클램프
④ 로드스태빌라이저

**59** 장비구조 ▶ 작업장치
① 힌지드 버킷: 비료, 모래 등 흘러내리기 쉬운 화물을 운반하는 용도로 적합하다.
② 힌지드 포크: 원목, 파이프 등 긴 원기둥 형태의 화물을 운반하거나 적재하는 용도로 사용된다.
④ 로드스태빌라이저: 고르지 못한 노면 등에서 깨지기 쉬운 화물의 낙하를 방지하기 위해 포크 상단에 상하 작동할 수 있는 압력판을 부착한 것이다.

**60** 차량이 남쪽에서 북쪽으로 진행 중일 때, 다음 그림에 대한 설명으로 옳지 않은 것은?

① 차량을 좌회전하면 '충정로' 도로구간 시작지점에 진입할 수 있다.
② 차량을 우회전하면 '새문안길' 도로구간 시작지점에 진입할 수 있다.
③ 차량을 직진하면 '연신내역' 방향으로 갈 수 있다.
④ 차량을 우회전하면 '시청' 방향으로 갈 수 있다.

**60** 도로주행 ▶ 도로명주소
차량을 좌회전하면 '충정로' 도로구간 끝지점에 진입할 수 있다.

| 정답 |  56 ②  57 ④  58 ③
         59 ③  60 ①

| 합격개수 | 맞힌개수 |
|---|---|
| 36개 | |

해설

**01** 배터리 전해액처럼 강산성 및 강알칼리성 등의 액체를 취급할 때 가장 적합한 복장은?

① 면장갑 착용　　　　　② 면직으로 만든 옷 착용
③ 나일론으로 만든 옷 착용　　④ 합성고무로 만든 옷 착용

**01 작업안전 ▶ 안전관리**

강산성 및 강알칼리성은 부식성이 강하기 때문에 전해액 취급 시 합성고무와 같이 내산성, 내약품성이 강한 옷을 입고 작업해야 한다.

**02** 드릴 작업 시 재료 밑의 받침으로 적당한 것은?

① 나무판　　　　　② 연강판
③ 스테인리스판　　　④ 벽

**02 작업안전 ▶ 안전관리**

드릴 작업 시 재료 밑의 받침으로는 비교적 재질이 약하고 구하기 쉬운 나무판을 사용한다.

**03** 보안경을 착용하고 작업해야 하는 경우에 해당하지 <u>않는</u> 것은?

① 산소 용접 작업
② 그라인더 작업
③ 건설기계장비 일상점검 작업
④ 장비의 하부에서 점검·정비 작업

**03 작업안전 ▶ 안전관리**

보안경은 분진, 자외선 등 기타 유해 물질로부터 눈을 보호하기 위해 착용하는 것으로, 일상점검 작업 시에는 착용하지 않아도 된다.
① 산소 용접 시에는 차광용 보안경을 착용한다.
②④ 그라인더 작업 및 장비 하부 점검·정비 작업 시에는 일반보안경을 착용한다.

**04** 전기장치의 퓨즈가 끊어져서 새것으로 교체하였으나 또 끊어졌을 때의 조치로 옳은 것은?

① 다시 새것으로 교체한다.
② 용량이 큰 것으로 갈아 끼운다.
③ 구리선이나 납선으로 바꾼다.
④ 전기장치의 고장개소를 찾아 수리한다.

**04 작업안전 ▶ 안전관리**

전기장치 퓨즈가 끊어져 새것으로 교체하였으나 또 끊어졌다면 과전류가 의심되므로 전기장치의 고장개소를 찾아 수리해야 한다.

**05** 작업장에서 지켜야 할 안전수칙이 <u>아닌</u> 것은?

① 작업 중 입은 부상은 즉시 응급조치하고 보고한다.
② 밀폐된 실내에서는 장비의 시동을 걸지 않는다.
③ 통로나 마룻바닥에 공구나 부품을 방치하지 않는다.
④ 기름걸레나 인화물질은 나무상자에 보관한다.

**05 작업안전 ▶ 안전관리**

기름걸레나 인화물질은 화재의 위험이 높으므로 철제상자에 보관해야 한다.

| **정답** | 01 ④　02 ①　03 ③ |
|---|---|
| | 04 ④　05 ④ |

**06** 중량물 운반에 대한 설명으로 옳지 <u>않은</u> 것은?

① 무거운 물건을 운반할 경우 주위 사람들에게 인지시킨다.
② 무거운 물건을 상승시킨 채 오랫동안 방치하지 않는다.
③ 규정 용량을 초과해서 운반하지 않는다.
④ 흔들리는 중량물은 사람이 붙잡아서 이동한다.

**07** 다음 안전표지가 나타내는 것은?

① 비상구                    ② 출입금지
③ 보안경착용                ④ 인화성물질경고

**08** 조정렌치 사용상 안전수칙으로 옳은 것을 [보기]에서 모두 고른 것은?

| 보기 |
ㄱ. 잡아당기며 작업한다.
ㄴ. 조정조에 당기는 힘이 많이 가해지도록 한다.
ㄷ. 볼트 머리나 너트에 꼭 끼워서 작업을 한다.
ㄹ. 조정렌치 자루에 파이프를 끼워서 작업을 한다.

① ㄱ, ㄴ                    ② ㄱ, ㄷ
③ ㄴ, ㄷ                    ④ ㄴ, ㄹ

**09** 예방정비에 관한 설명 중 옳지 <u>않은</u> 것은?

① 예상하지 않은 고장이나 사고를 사전에 방지하기 위해 실시한다.
② 일정한 계획표를 작성한 후 실시하는 것이 바람직하다.
③ 예방정비는 장비의 수명, 성능 유지, 수리비 절감에 효과가 있다.
④ 예방정비는 운전자가 하는 것이 아니다.

**10** 자동변속기가 장착된 지게차의 주차 방법으로 옳지 <u>않은</u> 것은?

① 평탄한 장소에 주차시킨다.
② 시동 스위치의 키를 'ON'에 놓는다.
③ 변속레버를 'P' 위치로 한다.
④ 주차 브레이크를 작동하여 장비가 움직이지 않게 한다.

**11** 기관의 예방정비 시 운전자가 할 수 있는 정비가 <u>아닌</u> 것은?

① 연료 여과기의 엘리먼트 점검
② 연료 파이프의 풀림 상태 조임
③ 냉각수 보충
④ 딜리버리 밸브 교환

**11** 작업안전 ▶ 작업 전·후 점검
디젤기관 분사펌프의 딜리버리 밸브의 교환은 건설기계 부분품의 교체에 해당하므로 건설기계정비업자가 해야 한다.

**12** 건설기계장비 운전자가 연료탱크의 배출 콕을 열었다가 잠그는 작업을 하고 있다면 무엇을 배출하기 위한 예방정비 작업인가?

① 오물 및 수분
② 엔진오일
③ 유압오일
④ 공기

**12** 작업안전 ▶ 작업 전·후 점검
연료 속에 포함된 불순물 및 수분은 연료보다 비중이 높아 탱크 아래에 침전되기 때문에 배출 콕을 열어 주기적으로 배출시켜야 한다.

**13** 경사지에서 지게차를 주행하는 방법으로 옳지 <u>않은</u> 것은?

① 공차 시 포크는 경사의 위쪽으로 향하게 하고 올라간다.
② 공차 시 포크는 경사의 아래쪽으로 향하게 하고 내려간다.
③ 적재 시 화물은 경사의 위쪽으로 향하게 하고 올라간다.
④ 적재 시 화물은 경사의 위쪽으로 향하게 하고 내려간다.

**13** 작업안전 ▶ 화물 적재, 하역 및 운반 작업
공차 시 포크는 경사의 아래쪽을 향하게 하여 오르고 내려가며, 화물 적재 시에는 화물이 쏟아지지 않도록 경사의 위쪽을 향하게 하여 오르고 내려간다.

**14** 지게차 주행 시 안전수칙으로 옳지 <u>않은</u> 것은?

① 중량물을 운반 중인 경우 반드시 제한 속도를 준수한다.
② 화물을 편하중 상태로 운반하지 않는다.
③ 후륜이 뜬 상태로 주행해서는 안 된다.
④ 짧은 거리를 주행할 경우 안전벨트를 착용하지 않아도 된다.

**14** 작업안전 ▶ 화물 적재, 하역 및 운반 작업
지게차 주행 시에는 반드시 안전벨트를 착용해야 한다.

**15** 지게차의 전·후진 레버에 대한 설명으로 옳은 것은?

① 전·후진 레버를 밀면 후진한다.
② 전·후진 레버를 당기면 전진한다.
③ 전·후진 레버는 지게차가 완전히 멈춘 상태에서 조작한다.
④ 주차 시 전·후진 레버는 전진 또는 후진에 넣는다.

**15** 작업안전 ▶ 화물 적재, 하역 및 운반 작업
변속기를 보호하기 위해 지게차의 전·후진 레버는 지게차가 완전히 멈춘 상태에서 조작한다. 레버를 앞으로 밀면 전진하고 당기면 후진한다.

| 정답 |  11 ④   12 ①   13 ①
14 ④   15 ③

**16** 철길 건널목 안에서 차가 고장이 나서 운행할 수 없게 된 경우 운전자의 조치 사항으로 옳지 <u>않은</u> 것은?

① 차를 즉시 건널목 밖으로 이동시킨다.
② 승객을 하차시켜 즉시 대피시킨다.
③ 현장을 그대로 보존하고 경찰관서로 가서 고장 신고를 한다.
④ 철도 공무 중인 직원이나 경찰공무원에게 즉시 알려 차를 이동하기 위해 필요한 조치를 한다.

**17** 노면 표시 중 중앙선이 황색 실선과 점선의 복선으로 설치된 경우 앞지르기 방법은?

① 어느 쪽에서든 중앙선을 넘어서 앞지르기를 할 수 있다.
② 실선 쪽에서만 중앙선을 넘어서 앞지르기를 할 수 있다.
③ 어느 쪽에서든 중앙선을 넘어서 앞지르기를 할 수 없다.
④ 점선 쪽에서만 중앙선을 넘어서 앞지르기를 할 수 있다.

**18** 타이어식 건설기계의 좌석 안전띠에 대한 설명으로 옳지 <u>않은</u> 것은?

① 30km/h 이상의 속도를 낼 수 있는 타이어식 건설기계에는 좌석 안전띠를 설치해야 한다.
② 안전띠는 사용자가 쉽게 잠그고 풀 수 있는 구조여야 한다.
③ 안전띠는 산업표준화법 제15조에 따라 인증을 받은 제품이어야 한다.
④ 지게차에는 좌석 안전띠를 설치할 필요가 없다.

**19** 도로교통법상 철길 건널목을 통과하는 방법으로 옳은 것은?

① 신호등이 없는 철길 건널목을 통과할 때에는 서행으로 통과해야 한다.
② 신호등이 있는 철길 건널목을 통과할 때에는 건널목 앞에서 일시정지하여 안전한지의 여부를 확인한 후에 통과해야 한다.
③ 신호기가 없는 철길 건널목을 통과할 때에는 건널목 앞에서 일시정지하여 안전한지의 여부를 확인한 후에 통과해야 한다.
④ 신호기와 관련 없이 철길 건널목을 통과할 때에는 건널목 앞에서 일시정지하여 안전한지의 여부를 확인한 후에 통과해야 한다.

**20** 녹색신호에서 교차로 내를 직진하는 중에 황색신호로 바뀌었을 때, 안전운전 방법으로 옳은 것은?

① 계속 진행하여 신속히 교차로를 통과한다.
② 일시정지하여 다음 신호를 기다린다.
③ 일시정지하여 좌우를 살핀 후 진행한다.
④ 속도를 줄여 조금씩 움직이는 정도의 속도로 서행하면서 진행한다.

**16 도로주행 ▶ 도로교통법**

철길 건널목 안에서 차가 고장이 나서 운행할 수 없게 되면 동승한 승객을 하차시켜 즉시 대피시킨 후 인력으로 차를 건널목 밖으로 밀어 이동시키거나, 여의치 않을 경우 철도공무원이나 경찰공무원에게 신고해야 한다. 현장을 그대로 보존하는 것은 건널목 내 다른 차와의 충돌을 발생시킬 수 있으므로 바람직하지 않다.

**17 도로주행 ▶ 도로교통법**

중앙선이 황색 실선과 점선의 복선으로 설치된 경우 점선 쪽에서만 중앙선을 넘어 앞지르기를 할 수 있다.

**18 도로주행 ▶ 도로교통법**

지게차는 전복사고 발생률이 높으므로 반드시 좌석 안전띠를 설치해야 한다.

**19 도로주행 ▶ 도로교통법**

철길 건널목을 통과하려는 경우에는 건널목 앞에서 일시정지하여 안전한지 확인한 후에 통과해야 한다. 다만, 신호기 등이 표시하는 신호에 따르는 경우에는 정지하지 아니하고 통과할 수 있다.

**20 도로주행 ▶ 도로교통법**

녹색신호에서 교차로 내를 직진하는 중에 황색신호로 바뀐 경우, 계속 진행하여 신속하게 교차로를 통과한다.

| 정답 |  16 ③  17 ④  18 ④
　　　　19 ③  20 ①

**21** 건설기계관리법령상 자동차 1종 대형면허로 조종할 수 <u>없는</u> 건설기계는?

① 5톤 굴착기
② 노상안정기
③ 콘크리트펌프
④ 아스팔트살포기

**21 도로주행 ▶ 건설기계관리법**

5톤 굴착기는 1종 대형면허로 조종할 수 있는 건설기계에 해당하지 않는다.
②③④ 이외에도 1종 대형면허로 조종할 수 있는 건설기계에는 덤프트럭, 콘크리트 믹서트럭, 천공기 등이 있다.

**22** 건설기계등록의 경정은 어느 때에 하는가?

① 등록을 한 후에 그 등록에 관하여 착오 또는 누락이 있음을 발견한 때
② 등록을 한 후에 소유권이 이전되었을 때
③ 등록을 한 후에 등록지가 이전되었을 때
④ 등록을 한 후에 소재지가 변동되었을 때

**22 도로주행 ▶ 건설기계관리법**

건설기계등록의 경정은 등록을 한 후에 그 등록에 관하여 착오 또는 누락이 있음을 발견한 때에 한다.

**23** 건설기계관리법령상 국토교통부령으로 정하는 바에 따라 등록번호표를 부착 및 봉인하지 않은 건설기계를 운행하여서는 아니 된다는 규정을 1차 위반했을 경우의 과태료는 얼마인가? (단, 임시번호표를 부착한 경우는 제외한다)

① 5만 원
② 10만 원
③ 50만 원
④ 100만 원

**23 도로주행 ▶ 건설기계관리법**

등록번호표를 부착 및 봉인하지 아니한 건설기계를 운행한 자는 100만 원 이하의 과태료에 처한다.
참고 「건설기계관리법 시행령」[별표 3]

**24** 건설기계조종사 면허증을 발급받을 수 <u>없는</u> 사람은?

① 두 눈의 시력이 각각 0.5 이상인 사람
② 두 눈을 동시에 뜨고 잰 시력이 0.1인 사람
③ 55데시벨(보청기를 사용하는 사람은 40데시벨)의 소리를 들을 수 있는 사람
④ 시각이 160도인 사람

**24 도로주행 ▶ 건설기계관리법**

「건설기계관리법」상 면허의 적성기준 중 시력에 관한 것은 두 눈을 동시에 뜨고 잰 시력(교정시력 포함)이 0.7 이상이고, 두 눈의 시력이 각각 0.3 이상인 경우이다.

**25** 다음 중 건설기계 조종사 면허에 대한 설명으로 <u>잘못된</u> 것은?

① 건설기계를 조종하려는 사람은 시장, 군수 또는 구청장에게 건설기계조종사 면허를 받아야 한다.
② 18세 미만인 사람은 건설기계조종사 면허를 받을 수 없다.
③ 운전면허로는 운전할 수 있는 건설기계는 없다.
④ 적성검사는 1종 자동차운전면허증 사본 또는 1종 운전면허에 요구되는 신체검사서로 갈음할 수 있다.

**25 도로주행 ▶ 건설기계관리법**

덤프트럭, 아스팔트살포기, 노상안전기 등은 1종 대형운전면허로 조종할 수 있다.

| 정답 | 21 ① 22 ① 23 ④
24 ② 25 ③

**26** 엔진오일의 소비량이 많아지는 직접적인 원인은?

① 피스톤 링과 실린더의 간극이 과대한 경우

② 오일펌프 기어가 과대 마모된 경우

③ 배기밸브 간극이 너무 작은 경우

④ 윤활유의 압력이 너무 낮은 경우

**26 장비구조 ▶ 엔진구조**

피스톤 링과 실린더의 간극이 과대하면 엔진오일이 연소실로 올라와 연소하기 때문에 엔진오일 소비량이 많아진다.

**27** 실린더 블록의 구비조건으로 옳지 <u>않은</u> 것은?

① 기관의 부품 중 가장 큰 부품이므로 가능한 소형, 경량일 것

② 기관의 기초 구조물이므로 강도와 강성이 클 것

③ 구조가 복잡하므로 주조 성능 및 절삭 가공이 용이할 것

④ 실린더 벽의 마모성이 클 것

**27 장비구조 ▶ 엔진구조**

실린더 블록은 내마모성, 내식성, 내열성이 커야 한다.

**28** 먼지가 많은 곳에서 사용되는 여과기로, 회전 운동을 하면서 흡입 공기 내 입자가 큰 먼지나 이물질을 분리시키는 형식의 여과기는?

① 건식 여과기

② 오일배스 여과기

③ 습식 여과기

④ 원심식 여과기

**28 장비구조 ▶ 엔진구조**

원심식 여과기는 먼지가 많은 곳에서 사용되는 여과기로, 회전 운동을 하면서 흡입 공기 내 입자가 큰 먼지나 이물질을 분리시키는 형식의 여과기이다.

**29** 기관 방열기에 연결된 보조탱크의 역할로 옳지 <u>않은</u> 것은?

① 냉각수의 체적 팽창을 흡수한다.

② 장기간 냉각수 보충이 필요 없다.

③ 오버플로(Overflow)되어도 증기만 방출된다.

④ 냉각수 온도를 적절하게 조절한다.

**29 장비구조 ▶ 엔진구조**

기관 방열기의 보조탱크(리저버 탱크)는 압력식 캡의 작동으로 방출된 고압·고온의 냉각수를 저장하여 체적 팽창을 흡수할 뿐만 아니라 대기 중으로 증기를 방출한다. 또한 압력식 캡의 진공 밸브가 작동되면 방열기로 냉각수를 보충한다.

**30** 4행정기관에서 크랭크축 기어와 캠축 기어의 지름의 비(㉠) 및 회전비(㉡)는 각각 얼마인가?

| | ㉠ | ㉡ | | ㉠ | ㉡ |
|---|---|---|---|---|---|
| ① | 1:2 | 1:2 | ② | 1:2 | 2:1 |
| ③ | 2:1 | 1:2 | ④ | 2:1 | 2:1 |

**30 장비구조 ▶ 엔진구조**

4행정기관은 크랭크축 2회전에 캠축이 1회전하므로 크랭크축 기어와 캠축 기어의 지름비와 회전비는 각각 1:2 및 2:1이다.

| 정답 | **26** ① **27** ④ **28** ④
**29** ④ **30** ②

**31** 다음 중 실린더 내경과 행정의 길이가 같은 기관은?

① 단행정 ② 장행정
③ 양방행정 ④ 정방행정

31 장비구조 ▶ 엔진구조

• 단행정: 내경 > 행정
• 정방행정: 내경 = 행정
• 장행정: 내경 < 행정

**32** 디젤기관을 시동한 후 충분한 시간이 지났는데도 냉각수 온도가 정상적으로 상승하지 않을 경우, 고장의 원인이 될 수 있는 것은?

① 냉각팬 벨트의 헐거움
② 수온 조절기가 열린 채 고장
③ 물펌프의 고장
④ 라디에이터 코어 막힘

32 장비구조 ▶ 엔진구조

수온 조절기(정온기)는 65℃에서 열리기 시작해서 85℃에서 완전히 열려 엔진의 온도를 일정하게 유지시켜 주는 역할을 한다. 수온 조절기가 열린 채로 고장이 나면 과냉의 원인이 되고, 닫힌 채로 고장이 나면 과열의 원인이 된다.

**33** 디젤기관에서 시동이 잘 안 되는 원인은?

① 냉각수의 온도가 높은 것을 사용하였다.
② 보조탱크의 냉각수량이 부족하다.
③ 점도가 낮은 기관 오일을 사용하였다.
④ 연료계통에 공기가 들어 있다.

33 장비구조 ▶ 엔진구조

디젤기관에서 시동이 되지 않는 원인 중 하나는 연료계통에 공기가 들어갔기 때문이다. 디젤기관 연료 라인에 공기가 유입되면 시동이 되지 않기 때문에 프라이밍펌프를 이용하여 공기빼기를 해 주어야 한다.

**34** 연소실과 연소의 구비조건이 아닌 것은?

① 분사된 연료를 가능한 한 긴 시간 동안 완전 연소시킬 것
② 평균 유효 압력이 높을 것
③ 고속 회전에서의 연소 상태가 좋을 것
④ 노크 발생이 적을 것

34 장비구조 ▶ 엔진구조

분사된 연료는 가능한 한 짧은 시간에 완전 연소되어야 한다.

**35** 급속 충전 시 유의할 사항으로 옳지 않은 것은?

① 통풍이 잘 되는 곳에서 충전한다.
② 건설기계에 설치된 상태로 충전한다.
③ 충전 시간을 짧게 한다.
④ 전해액 온도가 45℃를 넘지 않게 한다.

35 장비구조 ▶ 전기장치

급속 충전 시 발전기 다이오드의 손상을 방지하기 위해 건설기계에서 배터리를 분리하여 충전한다.

| 정답 | 31 ④  32 ②  33 ④
34 ①  35 ②

**36** 교류발전기에서 회전체에 해당하는 것은?

① 스테이터
② 브러시
③ 엔드프레임
④ 로터

**37** 건설기계에 사용되는 12볼트(V), 80암페어(A) 축전지 2개를 병렬로 연결하면 전압과 전류는 어떻게 변하는가?

① 12볼트(V), 80암페어(A)가 된다.
② 12볼트(V), 160암페어(A)가 된다.
③ 24볼트(V), 80암페어(A)가 된다.
④ 24볼트(V), 160암페어(A)가 된다.

**38** 실드 빔 형식의 전조등을 사용하는 건설기계장비에서 전조등 밝기가 흐려 야간 운전에 어려움이 있을 때의 조치 방법으로 옳은 것은?

① 렌즈를 교환한다.
② 반사경을 교환한다.
③ 전조등을 교환한다.
④ 전구를 교환한다.

**39** 건설기계의 전기장치 중 전류의 화학 작용을 이용한 것은?

① 발전기
② 배터리
③ 기동 전동기
④ 시트열선

**40** 축전지의 용량을 나타내는 단위는?

① A
② Ah
③ V
④ Ω

**36 장비구조 ▶ 전기장치**
로터는 양 철심 안쪽에 코일이 감겨 있으며 풀리에 의해 회전하는 부분으로, 슬립링을 통해 공급된 전류로 코일이 자기장을 형성하면 철심은 자석이 된다.

**37 장비구조 ▶ 전기장치**
배터리 2개를 병렬로 연결하면 전압은 변함이 없고 용량은 2배가 된다. 이에 12볼트, 80암페어 축전지 2개를 병렬로 연결할 경우 전압은 12볼트, 전류는 160암페어가 된다.

**38 장비구조 ▶ 전기장치**
실드 빔 형식은 렌즈, 반사경, 필라멘트가 일체로 되어 있는 형식으로, 기후 변화에 따라 반사경이 흐려지는 경우가 있다. 필라멘트가 단선되면 전조등 전체를 교환해야 한다.

**39 장비구조 ▶ 전기장치**
전류의 3대 작용으로는 자기 작용, 화학 작용, 발열 작용이 있다. 이 중 배터리는 화학 작용을 이용한 것이다.
①③ 발전기와 기동 전동기는 전류의 자기 작용과 관련 있다.
④ 시트열선은 전류의 발열 작용과 관련 있다.

**40 장비구조 ▶ 전기장치**
배터리 용량 표시는 A(방전 전류)× h(방전 시간)='Ah'로 나타낸다.

| 정답 | 36 ④  37 ②  38 ③
39 ②  40 ②

**41** 유압식 브레이크 장치에서 제동이 잘 풀리지 않는 원인에 해당하는 것은?

① 브레이크 오일 점도가 낮음
② 파이프 내 공기의 침입
③ 라이닝의 마모
④ 마스터 실린더의 리턴구멍 막힘

**41** 장비구조 ▶ 전·후진 주행장치
마스터 실린더 리턴구멍이 막히면 브레이크 페달을 놓았을 때 유압이 해제되지 않아 제동이 잘 풀리지 않는다.

**42** 수동변속기가 장착된 건설기계에 기어의 이중 물림을 방지하는 장치는?

① 인젝션　　　　　② 인터쿨러
③ 인터록　　　　　④ 인터널 기어

**42** 장비구조 ▶ 전·후진 주행장치
수동변속기의 기어가 빠지는 것을 방지하는 장치는 록킹볼, 기어의 이중 물림을 방지하는 장치는 인터록 이다.

**43** 타이어식 건설기계장비에서 타이어 접지압을 바르게 표현한 것은?

① 공차 상태의 무게(kgf)/접지 면적(cm²)
② 공차 상태의 무게(kgf)/접지 길이(cm)
③ 작업 장치의 무게/접지 면적(cm²)
④ (공차 상태의 무게＋예비타이어 무게)/접지 길이(cm)

**43** 장비구조 ▶ 전·후진 주행장치
타이어의 접지압은 '공차 상태의 무게(kgf)/접지 면적(cm²)'으로 나타낸다.

**44** 토크컨버터의 동력전달 매체는?

① 클러치판　　　　② 유체
③ 벨트　　　　　　④ 기어

**44** 장비구조 ▶ 전·후진 주행장치
토크컨버터는 펌프 임펠러, 터빈 러너, 스테이터로 구성되며, 유체의 힘에 의해 동력이 전달된다.

**45** 장비구조 ▶ 전·후진 주행장치
엔진 브레이크와 풋 브레이크를 함께 사용하는 것은 브레이크 라인의 베이퍼록 발생을 방지하기 위한 방법에 해당한다.

**45** 브레이크 장치의 베이퍼록 발생 원인이 <u>아닌</u> 것은?

① 긴 내리막길에서 과도한 브레이크 사용
② 엔진 브레이크와 풋 브레이크를 동시에 사용
③ 드럼과 라이닝의 끌림에 의한 가열
④ 오일의 변질에 의한 비등점 저하

| 정답 | 41 ④　42 ③　43 ①
　　　　44 ②　45 ②

**46** 기관과 변속기 사이에 설치되어 동력의 차단 및 전달의 기능을 하는 것은?

① 변속기  ② 클러치
③ 추진축  ④ 차축

46 장비구조 ▶ 전·후진 주행장치
클러치는 기관과 변속기 사이에 설치되어 동력 차단 및 전달을 하는 장치로, 마찰 클러치와 유체 클러치로 구분된다.

**47** 압력의 단위를 [보기]에서 모두 고른 것은?

| 보기 |
| --- |
| ㄱ. psi  ㄴ. kgf/cm$^2$ |
| ㄷ. bar  ㄹ. N·m |

① ㄱ, ㄴ, ㄷ  ② ㄱ, ㄴ, ㄹ
③ ㄱ, ㄷ, ㄹ  ④ ㄴ, ㄷ, ㄹ

47 장비구조 ▶ 유압장치
압력은 단위 면적당 작용하는 힘으로, 단위는 psi, kgf/cm$^2$, bar, kPa, atm 등이 있다.

**48** 유압장치에 사용되는 밸브 부품의 세척유로 적절한 것은?

① 엔진오일  ② 물
③ 경유  ④ 합성세제

48 장비구조 ▶ 유압장치
경유는 인화점 및 발화점이 높아 화재의 위험이 낮고, 밸브 부품의 부식 방지에도 효과가 있어 세척유로 사용하기에 적합하다.

**49** 유압모터의 회전력이 변하는 것에 영향을 미치는 것은?

① 유압유 압력  ② 유량
③ 유압유 점도  ④ 유압유 온도

49 장비구조 ▶ 유압장치
유압모터의 회전력은 유압작동유의 압력에 의해 결정되며, 릴리프 밸브로 최대 압력을 조절할 수 있다.

50 장비구조 ▶ 유압장치
유압 실린더에서 피스톤 로드는 실린더 튜브 안과 밖을 이동하기 때문에 오염 물질이 튜브 안으로 유입되는 것을 방지하기 위해 더스트 실(와이퍼 실)을 설치한다.

**50** 유압장치에서 피스톤 로드에 있는 먼지 또는 오염 물질 등이 실린더 내로 혼입되는 것을 방지하는 것은?

① 필터(Filter)  ② 더스트 실(Dust seal)
③ 밸브(Valve)  ④ 실린더 커버(Cylinder cover)

| 정답 | 46 ②  47 ①  48 ③
49 ①  50 ②

**51** 다음 중 압력제어 밸브가 <u>아닌</u> 것은?

① 릴리프 밸브
② 체크 밸브
③ 감압 밸브
④ 시퀀스 밸브

**52** 유압 실린더 피스톤에 많이 사용되는 링은?

① O링형
② V링형
③ C링형
④ U링형

**53** 다음 유압기호가 나타내는 것은?

① 유압동력원
② 공기압동력원
③ 전동기
④ 원동기

**54** 현장에서 유압유의 열화를 찾아내는 방법으로 옳은 것은?

① 오일을 가열했을 때 냉각되는 시간 확인
② 오일을 냉각했을 때 침전물의 유무 확인
③ 자극적인 악취·색깔의 변화 확인
④ 건조한 여과지를 오일에 넣어 젖는 시간 확인

**55** 유압모터의 단점에 해당하지 <u>않는</u> 것은?

① 작동유에 먼지나 공기가 침입하지 않도록 특히 보수에 주의해야 한다.
② 작동유가 누출되면 작업 성능에 지장이 있다.
③ 작동유의 점도 변화에 의하여 유압모터의 사용에 제약이 있다.
④ 릴리프 밸브를 부착하여 속도나 방향을 제어하기가 곤란하다.

**51 장비구조 ▶ 유압장치**
체크 밸브는 유체를 한쪽 방향으로만 흐르게 하는 방향제어 밸브이다.

**52 장비구조 ▶ 유압장치**
유압 실린더 피스톤에서는 유압 실린더 피스톤 모양이 원형이기 때문에 O링형의 링을 많이 사용한다.

**53 장비구조 ▶ 유압장치**
제시된 그림은 유압동력원을 나타내는 유압기호로, 유압동력이 좌에서 우로 전달됨을 나타낸다.

**54 장비구조 ▶ 유압장치**
유압유의 열화 점검 방법으로는 색깔 변화 및 수분 함유 여부, 침전물 유무 및 점도 상태, 흔들었을 때 거품 발생 여부, 냄새 확인 등이 있다.

**55 장비구조 ▶ 유압장치**
유압모터에 유량제어 밸브나 방향제어 밸브를 부착할 경우 속도나 방향 제어가 가능하다.

| 정답 | 51 ② 52 ① 53 ①
54 ③ 55 ④

**56** 지게차의 운전 장치를 조작하는 동작에 대한 설명으로 옳지 <u>않은</u> 것은?

① 틸트 레버를 뒤로 당기면 마스트가 앞으로 기운다.
② 전·후진 레버를 앞으로 밀면 전진이 된다.
③ 리프트 레버를 뒤로 당기면 포크가 상승한다.
④ 리프트 레버를 앞으로 밀면 포크가 하강한다.

**57** 지게차의 좌우 포크 높이가 다를 경우에 조정하는 부위는?

① 리프트 밸브　　　　　　　② 체인
③ 틸트 레버　　　　　　　　④ 틸트 실린더

**58** 가열된 단조 구조물을 회전과 클램프를 이용하여 용해로에서 빼내거나 용해로에 투입하는 작업장치는?

① 포크 포지셔너　　　　　　② 로테이팅 클램프
③ 로드스태빌라이저　　　　　④ 잉고트 클램프

**59** 지게차의 뒤쪽에 설치되어 작업할 때 지게차가 한쪽으로 기울어지는 것을 방지하는 장치는?

① 핑거보드　　　　　　　　② 백레스트
③ 카운터 웨이트　　　　　　④ 틸트

**60** 다음 도로명판에 대한 설명으로 옳지 <u>않은</u> 것은?

> **강남대로** 1→699
> Gangnam-daero

① 도로명은 강남대로이다.
② '1→'의 위치는 도로의 시작지점이다.
③ 강남대로는 699m이다.
④ 강남대로는 1~699번까지 지번이 부여되어 있다.

**56 장비구조 ▶ 작업장치**
틸트 레버를 뒤로 당기면 마스트가 뒤로 기울고, 앞으로 밀면 마스트가 앞으로 기운다.

**57 장비구조 ▶ 작업장치**
지게차의 좌우 포크 높이가 다를 경우 조정너트를 이용하여 좌우 체인의 길이를 조정해야 한다.

**58 장비구조 ▶ 작업장치**
잉고트 클램프는 가열된 단조 구조물을 회전과 클램프를 이용하여 용해로에서 빼내거나 용해로에 투입할 때 사용하는 작업장치이나.

**59 장비구조 ▶ 작업장치**
카운터 웨이트는 평형추 또는 밸런스 웨이트라고도 하며, 지게차 맨 뒤쪽에 설치되어 지게차 앞쪽에 화물을 실었을 때 균형을 잡아주는 역할을 한다.

**60 도로주행 ▶ 도로명주소**
강남대로는 6.99km(699×10m)이다.

| 정답 | 56 ①　57 ②　58 ④
59 ③　60 ③

**01 수공구 취급 시 안전에 관한 사항으로 옳지 않은 것은?**

① 해머 자루의 해머 고정 부분 끝에 쐐기를 박아 사용 중 해머가 빠지지 않게 한다.
② 렌치 사용 시 본인의 몸쪽으로 당기지 않는다.
③ 스크루드라이버 사용 시 공작물을 손으로 잡지 않는다.
④ 스크레이퍼 사용 시 공작물을 손으로 잡지 않는다.

**02 기계나 부품이 고장 나거나 불량이 발생해도 안전하게 작동할 수 있도록 하는 기능은?**

① 인터록
② 페일세이프
③ 시간지연장치
④ 풀 프루프

**03 운전 및 정비 작업 시 작업복의 조건으로 옳지 않은 것은?**

① 점퍼형으로 상의 옷자락을 여밀 수 있는 것
② 작업용구 등을 넣기 위해 주머니가 많은 것
③ 소매를 오무려 붙이도록 되어 있는 것
④ 소매로 손목까지 가릴 수 있는 것

**04 작업장에서 공동 작업으로 물건을 들어 이동할 때 옳지 않은 것은?**

① 힘의 균형을 유지하여 이동할 것
② 불안전한 물건은 드는 방법에 주의할 것
③ 상대방과 호흡을 맞추어 들도록 할 것
④ 운반 도중 상대방에게 무리하게 힘을 가할 것

**05 연삭기 받침대와 숫돌의 틈새는 얼마가 적당한가?**

① 3mm 이하
② 5mm 이하
③ 7mm 이하
④ 10mm 이하

해설

**01 작업안전 ▶ 안전관리**
렌치(스페너)는 볼트나 너트를 풀거나 조이는 작업 등을 할 때 몸쪽으로 당기면서 사용해야 한다.

**02 작업안전 ▶ 안전관리**
페일세이프란 기계가 잘 작동하지 않거나 고장이 났을 경우 운전을 정지하거나 안전하게 작동할 수 있도록 하는 기능이다.

**03 작업안전 ▶ 안전관리**
작업복에 주머니가 많을 경우 작업 과정에서 주머니 끝이 기계장치에 걸리거나 말려 들어가는 사고가 발생할 수 있다. 따라서 작업복에는 가급적 주머니가 많지 않은 것이 적절하다.

**04 작업안전 ▶ 안전관리**
공동 작업 시 운반 도중 상대방에게 무리한 힘을 가하지 말아야 한다.

**05 작업안전 ▶ 안전관리**
연삭기 받침대와 숫돌의 틈새는 2~3mm 정도가 적당하다.

| 정답 | 01 ② 02 ② 03 ②
04 ④ 05 ①

## 06 전기 용접의 아크 빛으로 인해 눈이 충혈되고 부었을 때의 응급조치 사항으로 옳은 것은?

① 눈을 잠시 감고 안정을 취한다.
② 안약을 넣고 계속 작업을 한다.
③ 소금물로 눈을 세정한 후 작업한다.
④ 냉습포를 눈 위에 올려놓고 안정을 취한다.

## 07 안전보건표지 중 다음 안전표지판이 나타내는 것은?

① 보행금지       ② 작업금지
③ 출입금지       ④ 사용금지

## 08 세척 작업 중 알칼리 또는 산성 세척유가 눈에 들어갔을 경우 응급처치로 가장 먼저 해야 하는 것은?

① 수돗물로 씻어낸다.
② 눈을 크게 뜨고 바람 부는 쪽을 향해 눈물을 흘린다.
③ 알칼리성 세척유가 눈에 들어가면 붕산수를 구입하여 중화시킨다.
④ 산성 세척유가 눈에 들어가면 병원으로 후송하여 알칼리성으로 중화시킨다.

## 09 지게차에 대한 설명으로 옳지 않은 것은?

① 연료탱크에 연료가 비어 있으면 연료 게이지는 'E'를 가리킨다.
② 오일압력 경고등은 시동 후 워밍업이 되기 전에 점등되어야 한다.
③ 암페어 메타의 지침은 방전되면 (−)쪽을 가리킨다.
④ 히터 시그널은 연소실 글로 플러그의 가열 상태를 표시한다.

## 10 유압유 탱크에서 유량을 체크하는 것은?

① 유량계       ② 유면계
③ 압력계       ④ 온도계

**11** 디젤기관에 시동이 걸리지 않을 경우 점검해야 할 곳이 <u>아닌</u> 것은?

① 기동 전동기에 이상이 없는지 점검한다.
② 배터리의 충전 상태를 점검한다.
③ 배터리 접지 케이블의 단자가 잘 조여져 있는지 점검한다.
④ 발전기에 이상이 없는지 점검한다.

**12** 납산 배터리의 전해액을 측정하여 충전 상태를 알 수 있는 게이지는?

① 그로울러 테스터          ② 압력계
③ 비중계                  ④ 스러스트 게이지

**13** 지게차 작업 시 화물의 적재 방법으로 옳지 <u>않은</u> 것은?

① 적재 화물이 무너질 우려가 있는 경우 밧줄로 묶는다.
② 팔레트는 적재하는 화물의 중량에 따른 충분한 강도를 가지고 있어야 한다.
③ 화물바닥이 불균형할 경우 포크와 화물 사이에 고임목을 사용하여 안정시킨다.
④ 적재 화물이 불안정한 경우 포크로 찍어 운반한다.

**14** 지게차 안전에 대한 설명 중 옳은 것은?

① 지게차는 비교적 조작이 간단하여 누구나 운전해도 상관없다.
② 최대 적재하중을 초과하여 운반할 경우 카운터 웨이트 중량을 추가한다.
③ 화물이 너무 커서 시야를 가릴 경우 유도자를 배치하고 후진 서행한다.
④ 시야 확보를 위하여 조종석 옆에 유도자를 탑승시킨다.

**15** 지게차 운행 시 주의사항으로 옳지 <u>않은</u> 것은?

① 운행 전 작업장의 지반 상태를 파악하고 운행한다.
② 앞바퀴 조향에 주의하며 운행한다.
③ 화물 적하 장치에 사람을 태우고 운행하지 않는다.
④ 경사지를 내려갈 경우 변속 레버를 저단에 넣고 엔진 브레이크를 사용하여 서행한다.

**11** 작업안전 ▶ 작업 전·후 점검
시동 시 기동 전동기에 전기를 공급하는 장치는 배터리이다. 발전기는 시동과 관련이 없다.

**12** 작업안전 ▶ 작업 전·후 점검
전해액의 비중 측정은 비중계로 하며, 납산 배터리가 완전 충전되었을 경우 전해액의 비중은 20℃에서 1.260~1.280 정도이다.

**13** 작업안전 ▶ 화물 적재, 하역 및 운반 작업
적재 화물이 불안정한 경우 로프 또는 슬링와이어 등으로 고정하여 운반한다.

**14** 작업안전 ▶ 화물 적재, 하역 및 운반 작업
① 건설기계조종사 면허가 있어야 지게차 운전을 할 수 있다.
② 작업안전을 위해 규정된 적정 하중을 초과하여 운반하지 않는다.
④ 지게차에는 작업자 1인 외에 동승자를 탑승시키지 않는다.

**15** 작업안전 ▶ 화물 적재, 하역 및 운반 작업
지게차는 일반 자동차와 달리 후륜 조향방식이기 때문에 운행 시 뒷바퀴 조향에 주의하며 운행해야 한다.

| 정답 |  **11** ④  **12** ③  **13** ④
       **14** ③  **15** ②

**16** 도로교통법상 3색 등화로 표시되는 신호등의 신호 순서로 옳은 것은?

① 녹색(적색 및 녹색 화살표)등화 → 황색등화 → 적색등화
② 녹색(적색 및 녹색 화살표)등화 → 적색등화 → 황색등화
③ 적색(적색 및 녹색 화살표)등화 → 황색등화 → 녹색등화
④ 적색점멸등화 → 황색등화 → 녹색(적색 및 녹색 화살표)등화

**16** 도로주행 ▶ 도로교통법

3색 등화의 신호 순서는 녹색(적색 및 녹색 화살표)등화, 황색등화, 적색등화의 순이다.

**17** 진로를 변경하고자 할 때 운전자가 지켜야 할 사항으로 옳지 <u>않은</u> 것은?

① 신호는 행위가 끝날 때까지 계속하여야 한다.
② 방향지시기로 신호를 한다.
③ 손이나 등화로도 신호를 할 수 있다.
④ 제한 속도에 관계없이 최단 시간 내에 진로 변경을 하여야 한다.

**17** 도로주행 ▶ 도로교통법

진로 변경을 하고자 할 때에는 제한 속도를 준수해야 한다. 그리고 변경하려는 방향으로 오고 있는 다른 차의 정상적인 통행에 장애를 줄 우려가 있을 때에는 진로를 변경하여서는 아니 된다.

**18** 다음 (     ) 안에 들어갈 내용이 순서대로 모두 옳은 것은?

> 도로를 통행하는 차마의 운전자는 교통안전시설이 표시하는 신호 또는 지시와 교통정리를 위한 경찰공무원등의 신호 또는 지시가 다른 경우에는 (          )의 (          )에 따라야 한다.

① 운전자, 판단              ② 교통신호, 지시
③ 경찰공무원등, 신호 또는 지시     ④ 다른 차, 신호

**18** 도로주행 ▶ 도로교통법

도로를 통행하는 차마의 운전자는 교통안전시설이 표시하는 신호 또는 지시와 교통정리를 위한 경찰공무원등의 신호 또는 지시가 다른 경우에는 경찰공무원등의 신호 또는 지시를 따라야 한다.

**19** 도로교통법상 앞지르기 당하는 차의 조치로 옳은 것은?

① 앞지르기 할 수 있도록 좌측 차로로 변경한다.
② 일시정지하거나 서행하여 앞지르기시킨다.
③ 속도를 높여 경쟁하거나 가로막는 등 방해한다.
④ 앞지르기를 하여도 좋다는 신호를 반드시 해야 한다.

**19** 도로주행 ▶ 도로교통법

앞지르기 당하는 차는 도로의 우측 가장자리에 일시정지하거나 서행하여 앞지르기를 시킨다.

**20** 자동차전용도로의 정의로 옳은 것은?

① 자동차만 다닐 수 있도록 설치된 도로
② 보도와 차도의 구분이 없는 도로
③ 보도와 차도의 구분이 있는 도로
④ 자동차 고속 주행의 교통에만 이용되는 도로

**20** 도로주행 ▶ 도로교통법

자동차전용도로란 자동차만 다닐 수 있도록 설치된 도로를 말한다.

| 정답 |  16 ①   17 ④   18 ③
19 ②   20 ①

**21** 건설기계관리법상 건설기계조종사 면허의 효력 정지 및 취소를 할 수 있는 자는?

① 시·도지사
② 국토교통부장관
③ 대통령
④ 시장·군수 또는 구청장

**22** 3톤 미만 소형 지게차 조종교육의 내용에 해당하지 <u>않는</u> 것은?

① 건설기계관리법규 및 자동차 관리법
② 건설기계기관, 전기 및 작업장치
③ 유압 일반
④ 조종 실습

**23** 등록지를 관할하는 건설기계 검사대행자가 시행할 수 <u>없는</u> 것은?

① 정기검사
② 신규등록검사
③ 수시검사
④ 정비명령

**24** 건설기계조종사의 면허취소 사유가 <u>아닌</u> 것은?

① 거짓 또는 부정한 방법으로 건설기계의 면허를 받은 때
② 면허정지 처분을 받은 자가 그 정지 기간 중 건설기계를 조종한 때
③ 건설기계의 조종 중 고의로 중대한 사고를 일으킨 때
④ 등록번호표를 가리거나 훼손하여 알아보기 곤란하게 한 건설기계를 운행한 때

**25** 건설기계관리법령상 자동차손해배상 보장법에 따른 자동차보험에 반드시 가입하여야 하는 건설기계가 <u>아닌</u> 것은?

① 타이어식 지게차
② 타이어식 굴착기
③ 타이어식 기중기
④ 덤프트럭

---

**21 도로주행 ▶ 건설기계관리법**
시장·군수 또는 구청장(자치구청장)이 건설기계조종사 면허의 발급. 효력 정지. 취소권자이다.

**22 도로주행 ▶ 건설기계관리법**
건설기계관리법규 및 도로통행방법이 「건설기계관리법 시행규칙」에 따른 3톤 미만 소형 지게차 조종교육의 내용에 해당한다.

**23 도로주행 ▶ 건설기계관리법**
정비명령은 건설기계 검사대행자가 시행할 수 없다. 시·도지사는 검사에 불합격된 건설기계에 대하여는 31일 이내의 기간을 정하여 해당 건설기계의 소유자에게 검사를 완료한 날부터 10일 이내에 정비명령을 해야 한다.

**24 도로주행 ▶ 건설기계관리법**
등록번호표를 가리거나 훼손하여 알아보기 곤란하게 한 건설기계를 운행한 때는 100만 원 이하의 과태료 처분을 받는다.

**25 도로주행 ▶ 건설기계관리법**
②③④ 이외에도 의무보험 대상 건설기계에는 콘크리트믹서트럭, 트럭적재식 콘크리트펌프, 트럭적재식 아스팔트살포기, 트럭지게차. 도로보수트럭. 노면측정장비 등이 있다.

| 정답 | **21** ④ **22** ① **23** ④
**24** ④ **25** ①

**26** 커먼레일 연료분사장치의 저압부에 해당하지 않는 것은?

① 커먼레일
② 연료 스트레이너
③ 1차 연료펌프
④ 필터

26 장비구조 ▶ 엔진구조
커먼레일, 인젝터, 고압펌프는 커먼레일 연료분사장치의 고압부에 해당한다.

**27** 머플러(소음기)와 관련된 설명으로 옳은 것을 [보기]에서 모두 고른 것은?

| 보기 |
ㄱ. 카본이 많이 끼면 엔진이 과열되는 원인이 될 수 있다.
ㄴ. 머플러가 손상되어 구멍이 나면 배기음이 커진다.
ㄷ. 카본이 많이 쌓이면 엔진 출력이 떨어진다.
ㄹ. 배기가스의 압력을 높여서 열효율을 증가시킨다.

① ㄱ, ㄴ, ㄷ
② ㄱ, ㄴ, ㄹ
③ ㄱ, ㄷ, ㄹ
④ ㄴ, ㄷ, ㄹ

27 장비구조 ▶ 엔진구조
ㄹ. 배기가스의 압력이 높으면 출력 및 열효율이 떨어진다.

**28** 라디에이터(Radiator)를 다운 플로 형식(Down flow type)과 크로스 플로 형식(Cross flow type)으로 구분하는 기준은?

① 공기가 흐르는 방향
② 라디에이터의 크기
③ 라디에이터의 설치 위치
④ 냉각수가 흐르는 방향

28 장비구조 ▶ 엔진구조
라디에이터(Radiator)는 냉각수가 흐르는 방향에 따라 다운 플로 형식(Down flow type)과 크로스 플로 형식(Cross flow type)으로 구분하며, 일반적으로 다운 플로 형식을 더 많이 사용한다.

**29** 기관 오일량이 초기 점검 시보다 증가하는 원인으로 옳은 것은?

① 실린더의 과열
② 냉각수의 유입
③ 오일의 연소
④ 오일 점도의 변화

29 장비구조 ▶ 엔진구조
기관 오일량이 초기 점검 시보다 증가하였다면 실린더 헤드 개스킷이 손상되어 냉각수가 유입된 것으로 볼 수 있다.

**30** 4행정 사이클 디젤기관의 흡입 행정에 대한 설명으로 옳지 않은 것은?

① 흡입 밸브를 통하여 혼합기를 흡입한다.
② 실린더 내에 부압이 발생한다.
③ 흡입 밸브는 상사점 전에 열린다.
④ 흡입계통에는 벤투리, 초크 밸브가 없다.

30 장비구조 ▶ 엔진구조
디젤기관은 흡입 시 혼합기(공기+연료)가 아닌 공기만을 흡입한다.

| 정답 | 26 ① 27 ① 28 ④
29 ② 30 ①

**31** 기관 오일이 전달되지 <u>않는</u> 곳은?

① 피스톤 링　　　　　　　② 피스톤
③ 플라이휠　　　　　　　④ 피스톤 로드

**32** 기관 오일의 압력이 높은 원인에 해당하지 <u>않는</u> 것은?

① 릴리프 밸브 스프링(조정 스프링)이 강할 때
② 추운 겨울철에 가동할 때
③ 오일 점도가 높을 때
④ 오일 점도가 낮을 때

**33** 전자제어 디젤 분사장치에서 연료를 제어하기 위해 센서로부터 각종 정보(가속페달의 위치, 기관 속도, 분사 시기, 흡기량, 냉각수 온도, 연료 온도 등)를 입력받아 전기적 출력 신호로 변환하는 것은?

① 자기진단(Self diagnosis)
② 전자제어유닛(ECU)
③ 컨트롤 슬리브 액추에이터
④ 컨트롤 로드 액추에이터

**34** 냉각장치의 냉각수가 줄어드는 원인에 따른 정비 방법이 옳지 <u>않은</u> 것은?

① 워터펌프 불량: 조정
② 라디에이터 캡 불량: 부품 교환
③ 히터 혹은 라디에이터 호스 불량: 수리 및 부품 교환
④ 서머 스타트 하우징 불량: 개스킷 및 하우징 교체

**35** 다음 (　　) 안에 들어갈 내용으로 옳은 것은?

> 기동 전동기를 기관에서 떼어 낸 상태에서 행하는 시험을 (　ㄱ　) 시험, 기관에 설치된 상태에서 행하는 시험을 (　ㄴ　) 시험이라고 한다.

| | ㄱ | ㄴ | | ㄱ | ㄴ |
|---|---|---|---|---|---|
| ① | 무부하 | 부하 | ② | 부하 | 무부하 |
| ③ | 크랭킹 | 부하 | ④ | 부하 | 크랭킹 |

**31 장비구조 ▶ 엔진구조**

①②④ 이외에도 기관 오일은 터보차저, 디젤기관 분사펌프, 습식 공기청정기, 실린더 헤드 등에 전달된다.

**32 장비구조 ▶ 엔진구조**

기관 오일의 압력이 높은 원인으로는 겨울철에 오일의 점도가 높아질 경우, 릴리프 밸브 스프링이 강한 경우 등이 있다.

**33 장비구조 ▶ 엔진구조**

전자제어 디젤(커먼레일)기관 연료장치의 전자제어유닛(ECU)은 각종 센서로부터 입력값을 받아 인젝터로 출력 신호를 내보내는 역할을 한다.

**34 장비구조 ▶ 엔진구조**

냉각수가 줄어드는 원인이 워터펌프 불량일 경우에는 개스킷 및 워터펌프를 교환해야 한다.

**35 장비구조 ▶ 전기장치**

기동 전동기를 기관에서 떼어 낸 상태에서 행하는 시험을 무부하 시험이라고 하고, 기관에 설치된 상태에서 행하는 시험을 부하 시험(크랭킹 시험)이라고 한다.

| 정답 | 　31 ③　32 ④　33 ②
　　　　34 ①　35 ①

**36** 기동 전동기의 마그넷 스위치에 대한 설명으로 옳은 것은?

① 기동 전동기의 저항 조절기이다.
② 기동 전동기의 전류 조절기이다.
③ 기동 전동기의 전압 조절기이다.
④ 기동 전동기용 전자석 스위치이다.

36 장비구조 ▶ 전기장치

기동 전동기의 마그넷 스위치는 전자석 스위치 또는 솔레노이드 스위치라고도 하며, 풀인 코일과 홀드인 코일이 내장되어 있다.

**37** 장비에 장착된 축전지를 급속 충전할 때 축전지의 접지 케이블을 떼는 이유로 옳은 것은?

① 기동 전동기를 보호하기 위해
② 발전기의 다이오드를 보호하기 위해
③ 과충전을 방지하기 위해
④ 조정기의 접점을 보호하기 위해

37 장비구조 ▶ 전기장치

장비에 장착된 축전지를 급속 충전할 때에는 발전기의 다이오드를 보호하기 위해 축전지를 탈거하거나 (+) 케이블 및 (−) 케이블을 떼어내고 충전한다.

**38** 건설기계에 가장 많이 쓰이는 축전지는?

① 알칼리 축전지
② 니켈 카드뮴 축전지
③ 아연산 축전지
④ 납산 축전지

38 장비구조 ▶ 전기장치

납산 축전지는 가격이 저렴하고 상온에서 화학 반응을 일으켜 폭발할 가능성이 적기 때문에 건설기계에 가장 많이 쓰인다.

**39** 축전지 용량에 대한 설명으로 옳은 것은?

① 극판의 크기와 관계되며, 극판의 형상이나 극판의 수와는 관련이 없다.
② 전해액의 비중과 관계되며, 전해액의 온도와 전해액의 양과는 관련이 없다.
③ 격리판의 재질 및 형상과 관계되며, 격리판의 크기와는 관련이 없다.
④ 방전 전류와 방전 시간의 곱으로 나타낸다.

39 장비구조 ▶ 전기장치

축전지 용량은 극판의 크기 및 수, 전해액의 양이 많을수록 커지고, 용량 표시는 'A(방전 전류)×h(방전 시간)=Ah'로 한다.

40 장비구조 ▶ 전기장치

기동 전동기의 브러시는 본래 길이의 3분의 1 이상이 마모되면 교환해야 한다.

**40** 기동 전동기의 브러시는 본래 길이의 어느 정도 마모되면 교환해야 하는가?

① 3분의 1 이상
② 4분의 1 이상
③ 5분의 1 이상
④ 10분의 1 이상

| 정답 | 36 ④ 37 ② 38 ④
39 ④ 40 ①

**41** 수동변속기가 장착된 건설기계장비에 클러치가 연결된 상태에서 기어 변속을 하였을 때 발생할 수 있는 현상은?

① 클러치 디스크가 마멸된다.
② 변속 레버가 마모된다.
③ 기어에서 소리가 나고 손상될 수 있다.
④ 종감속 기어가 손상된다.

**41** 장비구조 ▶ 전·후진 주행장치
수동변속기가 장착된 건설기계장비에 클러치가 연결된 상태에서 기어 변속을 하면 기어가 손상될 수 있다. 따라서 반드시 클러치 페달을 밟아 동력이 차단된 상태에서 기어 변속을 해야 한다.

**42** 동력전달장치에서 클러치의 고장과 관계가 <u>없는</u> 것은?

① 클러치 압력판 스프링의 손상
② 클러치 면의 마멸
③ 플라이휠 링 기어의 마멸
④ 릴리스 레버의 조정 불량

**42** 장비구조 ▶ 전·후진 주행장치
플라이휠 링 기어는 기동 전동기의 피니언 기어와 치합하여 크랭크축을 회전시켜 시동을 거는 역할을 한다. 따라서 링 기어가 마멸될 경우 기동 전동기가 회전을 해도 시동이 걸리지 않는다. 플라이휠 링 기어의 마멸은 클러치의 고장과 관련이 없다.

**43** 동력전달장치에서 추진축의 밸런스 웨이트에 대한 설명으로 옳은 것은?

① 추진축의 비틀림을 방지한다.
② 변속 조작 시 변속을 용이하게 한다.
③ 추진축의 회전수를 높인다.
④ 추진축의 회전 시 진동을 방지한다.

**43** 장비구조 ▶ 전·후진 주행장치
추진축의 회전 시 불평형에 의한 진동을 방지하기 위해서는 밸런스 웨이트를 설치해야 한다.

**44** 유체 클러치(Fluid coupling)에서 가이드링의 역할은?

① 와류를 감소시킨다.
② 터빈(Turbine)의 손상을 줄인다.
③ 마찰을 증대시킨다.
④ 플라이휠(Fly wheel)의 마모를 감소시킨다.

**44** 장비구조 ▶ 전·후진 주행장치
터빈으로부터 날아오는 오일이 펌프 날개에 부딪히면 효율이 저하된다. 이를 방지하기 위해 유체 클러치의 가이드링이 오일을 바로 떨어뜨리며, 이때 발생하는 유체의 와류를 감소시키는 역할을 한다.

**45** 튜브리스 타이어의 장점이 <u>아닌</u> 것은?

① 펑크 수리가 편리하다.
② 못이 박혀도 공기가 잘 새지 않는다.
③ 고속 주행하여도 발열이 적다.
④ 타이어 수명이 길다.

**45** 장비구조 ▶ 전·후진 주행장치
튜브리스 타이어는 튜브 타이어에 비해 수명이 짧다.

| 정답 | 41 ③ 42 ③ 43 ④
44 ① 45 ④

**46** 수동식 변속기가 장착된 장비에서 클러치 페달에 유격을 두는 이유로 옳은 것은?

① 클러치 용량을 크게 하기 위해
② 클러치의 미끄럼을 방지하기 위해
③ 엔진 출력을 증가시키기 위해
④ 제동 성능을 증가시키기 위해

**47** 유압장치의 정상적인 작동을 위한 일상점검사항으로 옳은 것은?

① 유압 컨트롤 밸브의 세척 및 교환
② 오일량의 점검 및 필터의 교환
③ 유압 펌프의 점검 및 교환
④ 오일 냉각기의 점검 및 세척

**48** 유압오일 내에 기포(거품)가 형성되는 이유로 옳은 것은?

① 오일에 이물질이 혼입되었을 때
② 오일의 점도가 높을 때
③ 오일에 공기가 혼입되었을 때
④ 오일이 누설되었을 때

**49** 유압 실린더를 교환했을 경우 조치해야 할 작업과 거리가 먼 것은?

① 오일필터의 교환
② 공기빼기 작업
③ 누유 점검
④ 시운전하여 작동 상태 점검

**50** 파스칼의 원리와 관련된 설명이 아닌 것은?

① 정지 액체에 접하고 있는 면에 가해진 압력은 그 면에 수직으로 작용한다.
② 정지 액체의 한 점에 있어서의 압력의 크기는 전 방향에 대하여 동일하다.
③ 점성이 없는 비압축성 유체에서 압력에너지, 위치에너지, 운동에너지의 합은 같다.
④ 밀폐용기 내의 한 부분에 가해진 압력은 액체 내의 여러 부분에 같은 압력으로 전달된다.

**46 장비구조 ▶ 전·후진 주행장치**

클러치 페달의 유격은 클러치 페달을 밟았을 때 릴리스 베어링이 릴리스 레버에 닿을 때까지 페달이 움직인 거리를 말한다. 클러치의 미끄럼을 방지하기 위해 클러치 페달에 유격을 두는데, 자유유격이 작으면 클러치가 미끄러지고, 자유유격이 크면 동력 차단이 불량해진다.

**47 장비구조 ▶ 유압장치**

유압장치의 정상적인 작동 및 수명 연장을 위한 일상점검사항은 오일량을 점검하고 필터를 교환하는 것이다.

**48 장비구조 ▶ 유압장치**

유압오일 내에 기포가 형성되는 이유는 오일에 공기가 혼입되었거나 유압라인 내의 압력차에 의해 용해 공기가 오일에서 분리되었기 때문이다.

**49 장비구조 ▶ 유압장치**

유압 실린더를 교환했을 경우에는 시운전하여 작동 상태를 점검하고 공기빼기 작업을 실시한 뒤, 누유를 점검해야 한다.

**50 장비구조 ▶ 유압장치**

파스칼의 원리는 밀폐된 공간에서 유체에 압력을 가하면 모든 면에 수직으로 같은 힘이 작용한다는 원리이다.

| 정답 | 46 ② 47 ② 48 ③ 49 ① 50 ③

**51** 유압장치에서 유량제어 밸브가 아닌 것은?

① 교축 밸브
② 분류 밸브
③ 집류 밸브
④ 릴리프 밸브

**51** 장비구조 ▶ 유압장치

릴리프 밸브는 압력제어 밸브이다. ①②③ 이외에도 유량제어 밸브에는 서보 밸브가 있다. 서보 밸브는 조작방식에 따라 수동 조작, 기계적 조작, 솔레노이드 조작 등으로 나뉜다.

**52** 유압장치의 기본적인 구성 요소가 아닌 것은?

① 유압 발생장치
② 유압 재순환장치
③ 유압 제어장치
④ 유압 구동장치

**52** 장비구조 ▶ 유압장치

유압장치는 발생부, 제어부, 구동부(작동부)로 구성되어 있다.

**53** 유압 실린더의 움직임이 느리거나 불규칙할 때의 원인이 아닌 것은?

① 피스톤 패킹이 마모되었다.
② 유압유의 점도가 너무 높다.
③ 회로 내에 공기가 혼입되어 있다.
④ 체크 밸브의 방향이 반대로 설치되어 있다.

**53** 장비구조 ▶ 유압장치

체크 밸브는 유체의 흐름을 한쪽으로만 흐르게 하기 때문에 방향이 반대로 설치되어 있으면 유압 실린더가 작동하지 않는다.

**54** 유압모터에 대한 설명으로 옳은 것은?

① 유압 발생 장치에 속한다.
② 압력, 유량, 방향을 제어한다.
③ 직선운동을 하는 작동기(액추에이터)이다.
④ 유압에너지를 기계적 일로 변환한다.

**54** 장비구조 ▶ 유압장치

유압모터는 회전운동을 하는 액추에이터이며, 유압에너지를 기계적 일로 변환하는 장치이다.

**55** 다음 유압기호가 나타내는 것은?

① 유압 밸브
② 차단 밸브
③ 유압탱크
④ 유압 실린더

**55** 장비구조 ▶ 유압장치

제시된 그림은 유압탱크를 의미하는 유압기호이다.

| 정답 | **51** ④  **52** ②  **53** ④
**54** ④  **55** ③

**56** 지게차에서 틸트 장치의 역할은?

① 피니언 기어 조정
② 포크 수평 높이 조정
③ 포크 상하 조정
④ 마스트 경사 조정

**57** 지게차의 인칭조절페달에 대한 설명으로 옳지 <u>않은</u> 것은?

① 브레이크 대용으로 사용해도 무관하다.
② 리프트 상승 시에 사용하는 페달이다.
③ 작업페달이라고도 한다.
④ 페달을 밟으면 브레이크와 동력 차단이 동시에 작동한다.

**58** 지게차를 앞에서 보았을 때 지게차의 양쪽 바퀴 중심과 중심 사이의 거리를 의미하는 것은?

① 축간거리
② 전폭
③ 윤간거리
④ 최저지상고

**59** 카운트 밸런스형 지게차의 일반적인 전경각은?

① 3~4°
② 5~6°
③ 7~8°
④ 9~10°

**60** 다음 도로명판에 대한 설명으로 옳은 것은?

대정로23번길
1←65
Daejeong-ro 23beon-gil

① 대정로 시작점에서부터 약 230m 지점에서 왼쪽으로 분기된 도로이다.
② 왼쪽과 오른쪽 양방향용 도로이다.
③ '← 65' 현 위치는 도로의 시작점이다.
④ '1 ← 65' 이 도로는 65m이다.

**56 장비구조 ▶ 작업장치**
마스트 경사 조정은 틸트 실린더의 역할이다.

**57 장비구조 ▶ 작업장치**
인칭조절페달을 브레이크 대용으로 사용하면 엔진 브레이크가 작동하지 않아 제동거리가 길어지기 때문에 지게차 작업 시 위험하다.

**58 장비구조 ▶ 작업장치**
① 축간거리(축거): 전륜 구동축의 중심에서 후륜 구동축의 중심까지의 거리이다.
② 전폭(너비): 지게차를 전면이나 후면에서 보았을 때 양쪽에 돌출된 액슬 등의 폭 중에서 제일 긴 것을 기준으로 한 거리이다.
④ 최저지상고: 지면에서부터 포크와 타이어를 제외한 지게차의 가장 낮은 부위까지의 높이이다.

**59 장비구조 ▶ 작업장치**
통상적인 지게차의 전경각은 5~6°이며, 후경각은 10~12° 정도의 범위이다.

**60 도로주행 ▶ 도로명주소**
제시된 도로명판이 의미하는 것은 다음과 같다.
• 왼쪽 방향의 도로
• '← 65' 현 위치는 도로의 끝지점
• '1 ← 65' 이 도로는 약 650m

| 정답 | 56 ④  57 ①  58 ③
59 ②  60 ①

**01** 감전 위험이 있는 작업 현장에서 보호구로 적절한 것은?

① 보호장갑
② 로프
③ 구급용품
④ 보안경

**02** 스패너의 사용 방법으로 옳지 <u>않은</u> 것은?

① 스패너와 너트가 맞지 않으면 쐐기를 넣어 맞추어 쓴다.
② 스패너를 해머 대신에 사용해서는 안 된다.
③ 스패너에 파이프를 끼워 사용하지 않는다.
④ 스패너는 볼트·너트에 잘 결합하고 앞으로 잡아당길 때 힘이 걸리도록 한다.

**03** 작업 중 화재 발생의 점화 원인과 거리가 <u>먼</u> 것은?

① 과부하로 인한 전기장치의 과열
② 부주의로 인한 담뱃불
③ 전기배선의 합선
④ 연료의 자연발화

**04** 산업안전보건표지 중 지시표지에 해당하는 것은?

① 차량통행금지
② 고온경고
③ 안전모착용
④ 출입금지

**05** 소켓렌치 사용에 대한 설명으로 옳지 <u>않은</u> 것은?

① 임팩트용으로만 사용되므로 수작업 시에는 사용하지 않는다.
② 큰 힘으로 조일 때 사용한다.
③ 오픈렌치와 규격이 동일하다.
④ 사용 중 잘 미끄러지지 않는다.

---

**해설**

**01 작업안전 ▶ 안전관리**
감전 위험이 있는 작업 현장에서는 보호장갑 중에서도 절연용 보호장갑을 착용해야 한다.

**02 작업안전 ▶ 안전관리**
스패너(렌치)는 반드시 볼트 및 너트에 꼭 맞는 것을 사용해야 한다.

**03 작업안전 ▶ 안전관리**
연료는 발화점이 높기 때문에 연료의 자연발화는 작업 중 화재의 점화 원인이 되기 어렵다.

**04 작업안전 ▶ 안전관리**
산업안전보건표지 중 지시표지에는 안전모착용, 보안경착용, 귀마개착용. 안전화착용, 안전복착용 등이 있다.
①④ 금지표지에 해당한다.
② 경고표지에 해당한다.

**05 작업안전 ▶ 안전관리**
소켓렌치는 임팩트뿐만 아니라 수공구인 라쳇핸들, 스피드핸들, 힌지핸들 등에 장착하여 사용할 수 있다.

| 정답 | 01 ① 02 ① 03 ④
04 ③ 05 ①

## 06 화재 분류에 대한 설명으로 옳은 것은?

① B급 화재 – 전기 화재
② C급 화재 – 유류 화재
③ D급 화재 – 금속 화재
④ E급 화재 – 일반 화재

## 07 장비 점검 및 정비 작업에 대한 안전수칙과 거리가 먼 것은?

① 알맞은 공구를 사용해야 한다.
② 기관을 시동할 때 소화기를 비치하여야 한다.
③ 차체 용접 시 배터리가 접지된 상태에서 한다.
④ 평탄한 위치에서 한다.

## 08 절연용 보호구의 종류가 아닌 것은?

① 절연모
② 절연시트
③ 절연화
④ 절연장갑

## 09 지게차의 아워미터(시간계)의 설치 목적이 아닌 것은?

① 가동 시간에 맞추어 예방 정비를 한다.
② 가동 시간에 맞추어 오일을 교환한다.
③ 각 부위 주유를 정기적으로 하기 위해 설치되었다.
④ 하차 만료 시간을 체크하기 위해 설치되었다.

## 10 브레이크 오일에 대한 설명으로 옳지 않은 것은?

① 점도지수가 높아야 한다.
② 주성분은 알코올과 피마자유이다.
③ 브레이크에 사용되므로 마찰력이 좋아야 한다.
④ 응고점이 낮고 비점이 높아야 한다.

**06 작업안전 ▶ 안전관리**
화재의 분류
• A급 화재: 일반 가연물 화재
• B급 화재: 유류 화재
• C급 화재: 전기 화재
• D급 화재: 금속 화재

**07 작업안전 ▶ 안전관리**
건설기계 차체는 배터리 단자와 연결되어 있으므로 차체 용접 시 작업안전을 위해 배터리 접지단자를 탈거하고 실시해야 한다.

**08 작업안전 ▶ 안전관리**
절연용 보호구의 종류에는 절연모, 절연화, 절연장갑, 절연용 고무소매 등이 있다. 절연시트는 보호구의 종류에 포함되지 않는다.

**09 작업안전 ▶ 작업 전·후 점검**
아워미터는 장비의 가동 시간에 맞추어 점검 및 정비를 하기 위해 설치한다.

**10 작업안전 ▶ 작업 전·후 점검**
①②④ 이외에도 브레이크 오일은 유동 저항이 작아야 한다.

| 정답 |  06 ③  07 ③  08 ②
        09 ④  10 ③

제9회

**11** 엔진오일을 점검하였더니 우유색을 띄고 있다면 그 원인은 무엇인가?

① 엔진오일에 냉각수가 섞여 있다.
② 엔진오일에 경유가 섞여 있다.
③ 엔진오일에 휘발유가 섞여 있다.
④ 엔진오일에 카본이 섞여 있다.

**12** 엔진오일 압력경고등이 켜지는 경우가 <u>아닌</u> 것은?

① 오일이 부족할 때
② 오일 필터가 막혔을 때
③ 엔진을 급가속시켰을 때
④ 오일 회로가 막혔을 때

**13** 지게차 주행 시 안전사항으로 옳지 <u>않은</u> 것은?

① 후진 시에는 경광등과 후진경고음 경적 등을 사용한다.
② 급출발·급선회를 하지 않고, 급브레이크를 사용하지 않는다.
③ 화물 적재 상태에서 마스트를 앞으로 기울이고 운행한다.
④ 포크 밑으로 사람을 출입하게 하여서는 안 된다.

**14** 지게차 작업에서 신호수에 대한 설명으로 옳지 <u>않은</u> 것은?

① 신호수는 운전원과 긴밀히 연락을 취하여야 한다.
② 여러 명의 신호수를 배치하여 안전하게 작업한다.
③ 신호수의 부근에 혼동되기 쉬운 경적, 음성, 동작 등이 있어서는 안 된다.
④ 신호수는 운전자의 중간 시야가 차단되지 않는 위치에 항상 있어야 한다.

**15** 지게차 안전 주행을 위해 점검해야 할 사항이 <u>아닌</u> 것은?

① 후사경                    ② 경광등
③ 후진 경고음              ④ 번호등

**16** 유도 표시가 없는 교차로에서 좌회전 방법으로 옳은 것은?

① 운전자 편한 대로 운전한다.
② 교차로 중심 바깥쪽으로 서행한다.
③ 교차로 중심 안쪽으로 서행한다.
④ 앞차의 주행 방향을 따라가면 된다.

**17** 1년간 벌점에 대한 누산 점수가 최소 몇 점 이상이면 운전면허가 취소되는가?

① 121점
② 190점
③ 201점
④ 271점

**18** 운전자가 진행 방향을 변경하려고 할 때 신호를 해야 할 시기로 옳은 것은? (단, 고속도로는 제외한다)

① 변경하려고 하는 지점의 3m 전에서
② 변경하려고 하는 지점의 10m 전에서
③ 변경하려고 하는 지점의 30m 전에서
④ 운전자 임의대로 변경 가능

**19** 교통정리가 행해지지 않는 교차로에서 통행의 우선권이 있는 차량은?

① 좌회전하려는 차량
② 우회전하려는 차량
③ 직진하려는 차량
④ 이미 교차로에 진입해 좌회전하고 있는 차량

**20** 앞차와의 안전거리로 옳은 것은?

① 앞차 속도의 0.3배 거리
② 앞차와의 평균 8m 이상 거리
③ 앞차의 진행 방향을 확인할 수 있는 거리
④ 앞차가 갑자기 정지하였을 때 충돌을 피할 수 있는 필요한 거리

---

**16 도로주행 ▶ 도로교통법**
유도 표시가 없는 교차로에서 좌회전 시에는 교차로 중심 안쪽으로 서행한다.
② 교차로 중심 바깥쪽으로 서행하는 것은 유도 표시가 없는 교차로에서 우회전을 하는 방법에 해당한다.

**17 도로주행 ▶ 도로교통법**
운전면허 취소 벌점 기준
• 1년간: 121점 이상
• 2년간: 201점 이상
• 3년간: 271점 이상

**18 도로주행 ▶ 도로교통법**
진로를 바꾸려는 때에는 그 행위를 하려는 지점에 이르기 전 30m(고속도로에서는 100m) 이상의 지점에 이르렀을 때 방향지시등을 켜야 한다.

**19 도로주행 ▶ 도로교통법**
교통정리가 행해지지 않는 교차로에서 통행의 우선권이 있는 차량은 이미 교차로에 진입한 차량이다.

**20 도로주행 ▶ 도로교통법**
「도로교통법」상 안전거리는 앞차가 갑자기 정지하였을 때 충돌을 피하기 위해 필요한 거리이다.

| 정답 | 16 ③  17 ①  18 ③
        19 ④  20 ④

**21** 건설기계관리법령상 신개발 건설기계를 시험·연구의 목적으로 운행하는 경우 임시운행기간은?

① 15일  ② 30일
③ 1년  ④ 3년

**22** 건설기계의 등록번호표를 가리거나 훼손하여 알아보기 곤란하게 한 자 또는 그러한 건설기계를 운행한 자에게 부과하는 과태료로 옳은 것은?

① 50만 원 이하  ② 100만 원 이하
③ 300만 원 이하  ④ 1,000만 원 이하

**23** 건설기계조종사 면허에 관한 설명으로 옳은 것은?

① 건설기계조종사 면허는 국토교통부장관이 발급한다.
② 콘크리트믹서트럭을 조종하고자 하는 자는 1종 대형면허를 받아야 한다.
③ 기중기면허를 소지하면 굴착기도 조종할 수 있다.
④ 기중기로 도로를 주행하고자 할 때에는 1종 대형면허를 받아야 한다.

**24** 건설기계조종사 면허 발급 시 결격사유에 해당하지 <u>않는</u> 것은?

① 앞을 보지 못하는 사람
② 건설기계조종사 면허의 효력 정지 처분 기간 중에 있는 사람
③ 나이가 18세인 사람
④ 듣지 못하는 사람

**25** 건설기계관리법상 건설기계소유자는 건설기계를 도난당한 날로부터 얼마 이내에 등록말소를 신청해야 하는가?

① 30일 이내  ② 2개월 이내
③ 3개월 이내  ④ 6개월 이내

---

**21 도로주행 ▶ 건설기계관리법**

신개발 건설기계를 시험·연구의 목적으로 운행하는 경우 건설기계 임시운행기간은 3년 이내이다.
① 신개발 건설기계의 시험·연구 목적을 제외하고 건설기계 임시운행기간은 15일 이내이다.

**22 도로주행 ▶ 건설기계관리법**

건설기계의 등록번호표를 가리거나 훼손하여 알아보기 곤란하게 한 자 또는 그러한 건설기계를 운행한 자는 100만 원 이하의 과태료 처분을 받는다.

**23 도로주행 ▶ 건설기계관리법**

1종 대형면허로 운전할 수 있는 건설기계는 덤프트럭, 콘크리트믹서트럭, 콘크리트펌프카 등이 있다.

**24 도로주행 ▶ 건설기계관리법**

나이가 18세 미만인 사람은 건설기계조종사 면허를 받을 수 없다. 즉, 나이가 18세인 사람은 결격사유에 해당하지 않는다.

**25 도로주행 ▶ 건설기계관리법**

「건설기계관리법」상 건설기계를 도난당한 날로부터 2개월 이내에 등록말소를 신청해야 한다.

| 정답 | 21 ④  22 ②  23 ②
24 ③  25 ②

**26** 연료탱크의 연료를 분사펌프 저압부까지 공급하는 것은?

① 연료공급 펌프
② 연료분사 펌프
③ 인젝션 펌프
④ 로터리 펌프

**26** 장비구조 ▶ 엔진구조

연료공급 펌프(피드펌프)는 디젤기관 연료탱크의 연료를 분사펌프 저압부까지 공급한다.

**27** 터보차저를 구동하는 것으로 옳은 것은?

① 엔진의 열
② 엔진의 배기가스
③ 엔진의 흡입가스
④ 엔진의 여유 동력

**27** 장비구조 ▶ 엔진구조

터보차저는 엔진의 배기가스의 압력으로 구동한다.

**28** 디젤 연료장치의 커먼레일에 대한 설명으로 옳지 않은 것은?

① 고압펌프로부터 공급된 연료를 저장하는 부분이다.
② 맥동의 연료압력을 일정하게 유지한다.
③ 연료압력 제한기 및 연료압력 센서가 장착되어 있다.
④ 연료는 유량 제한기에 의해 커먼레일로 들어간다.

**28** 장비구조 ▶ 엔진구조

연료는 고압펌프에 의해 커먼레일로 들어간다.

**29** 기관의 실린더(Cylinder) 벽에서 마멸이 가장 크게 발생하는 부위는?

① 상사점 부근
② 하사점 부근
③ 중간 부분
④ 하사점 이하

**29** 장비구조 ▶ 엔진구조

실린더 내에서 마모가 가장 큰 부분은 상사점 부근으로, 이는 압축압력과 폭발압력의 영향에 의한 피스톤 링의 호흡 작용 때문이다.

**30** 디젤기관에 대한 설명으로 옳지 않은 것은?

① 경유를 연료로 사용한다.
② 점화장치 내에 배전기가 있다.
③ 압축 착화한다.
④ 압축비가 가솔린기관보다 높다.

**30** 장비구조 ▶ 엔진구조

배전기는 가솔린기관의 구성품으로, 디젤기관과 관련이 없다.

| 정답 | 26 ① 27 ② 28 ④
29 ① 30 ②

**31** 기관 과열 시 일어날 수 있는 현상으로 옳은 것은?

① 연료가 응결될 수 있다.
② 실린더 헤드의 변형이 발생할 수 있다.
③ 흡배기 밸브의 열림량이 많아진다.
④ 밸브 개폐 시기가 빨라진다.

**32** 기관의 총배기량에 대한 설명으로 옳은 것은?

① 1번 연소실 체적과 실린더 체적의 합이다.
② 각 실린더 행정 체적의 합이다.
③ 행정 체적과 실린더 체적의 합이다.
④ 실린더 행정 체적과 연소실 체적의 곱이다.

**33** 실린더 헤드 개스킷이 손상되었을 때 일어나는 현상으로 옳은 것은?

① 엔진오일의 압력이 높아진다.
② 피스톤 링의 작동이 느려진다.
③ 압축압력과 폭발압력이 낮아진다.
④ 피스톤이 가벼워진다.

**34** 기관의 냉각팬에 대한 설명으로 옳지 <u>않은</u> 것은?

① 팬 클러치식은 냉각수의 온도에 따라 작동한다.
② 전동팬은 냉각수의 온도에 따라 작동한다.
③ 전동팬의 작동과 관계없이 물펌프는 항상 회전한다.
④ 전동팬이 작동하지 않을 때에는 물펌프도 회전하지 않는다.

**35** 5A로 연속 방전하여 방전 종지 전압에 이를 때까지 20시간이 소요되었다면 이 축전지의 용량은?

① 4Ah
② 50Ah
③ 100Ah
④ 200Ah

**31 장비구조 ▶ 엔진구조**

기관이 과열되면 실린더 헤드의 변형이 발생할 수 있으며, 심할 경우 피스톤이 실린더에 고착될 수 있다.

**32 장비구조 ▶ 엔진구조**

기관의 총배기량은 '실린더 1개의 행정 체적×기통수(실린더 수)'로, 각 실린더 행정 체적의 합을 의미한다.

**33 장비구조 ▶ 엔진구조**

실린더 헤드 개스킷이 손상되면 압축압력과 폭발압력이 낮아지고 엔진오일과 냉각수가 혼합된다. 이때 라디에이터 압력식 캡을 열어보면 엔진오일을 확인할 수 있다.

**34 장비구조 ▶ 엔진구조**

물펌프는 팬벨트에 의해 구동되므로 전동팬의 작동과 무관하다.

**35 장비구조 ▶ 전기장치**

축전지의 용량은 'A(방전 전류)×h (방전 시간)=Ah'로 표시한다. 5A로 연속 방전하여 20시간이 소요되었다면 축전지의 용량은 '5A×20h= 100Ah'이다.

| 정답 | 31 ② 32 ② 33 ③
34 ④ 35 ③

**36** 충전장치의 역할에 해당하지 <u>않는</u> 것은?

① 램프류에 전력을 공급한다.
② 동력 조향장치 오일펌프에 전력을 공급한다.
③ 축전지에 전력을 공급한다.
④ 각종 전장품에 전력을 공급한다.

**37** 축전지의 취급에 대한 설명 중 옳은 것은?

① 2개 이상의 축전지를 직렬로 배선할 경우 (+)와 (+), (−)와 (−)를 연결한다.
② 축전지의 용량을 크게 하기 위해서는 다른 축전지와 직렬로 연결한다.
③ 축전지의 방전이 거듭될수록 전압이 낮아지고 전해액의 비중도 낮아진다.
④ 축전지를 보관할 때에는 가능한 한 방전시키는 것이 좋다.

**38** 전류의 자기 작용을 응용한 것은?

① 전구
② 축전지
③ 예열 플러그
④ 발전기

**39** 유도기전력의 방향은 코일 내의 자속의 변화를 방해하려는 방향으로 발생한다는 법칙은?

① 렌츠의 법칙
② 플레밍의 왼손 법칙
③ 플레밍의 오른손 법칙
④ 자기유도 법칙

**40** 전기회로에서 저항의 병렬접속에 대한 설명으로 옳지 <u>않은</u> 것은?

① 합성저항은 각 저항의 어느 것보다 작다.
② 어느 저항에서나 동일한 전압이 흐른다.
③ 합성저항을 구하는 식은 $R = R_1 + R_2 + R_3 + \cdots + R_n$이다.
④ 합성저항이 감소하는 것은 전류가 나누어져 저항 속을 흐르기 때문이다.

**41** 십자축 자재이음을 추진축 앞뒤에 두는 이유로 옳은 것은?

① 추진축의 진동을 방지하기 위하여

② 회전 각속도의 변화를 상쇄하기 위하여

③ 추진축의 굽음을 방지하기 위하여

④ 길이의 변화를 가능하게 하기 위하여

41 장비구조 ▶ 전·후진 주행장치
회전 각속도의 변화를 상쇄하기 위해 추진축의 앞뒤에 십자형 자재이음을 둔다.

**42** 브레이크에서 하이드로 백에 관한 설명으로 옳지 않은 것은?

① 대기압과 흡기다기관 부압의 차를 이용한다.

② 하이드로 백이 고장 나면 브레이크가 전혀 작동이 안 된다.

③ 외부에 누출이 없는데도 브레이크 작동이 나빠지는 것은 하이드로 백 고장 때문일 수 있다.

④ 하이드로 백은 브레이크 계통에 설치되어 있다.

42 장비구조 ▶ 전·후진 주행장치
하이드로 백(진공식 배력장치)이 고장 나도 브레이크는 작동한다. 다만, 고장 날 경우 브레이크를 밟는 데 큰 힘이 필요하다.

**43** 클러치의 구비조건에 해당하지 않는 것은?

① 단속 작용이 확실하고 조작이 쉬워야 한다.

② 회전 부분의 평형이 좋아야 한다.

③ 방열이 잘 되고 과열되지 않아야 한다.

④ 회전 부분의 관성력이 커야 한다.

43 장비구조 ▶ 전·후진 주행장치
클러치의 동력 차단이 신속하게 되기 위해서는 회전 부분(클러치 디스크)의 관성력이 작아야 한다.

**44** 종감속비에 대한 설명으로 옳지 않은 것은?

① 종감속비는 링 기어의 잇수를 구동피니언의 잇수로 나눈 값이다.

② 종감속비가 크면 가속 성능이 향상된다.

③ 종감속비가 작으면 등판 능력이 향상된다.

④ 종감속비는 나누어 떨어지지 않는 값으로 한다.

44 장비구조 ▶ 전·후진 주행장치
종감속비가 작으면 등판 능력이 감소한다.

45 장비구조 ▶ 전·후진 주행장치
장비에 부하가 걸리면 펌프의 속도가 아무리 빠르더라도 토크컨버터의 터빈 속도는 느려진다.

**45** 장비에 부하가 걸릴 때 토크컨버터의 터빈 속도는 어떻게 되는가?

① 빨라진다　　　　　　② 느려진다

③ 일정하다　　　　　　④ 관계없다

| 정답 | 41 ②　42 ②　43 ④
44 ③　45 ②

**46** 제동장치의 구비조건으로 옳지 <u>않은</u> 것은?

① 작동이 확실하고 잘 되어야 한다.
② 신뢰성과 내구성이 뛰어나야 한다.
③ 점검 및 조정이 용이해야 한다.
④ 마찰력이 작아야 한다.

**47** 유압작동부에서 오일이 누유되고 있을 때 가장 먼저 점검하여야 할 곳은?

① 오일 실(Seal)          ② 피스톤
③ 기어                   ④ 펌프

**48** 유압장치를 가장 적절하게 표현한 것은?

① 오일을 이용하여 전기를 생산하는 것
② 큰 물체를 들어 올리기 위해 기계적인 이점을 이용하는 것
③ 액체로 전환시키기 위해 기체를 압축시키는 것
④ 유체의 압력에너지를 이용하여 기계적인 일을 하도록 하는 것

**49** 유압유의 압력이 상승하지 않을 때 점검할 사항이 <u>아닌</u> 것은?

① 펌프의 토출량
② 유압회로의 누유 상태
③ 릴리프 밸브의 작동 상태
④ 펌프 설치 고정 볼트의 강도

**50** 유압회로 내에서 서지압(Surge pressure)의 정의로 옳은 것은?

① 과도적으로 발생하는 이상 압력의 최댓값
② 과도적으로 발생하는 이상 압력의 최솟값
③ 정상적으로 발생하는 압력의 최댓값
④ 정상적으로 발생하는 압력의 최솟값

**46** 장비구조 ▶ 전·후진 주행장치
제동장치는 마찰력이 클수록 제동력이 좋아진다.

**47** 장비구조 ▶ 유압장치
유압작동부에서 오일이 누유되고 있을 경우에는 가장 먼저 각 연결부위에 있는 오일 실을 점검해야 한다. 오일 실은 기기의 오일 누출 방지 기능을 한다.

**48** 장비구조 ▶ 유압장치
유압장치는 작은 힘으로 큰 힘을 낼 수 있는 파스칼의 원리를 이용한 것이며, 유체의 압력에너지를 기계적인 일로 변환하는 장치이다.

**49** 장비구조 ▶ 유압장치
①②③ 이외에도 오일의 양, 유압계 등이 유압유의 압력이 상승하지 않을 때의 점검사항에 해당한다.

**50** 장비구조 ▶ 유압장치
유압회로 내에서 서지압이란 과도적으로 발생하는 이상 압력의 최댓값을 말하며, 이는 유압 밸브를 갑자기 닫았을 경우 많이 발생한다.

| 정답 |  46 ④   47 ①   48 ④
         49 ④   50 ①

**51** 기어식 유압펌프에서 회전수가 변하면 가장 크게 변하는 것은?

① 오일 압력
② 회전 경사단의 각도
③ 오일 흐름 용량
④ 오일 흐름 방향

**52** 유압회로 내의 밸브를 갑자기 닫았을 때 오일의 속도에너지가 압력에너지로 변하면서 일시적으로 큰 압력 증가가 생기는 현상을 무엇이라고 하는가?

① 캐비테이션(Cavitation) 현상
② 서지(Surge) 현상
③ 채터링(Chattering) 현상
④ 에어레이션(Aeration) 현상

**53** 유압으로 작동되는 작업 장치에서 작업 중 힘이 떨어질 때의 원인과 가장 밀접한 밸브는?

① 메인 릴리프 밸브
② 체크(Check) 밸브
③ 방향전환 밸브
④ 메이크업 밸브

**54** 유압회로에서 유량의 제어를 통하여 작업 속도를 조절하는 방식에 해당하지 <u>않는</u> 것은?

① 미터 인(Meter-in) 방식
② 미터 아웃(Meter-out) 방식
③ 블리드 오프(Bleed-off) 방식
④ 블리드 온(Bleed-on) 방식

**55** 오일탱크 내의 오일을 전부 배출시킬 때 사용하는 것은?

① 리턴 라인
② 배플
③ 어큐뮬레이터
④ 드레인 플러그

---

**51 장비구조 ▶ 유압장치**
유압펌프에서 회전수가 변하면 토출 유량이 변한다.

**52 장비구조 ▶ 유압장치**
서지 현상은 유압 밸브를 갑자기 닫았을 때 오일의 속도에너지가 압력에너지로 변하면서 일시적으로 큰 압력 증가가 생기는 현상이다.

**53 장비구조 ▶ 유압장치**
메인 릴리프 밸브의 스프링이 약화되면 작업 중 힘이 떨어지는 원인이 된다.

**54 장비구조 ▶ 유압장치**
① 미터 인 방식: 유압 실린더의 입구 쪽에 직렬로 연결되어 유량을 제어하는 방식이다.
② 미터 아웃 방식: 유압 실린더의 출구 쪽에 직렬로 연결되어 유량을 제어하는 방식이다.
③ 블리드 오프 방식: 유압 실린더 입구 쪽에 병렬로 연결되어 유량을 제어하는 방식이다.

**55 장비구조 ▶ 유압장치**
드레인 플러그는 오일탱크 내의 수분 및 이물질, 또는 오일 교환 시 오일을 배출하기 위한 마개이다.

| 정답 | **51** ③ **52** ② **53** ①
**54** ④ **55** ④

**56** 지게차의 틸트 레버를 몸쪽으로 당길 때 작동 상태는?

① 포크가 위쪽으로 움직인다.
② 마스트가 운전자 몸 반대쪽으로 움직인다.
③ 마스트가 운전자 몸쪽으로 움직인다.
④ 포크가 아래쪽으로 움직인다.

**57** 다음에서 설명하는 지게차의 작업장치는?

> • 백레스트 하부에 있는 장치를 이용하여 화물을 폭이 넓은 포크 위로 끌어들이거나 밀어내는 작업장치이다.
> • 식품, 기계, 전자부품의 상자 또는 포대로 포장된 제품 등의 작업에 사용된다.

① 힌지드 포크
② 푸시 풀
③ 로테이팅 포크
④ 포크 포지셔너

**58** 마스트가 수직인 상태에서 최대의 높이로 포크를 올렸을 때 지면으로부터 포크의 윗면까지의 높이를 무엇이라고 하는가?

① 전장
② 자유인상높이
③ 최대인상높이(양고)
④ 최저지상고

**59** 지게차에 대한 설명으로 옳지 <u>않은</u> 것은?

① 리프트 실린더는 단동형을 사용한다.
② 틸트 실린더는 복동형을 사용한다.
③ 조향 실린더는 복동형을 사용한다.
④ 조향장치는 앞바퀴 조향방식을 사용한다.

**60** 다음 도로명판에 대한 설명으로 옳지 <u>않은</u> 것은?

92 중앙로 96
Jungang-ro

① 전방 교차 도로는 중앙로이다.
② 좌측으로 92번 이하 건물이 위치한다.
③ 우측으로 96번 이상 건물이 위치한다.
④ 좌측으로 92번 이상 건물이 위치한다.

**56** 장비구조 ▶ 작업장치
지게차의 틸트 레버를 당기면 마스트가 후경, 즉 운전자 몸쪽으로 기운다.

**57** 장비구조 ▶ 작업장치
푸시 풀은 백레스트 하부에 있는 장치를 이용하여 화물을 폭이 넓은 포크 위로 끌어들이거나 밀어내는 작업장치이다.

**58** 장비구조 ▶ 작업장치
① 전장: 포크의 앞부분 끝단에서부터 지게차 후부의 제일 끝부분까지의 길이를 말한다.
② 자유인상높이: 포크를 들어 올릴 때 내측 마스트가 돌출되는 시점에서 지면으로부터 포크 윗면까지의 높이를 말한다.
④ 최저지상고: 지면에서부터 포크와 타이어를 제외한 지게차의 가장 낮은 부위까지의 높이이다.

**59** 장비구조 ▶ 작업장치
지게차는 뒷바퀴 조향방식(후륜 조향방식)을 사용한다.

**60** 도로주행 ▶ 도로명주소
도로명판이 의미하는 바는 좌측으로는 92번 이하 건물이 위치한다는 것이다.

┃ 정답 ┃ 56 ③   57 ②   58 ③
　　　　59 ④   60 ④

| 합격개수 | 맞힌개수 |
|---|---|
| 36개 | |

**01** 다음 안전보건표지가 나타내는 것은?

① 고압전기경고
② 레이저광선경고
③ 낙하물경고
④ 고온경고

**02** 드릴(Drill) 기기를 사용하여 작업할 때 착용을 금지하는 것은?

① 안전화
② 장갑
③ 작업모
④ 작업복

**03** 소화 작업의 기본 요소가 아닌 것은?

① 가연물질을 제거한다.
② 산소를 차단한다.
③ 점화원을 제거한다.
④ 연료를 기화시킨다.

**04** 기계의 회전 부분(기어, 벨트, 체인)에 덮개를 설치하는 이유는?

① 회전 부분과 신체의 접촉을 방지하기 위해
② 좋은 품질의 제품을 얻기 위해
③ 회전 부분의 속도를 높이기 위해
④ 제품의 제작 과정을 숨기기 위해

**05** 수공구 보관 및 사용 방법으로 옳지 않은 것은?

① 해머 작업 시 몸의 자세를 안정되게 한다.
② 담금질한 것은 함부로 두들겨서는 안 된다.
③ 공구는 적당한 습기가 있는 곳에 보관한다.
④ 파손, 마모된 것은 사용하지 않는다.

---

해설

**01 작업안전 ▶ 안전관리**

경고표지의 일종으로, 레이저광선 경고를 나타낸다.

**02 작업안전 ▶ 안전관리**

드릴 기기를 사용하는 작업 시 장갑을 착용하면 드릴 날에 장갑이 말려 들어가 사고가 발생할 위험이 높기 때문에 장갑을 착용하지 않는다.

**03 작업안전 ▶ 안전관리**

소화 작업의 기본 요소는 연소의 3 요소인 가연물, 산소, 점화원을 차단하는 것이다.

**04 작업안전 ▶ 안전관리**

작업 시 신체의 일부가 기계의 회전 부분에 접촉하거나 말려 들어가는 것을 방지하기 위해 덮개를 설치해야 한다.

**05 작업안전 ▶ 안전관리**

수공구는 부식을 방지하기 위해 건조한 곳에 보관해야 한다.

| 정답 | 01 ② 02 ② 03 ④
04 ① 05 ③

**06** 다음 중 금지표지에 해당하지 <u>않는</u> 것은?

① 보행금지
② 출입금지
③ 화기금지
④ 보안경착용금지

**07** 드릴 머신으로 구멍을 뚫을 때 일감 자체가 가장 회전하기 쉬운 때로 옳은 것은?

① 구멍을 처음 뚫기 시작할 때
② 구멍을 중간쯤 뚫었을 때
③ 구멍을 처음 뚫기 시작할 때와 거의 뚫었을 때
④ 구멍을 거의 뚫었을 때

**08** 작업장에서 지켜야 할 사항이 <u>아닌</u> 것은?

① 급히 뛰지 말 것
② 불필요한 행동을 삼갈 것
③ 공구를 전달할 경우 시간 절약을 위해 가볍게 던질 것
④ 대기 중인 차량에는 고임목을 고여둘 것

**09** 기관의 오일 레벨 게이지로 측정하는 것은?

① 연료탱크 내의 연료량
② 오일팬 내의 오일량
③ 유압탱크 내의 유량
④ 오일여과기 내의 오일량

**10** 지게차 조종석 계기판에 <u>없는</u> 것은?

① 냉각수 온도 게이지
② 연료 게이지
③ 충전경고등
④ 운행 거리 적산계

06 작업안전 ▶ 안전관리
①②③ 이외에도 금지표지에는 차량통행금지, 사용금지, 탑승금지, 금연, 물체이동금지 등이 있다.

**07 작업안전 ▶ 안전관리**
드릴 작업 시 구멍을 거의 뚫었을 때 드릴날과 일감이 접촉하는 면적이 최대가 되므로 회전하기 쉽다.

**08 작업안전 ▶ 안전관리**
공구를 던져 전달할 경우 사고의 위험이 있으므로 공구는 반드시 손에서 손으로 전달해야 한다.

**09 작업안전 ▶ 작업 전·후 점검**
오일 레벨 게이지(딥스틱)는 오일팬 내의 오일량을 측정할 때 사용한다.

**10 작업안전 ▶ 작업 전·후 점검**
지게차는 일반 자동차와 달리 조종석 계기판에 운행 거리 적산계가 없다.

| 정답 | 06 ④  07 ④  08 ③
09 ②  10 ④

제10회 기출복원문제 **277**

**11** 작업 전 지게차의 난기운전 및 점검사항으로 옳지 <u>않은</u> 것은?

① 엔진 시동 후 5분간 저속 운전을 실시한다.
② 시동 후 작동유의 유온이 정상 범위 내에 도달하도록 고속으로 전·후진 주행을 2~3회 실시한다.
③ 틸트 레버를 사용하여 전행정으로 전후 경사 운동을 2~3회 실시한다.
④ 리프트 레버를 사용하여 전행정으로 상승·하강 운동을 2~3회 실시한다.

**12** 지게차 계기판 온도계의 눈금이 표시하는 것은 무엇인가?

① 배기가스의 온도　　② 유압작동유의 온도
③ 엔진오일의 온도　　④ 냉각수의 온도

**13** 오른손 검지로 원을 그리는 동작의 수신호가 의미하는 것은?

① 마스트 숙임　　② 정지
③ 화물 상승　　④ 화물 하강

**14** 지게차의 안전수칙으로 옳지 <u>않은</u> 것은?

① 옥내 주행 시 전조등을 켜고 작업한다.
② 출입구 통과 시 시야 확보를 위하여 얼굴을 지게차 밖으로 내밀고 통과한다.
③ 주정차 시 주차 브레이크를 고정한다.
④ 부득이 포크를 올려서 출입하는 경우 출입구 높이에 주의한다.

**15** 지게차의 포크를 하강시키는 방법으로 옳은 것은?

① 가속 페달을 밟고 리프트 레버를 앞으로 민다.
② 가속 페달을 밟고 리프트 레버를 뒤로 당긴다.
③ 가속 페달을 밟지 않고 리프트 레버를 앞으로 민다.
④ 가속 페달을 밟지 않고 리프트 레버를 뒤로 당긴다.

---

**11 작업안전 ▶ 작업 전·후 점검**

시동 후 작동유의 유온이 정상 범위 내에 도달하도록 저속으로 전·후진 주행을 2~3회 실시해야 한다. 기온이 낮은 동절기에는 횟수를 늘려 실시한다.

**12 작업안전 ▶ 작업 전·후 점검**

지게차 계기판의 온도계는 냉각수의 온도를 나타낸다.

**13 작업안전 ▶ 화물 적재, 하역 및 운반 작업**

지게차 작업안전을 위한 수신호
• 화물 상승: 오른손 검지로 원을 그림
• 화물 하강: 오른손 팔을 내림
• 화물 이동: 검지 손가락으로 이동 위치 지시
• 정지: 양팔을 수평 상태로 드는 동작

**14 작업안전 ▶ 화물 적재, 하역 및 운반 작업**

출입구를 통과할 때에는 신체의 일부를 지게차 밖으로 내밀지 말아야 한다. 화물이 운전 시야를 가린다면 보조자의 수신호를 확인하는 등의 다른 적절한 조치를 취해야 한다.

**15 작업안전 ▶ 화물 적재, 하역 및 운반 작업**

단동형인 지게차의 리프트 실린더는 하강 시 짐의 무게나 포크의 무게에 의해 내려오므로 가속 페달을 밟을 필요가 없다. 가속 페달을 밟지 않고 리프트 레버를 앞으로 밀면 지게차 포크가 하강한다.

| 정답 | 11 ②　12 ④　13 ③
14 ②　15 ③

**16** 운전자의 준수사항에 대한 설명 중 옳지 <u>않은</u> 것은?

① 고인 물을 튀게 하여 다른 사람에게 피해를 주어서는 안 된다.
② 과로, 질병, 약물의 중독 상태에서 운전해서는 안 된다.
③ 보행자가 안전지대에 있을 때에는 서행해야 한다.
④ 운전석으로부터 떠날 때에는 원동기의 시동을 끄지 말아야 한다.

**16 도로주행 ▶ 도로교통법**
운전자가 지게차 운전석으로부터 떠날 때에는 시동을 끄고 시동 키를 수거해야 한다. 작업이 끝난 후에는 시동 키를 수거함에 넣어 보관한다.

**17** 차의 신호에 대한 설명으로 옳지 <u>않은</u> 것은?

① 신호는 그 행위가 끝날 때까지 하여야 한다.
② 신호의 시기 및 방법은 운전자가 편리한 대로 한다.
③ 방향 전환, 횡단, 유턴, 서행, 정지 또는 후진 시 신호를 하여야 한다.
④ 진로 변경 시에는 손이나 등화로써 할 수 있다.

**17 도로주행 ▶ 도로교통법**
신호의 시기와 방법은 반드시 교통규칙을 준수해야 한다.

**18** 주행 중 진로를 변경하고자 할 때 운전자가 지켜야 할 사항으로 옳지 <u>않은</u> 것은?

① 후사경 등으로 주위의 교통 상황을 확인한다.
② 신호를 실시하여 뒤차에 알린다.
③ 진로를 변경할 때에는 뒤차에 주의할 필요가 없다.
④ 뒤차와 충돌을 피할 수 있는 거리를 확보할 수 없을 때에는 진로를 변경하지 않는다.

**18 도로주행 ▶ 도로교통법**
진로를 변경할 경우 다른 차량과의 사고 및 진로 방해 방지를 위해 뒤차 및 옆차의 통행에 충분한 주의를 기울여야 한다.

**19** 건설기계를 운전하여 교차로에서 녹색신호에 우회전을 하려고 할 때 지켜야 할 사항으로 옳은 것은?

① 우회전 신호를 행하면서 빠르게 우회전한다.
② 신호를 하고 우회전하며, 속도를 빨리하여 진행한다.
③ 신호를 행하면서 서행으로 주행하여야 하며, 보행자가 있을 때에는 보행자의 통행을 방해하지 않도록 하여 우회전한다.
④ 우회전은 언제, 어느 곳에서나 할 수 있다.

**19 도로주행 ▶ 도로교통법**
①② 녹색신호에 행하면서 서행으로 주행해야 한다.
④ 우회전은 지정된 곳에서만 행할 수 있으며, 보행자가 있을 때에는 보행자의 통행을 방해하지 않도록 하여 우회전한다.

**20** 도로교통법상 안전표지의 종류가 <u>아닌</u> 것은?

① 주의표지          ② 규제표지
③ 안심표지          ④ 보조표지

**20 도로주행 ▶ 도로교통법**
안전표지는 교통안전에 필요한 주의 · 규제 · 지시 · 보조 · 노면표지로 되어 있다.

| 정답 |   **16** ④   **17** ②   **18** ③
　　　　　 **19** ③   **20** ③

**21** 건설기계관리법령상 대여사업용 건설기계 등록번호표의 도색으로 옳은 것은?

① 흰색 바탕에 검은색 문자
② 주황색 바탕에 검은색 문자
③ 녹색 바탕에 황색 문자
④ 흰색 바탕에 주황색 문자

**22** 다음 중 건설기계의 주요 구조의 변경 및 개조의 범위에 해당하지 <u>않는</u> 것은?

① 조종장치의 형식 변경
② 수상작업용 건설기계 선체의 형식 변경
③ 건설기계의 길이 · 너비 · 높이 등의 변경
④ 가공작업을 수반하지 않는 작업장치의 변경

**23** 정기검사에 불합격한 건설기계의 정비명령 기간으로 옳은 것은?

① 31일 이내
② 3개월 이내
③ 4개월 이내
④ 6개월 이내

**24** 건설기계 등록번호표가 '004라 6543'인 것은?

① 로더 – 대여사업용
② 지게차 – 대여사업용
③ 지게차 – 자가용
④ 덤프트럭 – 관용

**25** 등록이전 신고는 어느 경우에 하는가?

① 건설기계 등록지가 다른 시 · 도로 변경되었을 때
② 건설기계 소재지에 변동이 있을 때
③ 건설기계 등록사항을 변경하고자 할 때
④ 건설기계 소유권을 이전하고자 할 때

---

**21 도로주행 ▶ 건설기계관리법**

| 구분 | | 색상 | 등록번호 |
|---|---|---|---|
| 비사업용 | 관용 | 흰색 바탕에 검은색 문자 | 0001~0999 |
| | 자가용 | | 1000~5999 |
| 대여사업용 | | 주황색 바탕에 검은색 문자 | 6000~9999 |

**22 도로주행 ▶ 건설기계관리법**
퀵커플러를 이용한 버킷의 교환, 브레이커 연결, 크러셔 연결 등은 가공작업을 수반하지 않는 작업장치의 변경이라 할 수 있다. 이와 같이 가공작업을 수반하지 않는 작업장치의 변경은 건설기계의 주요 구조의 변경 및 개조의 범위에 해당하지 않는다.

**23 도로주행 ▶ 건설기계관리법**
시 · 도지사는 검사에 불합격한 건설기계에 대하여는 31일 이내의 기간을 정하여 해당 건설기계의 소유자에게 검사를 완료한 날부터 10일 이내에 정비명령을 해야 한다.

**24 도로주행 ▶ 건설기계관리법**
건설기계 등록번호표는 '한글'을 기준으로 앞의 첫 번째 자리 '0'은 건설기계, 두세 번째 자리는 기종번호, 뒷자리는 차량의 용도를 의미한다. '04'는 지게차의 기종번호이며, '6000~9999' 사이의 번호는 대여사업용 차량을 의미한다. 따라서 등록번호표가 004라 6543인 것은 '지게차 – 대여사업용' 차량이다.

**25 도로주행 ▶ 건설기계관리법**
건설기계 등록지가 다른 시 · 도로 변경되었을 때 변경된 곳의 시 · 도지사에게 등록이전 신고를 한다.

| 정답 | 21 ② 22 ④ 23 ①
24 ② 25 ①

**26** 기관의 주요 부품 중 밀봉 작용과 냉각 작용을 하는 것은?

① 베어링　　　　　② 피스톤 핀
③ 피스톤 링　　　　④ 크랭크축

**27** 디젤기관의 압축비가 높은 이유는?

① 연료의 무화를 양호하게 하기 위하여
② 공기의 압축열로 착화시키기 위하여
③ 기관 과열과 진동을 적게 하기 위하여
④ 연료의 분사를 높게 하기 위하여

**28** 4행정 사이클기관에 주로 사용되는 오일펌프는?

① 로터리식과 기어식　　② 로터리식과 나사식
③ 기어식과 플런저식　　④ 원심식과 플런저식

**29** 디젤기관의 배출물로 규제 대상에 해당하는 것은?

① 일산화탄소　　　　② 매연
③ 탄화수소　　　　　④ 공기 과잉률

**30** 디젤기관에서 예열 플러그가 단선되는 원인에 해당하지 <u>않는</u> 것은?

① 너무 짧은 예열 시간
② 규정 이상의 과대 전류 흐름
③ 기관의 과열 상태에서 잦은 예열
④ 예열 플러그를 설치할 때 조임 불량

**26** 장비구조 ▶ 엔진구조

피스톤 링은 냉각 작용, 밀봉 작용, 오일제어 작용을 하는데, 이를 피스톤 링의 3대 작용이라고 한다.

**27** 장비구조 ▶ 엔진구조

디젤기관은 공기만을 흡입하여 압축한 뒤 공기의 압축열에 의해 착화시키는 압축착화방식이기 때문에 압축비가 높다.

**28** 장비구조 ▶ 엔진구조

4행정 사이클기관에 주로 사용되는 오일펌프는 로터리펌프(트로코이드 펌프)와 기어펌프이다.

**29** 장비구조 ▶ 엔진구조

매연은 디젤기관의 배출물로, 규제 대상에 해당하는 물질이다.

**30** 장비구조 ▶ 엔진구조

②③④ 이외에도 예열 플러그 단선 원인으로는 규정 용량 이상의 퓨즈 사용 등이 있다.

| 정답 | 26 ③　27 ②　28 ①
　　　　29 ②　30 ①

**31** 엔진오일이 공급되는 부분이 <u>아닌</u> 것은?

① 습식 공기청정기
② 크랭크축 저널 베어링 부위
③ 피스톤 링 부위
④ 차동기어장치

**31 장비구조 ▶ 엔진구조**
차동기어장치에는 기어오일을 주입해야 한다.

**32** 과급기 케이스 내부에 설치되며 공기의 속도에너지를 압력에너지로 바꾸는 장치는?

① 인터쿨러
② 디퓨저
③ 터빈
④ 디플렉터

**32 장비구조 ▶ 엔진구조**
디퓨저는 과급기 케이스 내부에 설치되며 공기의 속도에너지를 압력에너지로 바꾸는 장치이다.

**33** 라디에이터 압력식 캡에 대한 설명으로 옳은 것은?

① 냉각장치의 내부 압력이 규정보다 낮을 때 공기 밸브가 열린다.
② 냉각장치의 내부 압력이 규정보다 높을 때 진공 밸브가 열린다.
③ 냉각장치의 내부 압력이 부압이 되면 진공 밸브가 열린다.
④ 냉각장치의 내부 압력이 부압이 되면 공기 밸브가 열린다.

**33 장비구조 ▶ 엔진구조**
라디에이터 압력식 캡에는 압력 밸브와 진공 밸브가 있으며, 냉각장치의 내부 압력이 규정보다 높을 때 압력 밸브가 열리고, 냉각장치의 내부 압력이 부압이 되면 진공 밸브가 열린다.

**34** 디젤기관 분사펌프의 플런저와 배럴 사이의 윤활은 무엇으로 하는가?

① 엔진오일
② 경유
③ 그리스
④ 유압유

**34 장비구조 ▶ 엔진구조**
경유에는 윤활 성분이 포함되어 있기 때문에 디젤기관 분사펌프의 플런저와 배럴 사이의 윤활은 연료 자체인 경유가 한다.

**35 장비구조 ▶ 전기장치**
옴의 법칙
• I: 전류(A), E: 전압(V), R: 저항(Ω)
• $I=\dfrac{E}{R}$, $E=I\times R$, $R=\dfrac{E}{I}$

**35** 옴의 법칙의 공식으로 옳은 것은?

① $I=\dfrac{R}{E}$
② $E=I\times R$
③ $R=\dfrac{I}{E}$
④ $I=E\times R$

| 정답 |  **31** ④   **32** ②   **33** ③
**34** ②   **35** ②

**36** 축전지 안에 들어가는 것이 아닌 것은?

① 격리판
② 단자기둥
③ 음극판
④ 양극판

36 장비구조 ▶ 전기장치

축전지의 (+), (−) 단자기둥은 밖으로 노출되어 있다.

**37** 기동 전동기 피니언을 플라이휠 링 기어에 물려 기관을 크랭킹시킬 수 있는 점화 스위치의 위치는?

① ON 위치
② ACC 위치
③ OFF 위치
④ ST 위치

37 장비구조 ▶ 전기장치

기동 전동기 피니언을 플라이휠 링 기어에 물려 기관을 크랭킹시킬 수 있는 점화 스위치의 위치는 ST 위치이다.

**38** 12V 축전지 4개를 병렬로 연결할 때의 전압으로 옳은 것은?

① 12V
② 24V
③ 36V
④ 48V

38 장비구조 ▶ 전기장치

축전지를 병렬로 연결하면 전압은 그대로이고 용량이 증가한다. 이에 12V 축전지 4개를 병렬로 연결한 경우 전압은 12V이다.

**39** 그림과 같이 12V 축전지 2개를 사용하여 24V 건설기계를 시동하고자 한다. 연결 방법으로 옳은 것은?

① A − B
② A − C
③ B − C
④ B − D

39 장비구조 ▶ 전기장치

전압을 증가시키기 위해서는 축전지를 직렬로 연결해야 하며, 연결 방법은 (+) 단자와 (−) 단자를 연결하는 것이다.

**40** 기동 전동기의 구성품이 아닌 것은?

① 전기자
② 브러시
③ 스테이터 코일
④ 구동 피니언

40 장비구조 ▶ 전기장치

스테이터 코일은 교류발전기의 구성품이다.

| 정답 | 36 ② 37 ④ 38 ①
39 ③ 40 ③

**41** 지게차의 종감속 장치에서 열이 발생하였다면 그 원인으로 옳지 <u>않은</u> 것은?

① 윤활유의 부족
② 오일의 오염
③ 종감속 기어의 접촉 상태 불량
④ 종감속기 플랜지부의 과도한 조임

**41** 장비구조 ▶ 전·후진 주행장치
종감속기의 플랜지부를 과도하게
조이면 볼트와 너트의 나사산이 망
가진다. 이는 종감속 장치의 열 발
생과는 관련이 없다.

**42** 토크컨버터가 설치된 지게차의 출발 방법으로 옳은 것은?

① 저·고속 레버를 저속 위치로 하고 클러치 페달을 밟는다.
② 클러치 페달을 조작할 필요 없이 가속 페달을 서서히 밟는다.
③ 저·고속 레버를 저속 위치로 하고 브레이크 페달을 밟는다.
④ 클러치 페달에서 서서히 발을 때면서 가속 페달을 밟는다.

**42** 장비구조 ▶ 전·후진 주행장치
토크컨버터는 자동변속기 지게차
에 설치되기 때문에 출발 시 클러
치 페달을 조작할 필요 없이 가속
페달을 서서히 밟는다.

**43** 트랜스미션에서 잡음이 심할 경우 운전자가 가장 먼저 확인해야 할 사항은?

① 치합 상태
② 기어오일의 질
③ 기어 잇면의 마모
④ 기어오일의 양

**43** 장비구조 ▶ 전·후진 주행장치
트랜스미션에서 잡음이 심할 경우
가장 먼저 레벨 게이지를 이용하여
기어오일의 양을 점검한다.

**44** 지게차에 차동제한장치가 있을 때의 장점으로 옳은 것은?

① 충격이 완화된다.
② 조향이 원활해진다.
③ 연약한 지반에서 구동력 제어가 유리하다.
④ 변속이 용이하다.

**44** 장비구조 ▶ 전·후진 주행장치
차동제한장치(LSD; Limited Slip
Differential)는 미끄러운 길 또는 연
약한 지반에서 주행할 때 한쪽 바퀴
가 헛돌며 빠져나오지 못할 경우,
헛도는 바퀴의 구동력을 제어하여
쉽게 빠져나올 수 있도록 도와주는
장치이다.

**45** 기계식 변속기가 장착된 건설기계장비에서 클러치 사용 방법으로 옳은 것은?

① 클러치 페달에 항상 발을 올려놓는다.
② 저속 운전 시에만 발을 올려놓는다.
③ 클러치 페달은 변속 시에 밟는다.
④ 클러치 페달은 커브길에서만 밟는다.

**45** 장비구조 ▶ 전·후진 주행장치
클러치 페달은 변속 및 시동 시 안
전을 위해 밟는다.

| 정답 | **41** ④　**42** ②　**43** ④
　　　　**44** ③　**45** ③

**46** 타이어식 건설기계에서 바퀴 정렬의 역할과 거리가 먼 것은?

① 브레이크의 수명을 길게 한다.
② 타이어 마모를 최소로 한다.
③ 방향 안정성을 준다.
④ 조향핸들의 조작을 작은 힘으로 쉽게 할 수 있다.

**46** 장비구조 ▶ 전·후진 주행장치
바퀴 정렬(휠 얼라인먼트)은 토 인, 캠버, 캐스터, 킹핀 경사각과 관련이 있으며, 브레이크 수명과는 관련이 없다.

**47** 유압장치에서 드레인 배출기의 기호표시로 옳은 것은?

**47** 장비구조 ▶ 유압장치
① 압력계, ② 기계조작방식, ④ 단동 실린더를 나타낸다.

**48** 유압장치에서 금속가루 또는 불순물을 제거하기 위해 사용하는 부품으로 옳은 것은?

① 여과기와 어큐뮬레이터
② 필터와 스트레이너
③ 스크레이퍼와 필터
④ 어큐뮬레이터와 스트레이너

**48** 장비구조 ▶ 유압장치
유압장치에서 비교적 큰 이물질은 스트레이너가 여과하고, 작은 이물질은 필터가 여과한다.

**49** 유압펌프에서 발생한 유압을 저장하고 맥동을 제거하는 것은?

① 어큐뮬레이터  ② 언로딩 밸브
③ 릴리프 밸브  ④ 스트레이너

**49** 장비구조 ▶ 유압장치
어큐뮬레이터의 기능
• 유압유의 압력에너지 저장
• 펌프의 맥동압력을 흡수하여 일정하게 유지
• 비상시 보조 유압원으로 사용
• 압력 보상

**50** 유압장치의 오일탱크에서 펌프 흡입구의 설치에 대한 설명으로 옳지 않은 것은?

① 펌프 흡입구는 반드시 탱크 가장 밑면에 설치한다.
② 펌프 흡입구에는 스트레이너(오일 여과기)를 설치한다.
③ 펌프 흡입구와 탱크로의 귀환구(복귀구) 사이에는 격리판(Baffle plate)을 설치한다.
④ 펌프 흡입구는 탱크로의 귀환구(복귀구)로부터 될 수 있는 한 멀리 떨어진 위치에 설치한다.

**50** 장비구조 ▶ 유압장치
수분 및 이물질이 펌프로 유입되는 것을 막기 위해 펌프 흡입구는 탱크 가장 밑면에 설치하는 것이 아니라, 일정 거리를 두고 설치한다.

| 정답 |  46 ①  47 ③  48 ②
      49 ①  50 ①

**51** 유압모터의 특징과 거리가 <u>먼</u> 것은?

① 소형으로 강력한 힘을 낼 수 있다.
② 과부하에 대해 안전하다.
③ 무단 변속이 용이하다.
④ 정회전, 역회전 변화가 불가능하다.

**52** 유압장치에 사용되는 유압기기에 대한 설명으로 옳지 <u>않은</u> 것은?

① 유압모터: 무한 회전운동
② 실린더: 직선운동
③ 축압기: 오일 누출 방지
④ 유압펌프: 오일의 압송

**53** 다음 그림의 유압기호에서 'A' 부분이 나타내는 것은?

① 오일 냉각기      ② 스트레이너
③ 가변용량 유압펌프      ④ 가변용량 유압모터

**54** 회로 내 유체의 흐름 방향을 제어하는 데 사용되는 밸브는?

① 교축 밸브      ② 셔틀 밸브
③ 감압 밸브      ④ 순차 밸브

**55** 다음 유압기호 중 압력계를 나타내는 것은?

①

②

③

④

**51** 장비구조 ▶ 유압장치
유압모터는 정회전과 역회전이 자유롭다.

**52** 장비구조 ▶ 유압장치
축압기는 압력에너지를 저장하고 맥동압력을 감소시키며, 압력 보상 등의 역할을 한다. 기기의 오일 누출을 방지하는 것은 오일 실의 역할이다.

**53** 장비구조 ▶ 유압장치
'A' 부분은 비교적 큰 이물질을 여과하는 스트레이너이다.

**54** 장비구조 ▶ 유압장치
① 교축 밸브는 일의 속도를 제어하는 유량제어 밸브이다.
③④ 감압 밸브와 순차 밸브는 일의 크기를 제어하는 압력제어 밸브이다.

**55** 장비구조 ▶ 유압장치
① 오일필터, ③ 유압동력원, ④ 어큐뮬레이터(축압기)를 나타낸다.

| 정답 | 51 ④   52 ③   53 ②
54 ②   55 ②

**56** 지면에서부터 포크와 타이어를 제외한 지게차의 가장 낮은 부위까지의 높이를 나타내는 것은?

① 최저지상고
② 자유인상높이
③ 전폭
④ 축간거리

**57** 지게차에 스프링을 사용하지 않는 이유로 옳은 것은?

① 앞차축이 구동축이기 때문이다.
② 화물에 충격을 줄여주기 위함이다.
③ 현가장치가 있으면 조향이 어렵기 때문이다.
④ 롤링이 생기면 적하물이 떨어지기 때문이다.

**58** 지게차 운전장치 조작에 대한 설명으로 옳지 <u>않은</u> 것은?

① 전·후진 레버를 앞으로 밀면 전진한다.
② 틸트 레버를 앞으로 밀면 마스트가 뒤로 기운다.
③ 리프트 레버를 뒤로 당기면 포크가 상승한다.
④ 전·후진 레버를 뒤로 당기면 후진한다.

**59** 지게차의 포크를 상승 또는 하강시키는 장치는 무엇인가?

① 리프트 레버
② 틸트 실린더
③ 틸트 레버
④ 전·후진 레버

**60** 다음 도로명판에 대한 설명 중 옳지 <u>않은</u> 것은?

① 사임당로 중간지점을 의미한다.
② '92 ↑'는 '사임당로'의 시작지점을 의미한다.
③ '92 ↑ 250' 현 위치에서 '사임당로'의 남은 거리는 약 1.5km이다.
④ 도로명판이 설치된 곳은 '사임당로' 시작지점으로부터 약 920m 지점이다.

**56** 장비구조 ▶ 작업장치
② 자유인상높이: 포크를 들어 올릴 때 내측 마스트가 돌출되는 시점에서 지면으로부터 포크 윗면까지의 높이이다.
③ 전폭(너비): 지게차를 전면이나 후면에서 보았을 때 양쪽에 돌출된 액슬 등의 폭 중에서 가장 긴 것을 기준으로 한 거리이다.
④ 축간거리(축거): 전륜 구동축의 중심에서 후륜 구동축의 중심까지의 거리이다.

**57** 장비구조 ▶ 작업장치
지게차에 스프링을 사용하면 롤링(좌우로 흔들림)이 생겨 적하물이 떨어질 위험이 높기 때문에 사용하지 않는다.

**58** 장비구조 ▶ 작업장치
틸트 레버를 앞으로 밀면 마스트가 앞으로 기운다.

**59** 장비구조 ▶ 작업장치
② 틸트 실린더: 마스트를 전경 또는 후경시키는 역할을 한다.
③ 틸트 레버: 마스트를 앞뒤로 기울이는 역할을 한다.
④ 전·후진 레버: 지게차의 전진 또는 후진을 선택한다.

**60** 도로주행 ▶ 도로명주소
'92 ↑'는 사임당로 시작지점으로부터 약 920m 지점이라는 의미이다.

| 정답 |　56 ①　57 ④　58 ②
　　　　59 ①　60 ②

탁월한 능력은
새로운 과제를 만날 때마다
스스로 발전하고 드러낸다.

– 발타사르 그라시안(Baltasar Gracian)

2025

# 출제가능문제

# 2025 출제가능문제

**01** 드릴 작업의 안전수칙이 <u>아닌</u> 것은?

① 드릴에 말려 들어가지 않게 머리가 긴 경우 뒤로 묶은 후 작업한다.
② 칩을 제거할 때에는 회전을 정지시킨 상태에서 솔로 제거한다.
③ 드릴을 끼운 후에 척렌치는 그대로 둔다.
④ 일감은 견고하게 고정시키며 손으로 잡고 구멍을 뚫지 않는다.

**02** 유류 화재로 분류되는 것은?

① A급 화재　　　　　　② B급 화재
③ C급 화재　　　　　　④ D급 화재

**03** 중량물을 들어 올리거나 내릴 때 손이나 발이 중량물과 지면 사이에 끼어 발생하는 재해는?

① 협착　　　　　　　② 전도
③ 낙하　　　　　　　④ 충돌

**04** 바탕은 노란색, 기본모형 및 관련 부호와 그림은 검은색인 안전보건표지는?

① 금지표지　　　　　　② 경고표지
③ 지시표지　　　　　　④ 안내표지

**05** 경고표지로 사용되지 <u>않는</u> 것은?

① 방진마스크착용경고　　② 낙하물경고
③ 인화성물질경고　　　　④ 급성독성물질경고

---

## 해설

**01 작업안전 ▶ 안전관리**
드릴을 끼운 후 척렌치는 제거해야 한다.

**02 작업안전 ▶ 안전관리**
화재의 분류
• A급 화재: 일반 가연물 화재
• B급 화재: 유류 화재
• C급 화재: 전기 화재
• D급 화재: 금속 화재

**03 작업안전 ▶ 안전관리**
② 전도: 사람이 바닥 등의 장애물에 걸려 넘어지는 재해이다.
③ 낙하: 물체가 높은 곳에서 낮은 곳으로 떨어져 가해지는 재해이다.
④ 충돌: 다른 물체와 맞부딪치거나 맞섬으로써 근로자에게 생긴 신체상의 재해이다.

**04 작업안전 ▶ 안전관리**
경고표지는 바탕은 노란색, 기본모형 및 관련 부호와 그림은 검은색이다. 단, 경고표지 중 인화성물질경고, 산화성물질경고 등의 경우 바탕은 무색, 기본모형은 빨간색(검은색도 가능)이다.

**05 작업안전 ▶ 안전관리**
방진마스크착용은 지시표지이다.

| 정답 | 01 ③　02 ②　03 ①
　　　　04 ②　05 ①

**06** 작업장에서 용접 작업의 유해 광선으로 눈에 이상이 생겼을 때 적절한 조치로 옳은 것은?

① 손으로 비빈 후 과산화수소로 치료한다.
② 냉수로 씻어 낸 냉수포를 얹은 후 병원에서 치료한다.
③ 알코올로 씻는다.
④ 뜨거운 물로 씻는다.

06 작업안전 ▶ 안전관리
용접 작업 중 유해 광선으로 눈이 충혈되었을 때에는 응급조치로 냉수포를 얹은 후 병원 진료를 받아야 한다.

**07** 기계 작업 중 사고 발생 시 취해야 하는 행동의 순서로 옳은 것은?

① 구조 → 운전 정지 → 2차 사고 방지 → 응급처치
② 구조 → 2차 사고 방지 → 운전 정지 → 응급처치
③ 운전 정지 → 구조 → 응급처치 → 2차 사고 방지
④ 운전 정지 → 응급처치 → 구조 → 2차 사고 방지

07 작업안전 ▶ 안전관리
사고 발생 시 기계의 운전을 중지하고 작업자 구조, 응급처치, 2차 사고 방지 순으로 대처해야 한다.

**08** 작업 현장에서 전기기구를 취급할 때 옳지 <u>않은</u> 것은?

① 동력기구 사용 시 정전되었다면 전원 스위치를 끈다.
② 퓨즈가 끊어졌다고 함부로 손을 대서는 안 된다.
③ 보호덮개를 씌우지 않은 백열전등으로 된 작업등을 사용한다.
④ 안전점검사항을 확인하고 스위치를 넣는다.

08 작업안전 ▶ 안전관리
백열등은 화재 및 화상의 위험이 높으므로 보호덮개를 씌워 사용해야 한다.

**09** 타이어 트레드에 대한 설명으로 옳지 <u>않은</u> 것은?

① 타이어 공기압이 높으면 타이어 중앙부의 마모가 크다.
② 트레드가 마모되면 열 발산이 불량하게 된다.
③ 트레드가 마모되면 선회 능력과 구동력이 저하된다.
④ 트레드가 마모되면 지면과 접촉하는 면적이 커져 마찰력이 증대되어 제동 성능이 좋아진다.

09 작업안전 ▶ 작업 전·후 점검
타이어 트레드는 선회 성능과 구동력을 향상시키고 옆 방향 및 전진 방향 미끄러짐을 방지한다. 이에 트레드가 마모되면 제동 시 노면과 마찰력이 감소하여 제동 성능이 저하된다.

**10** 자동변속기가 장착되어 있는 지게차를 주차할 경우 주의사항으로 옳지 <u>않은</u> 것은?

① 포크를 지면에 완전히 내려놓는다.
② 전·후진 레버를 중립에 놓는다.
③ 주차 브레이크 레버를 당겨 놓는다.
④ 주브레이크를 제동시켜 놓는다.

10 작업안전 ▶ 작업 전·후 점검
주브레이크는 주차 시가 아니라 작업 또는 주행 중에 사용하는 브레이크이다.

| 정답 |  06 ②  07 ③  08 ③
        09 ④  10 ④

**11** 충전경고등 점검은 어느 때 하는가?

① 키 ON 및 엔진 가동 중
② 엔진 가동을 중지한 후
③ 고속으로 운행 중
④ 저속으로 운행 중

**12** 지게차의 일상점검사항으로 옳지 <u>않은</u> 것은?

① 엔진 오일량 점검      ② 냉각수량 점검
③ 각부 누유 점검      ④ 크랭크축 점검

**13** 지게차 주행 시 포크의 높이로 가장 적절한 것은?

① 지면으로부터 20~30cm를 유지한다.
② 지면으로부터 60~70cm를 유지한다.
③ 지면으로부터 90cm를 유지한다.
④ 최대한 높이 들어 주행한다.

**14** 화물을 운반하던 중 지게차가 전복될 경우 중상이나 사망 등의 사고를 방지하기 위해 운전자가 취해야 하는 행동으로 옳지 <u>않은</u> 것은?

① 신체 일부가 차체 밖으로 나오지 않게 한다.
② 조향핸들을 꼭 잡는다.
③ 지게차에서 뛰어내린다.
④ 발에 힘을 주어 버틴다.

**15** 지게차에 적재물을 싣고 안전한 운반을 위해 해야 할 행동으로 옳은 것은?

① 적재물을 최대한 높이 들고 운행한다.
② 마스트를 5~6° 전경하여 운반한다.
③ 틸트 레버로 마스트를 10° 정도 후경하여 운반한다.
④ 적재물을 포크로 찍어 운반한다.

**16** 주차 및 정차가 금지되지 <u>않은</u> 장소는?

① 횡단보도        ② 건널목
③ 교차로        ④ 경사로의 정상 부근

16 도로주행 ▶ 도로교통법
주정차 금지 장소로는 교차로·횡단보도·건널목이나 보도와 차도가 구분된 도로의 보도 등이 있다.

**17** 비가 내려 노면이 젖어 있는 경우 최고 속도에서 얼마나 감속 운행해야 하는가?

① 20/100        ② 30/100
③ 40/100        ④ 50/100

17 도로주행 ▶ 도로교통법
비가 내려 노면이 젖어 있거나 눈이 20mm 미만 쌓인 경우에는 최고 속도에서 100분의 20을 줄인 속도로 운행한다.

**18** 도로교통법상 고속도로를 제외한 도로에서 왼쪽 차로로 통행이 가능한 것은?

① 건설기계        ② 대형 승합자동차
③ 중형 승합자동차        ④ 특수자동차

18 도로주행 ▶ 도로교통법
「도로교통법 시행규칙」[별표 9]에 따르면 차로에 따른 통행차의 기준에 의해 고속도로 외의 도로에서 왼쪽 차로를 통행할 수 있는 차종은 승용자동차 및 경형, 소형, 중형 승합자동차이다.

**19** 교차로 진입 방법에 대한 설명으로 옳은 것은?

① 교차로 중심 바깥쪽으로 좌회전한다.
② 좌회전 차는 미리 도로의 중앙선을 따라 서행하며 진입한다.
③ 우회전 차는 차로에 관계없이 우회전할 수 있다.
④ 좌우회전 시에는 경음기를 사용하여 주위에 주의 신호를 한다.

19 도로주행 ▶ 도로교통법
① 교차로 중심 안쪽으로 좌회전한다.
③ 우회전하려는 경우 미리 우측 가장자리에서 서행하며 우회전해야 한다.
④ 운전자는 정당한 사유 없이 경음기를 연속적으로 사용할 수 없다.

**20** 도로교통법상 위반이 <u>아닌</u> 것은?

① 두 개의 차로에 걸쳐 운행한 경우
② 일방통행도로에서 도로의 중앙이나 좌측을 통행한 경우
③ 교차로에 주차를 한 경우
④ 터널 안에서 앞지르기를 한 경우

20 도로주행 ▶ 도로교통법
도로가 일방통행인 경우 도로의 중앙이나 좌측을 통행할 수 있다.

| 정답 | 16 ④   17 ①   18 ③
19 ②   20 ②

**21** 건설기계관리법상 건설기계등록이 말소된 경우 소유자는 등록번호판을 며칠 이내에 반납해야 하는가?

① 7일

② 10일

③ 15일

④ 30일

**22** 건설기계검사의 종류에 해당하는 것은?

① 임시검사

② 계속검사

③ 예비검사

④ 수시검사

**23** 건설기계 등록번호표의 색상 기준으로 옳지 <u>않은</u> 것은?

① 수입용 – 적색 바탕에 흰색 문자

② 관용 – 흰색 바탕에 검은색 문자

③ 자가용 – 흰색 바탕에 검은색 문자

④ 대여사업용 – 주황색 바탕에 검은색 문자

**24** 건설기계 정비명령을 이행하지 아니한 자에 대한 벌칙은?

① 100만 원 이하의 과태료

② 300만 원 이하의 과태료

③ 1년 이하의 징역 또는 1천만 원 이하의 벌금

④ 2년 이하의 징역 또는 2천만 원 이하의 벌금

**25** 건설기계조종사의 적성검사에 대한 설명으로 옳은 것은?

① 적성검사는 2년마다 실시한다.

② 적성검사는 60세까지만 실시한다.

③ 적성검사에 합격하여야 면허를 받을 수 있다.

④ 65세 이상의 경우 3년마다 받는다.

**21 도로주행 ▶ 건설기계관리법**

건설기계소유자는 건설기계등록이 말소된 경우 등록번호판을 10일 이내에 등록지의 시·도지사에게 반납해야 한다.

**22 도로주행 ▶ 건설기계관리법**

건설기계검사의 종류에는 신규등록검사, 정기검사, 구조변경검사, 수시검사가 있다.

**23 도로주행 ▶ 건설기계관리법**

건설기계 등록번호표의 색상 기준은 비사업용(관용, 자가용)은 흰색 바탕에 검은색 문자, 대여사업용은 주황색 바탕에 검은색 문자이다.

**24 도로주행 ▶ 건설기계관리법**

시·도지사는 검사에 불합격한 건설기계에 대해 31일 이내의 기간을 정하여 해당 건설기계의 소유자에게 검사를 완료한 날부터 10일 이내에 정비명령을 해야 한다. 이를 어긴 건설기계소유자는 1년 이하의 징역 또는 1천만 원 이하의 벌금에 처한다.

**25 도로주행 ▶ 건설기계관리법**

건설기계조종사 면허를 받으려는 사람은 해당 분야의 기술 자격을 취득하고, 적성검사에 합격해야 한다. ①②④ 적성검사는 10년마다(65세 이상의 경우 5년) 받는다.

| 정답 | **21** ② **22** ④ **23** ①
**24** ③ **25** ③

**26** 동절기에 기관이 동파되는 원인으로 옳은 것은?

① 냉각수가 얼어서　　　　② 기동 전동기가 얼어서
③ 발전장치가 얼어서　　　④ 엔진오일이 얼어서

**26** 장비구조 ▶ 엔진구조
냉각수가 얼면 부피가 팽창하여 기관이 동파될 수 있다.

**27** 디젤기관의 시동 보조장치가 <u>아닌</u> 것은?

① 히트레인지　　　　　　② 감압장치
③ 과급기　　　　　　　　④ 예열 플러그

**27** 장비구조 ▶ 엔진구조
과급기는 기관의 출력을 증대시키기 위한 목적으로 외기를 압축하여 공급하는 일종의 압축기이며, 터보차저와 슈퍼차저가 있다.

**28** 연소 시 발생하는 질소산화물(NOx)의 발생 원인과 가장 밀접한 관계가 있는 것은?

① 흡입 공기량 부족　　　② 높은 연소 온도
③ 연료량 부족　　　　　　④ 에어클리너의 막힘

**28** 장비구조 ▶ 엔진구조
질소산화물은 연소 온도가 높고, 이론공연비에 가깝게 연소할 때 발생한다. 배기가스 재순환장치(EGR)를 사용하면 이를 방지할 수 있다.

**29** 디젤기관에서 연료 라인 내의 공기를 빼기 위해 설치한 부품은?

① 타이머　　　　　　　　② 거버너
③ 딜리버리 밸브　　　　　④ 프라이밍펌프

**29** 장비구조 ▶ 엔진구조
기계식 디젤기관에는 연료 라인 내에 공기빼기 작업을 위한 수동형 펌프인 프라이밍펌프를 설치한다.

**30** 냉각장치에서 라디에이터 압력식 캡을 사용하는 이유는?

① 냉각수의 비등점을 높이기 위해
② 냉각수의 비중을 높이기 위해
③ 엔진의 온도를 높이기 위해
④ 라디에이터 구조를 간단하게 하기 위해

**30** 장비구조 ▶ 엔진구조
라디에이터 압력식 캡은 냉각장치 내의 압력을 $0.4 \sim 0.9 kgf/cm^2$로 유지하여 비등점(비점)을 높여 냉각효율을 높인다.

| 정답 |　**26** ①　**27** ③　**28** ②
　　　　**29** ④　**30** ①

**31** 디젤기관 부조(떨림) 현상의 원인으로 옳지 <u>않은</u> 것은?

① 발전기 고장
② 연료의 압송 불량
③ 분사 시기 조정 불량
④ 조속기의 작동 불량

**31** 장비구조 ▶ 엔진구조

디젤기관 부조 현상의 원인은 연료의 압송 불량, 분사 시기 조정 불량, 조속기의 작동 불량, 연료 라인 내 공기 혼입, 분사량 불균율이 큰 경우 등이 있다.

**32** 흡·배기 밸브의 구비조건이 <u>아닌</u> 것은?

① 열 팽창률이 작을 것
② 내식 및 내마멸성이 양호할 것
③ 내열성이 작을 것
④ 고온·고압에 잘 견딜 것

**32** 장비구조 ▶ 엔진구조

밸브는 내열성, 즉 열에 견디는 성질이 커야 한다.

**33** 예열 플러그가 15~20초에서 완전히 가열되었을 경우에 대한 설명으로 옳은 것은?

① 정상 상태이다.
② 단락되었다.
③ 접지되었다.
④ 다른 플러그가 모두 단선되었다.

**33** 장비구조 ▶ 엔진구조

예열 플러그가 15~20초에서 완전히 가열되면 정상 상태이다.

**34** 기관에서 냉각계통으로 배기가스가 누설되는 원인에 해당하는 것은?

① 매니폴더의 개스킷 불량
② 실린더 헤드의 개스킷 불량
③ 워터펌프의 불량
④ 냉각팬벨트의 유격 과대

**34** 장비구조 ▶ 엔진구조

기관의 실린더 헤드 개스킷이 불량하면 배기가스가 물 통로를 통해 냉각계통으로 유입되어 누설된다.

**35** 교류(AC)발전기에서 다이오드의 역할은?

① 전류를 조정한다.
② 전압을 조정한다.
③ 교류를 직류로 정류한다.
④ 여자 전류를 조정하고 역류를 방지한다.

**35** 장비구조 ▶ 전기장치

실리콘 다이오드는 교류전기를 직류로 정류하고 역류를 방지하는 역할을 한다.

| 정답 |  **31** ①  **32** ③  **33** ①
          **34** ②  **35** ③

**36** 직권식 기동 전동기의 계자 코일과 전기자 코일의 연결로 옳은 것은?

① 직렬로 연결되어 있다.

② 병렬로 연결되어 있다.

③ 직렬 및 병렬로 연결되어 있다.

④ 계자 코일은 병렬, 전기자 코일은 직렬로 연결된다.

**36** 장비구조 ▶ 전기장치
- 직권식 전동기: 직렬 연결
- 분권식 전동기: 병렬 연결
- 복권식 전동기: 직·병렬 연결

**37** 12V 납산 축전지 셀에 대한 설명으로 옳은 것은?

① 6개의 셀이 직렬로 접속되어 있다.

② 6개의 셀이 병렬로 접속되어 있다.

③ 3개의 셀이 직렬과 병렬로 혼용하여 접속되어 있다.

④ 6개의 셀이 직렬과 병렬로 혼용하여 접속되어 있다.

**37** 장비구조 ▶ 전기장치
12V 납산 축전지는 6개의 셀이 직렬로 접속되어 있다.

**38** 직류(DC)발전기의 구성품이 <u>아닌</u> 것은?

① 전기자 코일

② 계자 철심과 계자 코일

③ 정류자와 브러시

④ 실리콘 다이오드

**38** 장비구조 ▶ 전기장치
실리콘 다이오드는 교류발전기의 구성품이다.

**39** 축전지 전해액의 온도가 내려가면 비중은 어떻게 되는가?

① 내려간다.

② 올라간다.

③ 일정하다.

④ 무관하다.

**39** 장비구조 ▶ 전기장치
축전지 전해액의 온도와 비중은 반비례 관계이므로, 축전지 전해액의 온도가 내려가면 비중은 올라간다.

**40** 지게차 엔진에 사용되는 기동 전동기가 회전이 안 되거나 회전력이 약한 원인이 <u>아닌</u> 것은?

① 시동 스위치의 접촉 불량

② 배터리 단자의 접촉 불량

③ 배터리 전압 낮음

④ 피니언 기어의 마모

**40** 장비구조 ▶ 전기장치
피니언 기어가 마모되면 기동 전동기의 회전력이 플라이휠 링 기어에 전달되지 않아 기관 시동이 되지 않는다.

| 정답 |　**36** ①　**37** ①　**38** ④
　　　　**39** ②　**40** ④

**41** 유체 클러치의 구성품이 <u>아닌</u> 것은?

① 가이드링
② 스테이터
③ 펌프 임펠러
④ 터빈 러너

41 장비구조 ▶ 전·후진 주행장치
스테이터는 토크컨버터의 구성품이다.

**42** 수동변속기가 장착된 지게차에서 클러치 용량은 기관 최대 출력의 몇 배로 설계하는 것이 적당한가?

① 0.5~1.5배
② 1.5~2.5배
③ 3~4배
④ 5~6배

42 장비구조 ▶ 전·후진 주행장치
클러치 용량은 기관 최대 출력의 1.5~2.5배로 설계하는 것이 적당하다. 용량이 너무 크면 시동이 꺼지기 쉽고, 용량이 너무 작으면 클러치가 미끄러진다.

**43** 지게차 조향바퀴의 얼라인먼트 요소가 <u>아닌</u> 것은?

① 캠버(Camber)
② 토 인(Toe in)
③ 캐스터(Caster)
④ 부스터(Booster)

43 장비구조 ▶ 전·후진 주행장치
휠 얼라인먼트의 요소는 캠버, 캐스터, 토 인, 킹핀 경사각이다.

**44** 지게차의 유압식 조향장치에서 조향 실린더의 직선운동을 회전운동으로 바꾸어 줌과 동시에 타이로드에 직선운동을 주는 것은?

① 벨 크랭크
② 드래그링크
③ 핑거보드
④ 스태빌라이저

44 장비구조 ▶ 전·후진 주행장치
벨 크랭크는 차대 앞부분에 설치되어 드래그링크와 타이로드를 연결하여 조향 작용을 한다. 동력 실린더의 직선운동을 회전운동으로 바꾸고 타이로드에 직선운동을 시킨다.

**45** 수동변속기가 장착된 지게차에서 클러치가 미끄러지는 원인으로 옳지 <u>않은</u> 것은?

① 클러치 페달의 자유간극이 크다.
② 클러치 압력판이 마멸되었다.
③ 클러치판에 오일이 부착되었다.
④ 클러치판이 마멸되었다.

45 장비구조 ▶ 전·후진 주행장치
클러치 페달의 자유간극이 작을 때 클러치가 미끄러지고, 클 때에는 동력 차단이 불량해진다.

| 정답 | **41** ② **42** ② **43** ④
**44** ① **45** ①

**46** 타이어 각 부에 대한 설명으로 옳은 것은?

① 카커스: 림과 접촉하는 부분이다.
② 비드: 트레드와 카커스 사이에 설치되어 노면의 충격을 흡수한다.
③ 브레이커: 직물에 고무를 피복한 것으로 타이어의 골격을 이루는 부분이다.
④ 트레드: 노면과 직접 접촉하는 부분이다.

**47** 일반적으로 캠(Cam)에 의해 작동되는 유압 밸브로서 액추에이터의 속도를 서서히 감속시키는 데 사용되는 밸브는?

① 감압 밸브
② 카운터 밸런스 밸브
③ 디셀러레이션 밸브
④ 무부하 밸브

**48** 유압장치에서 내구성이 강하고 작동 및 움직임이 있는 곳에 사용하기 적합한 호스는?

① 강파이프 호스
② 플렉시블 호스
③ 구리스파이프 호스
④ PVC 호스

**49** 유압펌프의 소음 발생 원인으로 옳지 <u>않은</u> 것은?

① 펌프의 속도가 너무 빠르다.
② 펌프 축의 센터와 원동기 축의 센터가 일치한다.
③ 펌프 흡입관에 공기가 흡입된다.
④ 흡입되는 작동유 속에 기포가 있다.

**50** 베인펌프의 일반적인 특징이 <u>아닌</u> 것은?

① 구조가 간단하고 효율이 좋다.
② 소형, 경량이다.
③ 맥동과 소음이 작다.
④ 대용량 고속 가변형에 적합하지만 수명이 짧다.

**46** 장비구조 ▶ 전·후진 주행장치
① 비드, ② 브레이커, ③ 카커스에 대한 설명이다.

**47** 장비구조 ▶ 유압장치
액추에이터의 속도를 서서히 감속시키는 밸브는 디셀러레이션 밸브 (감속 밸브)이다.

**48** 장비구조 ▶ 유압장치
플렉시블 호스는 굽히기 쉽게 만들어진 호스로, 움직임이 있는 곳에서 사용한다.

**49** 장비구조 ▶ 유압장치
펌프 축의 센터와 원동기 축의 센터가 일치하지 않을 때 소음이 발생한다.

**50** 장비구조 ▶ 유압장치
베인펌프는 수리와 관리가 용이하며 수명이 길다.

| 정답 | 46 ④  47 ③  48 ②
49 ②  50 ④

**51** 다음 유압기호가 나타내는 것은?

① 릴리프 밸브
② 감압 밸브
③ 체크 밸브
④ 카운터 밸런스 밸브

**51** 장비구조 ▶ 유압장치
제시된 유압기호는 릴리프 밸브이다. 무부하 밸브와 구분해서 알아두어야 한다.

▲ 무부하 밸브(언로드 밸브)

**52** 유압작동유의 구비조건으로 옳지 <u>않은</u> 것은?

① 온도에 따른 점도 변화가 작을 것
② 인화점이 낮을 것
③ 화학적으로 안정될 것
④ 방청성이 좋을 것

**52** 장비구조 ▶ 유압장치
인화점이 낮으면 낮은 온도에서 불이 붙을 수 있으므로 작동유는 인화점이 높아야 한다.

**53** 유압 실린더의 지지 방식이 <u>아닌</u> 것은?

① 유니언형
② 푸트형
③ 플랜지형
④ 트러니언형

**53** 장비구조 ▶ 유압장치
유압 실린더의 지지 방식에는 푸트형, 플랜지형, 트러니언형, 크레비스형이 있다.

**54** 회전운동을 하는 유압기기는?

① 유압 실린더
② 유압모터
③ 유압탱크
④ 유압필터

**54** 장비구조 ▶ 유압장치
유압기기 중 회전운동을 하는 것은 유압모터이다.
① 유압 실린더는 직선운동을 하는 유압기기이다.

**55** 다음 그림과 같은 유압 실린더의 명칭은?

① 단동 실린더
② 단동 다단실린더
③ 복동 실린더
④ 복동 다단실린더

**55** 장비구조 ▶ 유압장치
제시된 유압 실린더는 유압을 피스톤의 양쪽으로 공급할 수 있는 복동 실린더이다.

| 정답 | **51** ① **52** ② **53** ①
**54** ② **55** ③

**56** 지게차 리프트 체인의 점검 내용으로 옳지 <u>않은</u> 것은?

① 힌지 균열      ② 마모
③ 균열      ④ 부식

**57** 지게차 작업장치의 부품이 <u>아닌</u> 것은?

① 마스트      ② 핑거보드
③ 포크      ④ 오버헤드가드

**58** 지게차의 일반적인 조향 방식은?

① 굴절(허리꺾기) 조향 방식
② 앞바퀴 조향 방식
③ 뒷바퀴 조향 방식
④ 작업 조건에 따른 가변 방식

**59** 지게차 포크의 앞부분에서부터 지게차의 제일 끝부분까지의 길이를 무엇이라고 하는가?

① 축간거리      ② 전장
③ 전폭      ④ 윤거

**60** 차량이 남쪽에서 북쪽으로 진행 중일 때, 그림의 표지에 대한 설명으로 옳지 <u>않은</u> 것은?

① 차량을 좌회전하는 경우 '만리재로' 또는 '중림로'로 진입할 수 있다.
② 차량을 좌회전하는 경우 '만리재로' 또는 '중림로' 도로구간의 끝지점과 만날 수 있다.
③ 차량을 직진하는 경우 '서소문공원' 방향으로 갈 수 있다.
④ 차량을 '중림로'로 좌회전하면 '충정로역' 방향으로 갈 수 있다.

---

**56** 장비구조 ▶ 작업장치

지게차 리프트 체인의 점검 내용으로는 마모, 부식, 균열, 유격 등이 있다.

**57** 장비구조 ▶ 작업장치

오버헤드가드는 지게차의 구조 중 운전자 보호장치에 해당한다.

**58** 장비구조 ▶ 작업장치

지게차는 일반 자동차와 달리 앞바퀴 구동, 뒷바퀴 조향 방식이다.

**59** 장비구조 ▶ 작업장치

지게차 포크의 앞부분에서부터 가장 끝부분까지의 길이를 전장이라고 한다.

**60** 도로주행 ▶ 도로명주소

차량을 좌회전하는 경우 '만리재로' 또는 '중림로' 도로구간의 시작지점과 만날 수 있다.

에듀윌이
너를
지지할게
ENERGY

내가 꿈을 이루면
나는 누군가의 꿈이 된다.

– 이도준

# 여러분의 작은 소리
# 에듀윌은 크게 듣겠습니다.

본 교재에 대한 여러분의 목소리를 들려주세요.
공부하시면서 어려웠던 점, 궁금한 점,
칭찬하고 싶은 점, 개선할 점, 어떤 것이라도 좋습니다.

에듀윌은 여러분께서 나누어 주신 의견을
통해 끊임없이 발전하고 있습니다.

**에듀윌 도서몰** book.eduwill.net
· 부가학습자료 및 정오표: 에듀윌 도서몰 → 도서자료실
· 교재 문의: 에듀윌 도서몰 → 문의하기 → 교재(내용, 출간) / 주문 및 배송

# 2025 에듀윌 지게차운전기능사
# 정답만 보는 총정리 문제집 필기

| | |
|---|---|
| **발 행 일** | 2025년 1월 5일 초판 |
| **편 저 자** | 김은남, 명하영 |
| **펴 낸 이** | 양형남 |
| **개 발** | 정상욱, 최승철 |
| **펴 낸 곳** | (주)에듀윌 |
| **등록번호** | 제25100-2002-000052호 |
| **주 소** | 08378 서울특별시 구로구 디지털로34길 55 코오롱싸이언스밸리 2차 3층 |
| **I S B N** | 979-11-360-3490-8(13550) |

# www.eduwill.net
대표전화 1600-6700